大学物理练习册

DAXUE WULI LIANXICE

江苏大学京江学院大学物理教学部 编

I LIANXICE

理练习册

大学物理教学部 编

目　录

4. 一质点沿 x 轴做直线运动，加速度 $a=kt$，式中的 k 为常量. 当 $t=0$ 时，初速为 v_0，则质点速度 v 与时间 t 的函数关系是 ( )

(A) v_0+kt^2； (B) $v_0t+\frac{1}{2}kt^2$；

(C) $v_0+\frac{1}{2}kt^2$； (D) v_0t+kt^2.

5. 一质点在平面上运动，已知质点位置矢量的表达式为 $\boldsymbol{r}=bt^2\boldsymbol{i}+ct^2\boldsymbol{j}$（其中 b，c 为常量），则该质点做 ( )

(A) 匀速直线运动；

(B) 变速直线运动；

(C) 抛物线运动；

(D) 一般曲线运动.

6. 在某地发生两事件，静止位于该地的甲测得时间间隔为 3 s，若相对于甲做匀速直线运动的乙测得时间间隔为 5 s，则乙相对于甲的运动速度是（c 表示真空中光速）( )

(A) $\left(\frac{4}{5}\right)c$； (B) $\left(\frac{3}{5}\right)c$；

(C) $\left(\frac{2}{5}\right)c$； (D) $\left(\frac{1}{5}\right)c$.

二、填空题

1. 质点做曲线运动时，速度方向是沿着轨迹上质点所在位置的________方向，并指向质点________________，加速度总是指向曲线的________________.

2. 质点做直线运动时，a，v 符号一致，质点速率________；a，v 符号相反，质点速率________.（填“增大”或“减小”）

3. 一质点沿半径为 0.2 m 的圆周运动，其角位置随时间的变化规律是 $\theta=6+5t^2$（SI 制）. 在 $t=2$ s 时，它的法向加速度 $a_n=$____________，切向加速度 $a_t=$____________.

4. 甲船以 $v_1=10$ m/s 的速度向南航行，乙船以 $v_2=10$ m/s 的速度向东航行，则甲船上的人观察乙船的速度大小为________________，向________________航行.

5. 狭义相对论的两条基本原理是：(1) ______________________________________；(2) ______________________________________.

6. 狭义相对论中，表观长度 l 与原长 l_0 及速率 v 的关系式为 $l=$________________.

三、计算题

1. 一质点沿 x 轴运动，坐标与时间的变化关系为 $x=4t-2t^3$(SI 制). 试计算：

(1) 最初 2 s 内质点的位移；

(2) 1 s 末和 3 s 末质点的瞬时速度；

(3) 3 s 末质点的瞬时加速度.

2. 一质点的运动学方程为 $x=3t+5$, $y=0.5t^2+3t+4$(SI 制).

(1) 以 t 为变量，写出位置矢量的表达式；

(2) 求质点的运动轨迹方程；

(3) 求质点在 $t=4$ s 时速度的大小和方向；

(4) 求质点在任一时刻加速度的大小和方向.

5. 一质量为 10 g 的子弹以 200 m/s 的速率射入一固定墙壁内，设子弹所受阻力与其进入墙壁的深度 x 的关系为 $F_x=-1.0\times10^6x(\mathrm{N})$，则该子弹能进入墙壁的深度为 ( )

(A) 3 cm；　　　　(B) 2 cm；

(C) $2\sqrt{2}$cm；　　　　(D) 12.5 cm.

6. 在系统不受外力作用的非弹性碰撞过程中 ( )

(A) 动能和动量都守恒；

(B) 动能和动量都不守恒；

(C) 动能不守恒，动量守恒；

(D) 动能守恒，动量不守恒.

二、填空题

1. 竖直上抛一小球，小球到达最高点后又沿相反方向落回出发点. 设空气阻力与小球的速度成正比，则小球运动过程中加速度绝对值最大出现在____________.

2. 初速度为 $\boldsymbol{v}_0=5\boldsymbol{i}+4\boldsymbol{j}(\mathrm{m/s})$，质量为 $m=0.5$ kg 的质点，受到冲量 $\boldsymbol{I}=25\boldsymbol{i}+20\boldsymbol{j}(\mathrm{N\cdot s})$ 的作用，则质点的末速度矢量为__________.

3. 一小船质量为 100 kg，船头到船尾共长 3.6 m. 现有一质量为 50 kg 的人从船头走到船尾时，船将移动的距离为__________(假定水的阻力不计).

4. 一质点在力 $F_x=x^2$ 的作用下沿 x 轴运动，从 $x=1$ m 到 $x=2$ m，力所做的功为____________，该质点的动能增加____________.

5. 质点系内各质点间的相互作用力称为__________，系统外物体对系统内质点的作用力称为__________.

6. 保守力做功的特点是：功的大小只与物体的__________有关，而与物体所经历的____________无关.

三、计算题

1. 质量为 m 的摩托快艇以速率 v_0 行驶，它受到的阻力与速率平方成正比，可表示为 $F=-mkv^2$（k 为正常数）. 当摩托快艇发动机关闭后：

（1）求速率 v 随时间 t 的变化规律；

（2）求路程 x 随时间 t 的变化规律.

2. 一炮弹以速率 v_0 和仰角 θ_0 发射，到达弹道的最高点时爆炸为质量相等的两块，其中一块以速率 v_1 铅垂下落，求另一块的速率 v_2 及速度与水平方向的夹角.（忽略空气阻力）

5. 一根质量为 m、长度为 l 的匀质细直棒，平放在水平桌面上. 若该棒绕过其一端的竖直轴在水平桌面上以初始角速度为 ω_0 旋转，棒与桌面间的滑动摩擦系数为 μ，其角加速度大小为　　(　　)

(A) $\frac{3g\mu}{2l}$；　　(B) $\frac{3g\mu}{l}$；

(C) $\frac{2g\mu}{3l}$；　　(D) $\frac{2g\mu}{l}$.

6. 长为 l、质量可忽略的直杆，两端分别固定有质量为 $2m$ 和 m 的小球，杆可绕通过其中心且与轴垂直的水平光滑固定轴在铅直面内转动. 开始杆与水平方向成某一角度 θ，处于静止状态，如图所示. 释放后，杆绕 O 轴转动，当杆转到水平位置时，该系统受到的合力矩的大小为 M，此时该系统角加速度大小 α 为　　(　　)

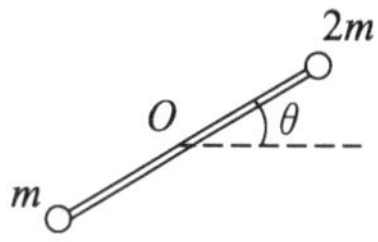

(A) $M=mgl, \alpha=\frac{2g}{3l}$；　　(B) $M=\frac{mgl}{2}, \alpha=\frac{g}{3l}$；

(C) $M=\frac{mgl}{2}, \alpha=\frac{2g}{3l}$；　　(D) $M=\frac{mgl}{2}, \alpha=\frac{3g}{2l}$.

二、填空题

1. 平动刚体上各质点的________和________相同，任何一个质点的运动，都可代表________的运动.

2. 半径为 $r=1.0$ m 的飞轮，初角速度 $\omega_0=10$ rad/s，角加速度 $\alpha=-5$ rad/s^2，若初始时刻角坐标为零，则在 $t=$________时角坐标再次为零，而此时边缘上点的线速度 $v=$________.

3. 如图所示，P，Q，R 和 S 是附于刚性轻质细杆上的质量分别为 $4m$，$3m$，$2m$ 和 m 的 4 个质点，$PQ=QR=RS=l$，则系统对 OO' 轴的转动惯量为________.

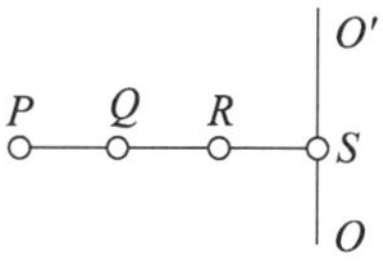

4. 质量为 m、长为 l 的均质杆，对过杆端点与杆垂直的转轴的转动惯量为________；质量为 m、半径为 R 的均质圆盘对过圆心与盘面垂直的转轴的转动惯量为________.

5. 刚体的定轴转动定律的数学表达式为________，表明刚体在________的作用下，所获得的________与________正比，并与________反比.

6. 质量是________量度，转动惯量是________量度.

三、计算题

1. 一个飞轮直径为 0.30 m，边缘绕有绳子. 现用恒力拉绳子的一端，使飞轮由静止均匀地加速，经 0.50 s 转速达 10 rev/s. 试求：

(1) 飞轮的角加速度及在这段时间内转过的转数；

(2) 拉动后 $t=10$ s 时飞轮的角速度及飞轮边缘上一点的速度的大小.

2. 一转动系统的转动惯量为 $J=8.0\ \mathrm{kg\cdot m^2}$，转速 $\omega_0=41.9$ rad/s，两制动闸瓦对轮的压力都为 392 N，闸瓦与轮缘间的摩擦系数为 $\mu=0.4$，轮半径为 $r=0.4$ m. 试求：

(1) 轮所受的摩擦力矩(取初始角速度 ω_0 的方向为转动正方向)；

(2) 轮从开始制动到静止需用的时间.

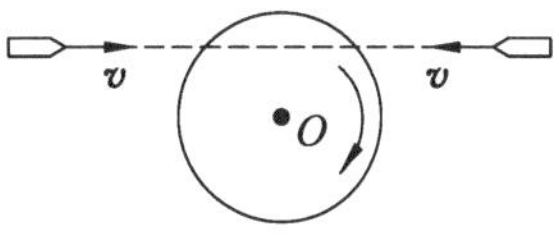

5. 对一个绕固定水平轴 O 匀速转动的转盘，沿如图所示的同一水平直线从相反方向射入两颗质量相同、速率相等的子弹，并停留在盘中，则子弹射入后转盘的角速度应 ( )

(A) 增大； (B) 减小；

(C) 不变； (D) 无法确定.

6. 体重相同的甲、乙两人，分别用双手握住跨过无摩擦滑轮的绳的两端，当他们由同一高度向上爬时，相对绳子，甲的速率是乙的两倍，则到达顶点的情况是 ( )

(A) 甲先到达； (B) 乙先到达；

(C) 同时到达； (D) 不能确定谁先到达.

二、填空题

1. 长为 l 的轻质刚性杆两端分别连接质量为 m 的质点，绕过杆中点与杆垂直的转轴以角速度 ω 转动，则它们对转轴的角动量大小是________________.

2. 定轴转动刚体的转动动能 $E_k=$__________，角动量 $L_z=$__________.

3. 刚体的重力势能等于____________之和，若刚体的质量为 m，质心相对零势能面的高度为 h_c，则重力势能 $E_p=$____________.

4. 一人站在转动的转台上，在他伸出的两手中各握有一个重物，若此人向着胸部缩回他的双手及重物，忽略所有摩擦，则系统的转动惯量__________，系统的角动量__________，系统的转动角速度________.（填“增大”、“减小”或“保持不变”）

5. 若作用于一力学系统上外力的合力为零，则外力的合力矩__________为零（填“一定”或“不一定”）；这种情况下力学系统的动量、角动量、机械能三个量中一定守恒的量是____________.

6. 长为 l、质量为 m 的匀质细杆，可以在水平面内绕通过杆端点的竖直固定轴自由转动，开始时静止. 一质量为 m、速率为 v 的小球，沿水平面且与棒垂直的方向射向棒的自由端，小球以 $\frac{v}{2}$ 速率反向弹回，此时棒的角速度 $\omega=$____________.

三、计算题

1. 如图所示，均质圆柱体质量为 m_1，半径为 R，重锤质量为 m_2，最初静止. 后将重锤释放下落并带动柱体转动，用动能定理求重锤下落 h 高度时的速率.（不计阻力，不计绳的质量和伸长）

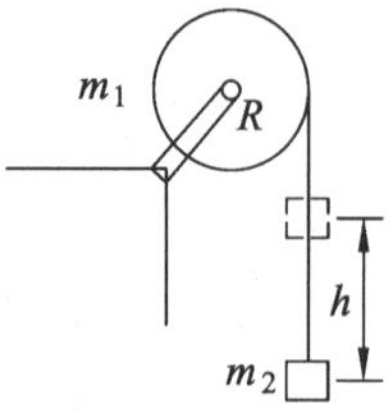

2. 水平光滑桌面中间有一光滑小孔，轻绳一端伸入孔中，另一端系一质量为 10 g 的小球，沿半径为 40 cm 的圆周做匀速运动，这时从孔下拉绳的力为 10^{-3} N. 如果继续向下拉绳，而使小球沿半径为 10 cm 的圆周做匀速圆周运动. 试求：

（1）小球运动半径为 40 cm 时的速率；

（2）小球运动半径为 10 cm 时的速率；

（3）小球运动半径由 40 cm 减小为 10 cm 的过程中拉力所做的功.

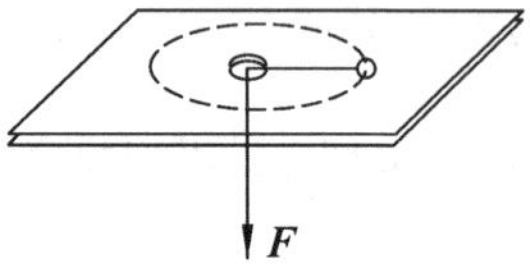

5. 关于高斯定理 $\oint_S \boldsymbol{E} \cdot \mathrm{d}\boldsymbol{S} = \frac{1}{\varepsilon_0}\sum q$，下列说法错误的是 （　　）

(A) S 表示电场中任意的闭合曲面；

(B) $\sum q$ 是闭合曲面 S 内电荷电量的代数和；

(C) $\boldsymbol{E}$ 是闭合曲面 S 内电荷产生的总电场强度；

(D) $\boldsymbol{E}$ 是所有电荷产生的总电场强度.

6. 一个点电荷位于球形高斯面的球心处. 下列几种情况中，通过该高斯面的电场强度通量发生变化的是 （　　）

(A) 将另一个点电荷放在高斯面外；

(B) 将另一个点电荷放进高斯面内；

(C) 将高斯面半径增加一倍；

(D) 将点电荷从球心处移开，但仍在高斯面内.

二、填空题

1. 电场中某点的电场强度等于单位正电荷在该点所受的电场力. 电场强度是矢量，它的方向就是位于该点的正电荷的受力方向. 电荷量为 q 的点电荷的电场强度计算式为____.

2. 点电荷系的电场中，某点的电场强度等于每个点电荷单独存在时在该点所产生的电场强度的____________，这个规律称为电场强度的叠加原理.

3. 边长为 a 的正方形，3 个顶点上分别放置电量均为 q 的点电荷，则正方形中心处的电场强度大小 $E=$________________________.

4. 均匀带负电荷的无限长直线，电荷线密度为 $-\lambda$，与带电直线距离为 r 处的电场强度大小为________________，电场强度方向________________.

5. 在电场强度大小为 E 的匀强电场中，取一个半径为 R 的半球面，电场强度的方向与半球面的对称轴平行，则通过这个半球面的电通量 $\Phi=$________________.

6. 如图所示，闭合曲面 S_1 内有点电荷 $-q$，闭合曲面 S_2 内没有电荷，闭合曲面 S_3 内有点电荷 q，则通过这 3 个闭合曲面的电场强度通量分别为 $\Phi_1=$________，$\Phi_2=$________，$\Phi_3=$________.

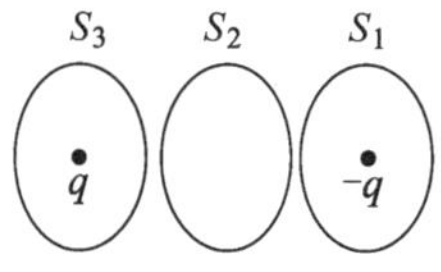

三、计算题

1. 如图所示，长为 l 的细直线 AB 上均匀地分布了线密度为 λ 的正电荷. 求细直线延长线上与 B 端距离为 a 的点 P 处的电场强度.

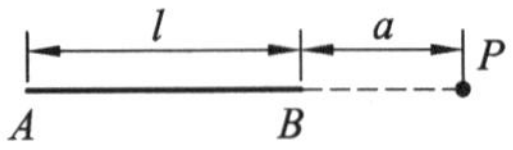

2. 如图所示，半径为 R 的半圆形均匀带电线，电荷线密度为 λ，求圆心 O 处的电场强度.

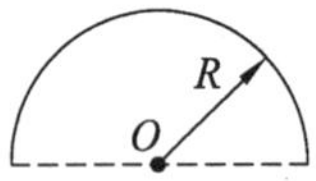

5. 下列说法正确的是 (　　)

(A) 同一等势面上各点的场强大小都相等；

(B) 电势高的地方，电势能也一定大；

(C) 场强越大的地方，电势也一定越高；

(D) 场强的方向总是从高电势指向低电势.

6. 平行板电容器充电后与电源断开，当用绝缘手柄将电容器两极板的距离拉大时，电容器中的静电场能量 (　　)

(A) 减小； (B) 不变；

(C) 增大； (D) 无法确定它的变化.

二、填空题

1. 点电荷在静电场力作用下移动时，静电场力所做的功与点电荷的始、末位置____________，与点电荷移动的路径____________，静电场力属于__________________.

2. 边长为 a 的正六边形每个顶点都有一个点电荷，电量如图所示. 以无限远处为电势零点，则正六边形中心处的场强大小 $E=$________________，电势 $V=$________________________.

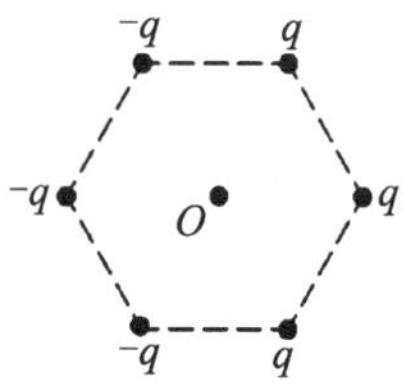

3. 真空中，有一个均匀带电细圆环，电荷线密度为 λ. 以无限远处为电势零点，则圆环中心处的电势 $V=$______________________.

4. 半径为 R 的均匀带电球面，面电荷密度为 $\sigma(\sigma>0)$，球心处另有一个电量为 q 的点电荷. 以无限远处为电势零点，则球内离球心距离为 r 处的电势 $V=$__________________.

5. 导体静电平衡的条件是导体内电场强度________；当带电导体处于静电平衡时，导体中的电荷只分布在________，导体上各点的电势处处相等，导体是等势体.

6. 平行板电容器充电后与电源保持相连，将极板间的距离增加一些，则其电容__________________，极板间电场强度大小________________，电容器中电场能量________________.（填“增大”、“减小”或“不变”）

三、计算题

1. 如图所示,长为 l 的细直线 AB 上均匀分布线密度为 λ 的电荷. 以无限远处为电势零点,计算细直线延长线上与 B 端距离为 a 的点 P 处的电势.

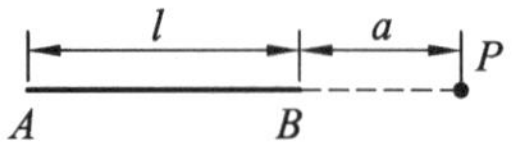

2. 如图所示,半径为 R 的均匀带电薄圆盘,电荷面密度为 σ. 以无限远处为电势零点,计算圆盘中心 O 处的电势.

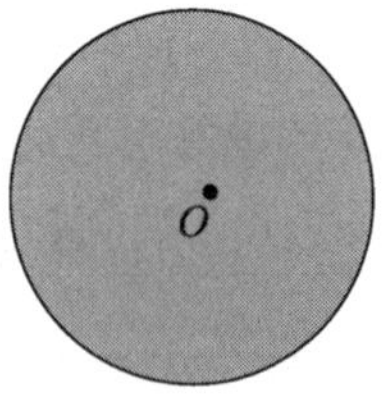

5. 一根很长的电缆线由两个同轴的圆柱面导体组成，这两个圆柱面的半径分别为 R_1 和 R_2（$R_1<R_2$），通有等值反向电流，下列图中正确反映电流产生的磁感应强度随径向距离的变化关系的是　　（　　）

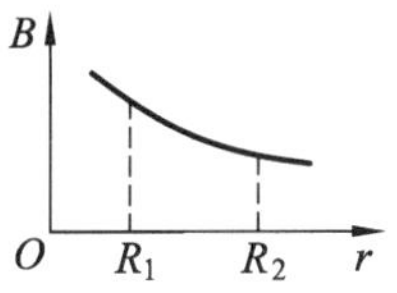

(A)

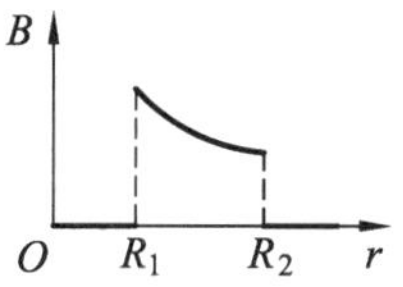

(B)

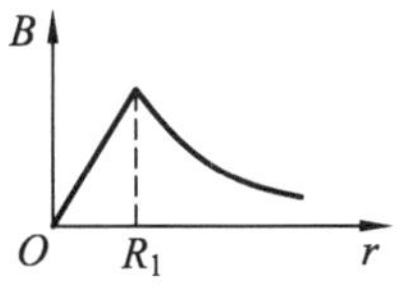

(C)

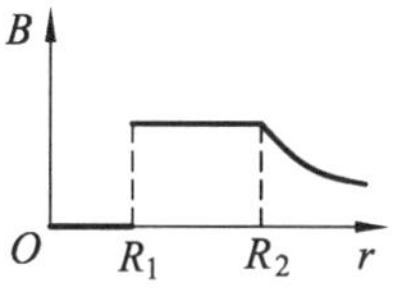

(D)

6. 横截面是圆形的两个螺线管，单位长度上的匝数相等，横截面半径之比为 2∶1. 通过相等的电流时，两螺线管中的磁感强度大小之比为　　（　　）

(A) 2∶1；　　(B) 1∶1；

(C) 1∶2；　　(D) 4∶1.

二、填空题

1. 4 条相互平行的载流长直导线，电流强度均为 I，如图所示放置，正方形的边长为 $2a$，正方形中心的磁感应强度大小 $B=$________________.

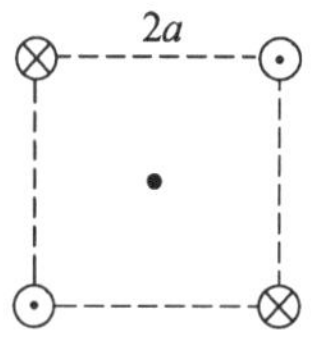

2. 通有电流 I，半径为 R 的圆形线圈，在圆心处产生的磁感应强度大小 $B=$________________________________.

3. 如图所示的导线框中，两个共面半圆的半径分别为 a 和 b，且有公共圆心 O，当回路中通有电流 I 时，O 处的磁感应强度大小 $B=$____________________，方向____________________.

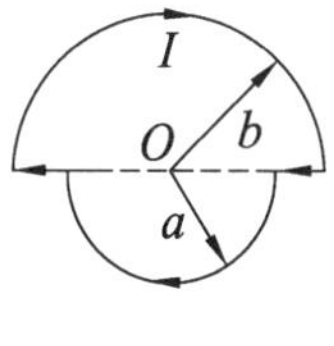

4. 通有电流 I 的空芯长直螺线管，单位长度线圈的匝数为 n，管内中段部分的磁感应强度大小 $B=$________________，螺线管管口中心点的磁感应强度大小 $B=$________________________________.

5. 无限长直圆柱面，沿圆柱面轴向通有电流 I，电流均匀分布. 以 r 表示场点到圆柱面轴线的距离，则圆柱面内磁感应强度 $B=$____________________，圆柱面外的磁感应强度 $B=$__________________________.

6. 两根无限长载流直导线相互平行，通过的电流分别为 I_1 和 I_2，方向如图所示，则 $\oint_{L_1} \boldsymbol{B}\cdot \mathrm{d}\boldsymbol{l}=$________，$\oint_{L_2} \boldsymbol{B}\cdot \mathrm{d}\boldsymbol{l}=$________.

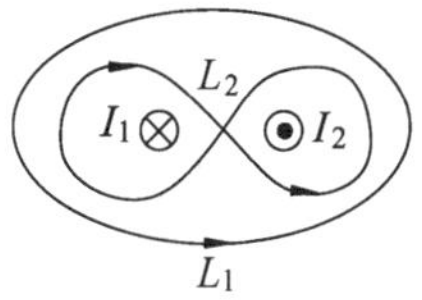

三、计算题

1. 如图所示，两根平行的无限长直导线，电流方向均垂直纸面向外，且 $I_1=I_2=I$，求在点 O 处磁感应强度的大小和方向.（点 O 到两直导线的距离均为 a）

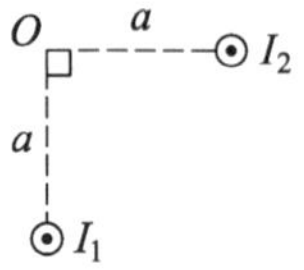

2. 两个分别载有电流 I_1 和 I_2 的半径为 R 的圆线圈，一个处于水平位置，一个处于竖直位置，两个线圈的圆心重合，则在圆心 O 处的磁感应强度大小为多少？

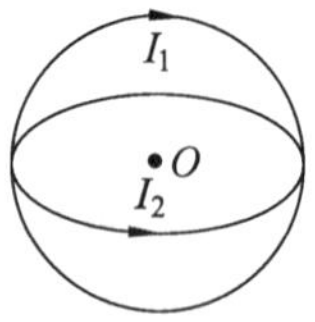

5. 匀强磁场中有两个平面线圈，其面积 $S_1=2S_2$，通有电流 $I_1=2I_2$，它们所受的最大磁力矩之比 $M_1:M_2$ 等于 (　　)

(A) 1∶4；　(B) 4∶1；

(C) 1∶2；　(D) 2∶1.

6. 一矩形通电线圈 $abcd$，可绕其中心轴 OO' 转动，它处在与 OO' 垂直的匀强磁场中，如图所示. 在磁场作用下线圈开始转动，最后静止在平衡位置，则平衡后 (　　)

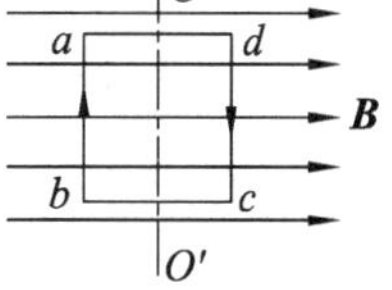

(A) 线圈四边都不受磁场的作用力；

(B) 线圈四边受到指向线圈外部的磁场作用力，但合力为零；

(C) 线圈四边受到指向线圈内部的磁场作用力，但合力为零；

(D) 线圈的一对边受到指向线圈外部的磁场作用力，另一对边受到指向线圈内部的磁场作用力，但合力为零.

二、填空题

1. 一个带电量为 q 的粒子，在磁感应强度为 $\boldsymbol{B}$ 的磁场中以速度 $\boldsymbol{v}$ 运动时，受到的洛伦兹力 $\boldsymbol{F}=$________. 若带电粒子平行于磁场方向进入匀强磁场，粒子做________运动；若带电粒子垂直于磁场方向进入匀强磁场，则粒子做________运动.

2. 两个带电粒子，以相同的速度垂直于磁场方向飞入同一匀强磁场做圆周运动，它们的质量之比是 1∶4，电量之比是 1∶2，则它们的运动轨道半径之比是________.

3. 任意形状的平面载流线圈在匀强磁场中所受的安培力 $\boldsymbol{F}=$________.

4. 面积为 S，通有电流 I 的单匝平面闭合线圈，置于磁感应强度为 $\boldsymbol{B}$ 的匀强磁场中，此线圈的磁矩 $\boldsymbol{m}=$________，受到的最大磁力矩 $M=$________，此时通过线圈的磁通量 $\Phi=$________. 当此线圈受到磁力矩为最小值时，通过线圈的磁通量 $\Phi=$________.

5. 磁矩为 $\boldsymbol{m}$ 的载流线圈，置于磁感应强度为 $\boldsymbol{B}$ 的匀强磁场中，$\boldsymbol{m}$ 与 $\boldsymbol{B}$ 的夹角为 α. 当线圈由 $\alpha=0°$ 转到 $\alpha=180°$ 时，磁力矩做的功 $A=$________.

6. 等离子体发电机的示意图如图所示. 磁感应强度为 $\boldsymbol{B}$ 的磁场垂直于纸面向里，两极板间距离为 d，要使输出电压为 U，则等离子的速度大小为________，a 是电源的________极.

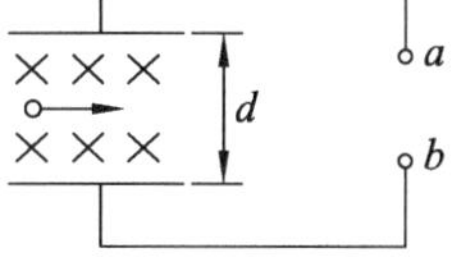

三、计算题

1. 一电子以 $v=1.0\times10^{7}$ m/s 的速度射入磁感应强度 $B=1.0$ T 的匀强磁场中，速度方向与磁场方向成 30°角，电子电量 $e=1.6\times10^{-19}$ C，电子质量 $m_e=9.11\times10^{-31}$ kg，计算：

(1) 电子做螺旋运动的半径；

(2) 旋转频率；

(3) 螺距.

2. 如图所示，abc 为光滑的绝缘轨道，ab 部分为 1/4 圆弧，其半径为 R，bc 部分水平. 质量为 m，带电量为 $+q$ 的物块，从点 a 由静止开始下滑. 虚线框内有垂直于轨道的匀强磁场，要使物块到达点 b 时对轨道压力恰好为零，求虚线框内磁感应强度的大小和方向.

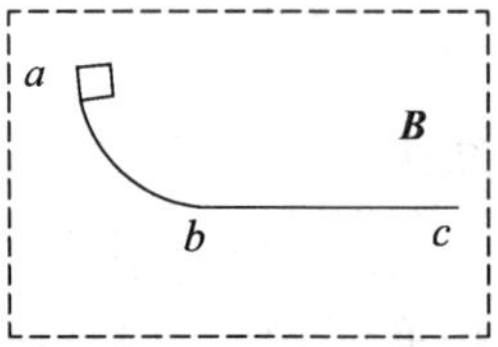

5. 下列说法正确的是 (　　)

(A) 通过导体的电流越大，产生的自感电动势就越大；

(B) 自感电动势的大小取决于通过本身回路所包围面积的磁通量变化快慢；

(C) 自感电动势的大小只取决于流过导体本身电流的变化快慢；

(D) 自感电动势的方向取决于导体中电流的方向.

6. 如图所示，两个圆环形导体 a，b 互相垂直放置，圆心重合，当通过它们的电流 I_1 和 I_2 同时发生变化时， (　　)

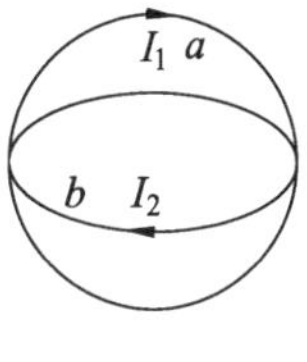

(A) a 导体产生自感电流，b 导体产生互感电流；

(B) b 导体产生自感电流，a 导体产生互感电流；

(C) 两导体同时产生自感电流和互感电流；

(D) 两导体只产生自感电流，不产生互感电流.

二、填空题

1. 闭合回路中产生的感应电流具有确定的方向，感应电流所产生的磁场的磁通量总是________________________________的变化，这个规律称为楞次定律.

2. 通过回路所包围面积的磁通量发生变化时，回路中就会产生感应电动势，感应电动势与____________________成正比，这个规律称为法拉第电磁感应定律，采用国际单位制，其数学表达式为____.

3. 电阻为 R、半径为 a 的导线圆环置于匀强磁场中，圆环平面与磁场方向垂直.若使圆环中有稳定的感应电流 I，则磁感应强度大小随时间的变化率 $\frac{\mathrm{d}B}{\mathrm{d}t}=$____________________.

4. 一根直导线在磁感应强度为 $\boldsymbol{B}$ 的均匀磁场中，以速度 $\boldsymbol{v}$ 运动，导线中的动生电动势对应的非静电性场强 $\boldsymbol{E}_k=$__________________________________.

5. 由于自身回路中电流 I 变化引起的磁通量变化，而在自身回路中产生感应电动势的现象称为____________________，相应的电动势称为________________，用 L 表示自感系数，则自感电动势 $\varepsilon_L=$______________________.

6. 由于一个回路中的电流 I 变化而在邻近另一个回路中产生感应电动势的现象称为______________，相应的电动势称为____________________.用 M 表示互感系数，则互感电动势 $\varepsilon=$____.

三、计算题

1. 长为 L、圆形横截面半径为 R 的长直空芯螺线管($R \ll L$),螺线管由两个均匀密绕的线圈叠绕而成,线圈匝数分别为 N_1 和 N_2. 匝数为 N_1 的线圈导线中通有交变电流 $i = I_0 \sin \omega t$时,求匝数为 N_2 的线圈导线中的感应电动势.

2. 无限长载流直导线中电流变化率$\frac{\mathrm{d}I}{\mathrm{d}t} = \alpha$($\alpha$ 为正的常数),边长为 a 的正方形线圈与导线共面,正方形线圈一边与直导线相距 b,如图所示. 求线圈中的感应电动势.

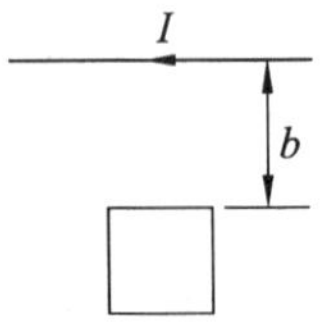

5. 在标准状态下，若氧气（视为刚性双原子分子的理想气体）和氦气的体积比 $\frac{V_1}{V_2}=\frac{1}{2}$，则其内能之比 $\frac{E_1}{E_2}$ 为 （　　）

(A) $\frac{3}{10}$；　　(B) $\frac{1}{2}$；

(C) $\frac{5}{6}$；　　(D) $\frac{5}{3}$.

6. 压强为 p、体积为 V 的氢气（视为刚性分子理想气体）的内能为 （　　）

(A) $\frac{5}{2}pV$；　　(B) $\frac{3}{2}pV$；

(C) pV；　　(D) $\frac{1}{2}pV$.

二、填空题

1. 质量为 m，摩尔质量为 M，分子数密度为 n 的理想气体，处于平衡态时，状态方程为______________，状态方程的另一形式为______________，其中 k 称为______________常数.

2. 理想气体的微观模型可以简明表述为：____________________，____________________，____________________.

3. 能量均分定理的内容是______________________________.

4. 气体分子的平均平动动能与宏观量温度 T 的关系为 $\bar{\varepsilon}_k=$______________，因此，气体的温度是____________________的量度.

5. 单原子气体分子有________个自由度，刚性双原子气体分子有________个自由度，刚性三原子气体分子有个________自由度.

6. $f(v)$ 为麦克斯韦速率分布函数，其归一化条件的数学表达式为__________________________，其物理意义是______________________________.

三、计算题

1. 有一水银气压计，当水银柱高度为 0.76 m 时，管顶离水银柱液面为 0.12 m. 管的截面积为 $2.0\times10^{-4}\ m^2$. 当有少量氦气混入水银管内顶部，水银柱高度下降为 0.60 m，此时温度为 27 ℃，试计算有多少质量的氦气在管顶？（氦气的摩尔质量为 0.004 kg/mol，0.76 m水银柱压强为 1.013×10^5 Pa）

2. 一瓶氢气和一瓶氧气温度相同，若氢气分子的平均平动动能为 $\bar{\varepsilon}_{kt}=6.21\times10^{-21}$ J. 求：

(1) 氧气分子的平均平动动能；

(2) 氧气的温度；

(3) 氧气的方均根速率.

（阿伏伽德罗常量 $N_A=6.022\times10^{23}\ mol^{-1}$，玻尔兹曼常量 $k=1.38\times10^{-23}$ J/K）

6. 对于理想气体系统来说，在下列过程中，系统所吸收的热量、内能的增量和对外做的功三者均为负值的是 (　　)

(A) 等体降压过程；

(B) 等温膨胀过程；

(C) 绝热膨胀过程；

(D) 等压压缩过程.

二、填空题

1. 热力学第一定律的内容是________________，其数学表达式为________________. 其中，$Q>0$ 表示________________，$Q<0$ 表示________________；$A>0$ 表示________________，$A<0$ 表示________________.

2. 不规则地搅拌盛于绝热容器中的液体，液体温度在升高，若将液体看作系统，则：

(1) 外界传给系统的热量________ 0；

(2) 外界对系统做的功________ 0；

(3) 系统的内能的增量________ 0.（填“大于”、“等于”或“小于”）

3. 循环过程是________________，在 p-V 图上循环过程用________________表示. 卡诺循环是由两个准静态的________________过程和两个准静态的________________过程组成的.

4. 如图所示，理想气体从状态 A 经 $ABCDA$ 循环过程，回到初态点 A，则循环过程中气体净吸的热量 $Q=$________________.

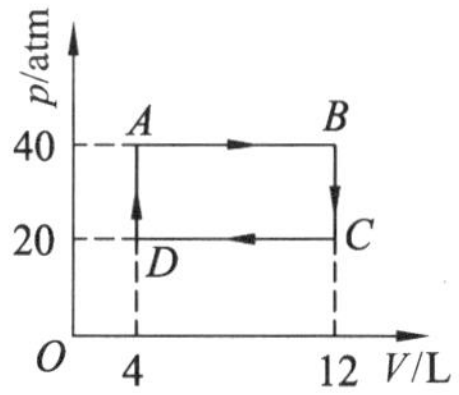

5. 一卡诺热机(可逆的)，低温热源为 27 ℃，热机效率为 40 %，其高温热源温度为________ K. 今欲将该热机效率提高到 50 %，且低温热源温度保持不变，则高温热源的温度增加________ K.

6. 热力学第二定律的两种表述：

开尔文表述：________________________________；

克劳修斯表述：________________________________.

三、计算题

1. 标准状态下的 0.014 kg 氮气,压缩为原体积的一半,分别经过(1)等温过程,(2)等压过程.试计算在这些过程中气体内能的增量、对外界所做的功和吸收的热量.

2. 双原子分子理想气体从状态 $a(p,V)$)沿 p-V 图所示直线 ab 变化到状态 $b(1.5p,3V)$,试求气体的内能增量、对外界所做的功和吸收的热量.

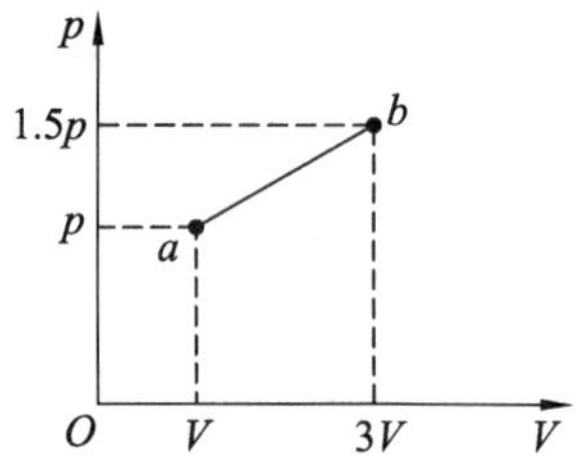

6. 若分振动表达式分别为 $x_1=3\cos(50\pi t+0.25\pi)$ 和 $x_2=4\cos(50\pi t+0.75\pi)$(SI 制)，则它们的合振动表达式为 (　　)

(A) $x=2\cos(50\pi t+0.25\pi)$；

(B) $x=5\cos(50\pi t)$；

(C) $x=5\cos\left(50\pi t+\dfrac{\pi}{4}+\arctan\dfrac{3}{4}\right)$；

(D) $x=5\cos\left(50\pi t+\dfrac{\pi}{4}+\arctan\dfrac{4}{3}\right)$.

二、填空题

1. 简谐振动的余弦函数表达式是 $x=$ ______________. 其中 ________、________和________称为简谐振动的三个特征量.

2. 简谐振动的速度表达式 $v=\dfrac{dx}{dt}=$ ________，速度的幅值 $v_m=$ ________；加速度的数学表达式 $a=\dfrac{d^2x}{dt^2}=$ ________，加速度的幅值 $a_m=$ ________.

3. 做简谐振动的物体，角频率是 ω，初始时刻，物体的初速度是 $\boldsymbol{v}_0$，初位移是 x_0，则振幅 $A=$ ______________.

4. 一质点沿 x 轴做简谐振动，振动范围中心点为 x 轴的原点. 已知周期为 $T=10$ s，振幅为 $A=0.2$ m.

(1) 若 $t=0$ 时，质点过 $x=0$ 处且朝 x 轴正方向运动，则振动方程为

$x=$ ______________________________

(2) 若 $t=0$ 时，质点处于 $x=\dfrac{1}{2}A$ 处且向 x 轴负方向运动，则振动方程为

$x=$ ______________________________

5. 一简谐振动用余弦函数表示，其振动曲线如图所示，则此简谐振动的三个特征量分别为 $A=$ ____________，$\omega=$ ____________，$\phi=$ ____________.

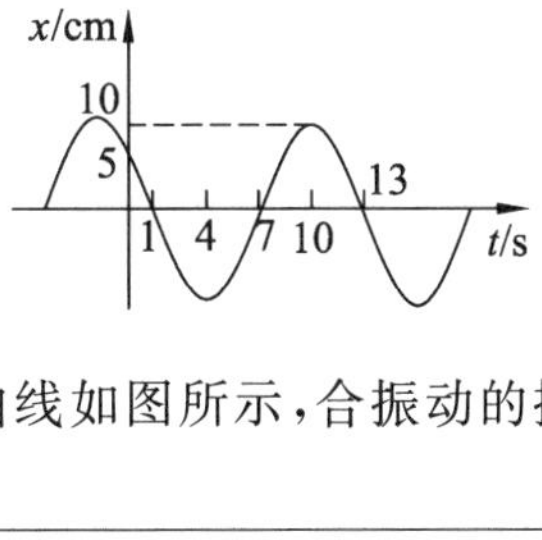

6. 两个同方向的简谐振动曲线如图所示，合振动的振幅为 ______________，合振动的振动方程为 ______________________.

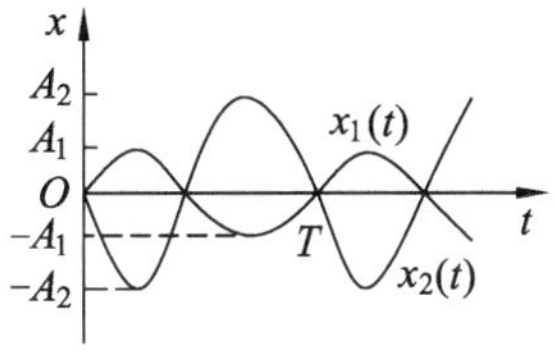

三、计算题

1. 质量 $m=10$ g 的小球按 $x=0.1\cos\left(8\pi t+\frac{2}{3}\pi\right)$（SI 制）沿 x 轴做简谐振动. 求此振动的周期、振幅、初相、速度最大值、加速度最大值，以及振动的总能量.

2. 一简谐振动，其位移-时间曲线如图所示，用余弦函数表示振动方程，试求其初位相，及在 a,b,c,d 各点对应的相位，并画出相应的旋转矢量图.

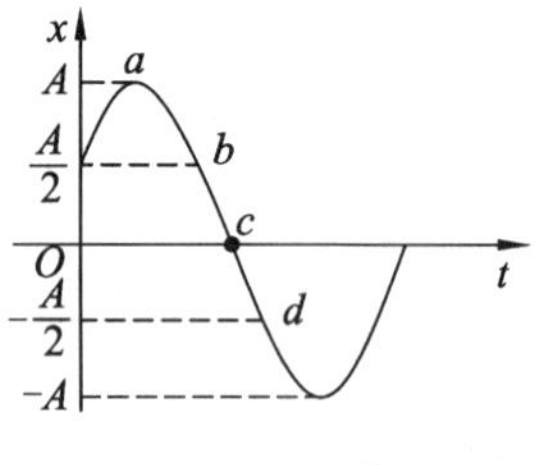

4. 频率为 100 Hz，传播速度为 300 m/s 的平面简谐波，波线上距离小于波长的两点振动的相位差为$\frac{1}{3}\pi$，则此两点相距 (　　)

(A) 2.86 m；　　(B) 2.19 m；

(C) 0.5 m；　　(D) 0.25 m.

5. 一平面简谐波在弹性介质中传播时，在传播方向上某质元在某一时刻处于最大位移处，则它的 (　　)

(A) 动能为零，势能最大；

(B) 动能为零，势能也为零；

(C) 动能最大，势能也最大；

(D) 动能最大，势能为零.

6. 如图所示，两列波长为 λ 的相干波在点 P 相遇. 波在点 S_1 振动的初相是 ϕ_1，S_1 到点 P 的距离是 r_1；波在点 S_2 的初相是 ϕ_2，S_2 到点 P 的距离是 r_2，以 k 代表零或正、负整数，则点 P 是干涉极大的条件为 (　　)

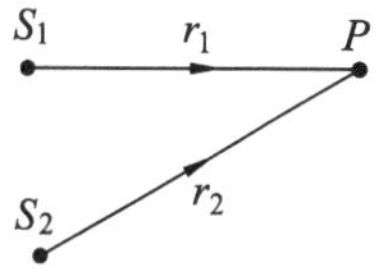

(A) $r_2-r_1=k\lambda$；

(B) $\phi_2-\phi_1=2k\pi$；

(C) $\phi_2-\phi_1+2\pi(r_2-r_1)/\lambda=2k\pi$；

(D) $\phi_2-\phi_1+2\pi(r_1-r_2)/\lambda=2k\pi$.

二、填空题

1. 产生机械波的必要条件是____________________和____________________.

2. 波长 λ、波速 u 和频率 f 的关系是 $u=$________________，我们________(填“能”或“不能”)利用提高频率的方法来提高波在介质中的传播速度.

3. 沿 Ox 轴正方向传播的平面简谐波的波函数 $y(x,t)=$________________；若平面简谐波沿 Ox 轴负方向传播，则波函数 $y(x,t)=$________________.

4. 对于波函数 $y(x,t)$，如果 x 给定，那么位移 y 就只是 t 的周期函数，这时波函数表示________________；如果 t 给定，那么位移 y 就只是 x 的周期函数，这时波函数表示________________.

5. 平面简谐波(机械波)沿 x 轴正方向传播，波动表达式为 $y=0.2\cos\pi\left(t-\frac{x}{2}\right)$(SI制)，则 $x=-3$ m 处质点的位移表达式为 $y=$________________.

6. 两列波叠加产生干涉现象的条件是：①________________；②________________；③________________.

三、计算题

1. 沿弦线前进的横波表达式为 $y=0.06\cos\left[40\pi\left(t+\frac{x}{20}\right)\right]$. 试求：

（1）波的振幅、波速、周期和波长；

（2）波的传播方向；

（3）弦线上各质点振动的最大速率.

2. 一列平面简谐波沿 x 轴正方向传播，坐标原点按 $y_0=A\cos(\omega t+\phi)$ 的规律振动，已知 $A=0.10$ m，$T=0.50$ s，$\lambda=10$ m. 如果 $\phi=0$，试求：

（1）坐标原点的振动表达式；

（2）波的表达式；

（3）波线上相距 2.5 m 的两点的相位差.

5. 在夫琅禾费单缝衍射实验中，对于给定的入射单色光，当缝宽度变小时，除中央亮纹的中心位置不变外，各级衍射条纹 (　　)

(A) 对应的衍射角变小；

(B) 对应的衍射角变大；

(C) 对应的衍射角也不变；

(D) 光强也不变.

6. 在如图所示的夫琅禾费单缝衍射实验装置中，S 为单缝，L 为凸透镜，C 为放在的焦平面处的屏. 当把单缝垂直于凸透镜光轴稍微向上平移时，屏幕上的衍射图样 (　　)

(A) 向上平移；

(B) 向下平移；

(C) 不动；

(D) 条纹间距变大.

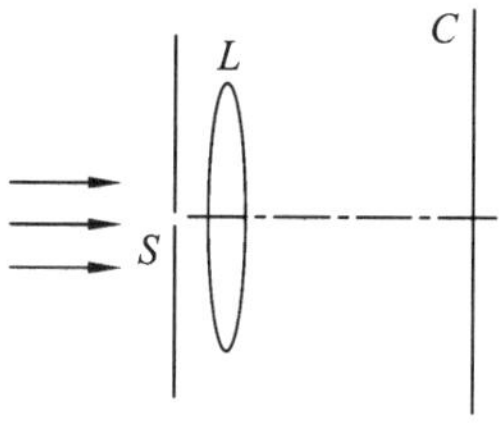

二、填空题

1. 从同一光源获得相干光的方法有____________________和____________________.

2. 在双缝干涉实验中，双缝间距为 d，双缝到屏的距离为 $D(D\gg d)$，测得中央零级明纹与第 5 级明纹之间的距离为 x，则入射光的波长为____________________.

3. 单色平行光垂直照射在薄膜上，经上下两表面反射的两束光发生干涉，如图所示，若薄膜的厚度为 e，且 $n_1<n_2$，$n_3<n_2$，λ_1 为入射光在 n_1 中的波长，则两束反射光的光程差为 $\delta=$____________________.

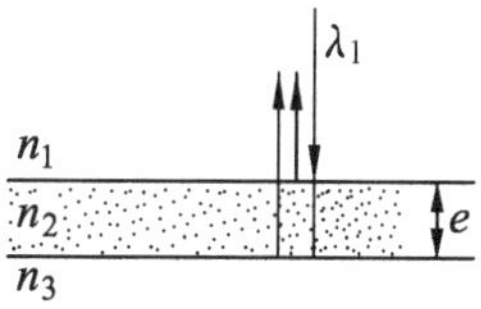

4. 在垂直照射的劈尖干涉实验中，当劈尖的夹角变大时，干涉条纹将向________________方向移动，相邻条纹间的距离将变________________.

5. 在迈克耳孙干涉仪实验中，可移动反射镜 M 移动 0.620 mm 的过程中，观察到干涉条纹移动了 2 300 条，则所用光的波长为____________________ nm.

6. 在缝宽为 a 的单缝夫琅禾费衍射中，波长为 λ、衍射角 θ 方向的观察屏上的点 P 出现暗纹的条件是____________________________.

三、计算题

1. 在双缝干涉实验中，波长 $\lambda=550$ nm 的单色平行光垂直入射到缝间距 $d=2\times10^{-4}$ m 的双缝上，屏到双缝的距离 $D=2$ m. 求：

(1) 相邻明纹的间距及中央明纹两侧的第 5 级明纹中心的间距；

(2) 用一厚度为 $e=6.6\times10^{-6}$ m、折射率为 $n=1.58$ 的玻璃片覆盖其中一缝后，零级明纹将移到原来的第几级明纹处？($1\ \text{nm}=10^{-9}$ m)

2. 放在空气中一劈尖的折射率为 1.4，劈尖的夹角为 10^{-4} rad，在某一单色光的垂直照射下，可测得两条相邻明纹的间距为 0.25 cm. 试求：

(1) 相邻干涉条纹劈尖厚度之差 Δe_k；

(2) 此单色光在空气中的波长.

5. 一束光强为 I_0 的自然光垂直穿过两个偏振片，且两偏振片的振偏化方向成45°角，若不考虑偏振片的反射和吸收，则穿过两个偏振片后的光强 I 为 (　　)

(A) $\frac{\sqrt{2}}{4}I_0$；

(B) $\frac{1}{4}I_0$；

(C) $\frac{1}{2}I_0$；

(D) $\frac{\sqrt{2}}{2}I_0$.

6. 自然光从空气射到折射率为$\sqrt{3}$的玻璃上，反射光为线偏振光时的入射角为 (　　)

(A) $\frac{\pi}{2}$；

(B) $\frac{\pi}{3}$；

(C) $\frac{\pi}{4}$；

(D) $\frac{\pi}{6}$.

二、填空题

1. 波长为 λ，圆孔直径为 D 的衍射图样爱里斑的角半径 $\theta_1=$________________.

2. 迎面驶来的汽车两盏前灯相距 1.2 m，则当汽车距离为______________时，人眼才能分辨这两盏前灯.(假设人的眼瞳直径为 0.5 mm，而入射光波长为 550.0 nm)

3. 光的偏振态有____________、____________和____________.

4. 入射强度为 I_1，振动方向与检偏器透振方向夹角为 α 的线偏振光，经检偏器后的透射光强 $I=$________，这种规律称为__________________.

5. 自然光从折射率为 n_1 的介质入射到折射率为 n_2 的介质分界面上，反射光为线偏振光时的入射角 i_B 满足____________，这时____________和____________垂直.

6. 检验自然光、线偏振光时，使被检验光入射到偏振片上，然后旋转偏振片. 若从振偏片射出的光线____________________，则入射光为自然光；若射出的光线__________________________，则入射光为完全偏振光.

三、计算题

1. 用可见光(400～760 nm)照射光栅常数为 d 的光栅时，一级光谱和二级光谱是否重叠？二级和三级如何？

2. 一衍射光栅，每厘米有 200 条狭缝，每条狭缝宽为 $a=2\times10^{-3}$ cm，在光栅后放一焦距 $f=1$ m 的凸透镜，现以 $\lambda=600$ nm($1\ \text{nm}=10^{-9}$ m)的单色平行光垂直照射光栅. 求：

(1) 单缝 a 的单缝衍射中央明条纹线宽度为多少？

(2) 在该宽度内，有几个光栅衍射主极大？

5. 一个光子和一个电子具有同样的波长，则 (　　)

(A) 光子具有较大的动量；

(B) 电子具有较大的动量；

(C) 光子和电子具有相同的动量；

(D) 光子没有动量.

6. 在康普顿散射中，若散射光子与原来入射光子方向成 θ 角，当 θ 等于多少时，散射光子的频率减少最多？ (　　)

(A) 180°；

(B) 90°；

(C) 45°；

(D) 30°.

二、填空题

1. 波长为 λ 的光子，则其能量 $E=$__________，动量的大小 $p=$__________，质量 $m=$__________.

2. 康普顿实验中，当能量为0.5 MeV的X射线射中一个电子时，该电子获得0.10 MeV的动能.假设原电子是静止的，则散射光的波长 $\lambda_1=$__________(1 MeV$=10^6$ eV).

3. 若电子在均匀磁场中沿半径为 R 的圆形轨道运动，磁场的磁感应强度为 $\boldsymbol{B}$，则该电子的德布罗意波长 $\lambda=$__________.

4. 以动能为12.5 eV的电子通过碰撞使氢原子激发，氢原子最高能被激发到第__________能级.

5. 从量子力学观点来看，微观粒子概率密度的表达式为__________，其物理统计意义是__________.在电子衍射实验中，如果入射电子流的强度增加为原来的 N 倍，则在某处找到粒子的概率等于原来的__________倍.

6. 波函数 $\Psi(\boldsymbol{r},t)$满足的标准化条件为__________，归一化条件的表达式为__________.

三、计算题

1. 铝的逸出功为 4.2 eV,今用波长为 200 nm 的紫外光照射到铝表面上,发射的光电子的最大初动能为多少?遏制电势差为多少?铝的红限波长是多少?

2. 已知 X 射线光子的能量为 0.60 MeV,若在康普顿散射中散射光子的波长为入射光子的 1.2 倍,试求反冲电子的动能.

7. 在杨氏双缝干涉实验中，若将两缝的间距加倍，则干涉条纹的间距是原来的 (　　)

(A) 2 倍；　　(B) 4 倍；　　(C) 1/4；　　(D) 1/2.

8. 在单缝夫琅禾费衍射中，缝宽为 a，透镜焦距为 f，波长为 λ，则观察屏上中央亮条纹的宽度为 (　　)

(A) $\frac{\lambda}{a}f$；　　(B) $\frac{\lambda}{f}a$；　　(C) $2\frac{\lambda}{a}f$；　　(D) $2\frac{\lambda}{f}a$.

9. 一束光强为 I_0 的自然光，相继通过三个偏振片 P_1, P_2, P_3 后出射光强为 $\frac{1}{8}I_0$. 已知 P_1 和 P_3 的偏振化方向相互垂直，若以入射光线为轴旋转 P_2，要使出射光强为零，则 P_2 至少应转过的角度是 (　　)

(A) 30°；　　(B) 45°；　　(C) 60°；　　(D) 90°.

10. 自然光以 60°的入射角照射到某一透明介质表面时，反射光为线偏振光，则 (　　)

(A) 折射光为线偏振光，折射角为 30°；

(B) 折射光为部分偏振光，折射角为 30°；

(C) 折射光为线偏振光，折射角不能确定；

(D) 折射光为部分偏振光，折射角不能确定.

二、填空题(共 30 分，每空 2 分)

1. $f(v)$ 为麦克斯韦速率分布函数，$\int_{v_p}^{\infty} f(v)\mathrm{d}v$ 的物理意义是__________.

2. 同一温度下的氢气和氧气的速率分布曲线如图所示，其中曲线 1 为________的速率分布曲线，________的最概然速率较大(填“氢气”或“氧气”). 若图中曲线表示同一种气体不同温度时的速率分布曲线，温度分别为 T_1 和 T_2，且 $T_1 < T_2$，则曲线 1 代表温度为________的分布曲线(填“T_1”或“T_2”).

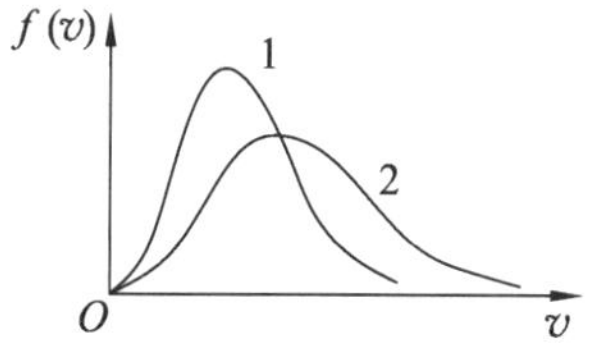

3. 设氮气为刚性分子组成的理想气体，其分子的平动自由度数为________，转动自由度为________.

4. 如图所示，一理想气体系统由状态 a 沿 acb 到达状态 b，系统吸收热量 350 J，而系统做功为 130 J.

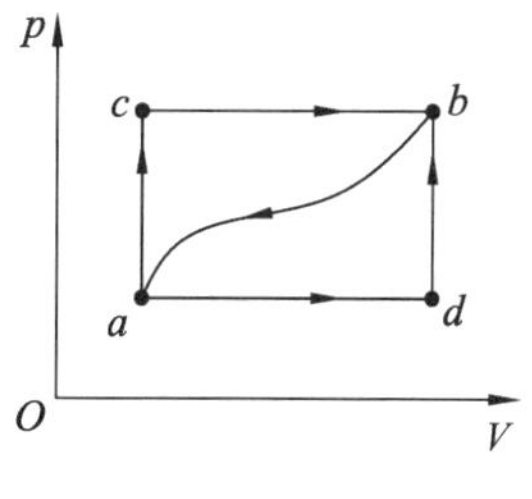

(1) 经过过程 adb，系统对外做功 40 J，则系统吸收的热量 $Q=$__________.

(2) 当系统由状态 b 沿曲线 ba 返回状态 a 时，外界对系统做功为 60 J，则系统吸收的热量 $Q=$__________.

5. 一平面简谐波沿 x 轴正向传播，波动方程为 $y=A\cos\left[\omega\left(t-\frac{x}{u}\right)+\frac{\pi}{4}\right]$，则 $x=L$ 处质点的振动方程为____________________.

6. 一质点沿 x 轴做简谐振动，振动范围的中心点为 x 轴的原点. 已知周期为 T，振幅为 A. 若 $t=0$ 时质点过 $x=0$ 处且朝 x 轴正方向运动，则振动方程为 $x=$__________________________；若向 x 轴负方向运动，则振动方程为 $x=$________________________.

7. 一平面简谐波的周期为 2.0 s，在波的传播路径上有相距为 2.0 cm 的 M，N 两点，如果点 N 的相位比点 M 相位落后 $\frac{\pi}{6}$，那么该波的波长为____________________，波速为____________________.

8. 波长为 λ 的平行单色光垂直照射到折射率为 n 的劈形膜上，相邻的两明纹所对应的薄膜厚度之差是________________________.

9. 自然光以布儒斯特角入射在介质界面上，反射光的振动面垂直于______________.

三、计算题(共 50 分，每题 10 分)

1. 水蒸气分解为同温度 T 的氢气和氧气时，1 mol 的水蒸气可分解成 1 mol 氢气和 $\frac{1}{2}$mol 氧气 $\left(H_2O \longrightarrow H_2+\frac{1}{2}O_2\right)$. 当不计振动自由度时，求此过程中内能的增量.

2. 如果一定质量的理想气体，其体积和压强依照 $V=\frac{a}{\sqrt{p}}$ 的规律变化，其中 a 为已知常量. 试求：

(1) 气体从体积 V_1 膨胀到 V_2 所做的功；

(2) 气体体积为 V_1 时的温度 T_1 与体积为 V_2 时的温度 T_2 之比(用 V_1 和 V_2 表示).

(C) 增大；　　　　　　　　　　　　　　(D) 无法确定它的变化.

7. 四条相互平行的载流长直导线电流强度均为 I，如图放置，正方形的边长为 $2a$，正方形中心的磁感应强度为　　(　　)

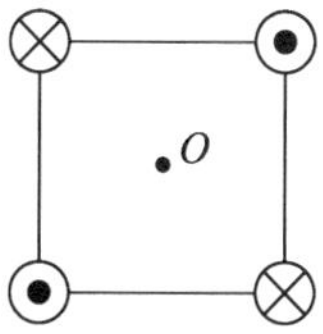

(A) $B=2\frac{\mu_0}{\pi a}I$；　　　　　　　　(B) $B=\frac{2\mu_0}{\sqrt{2}\pi a}I$；

(C) $B=0$；　　　　　　　　　　　　　(D) $B=\frac{\mu_0}{\pi a}I$.

8. 电子枪同时射出两电子，初速度分别为 $\boldsymbol{v}$ 和 $2\boldsymbol{v}$，经过均匀磁场偏转后，先回到出发点的是　　(　　)

(A) 初速度为 v 的电子；　　　　　　(B) 初速度为 $2v$ 的电子；

(C) 同时到达；　　　　　　　　　　　(D) 条件不够，无法确定.

9. 如图所示，通有电流 I 的无限长直导线旁放置一段长度为 l 的直导线 ab，两导线共面且相互垂直. 当导线 ab 以速度 $\boldsymbol{v}$ 沿电流的平行方向运动时，导线 ab 两端的电势高低的关系是　　(　　)

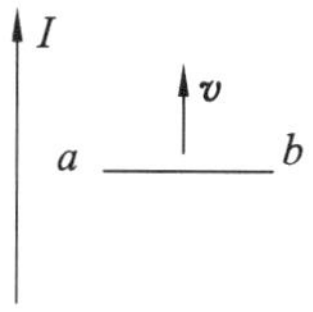

(A) a 端高；　　　　　　　　　　　　(B) b 端高；

(C) 一样高；　　　　　　　　　　　　(D) 无法确定.

10. 闭合导线圆环处于匀强磁场中，磁场的方向垂直于圆环平面指向纸内，如图所示. 此时，欲使圆环中产生逆时针方向的感应电流，应使磁场　　(　　)

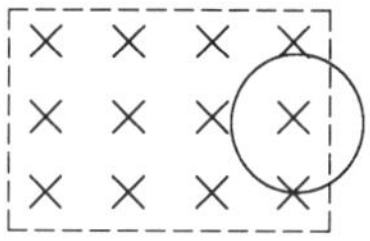

(A) 增大；　　(B) 减小；　　(C) 不变；　　(D) 无法确定.

二、填空题(共 30 分，每空 2 分)

1. 质点的运动方程为 $\boldsymbol{r}=4t^2\boldsymbol{i}+(2t+3)\boldsymbol{j}$，质点的运动轨迹方程为__________，任一时刻 t 质点的速度矢量 $\boldsymbol{v}=$__________，加速度矢量 $\boldsymbol{a}=$__________.

2. 一质点从静止($t=0$)出发，沿半径为 $R=3$ m 的圆周运动，切向加速度大小保持不变，为 $a_t=3\ \mathrm{m/s^2}$. 在 t 时刻，其总加速度 $\boldsymbol{a}$ 恰与半径成 $45°$ 角，此时 $t=$__________.

3. 一质量为 m 的物体，以初速 $\boldsymbol{v}_0$ 从地面抛出，抛射角为 θ，如果忽略空气阻力，则从抛出到最高点这一过程中所受冲量的大小为__________，冲量的方向为__________.

4. 长为 l、质量为 m 的匀质细杆，以角速度 ω 绕过杆端点垂直于杆的水平轴转动，杆绕转动轴的动能为__________，角动量为__________.

5. 静电场中导体处于静电平衡时，导体内任意两点间的电势差为__________.

6. 真空中无限大均匀带电平面，其电荷面密度为 σ，则在它的周围任一点所激发的电场大小为__________.

7. 如图所示的导线框中，两个共面半圆的半径分别为 a 和 b，且有公共圆心 O，当回路中通有电流 I 时，则 O 处的磁感应强度大小 $B=$__________，方向为__________.

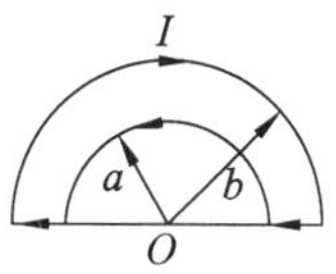

8. 在一根无限长载流直导线附近放置一矩形线圈，开始时线圈与直导线共面，且线圈中的两条边与直导线平行，当线圈以恒定速度 $\boldsymbol{v}$ 在导线平面内沿电流方向做平动时，线圈中的感应电流大小为________________.

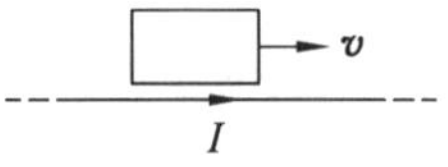

9. 三根无限长载流直导线相互平行，通过的电流分别为 I_1，I_2 和 I_3，电流方向如图所示，则 $\oint_{L_1} \boldsymbol{B} \cdot \mathrm{d}\boldsymbol{l} =$ ________________，$\oint_{L_2} \boldsymbol{B} \cdot \mathrm{d}\boldsymbol{l} =$ ________________.

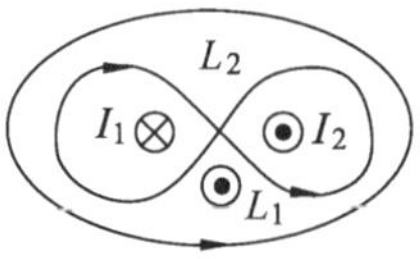

三、计算题(共 50 分，每题 10 分)

1. 一质量为 m 的小球，由顶端沿质量为 M 的圆弧形木槽自静止下滑，设圆弧形槽的半径为 R(如图所示). 忽略所有摩擦，求小球刚离开圆弧形槽时，小球和圆弧形槽的速度大小各是多少？

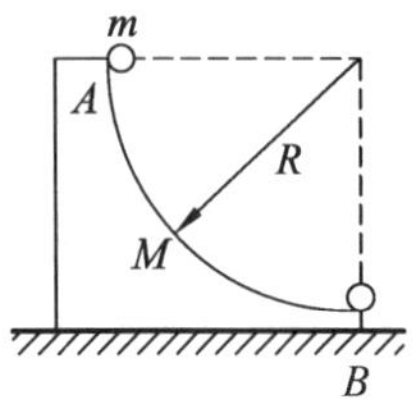

2. 长 $l=1.0$ m、质量 $M=2.97$ kg 的匀质木棒，可绕水平轴 O 在竖直平面内转动，开始时棒自然竖直悬垂，现有质量 $m=10$ g 的弹片以 $v=200$ m/s 的速率水平射入棒的下端，如图所示.

试求：

(1) 棒开始运动时的角速度；

(2) 棒的最大偏转角.

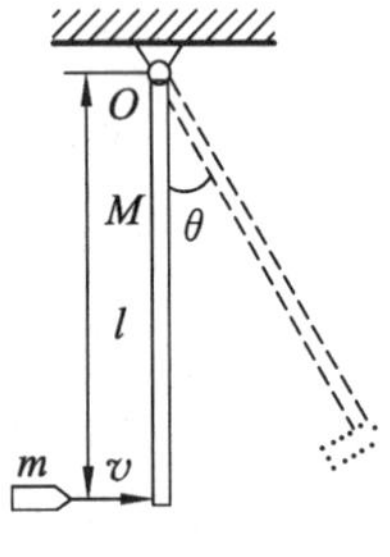

D A X U E W U

大学物

江苏大学京江学

班级＿＿＿＿＿＿＿＿ 学号＿＿＿＿＿＿＿＿ 姓名＿＿＿＿＿＿＿＿

练 习 一

知识点： 运动描述、直线运动、圆周运动、相对运动、狭义相对论运动学

一、选择题

1. 质点沿轨道 AB 做曲线运动，速率逐渐减小，图中哪一种情况正确地表示了质点在点 C 处的加速度？（　　）

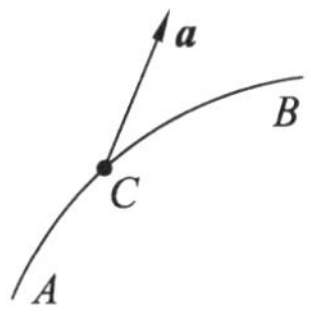

(A)

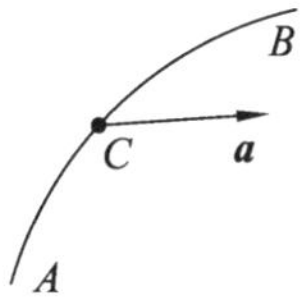

(B)

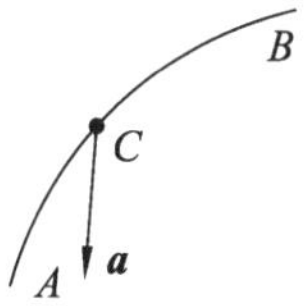

(C)

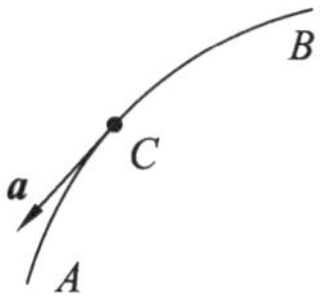

(D)

2. 一质点沿 x 轴做直线运动，v-t 曲线如图所示，如果 $t=0$ 时，质点位于坐标原点，则 $t=4.5\ \text{s}$ 时，质点在 x 轴上的位置为（　　）

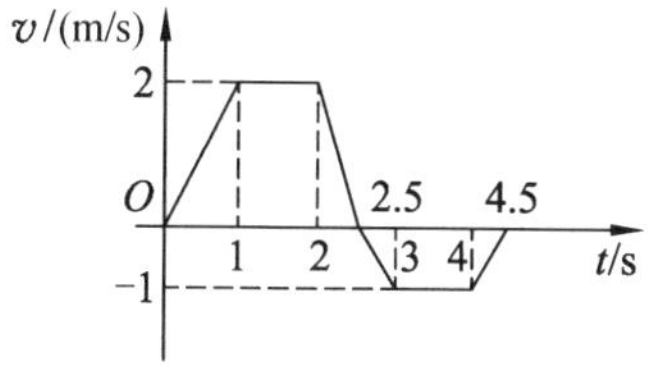

(A) 5 m；

(B) 2 m；

(C) 0；

(D) -2 m.

3. 一质点沿 x 轴运动的规律是 $x=t^2-4t+5$(SI 制)，则前三秒内质点（　　）

(A) 沿 x 轴负向运动，位移大小等于路程；

(B) 沿 x 轴正向运动，位移大小等于路程；

(C) 先沿 x 轴负向运动，再回头沿 x 轴正向运动，位移大小不等于路程；

(D) 先沿 x 轴负向运动，再回头沿 x 轴正向运动，位移大小等于路程.

3. 一质点沿 x 轴做直线运动，其加速度为 $a=6t$，$t=0$ s 时，质点以 $v_0=12$ m/s 的速度通过坐标原点，求该质点的运动方程.

4. 质点 P 在水平面内沿一半径为 $R=2$ m 的圆轨道转动，转动的角速度 ω 与时间 t 的函数关系为 $\omega=kt^2$. 已知 $t=2$ s 时，质点 P 的速率为 16 m/s. 试求 $t=1$ s 时，质点 P 的速率与加速度的大小.

班级________________ 学号________________ 姓名________________

练 习 二

知识点：牛顿定律、动量定理、功、动能定理、功能原理及机械能守恒定律

一、选择题

1. 如图所示，几个不同倾角的光滑斜面，有共同的底边，顶点也在同一竖直面上，若要使一物体(视为质点)从斜面上端由静止滑到下端的时间最短，则斜面的倾角应选 ( )

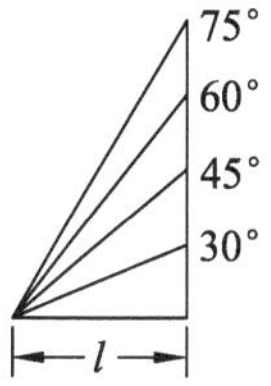

(A) 30°；

(B) 45°；

(C) 60°；

(D) 75°.

2. 一轻绳跨过一定滑轮，两端各系一重物，它们的质量分别为 m_1 和 m_2，且 $m_1>m_2$(滑轮质量及一切摩擦均不计)，此时系统的加速度大小为 a. 今用一竖直向下的恒力 $F=m_1g$ 代替 m_1，系统加速度的大小为 a'，则有 ( )

(A) $a'=a$； (B) $a'>a$；

(C) $a'<a$； (D) 条件不足，无法确定.

3. 放置在升降机地板上的货物质量为 m，设升降机加速上升、减速上升、匀速上升时货物对地板的作用力分别为 N_1，N_2，N_3，则 ( )

(A) $N_1=N_2=N_3$；

(B) $N_1>N_2>N_3$；

(C) $N_1<N_2<N_3$；

(D) $N_1>N_3>N_2$.

4. 沙子从 $h=0.8$ m 的高处落到以 3 m/s 的速度水平向右运动的传送带上.(取 $g=10$ m/s^2)，则传送带给予沙子的作用力的方向为 ( )

(A) 与水平夹角 53°向下；

(B) 与水平夹角 53°向上；

(C) 与水平夹角 37°向上；

(D) 与水平夹角 37°向下.

3. 一人从 10 m 深的井中匀速提水，水桶离开水面时，桶和水的总质量为 10 kg，水桶每升高1 m会漏掉 0.2 kg 的水.

(1) 以水面为坐标原点，向上为 x 轴正向，写出桶和水的质量与坐标 x 的函数关系；

(2) 把这桶水从水面提高到井口的过程中，人力所做的功是多少？(g 取 $9.8\ \mathrm{m/s^2}$)

4. 如图所示，已知子弹质量 $m=0.02$ kg，木块质量 $M=8.98$ kg，一轻质弹簧劲度系数 $k=100$ N/m，子弹沿弹簧的轴线方向以速度 $\boldsymbol{v}_0$ 射入木块后，弹簧的最大压缩长度 $\Delta l=0.1$ m.

(1) 若木块放在光滑水平面上，求 $\boldsymbol{v}_0$ 的大小；

(2) 若木块与水平面间有摩擦，摩擦系数为 $\mu=0.2$，求 $\boldsymbol{v}_0$ 的大小.(g 取 $9.8\ \mathrm{m/s^2}$)

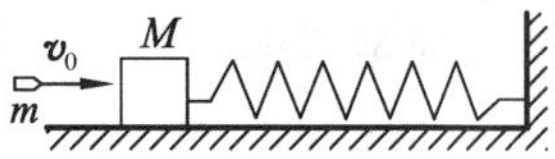

班级________________ 学号________________ 姓名________________

练　习　三

知识点：力矩、转动定律、转动惯量

一、选择题

1. 两个半径不同的皮带轮A和B由传送皮带相连，皮带轮半径$R_A>R_B$. 当它们转动时，设轮与皮带之间没有相对滑动，下面的说法错误的是　（　　）

(A) 两轮边缘处质点线速度大小相等；

(B) 两轮边缘处质点切向加速度大小相等；

(C) 两轮边缘处质点法向加速度大小相等；

(D) 两轮边缘处质点法向加速度大小不相等.

2. 几个力同时作用在一个具有光滑固定转轴的物体上，如果这几个力的矢量和为零，则此物体　（　　）

(A) 必然不会转动；

(B) 转速必然不变；

(C) 转速必然改变；

(D) 转速可能不变，也可能改变.

3. 关于刚体对轴的转动惯量，下列说法中正确的是　（　　）

(A) 只取决于刚体的质量，与质量在空间的分布，与轴的位置无关；

(B) 取决于刚体的质量和质量在空间的分布与轴的位置无关；

(C) 取决于刚体的质量、质量在空间的分布和轴的位置；

(D) 只取决于转轴的位置，与刚体的质量和质量的空间分布无关.

4. 刚体在一力矩作用下由静止开始做定轴转动，一段时间后，力矩逐渐减小，减小到零之前，刚体的　（　　）

(A) 角速度和角加速度都增加；

(B) 角速度增加，角加速度减小；

(C) 角速度减小，角加速度增加；

(D) 角速度和角加速度都减小.

3. 轻绳绕于半径 $r=20$ cm 的飞轮边缘，在绳端施以大小为 98 N 的拉力，飞轮的转动惯量 $J=0.5\ \text{kg}\cdot\text{m}^2$. 设绳子与滑轮间无相对滑动，飞轮和转轴间的摩擦不计.（g 取 $9.8\ \text{m/s}^2$）

（1）试求飞轮的角加速度；

（2）如将质量 $m=10$ kg 的物体挂在绳端，试计算飞轮的角加速度.

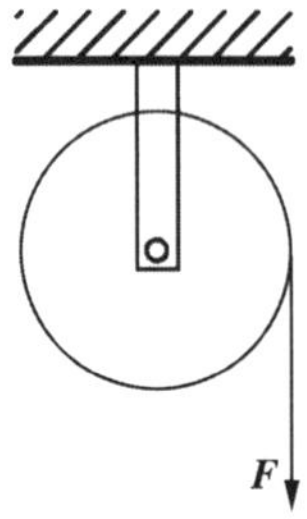

4. 斜面倾角为 θ，位于斜面顶端的卷扬机鼓轮半径为 R，转动惯量为 J，受到驱动力矩 M，通过绳牵动斜面上质量为 m 的物体，不计物体与斜面间的摩擦，求重物上滑的加速度.（绳与斜面平行，不计绳质量）

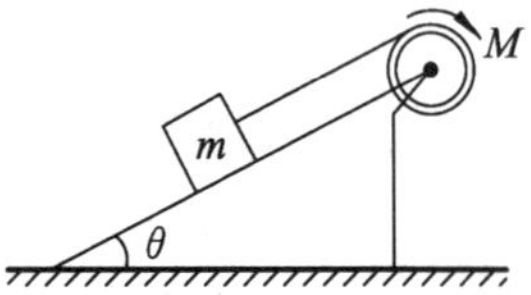

班级________________ 学号________________ 姓名________________

练 习 四

知识点： 转动动能、角动量、角动量守恒定律

一、选择题

1. 关于力矩有以下几种说法，其中正确的是 ( )

(A) 内力矩会改变刚体对某个定轴的角动量；

(B) 作用力和反作用力对同一轴的力矩之和必为零；

(C) 角速度的方向一定与外力矩的方向相同；

(D) 质量相等、形状和大小不同的两个刚体，在相同力矩的作用下，角加速度一定相等.

2. 圆柱体以 80 rad/s 的角速度绕其轴线转动，它对该轴的转动惯量为 $4\ \text{kg}\cdot\text{m}^2$. 由于恒力矩的作用，在 10 s 内它的角速度降为 40 rad/s. 圆柱体损失的动能和所受力矩的大小为 ( )

(A) 80 J，80 N · m； (B) 800 J，40 N · m；

(C) 4 000 J，32 N · m； (D) 9 600 J，16 N · m.

3. 一匀质圆盘状飞轮质量为 20 kg，半径为 30 cm，当它以每分钟 60 转的速率旋转时，其动能为 ( )

(A) $16.2\pi^2$ J； (B) $8.1\pi^2$ J；

(C) 8.1 J； (D) $1.8\pi^2$ J.

4. 如图所示，一静止的均匀细棒，长为 L，质量为 M，可绕通过棒的端点且与棒垂直的光滑固定轴 O 在水平面内转动. 一质量为 m、速率为 v 的子弹在水平面内沿与棒垂直的方向射入并穿过棒的自由端，穿过棒后子弹的速率为 $\frac{v}{2}$，子弹和棒碰撞前后 ( )

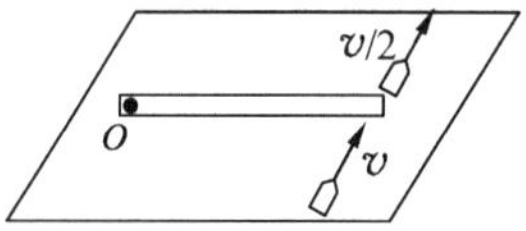

(A) 角动量守恒，动量守恒；

(B) 角动量不守恒，动量守恒；

(C) 角动量不守恒，动量不守恒；

(D) 角动量守恒，动量不守恒.

3. 如图所示，一根匀质细杆长为 l、质量为 m，可绕通过其端点 O 的水平轴转动，杆自水平位置无初速地释放.

（1）杆转至竖直位置时，杆的角速度 ω 如何？

（2）杆与放在地面上质量为 $m'=\dfrac{m}{3}$ 的物体相碰后，物体滑行 $S=\dfrac{15l}{8}$ 距离后停止，相碰后杆的角速度 ω' 如何？

（物体与地面间的摩擦系数为 $\mu=0.2$；杆与物体相碰时，物体与地面间的摩擦力可不计；计算结果用 g,l 表示）

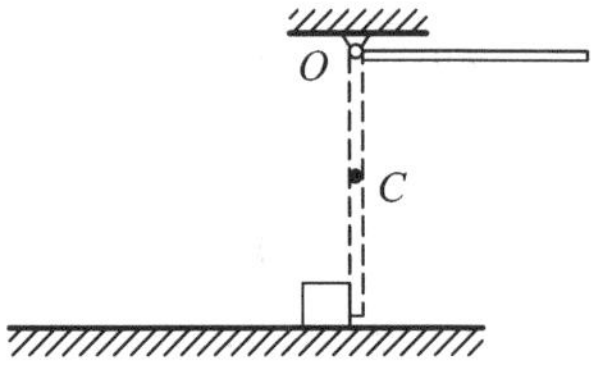

4. 如图所示，滑轮的转动惯量 $J=0.5\ \mathrm{kg\cdot m^2}$，半径 $r=30\ \mathrm{cm}$，弹簧的劲度系数 $k=20\ \mathrm{N/m}$，重物的质量 $m=2.0\ \mathrm{kg}$. 此滑轮—重物系统从静止开始运动，开始时弹簧没有伸长，滑轮与绳子间无相对滑动，其他部分摩擦忽略不计.

（1）问物体能沿斜面下滑多远？

（2）当物体沿斜面下滑 1.00 m 时，它的速率有多大？（g 取 $9.8\ \mathrm{m/s^2}$）

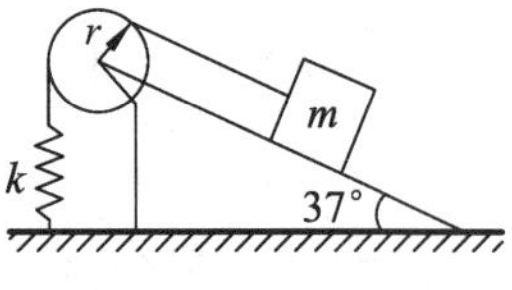

班级________ 学号________ 姓名________

练　习　五

知识点：电荷与库仑定律、电场与电场强度、电场线与电通量、高斯定理及其应用

一、选择题

1. 下列几种说法中，正确的是　　(　　)

(A) 电场中某点的场强方向就是将点电荷放在该点所受电场力的方向；

(B) 以点电荷为中心的球面上，由该点电荷所产生的场强处处相同；

(C) 场强可由 $\boldsymbol{E}=\frac{\boldsymbol{F}}{q_0}$ 定出，其中 q_0 为试验电荷，$\boldsymbol{F}$ 为试验电荷所受的电场力；

(D) 以上三种说法都不正确.

2. 半径为 R 的均匀带电圆环，电荷总量为 q，环心处的电场强度大小为　　(　　)

(A) $\frac{q}{4\pi\varepsilon_0 R}$；

(B) $\frac{q}{4\pi\varepsilon_0 R^2}$；

(C) $\frac{q}{4\pi\varepsilon_0 r^2}$；

(D) 0.

3. 关于静电场的电场线有以下几种说法，正确的是　　(　　)

(A) 电场线是闭合曲线；

(B) 任意两条电场线可以相交；

(C) 电场线密的地方表示该处电场强度数值大；

(D) 电场线表示点电荷在电场中的运动轨迹.

4. 关于高斯定理的理解有下面几种说法，其中正确的是　　(　　)

(A) 如果高斯面上场强处处为零，则高斯面内必定处处无电荷；

(B) 如果高斯面内有净电荷，则通过高斯面的电场强度通量必不为零；

(C) 如果高斯面内无电荷，则高斯面上场强处处为零；

(D) 以上三种说法均不正确.

3. 如图所示,电荷量 q 均匀分布在半径为 R 的球面上.

(1) 用高斯定理求出球面内、外的电场强度(用 r 表示场点到球心的距离);

(2) 画出球面内、外的 E-r 曲线.

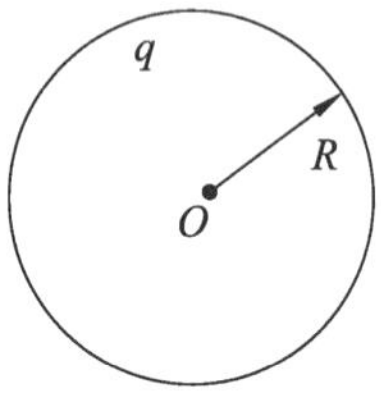

4. 如图所示,内、外半径分别为 a 和 b 的均匀带电球形壳层,电荷体密度为 ρ. 求壳层区域内任一点距离球心为 r 的点 P 处的场强大小.

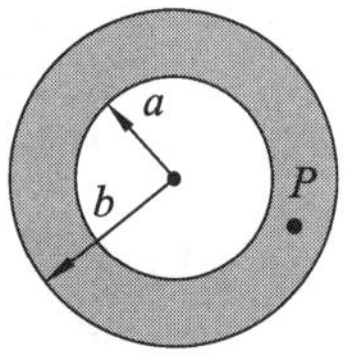

班级________ 学号________ 姓名________

练　习　六

知识点：静电场力的功、静电场的环路定理、电势能与电势、静电场中的导体和电容器、静电场的能量

一、选择题

1. 关于静电场中某点电势的正负，下列说法中正确的是　　(　　)

(A) 正电荷的电场中，电势总为正值；

(B) 负电荷的电场中，电势总为负值；

(C) 电势的正负由试验电荷的正负决定；

(D) 电势的正负与电势零点的选取有关.

2. 半径为 a 的均匀带电球面，带电量为 q. 以无限远处为电势零点，则带电球面上任一点的电势为　　(　　)

(A) $\dfrac{q}{4\pi\varepsilon_0 a}$；　　(B) $\dfrac{q}{8\pi\varepsilon_0 a}$；

(C) $\dfrac{-q}{4\pi\varepsilon_0 a}$；　　(D) $\dfrac{-q}{8\pi\varepsilon_0 a}$.

3. 如图所示，用电场线表示的静电场中，a 和 b 是一条电场线上的两个点，则　　(　　)

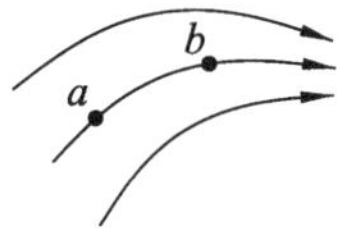

(A) $E_a>E_b, V_a>V_b$；　　(B) $E_a<E_b, V_a>V_b$；

(C) $E_a>E_b, V_a<V_b$；　　(D) $E_a<E_b, V_a<V_b$.

4. 半径为 r 的均匀带电球面 1，带有电荷 q，其外有一同心的半径为 R 的均匀带电球面 2，带有电荷 Q，则此两球面之间的电势差 U_1-U_2 等于　　(　　)

(A) $\dfrac{q}{4\pi\varepsilon_0}\left(\dfrac{1}{r}-\dfrac{1}{R}\right)$；

(B) $\dfrac{Q}{4\pi\varepsilon_0}\left(\dfrac{1}{r}-\dfrac{1}{R}\right)$；

(C) $\dfrac{1}{4\pi\varepsilon_0}\left(\dfrac{q}{r}-\dfrac{Q}{R}\right)$；

(D) $\dfrac{1}{4\pi\varepsilon_0}\dfrac{q}{r}$.

3．两个同心金属球壳，内球壳半径为 R_1，外球壳半径为 R_2，中间是空气，构成一个球形空气电容器．设内外球壳上分别带有电荷 $+Q$ 和 $-Q$．求：

（1）电容器的电容；

（2）电容器储存的能量．

4．两个带等量异号电荷的均匀带电同心球面，半径分别为 R_1 和 R_2（$R_2>R_1$）．已知，内、外球面之间的电势差为 U，计算内球面所带的电量．

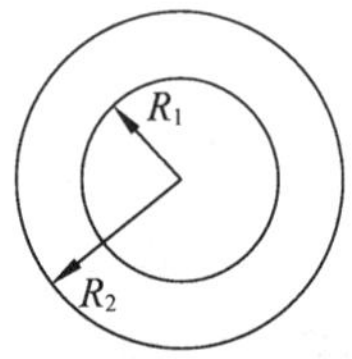

班级________________ 学号________________ 姓名________________

练　习　七

知识点：磁场与磁感应强度、磁感应线与磁通量、毕-萨定律和安培环路定理及应用

一、选择题

1. 电量均为 q 的 4 个点电荷分别固定在边长为 a 的正方形的 4 个角上. 正方形以某角速度绕对角线为轴旋转时，在正方形中心产生的磁感应强度大小为 B_1；以同样的角速度绕过中心垂直于正方形平面的轴旋转时，在中心产生的磁感应强度大小为 B_2，则

（　　）

(A) $B_1=B_2$；

(B) $B_1=2B_2$；

(C) $B_1=4B_2$；

(D) $B_2=2B_1$.

2. 一个边长为 a 的正方形线圈上通有电流 I，则此线圈中心点的磁感应强度（　　）

(A) 与 a 成反比；

(B) 正比于 a；

(C) 正比于 a^2；

(D) 与 a 无关.

3. 半径为 R 的半圆形细导线中通有电流 I，则圆心处的磁感应强度大小为（　　）

(A) $\dfrac{\mu_0 I}{4\pi R}$；　　(B) $\dfrac{\mu_0 I}{2\pi R}$；

(C) $\dfrac{\mu_0 I}{4R}$；　　(D) 0.

4. 关于安培环路定理 $\oint_L \boldsymbol{B}\cdot \mathrm{d}\boldsymbol{l}=\mu_0\sum I$，下列说法错误的是（　　）

(A) L 表示磁场中任意的闭合路径；

(B) $\sum I$ 是穿过闭合路径 L 的电流的代数和；

(C) $\boldsymbol{B}$ 是穿过闭合路径 L 的电流产生的总磁感应强度；

(D) $\boldsymbol{B}$ 是磁场中所有电流产生的总磁感应强度.

3. 两根长直导线沿半径方向引到电阻均匀的圆形铜环上的 A,B 两点，并与很远的电源相连，如图所示，求圆环中心的磁感应强度.

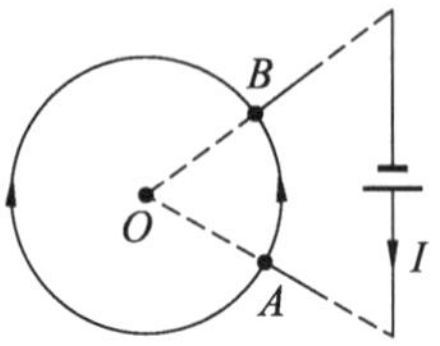

4. 宽为 a 的无限长导体薄平板，通有电流 I，电流在板的宽度方向均匀分布. 计算导体板平面内离开板一侧距离为 b 的点 P 处的磁感应强度.

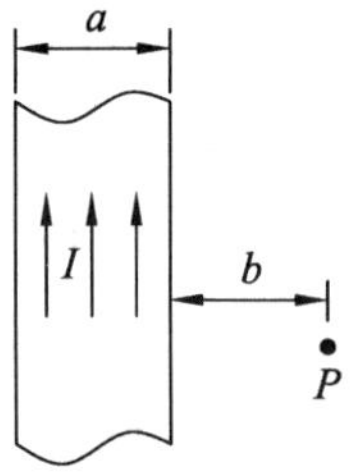

班级________________ 学号________________ 姓名________________

练　习　八

知识点：洛伦兹力、安培力、磁矩、磁力矩

一、选择题

1. 洛伦兹力可以 (　　)

(A) 改变带电粒子的速率；

(B) 改变带电粒子的动量；

(C) 改变带电粒子的动能；

(D) 对带电粒子做功.

2. 一个速率为 v 的电子，进入同时存在匀强电场和匀强磁场的空间中，电子速度方向、磁场方向和电场方向三者同向，则电子将做 (　　)

(A) 直线运动；

(B) 平抛运动；

(C) 圆周运动；

(D) 螺旋运动.

3. 如图所示，正方形线圈用细线挂在载流长直导线附近，两者在同一平面内，长直导线固定，线圈可以活动. 当长直导线和线圈通以电流时，线圈将 (　　)

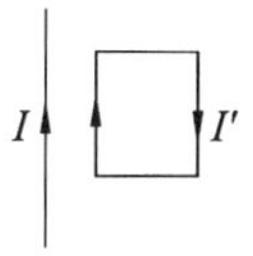

(A) 不动；

(B) 一边转动，一边远离长直导线；

(C) 远离长直导线；

(D) 靠近长直导线.

4. 如图所示，半径为 R 的半圆形导线 ab，置于磁感应强度为 $\boldsymbol{B}$ 的匀强磁场中，直径 ab 垂直于磁场方向，半圆形导线平面与磁场方向平行. 当导线通有电流 I 时，导线受到的安培力大小等于 (　　)

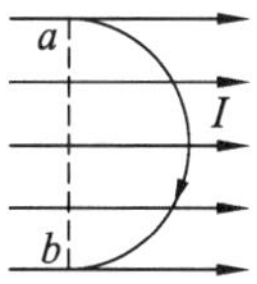

(A) $2BIR$；

(B) πBIR；

(C) BIR；

(D) 0.

3. 半径为 R 的塑料细圆环，带有电量 q，均匀分布其上，细圆环以角速度 ω 绕通过圆心垂直于环面的轴转动，试求细圆环中心处磁感应强度的大小和细圆环磁矩的大小.

4. 半径为 R 的半圆形闭合线圈，载有电流 I，置于磁感应强度为 $\boldsymbol{B}$ 的匀强磁场中，磁场方向与线圈直径垂直、与线圈平面平行，如图所示. 求：

(1) 线圈磁矩的大小和方向；

(2) 线圈所受力矩的大小和方向；

(3) 以直径为转轴，线圈从图示位置转过 90°时磁力矩做的功.

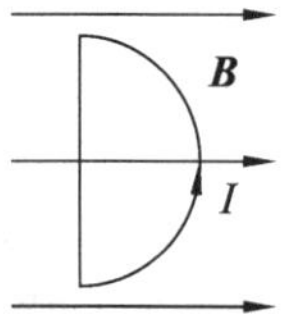

班级________________ 学号________________ 姓名________________

练 习 九

知识点：楞次定律、法拉第电磁感应定律、动生电动势、感生电动势、自感、互感

一、选择题

1. 闭合导线圆环在均匀磁场中运动，能使圆环中产生感应电流的是 ( )

(A) 圆环以自身直径为轴转动，轴与磁场方向平行；

(B) 圆环以自身直径为轴转动，轴与磁场方向垂直；

(C) 圆环平面垂直于磁场，圆环沿垂直于磁场方向平移；

(D) 圆环平面平行于磁场，圆环沿垂直于磁场方向平移.

2. 闭合导线圆环一半处于匀强磁场中，磁场的方向垂直于圆环平面指向纸内，如图所示. 此时，欲使圆环中产生逆时针方向的感应电流，应使圆环 ( )

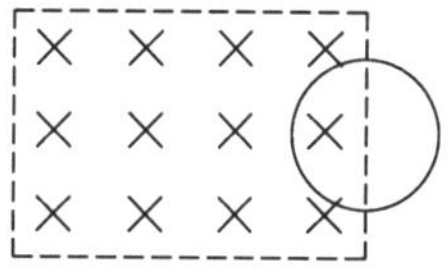

(A) 向右平移；

(B) 向上平移；

(C) 向左平移；

(D) 向下平移.

3. 长度为 l 的直导线 ab，在匀强磁场 $\boldsymbol{B}$ 中以速度 $\boldsymbol{v}$ 平动，速度方向、磁场方向与直导线在同一平面内，速度方向与磁场方向的夹角为 θ，则直导线 ab 中的电动势为 ( )

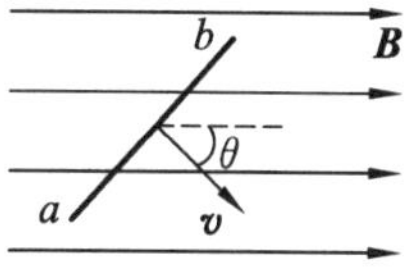

(A) Blv；　　(B) $Blv\sin\theta$；

(C) $Blv\cos\theta$；　　(D) 0.

4. 如图所示，导线 ab 在均匀磁场中做下列 4 种运动：① 垂直于磁场做平动；② 绕固定端 a 垂直于磁场转动；③ 绕其中心点 O 做垂直于磁场转动；④ 绕通过中心点 O 的水平轴做平行于磁场的转动. 关于导线 ab 的感应电动势的结论错误的是 ( )

(A) ①有感应电动势，a 端为低电势；

(B) ②有感应电动势，b 端为低电势；

(C) ③无感应电动势；

(D) ④ 无感应电动势.

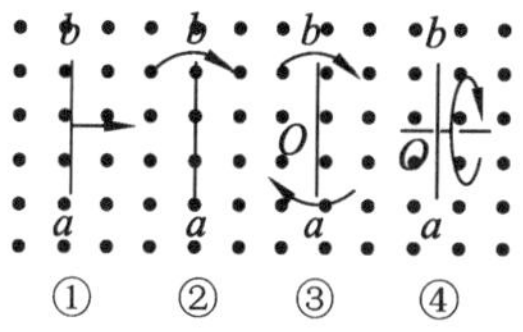

3. 无限长直导线与矩形线圈共面，线圈边长分别为 a 和 b，且 a 边与长直导线平行. 长直导线中通有稳恒电流 I，线圈以恒定速度 $\boldsymbol{v}$ 在导线平面内垂直于直导线向右运动，如图所示. 求线圈中的感应电动势随 r 变化的规律.

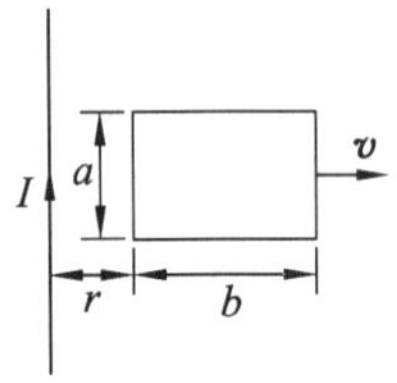

4. 一圆形线圈 A 由 50 匝细导线绕成，其面积为 2 cm^2，放在另一个匝数等于 100 匝、半径为 20 cm 的圆形线圈 B 的中心，且两线圈同轴，设 B 线圈导线中的电流在 A 线圈所在处激发的磁场可看作均匀的. 求：

(1) 两线圈间的互感；

(2) 当 B 线圈中的电流以 10 A/s 的变化率减小时，A 线圈中的互感电动势.

班级________________ 学号________________ 姓名________________

练　习　十

知识点：理想气体状态方程、温度、压强公式、能量均分原理、理想气体内能、麦克斯韦速率分布律

一、选择题

1. 容器中储有一定量的处于平衡状态的理想气体，温度为 T，分子质量为 m，则分子速度在 x 方向的分量平均值为(根据理想气体分子模型和统计假设讨论)　　(　　)

(A) $\overline{v_x}=\frac{1}{3}\sqrt{\frac{8kT}{\pi m}}$；　　(B) $\overline{v_x}=\sqrt{\frac{8kT}{3\pi m}}$；

(C) $\overline{v_x}=\sqrt{\frac{3kT}{2m}}$；　　(D) $\overline{v_x}=0$.

2. 根据气体动理论，单原子理想气体的温度正比于　　(　　)

(A) 气体的体积；

(B) 气体的压强；

(C) 气体分子的平均动量；

(D) 气体分子的平均平动动能.

3. 有两个容器，一个盛氢气，另一个盛氧气，如果两种气体分子的方均根速率相等，那么由此可以得出　　(　　)

(A) 氧气的温度比氢气的高；

(B) 氢气的温度比氧气的高；

(C) 两种气体的温度相同；

(D) 两种气体的压强相同.

4. 根据经典的能量按自由度均分原理，每个自由度的平均能量为　　(　　)

(A) $\frac{kT}{3}$；　　(B) $\frac{kT}{2}$；

(C) $\frac{3kT}{2}$；　　(D) kT.

3. 有 2×10^{-3} m^3 刚性双原子分子理想气体，分子总数为 5.4×10^{22} 个，其内能为 6.75×10^{2} J. 试求：

(1) 气体的压强；

(2) 气体的温度；

(3) 分子的平均平动动能.

4. 有一带活塞的容器中盛有一定量的气体，如果压缩气体并对它加热，使它的温度从 27 ℃升至 177 ℃，体积减少一半，求：

(1) 气体压强变为原来的几倍？

(2) 气体分子的平均平动动能变为原来的几倍？

(3) 分子的方均根速率变为原来的几倍？

班级________________ 学号________________ 姓名________________

练习十一

知识点：热力学第一定律及其应用、循环过程、卡诺循环、热机效率、热力学第二定律

一、选择题

1. 如图所示为一定量的理想气体的 p-V 图，由图可得出 (　　)

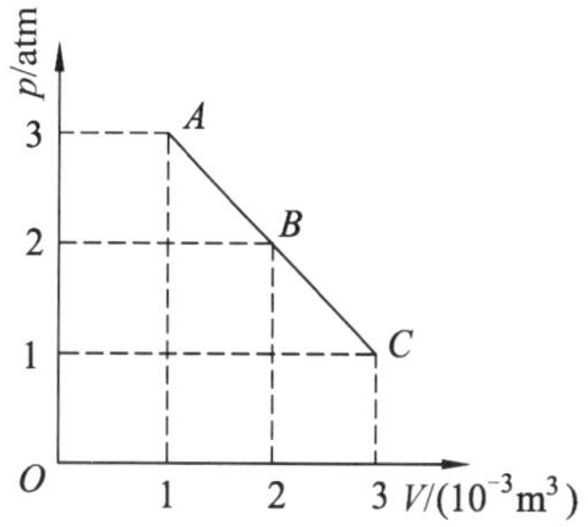

(A) ABC 是等温过程；

(B) $T_A > T_B$；

(C) $T_A < T_B$；

(D) $T_A = T_B$.

2. 气体的摩尔定压热容 C_p 大于摩尔定体热容 C_V，其主要原因是 (　　)

(A) 膨胀系数不同；　(B) 温度不同；

(C) 气体膨胀需做功；　(D) 分子引力不同.

3. 一摩尔单原子理想气体，从初态温度 T_1、压强 p_1、体积 V_1，准静态地等温压缩至体积 V_2，外界需做的功为 (　　)

(A) $RT_1\ln\left(\frac{V_2}{V_1}\right)$；　(B) $RT_1\ln\left(\frac{V_1}{V_2}\right)$；

(C) $p_1(V_2-V_1)$；　(D) $p_2V_2-p_1V_1$.

4. 在气缸中装有一定质量的气体，下面说法正确的是 (　　)

(A) 传给它热量，其内能一定改变；

(B) 对它做功，其内能一定改变；

(C) 它与外界交换热量又交换功，内能一定改变；

(D) 以上三种说法都不对.

5. 理想气体向真空做绝热膨胀，下列说法正确的是 (　　)

(A) 膨胀后，温度不变，压强减小；　(B) 膨胀后，温度降低，压强减小；

(C) 膨胀后，温度升高，压强减小；　(D) 膨胀后，温度不变，压强不变.

3. 气缸内有 2 mol 氦气，初始温度为 27 ℃，先将氦气等压膨胀，直至体积加倍，然后绝热膨胀，直至回复初温为止. 若把氦气视为理想气体：

(1) 在 p-V 图上大致画出气体的状态变化过程.

(2) 氦气的内能变化多少？

(3) 在这一过程中氦气吸热多少？

(4) 氦气所做的总功是多少？

4. 1 mol 理想气体在 $T_1 = 400$ K 的高温热源与 $T_2 = 300$ K 的低温热源间做卡诺循环（可逆的），在 400 K 的等温线上起始体积为 $V_1 = 0.001$ m^3，终止体积为 $V_2 = 0.005$ m^3，试求此气体在每一循环中：

(1) 从高温热源吸收的热量 Q_1；

(2) 传给低温热源的热量 Q_2.

(3) 气体所做的净功 A；

班级________________ 学号________________ 姓名________________

练 习 十 二

知识点：简谐振动及其合成

一、选择题

1．两个简谐振动的振动曲线如图所示，则有　　　　（　　）

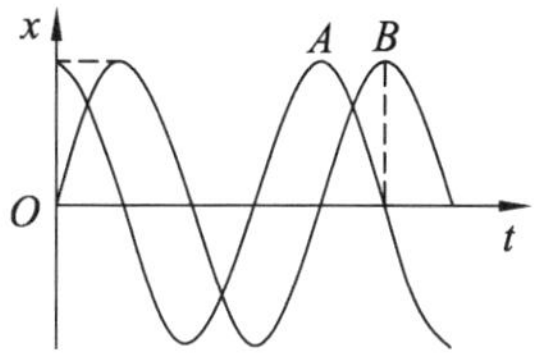

(A) A 超前$\frac{\pi}{2}$；　　(B) A 落后$\frac{\pi}{2}$；

(C) A 超前 π；　　(D) A 落后 π.

2．两个质点各自做简谐振动，它们的振幅相同、周期相同．第一个质点的振动表达式为 $x_1=A\cos(\omega t+\alpha)$．当第一个质点从相对于其平衡位置的正位移处回到平衡位置时，第二个质点正在最大正位移处，则第二个质点的振动表达式为　　（　　）

(A) $x_2=A\cos\left(\omega t+\alpha+\frac{1}{2}\pi\right)$；　　(B) $x_2=A\cos\left(\omega t+\alpha-\frac{1}{2}\pi\right)$；

(C) $x_2=A\cos\left(\omega t+\alpha-\frac{3}{2}\pi\right)$；　　(D) $x_2=A\cos(\omega t+\alpha+\pi)$.

3．一个质点做简谐振动，周期为 T，当质点由平衡位置向 x 轴正方向运动时，由平衡位置到二分之一最大位移这段路程所需要的最短时间为　　（　　）

(A) $\frac{T}{4}$；　　(B) $\frac{T}{12}$；　　(C) $\frac{T}{6}$；　　(D) $\frac{T}{8}$.

4．一个质点做简谐振动，振幅为 A，在起始时刻质点的位移为$\frac{A}{2}$，且向 x 轴的正方向运动，代表此简谐振动的旋转矢量图为　　（　　）

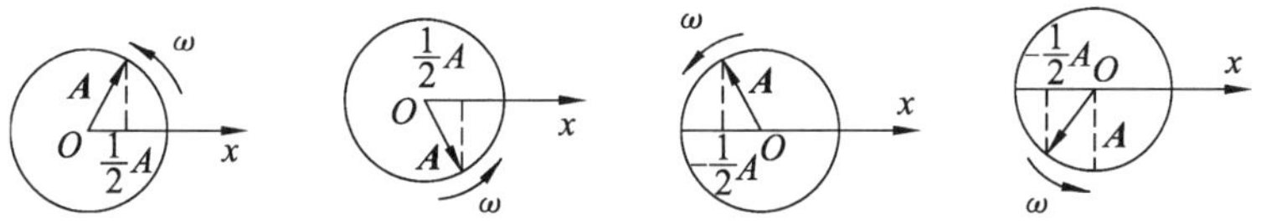

(A)　　(B)　　(C)　　(D)

5．弹簧振子在光滑水平面上做简谐振动时，弹性力在半个周期内所做的功为（　　）

(A) kA^2；　　(B) $\frac{1}{2}kA^2$；

(C) $\frac{1}{4}kA^2$；　　(D) 0.

3. 一水平放置的弹簧振子，振动物体质量为 0.25 kg，弹簧的劲度系数 $k=25$ N/m.

(1) 求振动的周期 T 和角频率 ω；

(2) 以平衡位置为坐标原点，如果振幅 $A=15$ cm，$t=0$ 时物体位于 $x=7.5$ cm 处，且物体沿 x 轴反向运动，求振动的表达式；

(3) 求振动速度的表达式.

4. 有两个同方向、同频率的简谐振动，它们的振动表达式为

$$x_1=0.05\cos\left(10t+\frac{3}{4}\pi\right),\ x_2=0.06\cos\left(10t+\frac{1}{4}\pi\right)\text{(SI 制)}$$

(1) 求它们合成振动的振幅和初相；

(2) 若另有一个振动 $x_3=0.07\cos(10t+\phi_0)$，问：ϕ_0 为何值时，x_1+x_3 的振幅最大？ϕ_0 为何值时，x_2+x_3 的振幅最小？

班级________ 学号________ 姓名________

练 习 十 三

知识点：平面简谐波、波的干涉、波的能量

一、选择题

1. 一平面简谐波沿 x 轴负方向传播，波速 $u=10\ \mathrm{m/s}$. $x=0$ 处，质点振动曲线如图所示，则该波的表达式(SI 制)为 （　　）

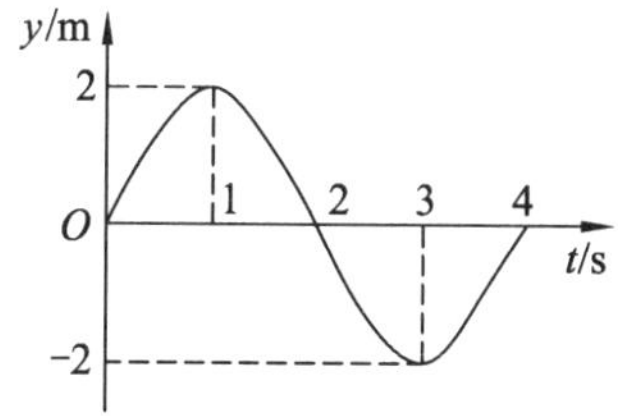

(A) $y=2\cos\left[\dfrac{\pi}{2}\left(t+\dfrac{x}{10}\right)+\dfrac{\pi}{2}\right]$;

(B) $y=2\cos\left[\dfrac{\pi}{2}\left(t+\dfrac{x}{10}\right)-\dfrac{\pi}{2}\right]$;

(C) $y=2\sin\left[\dfrac{\pi}{2}\left(t+\dfrac{x}{10}\right)+\dfrac{\pi}{2}\right]$;

(D) $y=2\sin\left[\dfrac{\pi}{2}\left(t+\dfrac{x}{10}\right)-\dfrac{\pi}{2}\right]$.

2. 一平面简谐波沿 x 轴正方向传播，波速为 $u=160\ \mathrm{m/s}$，$t=0$ 时刻的波形图如图所示，则该波的表达式(SI 制)为 （　　）

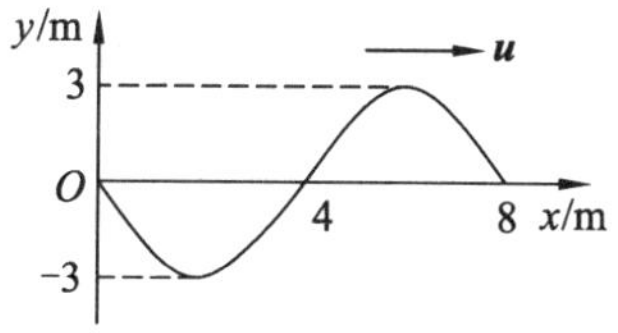

(A) $y=3\cos\left[40\pi\left(t+\dfrac{x}{160}\right)-\dfrac{\pi}{2}\right]$;

(B) $y=3\cos\left[40\pi\left(t+\dfrac{x}{160}\right)+\dfrac{\pi}{2}\right]$;

(C) $y=3\cos\left[40\pi\left(t-\dfrac{x}{160}\right)-\dfrac{\pi}{2}\right]$;

(D) $y=3\cos\left[40\pi\left(t-\dfrac{x}{160}\right)+\dfrac{\pi}{2}\right]$.

3. 一平面简谐波沿 Ox 正方向传播，波动表达式为 $y=0.10\cos\left[2\pi\left(\dfrac{t}{2}-\dfrac{x}{4}\right)+\dfrac{\pi}{2}\right]$ (SI 制)，该波在 $t=0.5\ \mathrm{s}$ 时刻的波形图是 （　　）

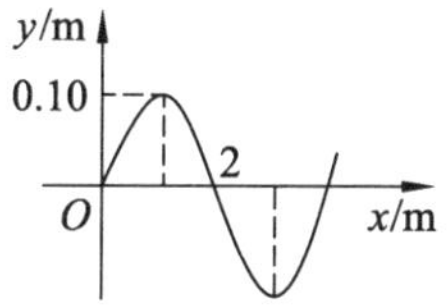

(A)

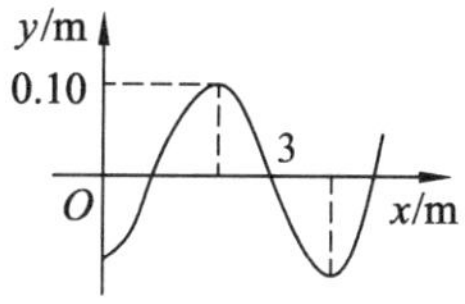

(B)

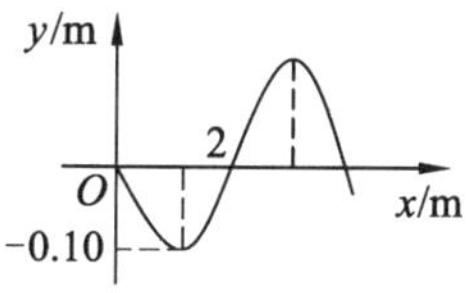

(C)

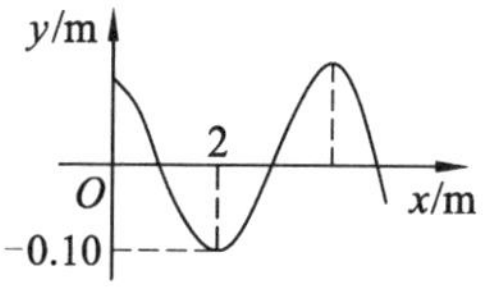

(D)

3. 某质点做简谐振动，周期为 2 s，振幅为 0.06 m，$t=0$ 时刻，质点的位移为 0.03 m，且向正方向运动. 求：

(1) 该质点的振动表达式；

(2) 此振动以速度 $u=2$ m/s 沿 x 轴负方向传播时，波的表达式(以该质点平衡位置为坐标原点)；

(3) 该波的波长.

4. 一列沿 x 轴正向传播的简谐波，已知 $t_1=0$ 和 $t_2=0.25$ s 时的波形如图所示.(假设周期 $T>0.25$ s)

试求：

(1) 点 P 的振动表达式；

(2) 此波的波动表达式.

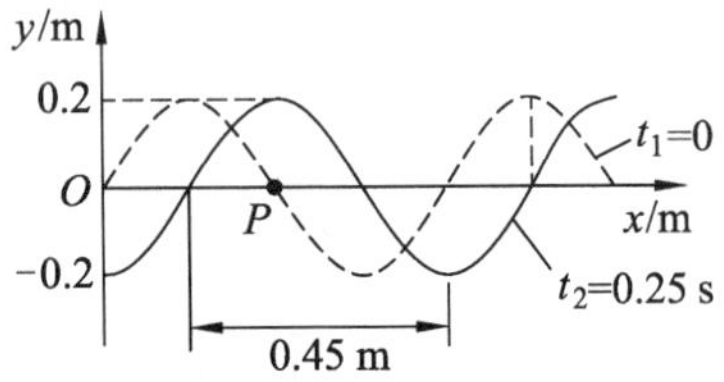

班级________________ 学号________________ 姓名________________

练 习 十 四

知识点： 相干光、光程与光程差、双缝干涉、薄膜干涉、迈克耳孙干涉仪、单缝夫琅禾费衍射

一、选择题

1. 如图所示，用波长 $\lambda=600\ \text{nm}$ 的单色光做杨氏双缝实验，在光屏 P 处产生第 5 级明纹极大，现将折射率 $n=1.5$ 的薄透明玻璃片盖在其中一条缝上，此时 P 处变成中央明纹极大的位置，则此玻璃片厚度为 （ ）

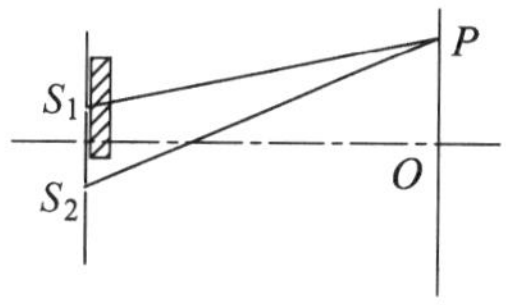

(A) 5.0×10^{-4} cm； (B) 6.0×10^{-4} cm；

(C) 7.0×10^{-4} cm； (D) 8.0×10^{-4} cm.

2. 在双缝干涉实验中，为使屏上的干涉条纹间距变大，可以采取的办法是 （ ）

(A) 使屏靠近双缝；

(B) 使两缝的间距变小；

(C) 把两个缝的宽度稍微调窄；

(D) 改用波长较小的单色光源.

3. 如图所示，在双缝干涉实验中，若单色光源 S 到两缝 S_1，S_2 距离相等，则观察屏上中央明纹中心位于图中 O 处，现将光源 S 向下移动到示意图中的 S' 位置，则 （ ）

(A) 中央明条纹向下移动，且条纹间距不变；

(B) 中央明条纹向上移动，且条纹间距增大；

(C) 中央明条纹向下移动，且条纹间距增大；

(D) 中央明条纹向上移动，且条纹间距不变.

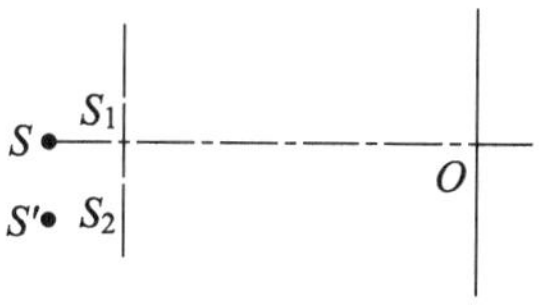

4. 用单色光垂直照射牛顿环装置，设其平凸透镜可以在垂直的方向上移动，在透镜离开平玻璃的过程中，可以观察到这些环状干涉条纹 （ ）

(A) 向右平移；

(B) 向中心收缩；

(C) 向外扩张；

(D) 向左平移.

3. 用波长为 589.3 nm 的光做牛顿环实验，测得某一明环半径为 1.0 mm，其外第 4 个明环的半径为 3.0 mm. 试求：

（1）明环的表达式；

（2）实验中所用的平凸透镜的凸面曲率半径.

4. 在复色光照射下的单缝衍射图样中，某一未知波长光的第 3 级明纹极大位置恰与波长为 $\lambda=600$ nm 光的第 2 级明纹极大位置重合，求这一光波的波长.

班级________________ 学号________________ 姓名________________

练 习 十 五

知识点：圆孔夫琅禾费衍射、光学仪器的分辨本领、光栅衍射、光的偏振

一、选择题

1. 在半径为 d 的圆孔夫琅禾费衍射中，爱里斑的半径为 r，今将圆孔的半径减小一半，则爱里斑的半径是 (　　)

(A) $\frac{r}{2}$；

(B) r；

(C) $2r$；

(D) $4r$.

2. 下面方法中可以提高凸透镜的分辨本领的是 (　　)

(A) 增大入射光的波长；

(B) 增大入射光的强度；

(C) 增大凸透镜的焦距；

(D) 增大凸透镜的圆孔直径.

3. 波长为 600 nm 的单色光垂直入射到光栅常数为 2.5×10^{-3} mm 的光栅上，光栅的刻痕与缝宽相等，则光谱上呈现的全部级数为 (　　)

(A) $0,\pm1,\pm2,\pm3,\pm4$；

(B) $0,\pm1,\pm3$；

(C) $\pm1,\pm3$；

(D) $0,\pm2,\pm4$.

4. 一衍射光栅对某波长的垂直入射光在屏幕上只能出现零级和一级主极大，欲使屏幕上出现更高级次的主极大，应该 (　　)

(A) 换一个光栅常数较大的光栅；

(B) 换一个光栅常数较小的光栅；

(C) 将光栅向靠近屏幕的方向移动；

(D) 将光栅向远离屏幕的方向移动.

3. 自然光和线偏振光的混合光束通过一偏振片，随着偏振片以光的传播方向为轴转动，透射光的强度也跟着改变，最强光和最弱光的光强之比为 6∶1，那么入射光中自然光和线偏振光光强之比为多大？

4. 水的折射率为 1.33，玻璃的折射率为 1.50. 当光由水中射向玻璃而反射时，起偏振角为多少？当光由玻璃射向水而反射时，起偏振角又为多少？

班级________________ 学号________________ 姓名________________

练 习 十 六

知识点：量子物理基础

一、选择题

1. 光电效应中光电子的初动能与入射光的关系是 ( )

(A) 与入射光的频率成正比；

(B) 与入射光的强度成正比；

(C) 与入射光的频率成线性关系；

(D) 与入射光的强度成线性关系.

2. 用两束频率、光强都相同的紫光照射到两种不同的金属表面上，产生光电效应，则 ( )

(A) 两种情况下的红限频率相同；

(B) 逸出电子的初动能相同；

(C) 在单位时间内逸出的电子数相同；

(D) 遏止电压相同.

3. 光谱系中谱线的频率(如氢原子的巴尔末系) ( )

(A) 可无限制地延伸到高频部分；

(B) 可无限制地延伸到低频部分；

(C) 有某一个低频限制或者高频限制；

(D) 高频和低频都有一个限制.

4. 下列哪一能量的光子，能被处在 $n=2$ 的能级的氢原子吸收？ ( )

(A) 1.50 eV；

(B) 1.89 eV；

(C) 2.16 eV；

(D) 2.50 eV.

3. 试计算电子经电势差 $U=150$ V 和 $U=10\ 000$ V 加速后的德布罗意波长.(不考虑相对论效应)

4. 已知粒子在无限深势阱中运动,其波函数为 $\Psi_1(x)=\sqrt{\frac{2}{a}}\sin\left(\frac{\pi}{a}x\right)(0<x<a)$.

试求:

(1) 发现粒子的概率为最大的位置及此位置的概率密度;

(2) 粒子在 $0\sim\frac{a}{2}$ 区间内的概率是多少?

班级____________ 学号____________ 姓名____________

模拟卷一

一、选择题(共 20 分,每题 2 分)

1. 若理想气体的体积为 V,压强为 p,温度为 T,一个分子的质量为 m,k 为玻耳兹曼常量,R 为摩尔气体常量,则该理想气体的分子数为 ( )

(A) $\frac{pV}{m}$; (B) $\frac{pV}{kT}$; (C) $\frac{pV}{RT}$; (D) $\frac{pV}{mT}$.

2. 如果在一固定容器内,理想气体分子速率都提高为原来的 2 倍,那么 ( )

(A) 温度和压强都升高为原来的 2 倍;

(B) 温度升高为原来的 2 倍,压强升高为原来的 4 倍;

(C) 温度升高为原来的 4 倍,压强升高为原来的 2 倍;

(D) 温度与压强都升高为原来的 4 倍.

3. 1 mol 双原子刚性分子理想气体,在 1 atm 下从 0 ℃上升到 100 ℃时,内能的增量为 ( )

(A) 23 J; (B) 46 J; (C) 2 077.5 J; (D) 1 246.5 J;

(E) 12 500 J.

4. 一热机由温度为 727 ℃的高温热源吸热,向温度为 527 ℃的低温热源放热,若热机在最大可能效率下工作且吸热为 2 000 J,则热机做功约为 ( )

(A) 400 J; (B) 1 450 J; (C) 1 600 J; (D) 2 000 J;

(E) 2 760 J.

5. 一质点沿 x 轴做简谐振动,振动表达式为 $x=4\times10^{-2}\cos\left(2\pi t+\frac{1}{3}\pi\right)$(SI 制). 从 $t=0$ 时刻起,到质点位置在 $x=-2$ cm 处,且向 x 轴正方向运动的最短时间间隔为 ( )

(A) $\frac{1}{8}$s; (B) $\frac{1}{6}$s; (C) $\frac{1}{2}$s; (D) $\frac{1}{4}$s.

6. 两个相干波源的相位相同,它们发出的波叠加后,下列哪条线上总是加强的? ( )

(A) 两波源连线的垂直平分线上; (B) 以两波源连线为直径的圆周上;

(C) 以两波源为焦点的任意一条椭圆上; (D) 以两波源为焦点的任意一条双曲线上.

3. 一平面简谐波，振动周期 $T=0.5$ s，波长 $\lambda=10$ m，振幅 $A=0.1$ m. 当 $t=0$ 时，波源振动的位移恰好为正方向的最大值. 若坐标原点和波源重合，且波沿 x 轴正方向传播，试求：

(1) 波源的振动表达式；

(2) 简谐波的波动表达式；

(3) $x=2.5$ m 处的质点在 $t=0.25$ s 时刻的位移和振动速度.

4. 波长 $\lambda=500$ nm(1 nm$=10^{-9}$ m)的单色光垂直照射到宽度 $a=0.25$ mm 的单缝上，单缝后面放置一凸透镜，在凸透镜的焦平面上放置一屏幕，用以观测衍射条纹. 今测得屏幕上中央明条纹一侧第 3 级暗条纹和另一侧第 3 级暗条纹之间的距离为 $d=12$ mm，求凸透镜的焦距 f.

5. 一束平行光垂直入射到某个光栅上，该光束有两种波长的光，$\lambda_1=440$ nm，$\lambda_2=660$ nm(1 nm$=10^{-9}$ m). 实验发现，两种波长的谱线(不计中央明纹)第二次重合于衍射角 60°的方向上. 求此光栅的光栅常数 d.

班级________ 学号________ 姓名________

模 拟 卷 二

一、选择题(共 20 分,每题 2 分)

1. 某人以 4 km/h 的速率向东前进时,感觉风从正北吹来,如将速率增加一倍,则感觉风从东北方向吹来.实际风速与风向为 ( )

(A) 4 km/h,从正北吹来;　　(B) 4 km/h,从西北方吹来;

(C) $4\sqrt{2}$ km/h,从东北方吹来;　　(D) $4\sqrt{2}$ km/h,从西北方吹来.

2. 如图所示,质点从竖直放置的圆周顶端 A 处分别沿不同长度的弦 AB 和 AC($AC<AB$)由静止下滑,不计摩擦阻力.质点下滑到底部所需要的时间分别为 t_B 和 t_C,则 ( )

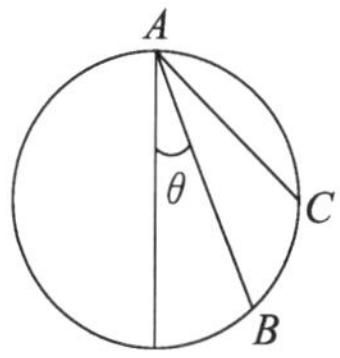

(A) $t_B=t_C$;　　(B) $t_B>t_C$;

(C) $t_B<t_C$;　　(D) 条件不足,无法判定.

3. 如图所示,圆锥摆的小球在水平面内做匀速率圆周运动,下列说法中正确的是 ( )

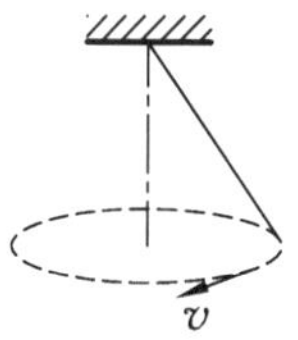

(A) 重力和绳子的张力对小球都做功;

(B) 重力和绳子的张力对小球都不做功;

(C) 重力对小球做功,绳子的张力对小球不做功;

(D) 重力对小球不做功,绳子的张力对小球做功.

4. 花样滑冰运动员绕自身的竖直轴转动,开始时两臂伸开,此时转动惯量为 J_0,角速度为 ω_0,然后将两臂收回,使转动惯量减少为 $J_0/3$,这时运动员转动的角速度变为( )

(A) $\frac{\omega_0}{3}$;　　(B) $\frac{\omega_0}{\sqrt{3}}$;　　(C) $3\omega_0$;　　(D) $\sqrt{3}\omega_0$.

5. 由式子 $\oint\!\!\oint_S \boldsymbol{E}\cdot \mathrm{d}\boldsymbol{S}=0$ 提出下面 4 种说法,正确是 ( )

(A) 高斯面上的电场一定处处为零;　　(B) 高斯面内一定无电荷;

(C) 高斯面上的总电通量一定为零;　　(D) 不能说明一定的问题.

6. 平行板电容器充电完成后与电源断开,当用绝缘手柄将电容器两极板的距离拉大时,电容器中的电容将 ( )

(A) 减小;　　(B) 不变;

3. 半径为 r_1 和 $r_2(r_2>r_1)$ 的两个同心导体薄球壳，且都不带电. 现让内球带 q 的电量，以无限远处为电势零点. 求：

(1) 外球的电荷量及电势；

(2) 把外球接地后外球的电荷量及电势.

4. 一细导线弯成直径为 d 的半圆形状，均匀磁场 $\boldsymbol{B}$ 垂直通过导体所在平面. 如图所示，当导线绕着点 A 垂直于半圆面，以角速度 ω 逆时针旋转时，求导线 AC 间的电动势 ε_{AC}.

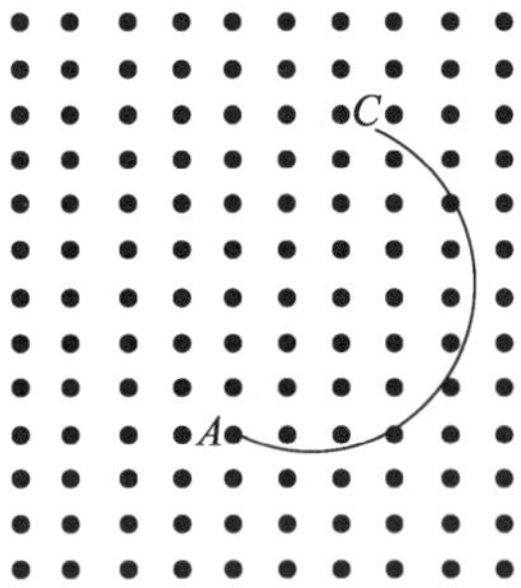

5. 如图所示，长直导线中通有电流 $I_1=20$ A，有一长为 b、宽为 a 的矩形线圈，它与长直导线共面，线圈的一边与长直导线平行，且相距为 d，已知 $a=9.0$ cm，$b=20.0$ cm，$d=1.0$ cm. 试求：

(1) 通过线圈的磁通量；

(2) 若矩形线圈中通过电流 $I_2=10$ A，则作用于线圈的合力大小是多少？

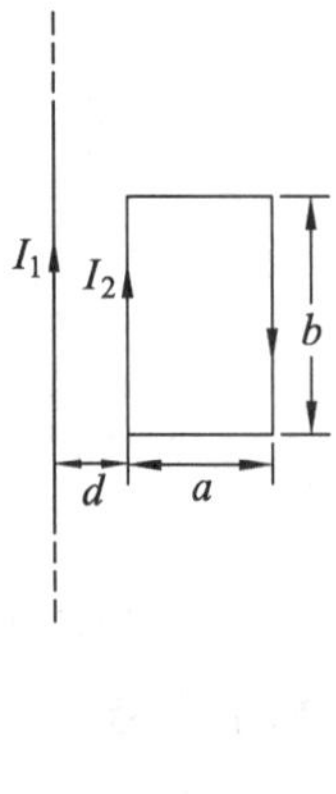

目录
Contents

第一章

力和运动

一、基本要求

1. 掌握对质点运动的描述方法；能分析质点做直线运动和平面内曲线运动的位置矢量、位移、速度和加速度，做圆周运动、曲线运动的角速度、角加速度、切向加速度和法向加速度.

2. 掌握应用微分和积分求运动量或运动方程的方法；熟悉矢量的表示法和基本运算法则；能用微积分方法求解一维变力作用下简单的质点动力学问题.

3. 理解伽利略相对性原理，会运用伽利略坐标变换式和速度变换式分析相对运动的问题；了解惯性力概念，了解在非惯性系中分析质点动力学问题的基本方法.

4. 掌握牛顿三定律及其适用条件；掌握用“隔离体法”分析质点受力情况的基本方法和解题步骤.

二、思路与联系

力学是研究物体机械运动和相互作用的学科. 机械运动的普遍性和基本性，决定了力学在整个物理学中的基础地位，而牛顿力学又是整个经典力学的基础.

物体的机械运动状态用状态量加以描述，物体运动状态发生变化，则表明该物体受周围其他物体所施加作用力. 若已知物体的初始状态，则通过牛顿运动定律可确定物体在任一时刻的状态.

本章在质点运动学部分，主要介绍了位置矢量、位移、速度、加速度等状态量，以及圆周运动质点的角量描述，并给出了相对运动中的坐标、速度与加速度变换关系式；在质点动力学部分，则主要介绍了牛顿运动定律，并对经典时空观和非惯性参照系中的力学规律做了介绍.

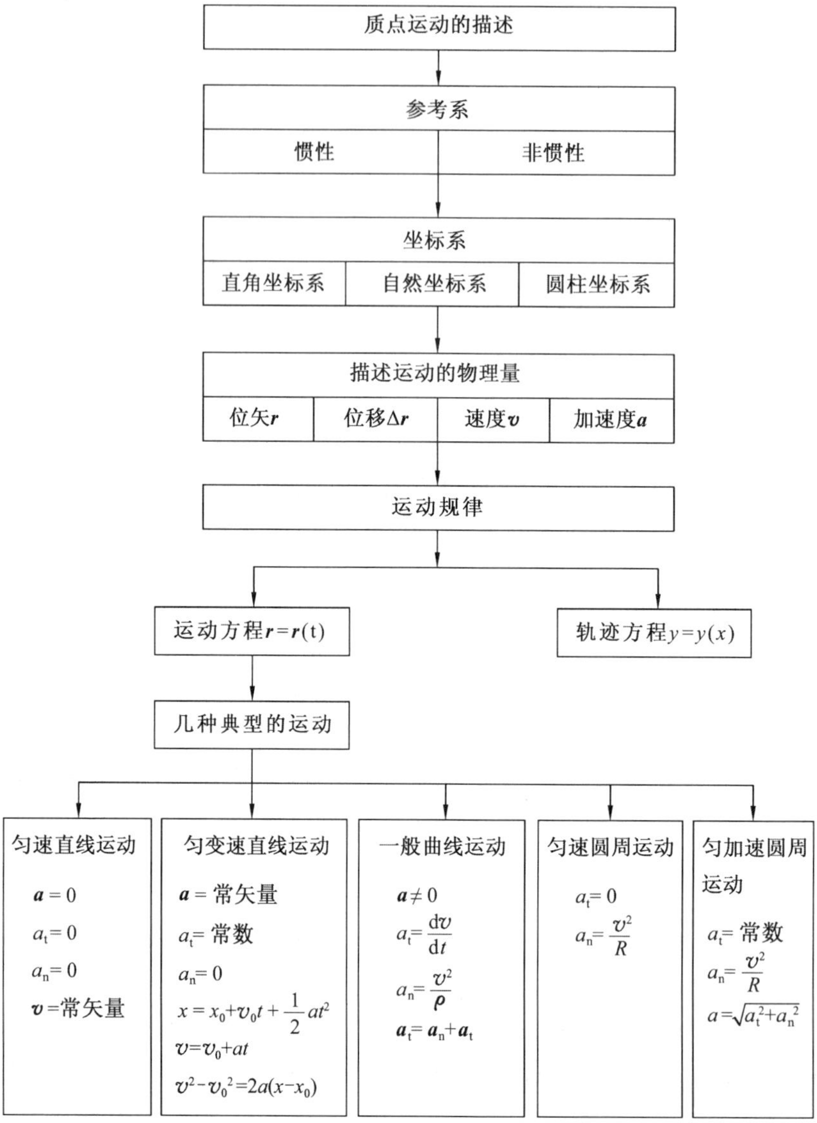

三、学习指导

1. **质点**：物体____________可以忽略不计的一种理想模型.

物体作为质点来处理的两种情况：① 物体运动时，物体上各点的运动情况完全相同（平动）；② 物体运动时，物体的大小和形状对所研究的问题影响很小，以至于可以忽略不计.

物体作为质点来处理是有条件的、相对的，不是看物体的绝对大小，而是要视研究的具体问题而定.

2. **参照系**：由于运动的相对性，描述物体的运动时所选定的物体或物体系. 为了定量描述物体的运动，引进坐标系，它是参照系的数学抽象.

3. **描述平动物体状态的四个物理量**：________、________、________、________都是矢量.

（1）位置矢量（$\boldsymbol{r}$）：描述物体在空间位置的物理量

$$\boldsymbol{r}=x\boldsymbol{i}+y\boldsymbol{j}+z\boldsymbol{k}$$

运动方程表示质点位置矢量随时间变化的函数关系，即 $\boldsymbol{r}=\boldsymbol{r}(t)$.

（2）位移（$\Delta\boldsymbol{r}$）：描述物体在空间位置变化的物理量

$$\Delta\boldsymbol{r}=\boldsymbol{r}(t+\Delta t)-\boldsymbol{r}(t)=\Delta x\boldsymbol{i}+\Delta y\boldsymbol{j}+\Delta z\boldsymbol{k}.$$

（3）速度（$\boldsymbol{v}$）：表示质点位置变动快慢和方向的物理量

$$\boldsymbol{v}=\frac{\mathrm{d}\boldsymbol{r}}{\mathrm{d}t}=\frac{\mathrm{d}x}{\mathrm{d}t}\boldsymbol{i}+\frac{\mathrm{d}y}{\mathrm{d}t}\boldsymbol{j}+\frac{\mathrm{d}z}{\mathrm{d}t}\boldsymbol{k}=v_x\boldsymbol{i}+v_y\boldsymbol{j}+v_z\boldsymbol{k}$$

（4）加速度（$\boldsymbol{a}$）：描述物体速度变化快慢和方向的物理量

$$\boldsymbol{a}=\frac{\mathrm{d}\boldsymbol{v}}{\mathrm{d}t}=\frac{\mathrm{d}^2\boldsymbol{r}}{\mathrm{d}t^2}=\frac{\mathrm{d}^2x}{\mathrm{d}t^2}\boldsymbol{i}+\frac{\mathrm{d}^2y}{\mathrm{d}t^2}\boldsymbol{j}+\frac{\mathrm{d}^2z}{\mathrm{d}t^2}\boldsymbol{k}=a_x\boldsymbol{i}+a_y\boldsymbol{j}+a_z\boldsymbol{k}$$

加速度在自然坐标系中表示为

$$\boldsymbol{a}=a_{\mathrm{t}}\boldsymbol{e}_{\mathrm{t}}+a_{\mathrm{n}}\boldsymbol{e}_{\mathrm{n}}=\frac{\mathrm{d}v}{\mathrm{d}t}\boldsymbol{e}_{\mathrm{t}}+\frac{v^2}{\rho}\boldsymbol{e}_{\mathrm{n}}$$

式中，$\boldsymbol{a}_{\mathrm{t}}$ 为切向加速度，作用是__________，方向沿____________；$\boldsymbol{a}_{\mathrm{n}}$ 为法向加速度，作用是__________，方向沿____________（对于圆周运动，沿半径指向圆心）；ρ 为轨道的曲率半径（对于圆周运动等于圆轨道半径）.

4. 相对运动

$$\boldsymbol{r}_{甲对丙}=\boldsymbol{r}_{甲对乙}+\boldsymbol{r}_{乙对丙}；\boldsymbol{v}_{甲对丙}=\boldsymbol{v}_{甲对乙}+\boldsymbol{v}_{乙对丙}；\boldsymbol{a}_{甲对丙}=\boldsymbol{a}_{甲对乙}+\boldsymbol{a}_{乙对丙}$$

5. 牛顿运动定律

（1）牛顿第一定律：____.

牛顿第一定律提出了两个概念：① 惯性：任何物体不受外力，都能维持原有的运动状态不变. 物体的这种____________性质称为惯性. 因此牛顿第一定律也称为惯性定律. ② 力：明确了力是物体间的相互作用，指出是力改变了物体的运动状态. 因为加速度描述了物体运动状态的变化，所以力和______相联系，而不是和_____相联系.

牛顿第一定律定义了惯性系：牛顿第一定律成立的参照系. 要确定一个参照系是否是惯性参照系只能通过实验来确定.

惯性参照系性质：相对于惯性系____________参照系仍是惯性系.

（2）牛顿第二定律：____.

矢量表达形式：____.

应用牛顿第二定律时，要注意物体所受合外力与物体加速度之间的几个关系，即因果关系、瞬时关系和矢量关系.

（3）牛顿第三定律：____.

应用牛顿第三定律时要注意：① 从对象和效果看：作用力和反作用力分别作用于两个不同的物体，各产生其效果，不是一对平衡力. ② 从依赖关系看：作用力和反作用力互为存在条件，同时存在，同时消失. ③ 从性质看：作用力和反作用力属于相同性质的力.

（4）牛顿定律的适应范围. 牛顿定律只适用______________宏观物体，对非惯性系、对高速运动、对微观领域不适用.

6. **掌握求解质点运动学两类问题的方法**：① 第一类问题是＿＿＿＿＿＿＿＿＿＿＿＿＿＿＿＿＿＿＿＿＿＿＿＿；② 第二类问题是＿＿＿＿＿＿＿＿＿＿＿＿＿＿＿＿＿＿＿＿＿＿＿＿＿＿＿＿＿＿＿.

第一类问题用求导数的方法，第二类问题用积分的方法，但要注意分离变量和初始条件.

7. **解牛顿定律的问题可分为两类**：第一类是已知质点的运动，求＿＿＿＿＿＿＿＿；第二类是已知作用于质点的力，求＿＿＿＿＿＿＿＿.

求解力学问题都离不开牛顿第二定律.但这条定律是针对单个质点而言的，若涉及两个或两个以上质点的运动，就应分别运用牛顿第二定律.在应用牛顿运动定律解题时，采用“隔离体法”，即把所要研究的物体先隔离出来.用“隔离体法”解题，大致可按下列步骤进行：① 根据题设条件和需求，有目的地选一个或几个隔离体作为研究对象；② 选定可以作为惯性系的参考系，分析隔离体相对于惯性系的运动状况；③ 分析隔离体的受力情况，画示力图，并标示出其运动情况；④ 按牛顿第二定律列出质点运动方程(矢量式)；⑤ 取合适的坐标轴，写出上述矢量形式的质点运动方程沿各坐标轴的分量式.在直角坐标系中的分量式为

＿＿＿＿＿＿＿＿＿＿＿＿＿＿＿＿＿＿＿＿

在自然坐标系中的分量式为(质点做圆周运动时常用自然坐标)

＿＿＿＿＿＿＿＿＿＿＿＿＿＿＿＿＿＿＿＿

⑥ 解方程(代数方程或微分方程).已知量应统一换算成国际制单位，求得未知量，必要时对所求得的结果进行讨论.

四、习题分析与解答

1-1 在离水面高度为 h 的岸边，有人用绳子拉船靠岸，船在离岸边 s 距离处.当人以 v_0 的速率匀速收绳时，试求船的速度与加速度.

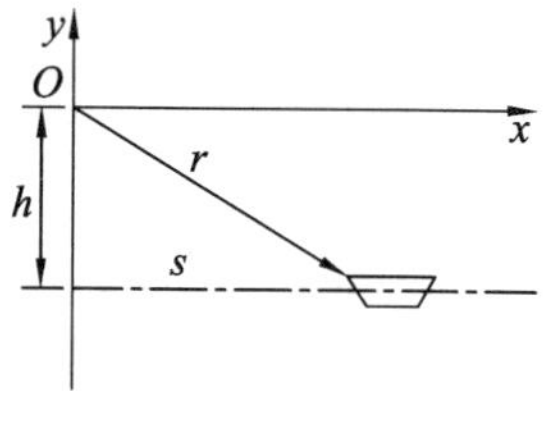

解图 1-1

解：如解图 1-1 所示，在直角坐标系 xOy 中，t 时刻船离岸边的距离为 $x=s$，船的位置矢量(运动方程)可表示为

$$\boldsymbol{r}=x\boldsymbol{i}+(-h)\boldsymbol{j}$$

船的速度为 $$\boldsymbol{v}=\frac{\mathrm{d}\boldsymbol{r}}{\mathrm{d}t}=v_x\boldsymbol{i}$$

由于 $$x=\sqrt{r^2-h^2}$$

所以 $$v_x=\frac{\mathrm{d}x}{\mathrm{d}t}=\frac{\mathrm{d}}{\mathrm{d}t}\sqrt{r^2-h^2}=\frac{r}{\sqrt{r^2-h^2}}\frac{\mathrm{d}r}{\mathrm{d}t}$$

因绳子的长度随时间变短，上式中 $\frac{\mathrm{d}r}{\mathrm{d}t}=-v_0$.

所以船的速度为

$$\boldsymbol{v}=-v_0\frac{r}{\sqrt{r^2-h^2}}\boldsymbol{i}=-v_0\frac{\sqrt{s^2+h^2}}{s}\boldsymbol{i}$$

船的加速度为

$$\boldsymbol{a}=\frac{\mathrm{d}\boldsymbol{v}}{\mathrm{d}t}=-\frac{v_0^2h^2}{s^3}\boldsymbol{i}$$

$\boldsymbol{v}$,$\boldsymbol{a}$ 同方向,表明船是加速靠岸的.

1-2 在质点运动中,已知 $x=ae^{kt}$, $\frac{\mathrm{d}y}{\mathrm{d}t}=-bke^{-kt}$, $y|_{t=0}=b$. 求质点的加速度和它的轨道方程.

分析: 求出 x 方向和 y 方向的加速度,可以得到质点在平面内运动的总加速度;利用积分,代入 y 方向的初始位置,可以得到质点在 y 方向的运动规律,消去运动方程 $x(t)$ 和 $y(t)$ 中的时间参量 t,即可得到质点在平面内运动的轨道方程 $y(x)$.

解:

$$a_x=\frac{\mathrm{d}^2x}{\mathrm{d}t^2}=ak^2e^{kt},\ a_y=\frac{\mathrm{d}v_y}{\mathrm{d}t}=bk^2e^{-kt}$$

由 y 方向速度,得

$$\mathrm{d}y=-bke^{-kt}\mathrm{d}t$$

对上式两边积分并代入初始条件

$$\int_b^y\mathrm{d}y=-bk\int_0^t e^{-kt}\mathrm{d}t$$

得

$$y=be^{-kt}$$

从 $x=ae^{kt}$,$y=be^{-kt}$ 两式中消去 t,得轨道方程

$$xy=ab$$

1-3 在如图所示乒乓桌的一边,乒乓球做斜抛运动.已知桌高 $h=1.0$ m,宽 $a=2.0$ m.欲使乒乓球从桌面的另一边切过,并落在离该边水平距离 $b=0.50$ m 处.求乒乓球的初速 v_0 和抛射角 θ 各为多少?

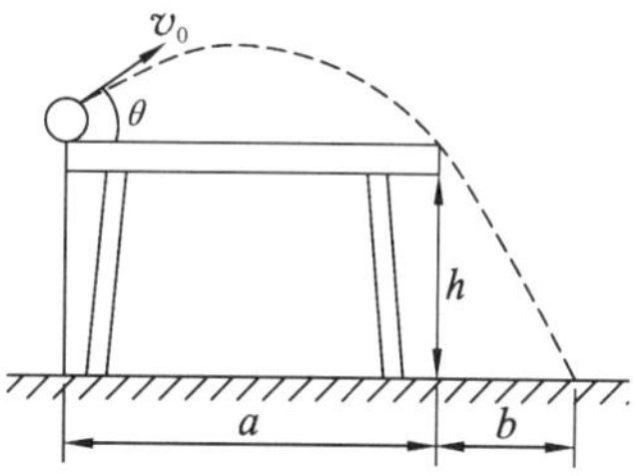

习题 1-3 图

分析: 把乒乓球看作质点.质点做斜抛运动的轨迹,先后经过球与桌边相切的点和球的落地点.

解: 取坐标 xOy,沿桌面向右为 x 轴正方向,y 轴垂直于桌面向上,坐标原点 O 位于球的发射处.乒乓球的轨迹方程为

$$y=x\tan\theta-\frac{gx^2}{2v_0^2\cos^2\theta}\tag{1}$$

将球的轨迹与桌边相切点的坐标值 $x=2.0$ m,$y=0$ 代入(1)式,可得

$$v_0^2=\frac{g}{\cos\theta\sin\theta}\tag{2}$$

将球的落地点坐标值 $x=a+b=2.0\ \mathrm{m}+0.50\ \mathrm{m}=2.50$ m,$y=-1.0$ m 代入(1)式,可得

$$v_0^2\cos^2\theta=\frac{5}{8}g\tag{3}$$

解式(2)、(3),得

$$\tan\theta=\frac{8}{5},\ \theta=58°,\ v_0=4.67\ \mathrm{m/s}$$

1-4 跳伞运动员从 1 200 m 的高空跳下,起初不开降落伞做加速运动.由于空气

阻力的作用,加速到"终极速度"200 km/h 后开始匀速下降,下降到离地面 50 m 处时打开降落伞,很快速率会下降至 18 km/h,而后开始匀速下降着地.若起初加速运动阶段的平均加速度按 $g/2$ 计,此跳伞运动员在空中一共经历了多长时间?

分析: 本题已对跳伞运动员的下跳过程做了分阶段的简化:从高空下跳的起初阶段做初速率 $v_0=0$ 的匀加速直线运动,加速度大小为 $g/2$,直到下降速率为 $v_1=200\ \text{km/h}=55.6\ \text{m/s}$;以后以 v_1 做匀速直线运动,下落至离地面高度 50 m;打开降落伞后落到地面的最后阶段做匀速直线运动,$v_2=18\ \text{km/h}=5\ \text{m/s}$.

解: 取坐标如解图 1-4 所示,图中 $y_0=1\ 200\ \text{m}$,$y_2=50\ \text{m}$.在下跳的起初阶段,设经历的时间为 t_1,有

$$y_1-y_0=\frac{1}{2}at_1^2,\ a=\frac{g}{2} \tag{1}$$

$$v_1=at_1 \tag{2}$$

在以 v_1 做匀速直线运动阶段,经历的时间为 t_2,有

$$y_2-y_1=-v_1t_2 \tag{3}$$

在打开降落伞后,以 v_2 做匀速直线运动,下落至地面的阶段,经历的时间为 t_3,有

$$0-y_2=-v_2t_3 \tag{4}$$

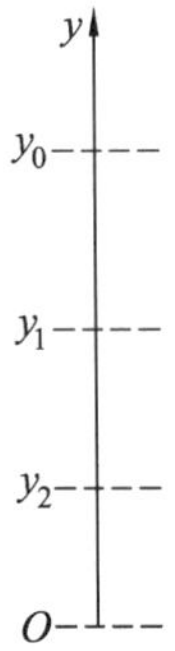

解图 1-4

解上述方程,得

$$t_1=\frac{2v_1}{g},\ t_2=\frac{y_0-y_2}{v_1}-\frac{v_1}{g},\ t_3=\frac{y_2}{v_2}$$

$$y_1=y_0-\frac{v_1^2}{g}$$

跳伞运动员在空中一共经历的时间为

$$\Delta t=t_1+t_2+t_3=\frac{v_1}{g}+\frac{y_0-y_2}{v_1}+\frac{y_2}{v_2}=34.6\ \text{s}$$

1-5 A,B 两个物体,质量分别为 $m_A=100\ \text{kg}$,$m_B=60\ \text{kg}$,装置如图所示.两斜面的倾角分别为 $\alpha=30°$和 $\beta=60°$.如果物体与斜面间无摩擦,滑轮和绳的质量忽略不计,问:

(1) 系统将向哪边运动?

(2) 系统的加速度是多大?

(3) 绳子的张力多大?

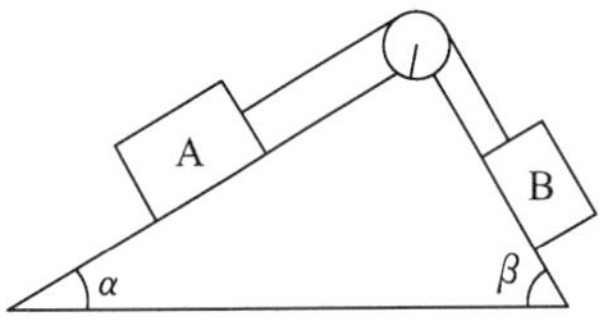

习题 1-5 图

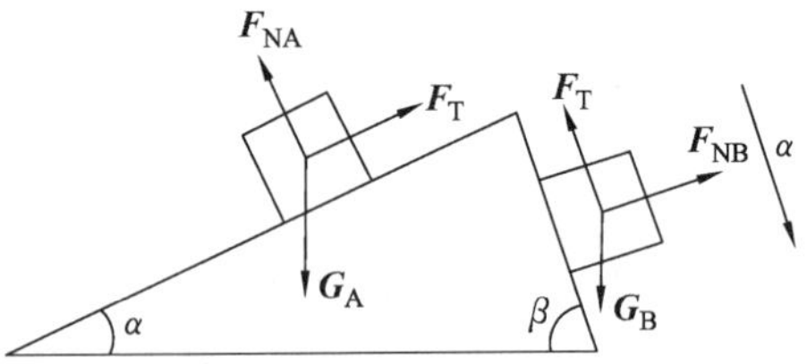

解图 1-5

分析: 由于轻绳不可伸长,连接 A,B 两物体时,不论向哪边运动,A,B 都将具有相同大小的加速度值,对于斜面问题,若不能直接判断系统的运动方向,可先假定某一运动正方向,并依此列方程,由计算结果确定物体的实际运动方向.

解：取两物体为研究对象，分别作 A，B 两物体的受力分析，见解图 1-5. 设系统沿图示方向运动，两物体在运动方向上的动力学方程分别为

$$F_T - m_A g\sin\alpha = m_A a \qquad (1)$$

$$m_B g\sin\beta - F_T = m_B a \qquad (2)$$

解式(1)和(2)，得

$$a=\frac{m_B g\sin\beta - m_A g\sin\alpha}{m_A + m_B}=0.12\ \text{m/s}^2$$

$a>0$，表示系统的实际运动方向与假定正方向一致. 由式(1)得

$$F_T = m_A g\sin\alpha + m_A a = 502\ \text{N}$$

1-6 将质量为 10 kg 的小球挂在倾角 $\alpha=30°$ 的光滑斜面上(如图所示).

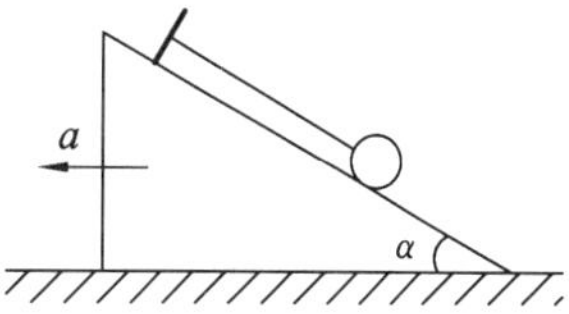

习题 1-6 图

(1) 当斜面以加速度 $a=\frac{1}{3}g$ 沿如图所示的方向运动时，求绳中的张力及小球对斜面的正压力.

(2) 当斜面的加速度至少为多大时，小球对斜面的正压力为零？

分析：以小球为研究对象. 取地面为参考系时，小球与斜面之间无相对运动，因而具有相同的对地加速度. 对小球进行受力分析后，可运用牛顿运动定律求解. 若取斜面为参考系(非惯性系)时，小球相对斜面静止，应添加惯性力求解.

解：(1) 取坐标，做小球的受力分析如解图 1-6. 由牛顿第二定律，

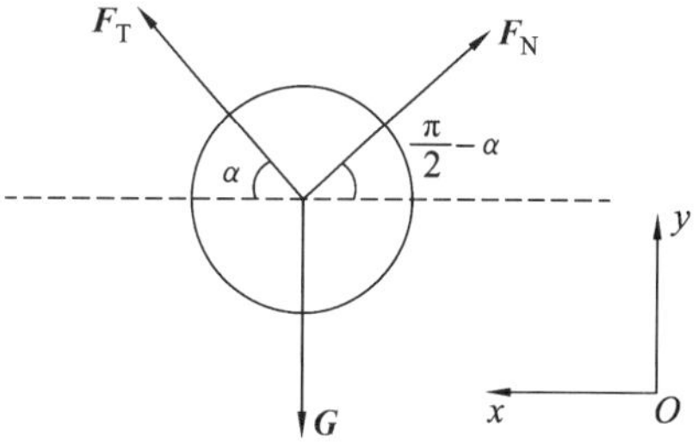

解图 1-6

x 方向有 $\quad F_T\cos\alpha - F_N\cos\left(\frac{\pi}{2}-\alpha\right)=ma \qquad (1)$

y 方向有 $\quad F_T\sin\alpha + F_N\sin\left(\frac{\pi}{2}-\alpha\right)-mg=0 \qquad (2)$

解方程，可得 $\quad F_T=\frac{mg}{6}(3+\sqrt{3})=77.3\ \text{N}$

$$F_N=\frac{mg}{6}(3\sqrt{3}-1)=68.5\ \text{N}$$

(2) 对式(1)和(2)，令 $F_N=0$，得

$$F_T\cos\alpha = ma$$

$$F_T\sin\alpha - mg = 0$$

即

$$\tan\alpha=\frac{g}{a},\ a=\frac{g}{\tan\alpha}=17.0\ \text{m/s}^2$$

取斜面为参考系时，(1)式应改为 $F_T\cos\alpha - F_N\cos\left(\frac{\pi}{2}-\alpha\right)-ma=0$，(2)式不变，结果相同.

1-7 飞机做特技表演，在竖直平面内以匀速率 v 做半径为 R 的圆周运动. 设飞机驾驶员的质量为 m，试求他施于飞机坐垫的压力有多大？

分析：飞机驾驶员施于飞机坐垫的压力和坐垫(包括靠背)对驾驶员的支撑力是一对

作用力和反作用力.由对飞机驾驶员在圆周上任意位置时的受力分析可知,他是在重力和坐垫支撑力的合力的作用下做匀速率圆周运动的.根据牛顿运动定律,写出飞机驾驶员在切向和法向的运动方程,可以得到飞机做特技表演时,飞机驾驶员状态.

解:设坐垫对驾驶员的支撑力为 $\boldsymbol{F}$,与圆轨道法线方向的夹角为 φ,如图所示.

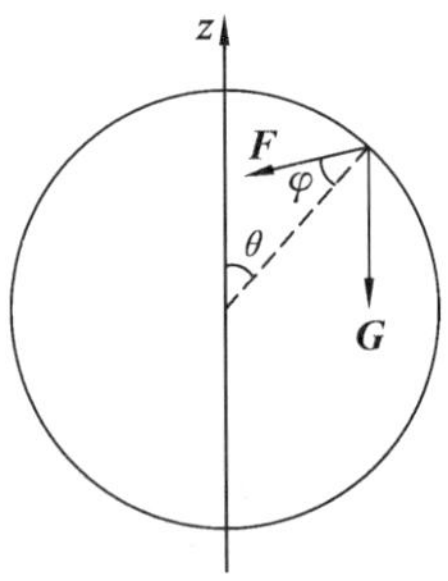

习题 1-7 图

切向
$$F\sin\varphi - mg\sin\theta = 0$$

法向
$$F\cos\varphi + mg\cos\theta = \frac{mv^2}{R}$$

得
$$F = m\sqrt{g^2 - 2\frac{v^2}{R}\cos\theta + \left(\frac{v^2}{R}\right)^2}$$

$$\tan\varphi = \frac{g\sin\theta}{\frac{v^2}{R} - g\cos\theta}$$

当 $\theta=\pi$,$\varphi=0$,即驾驶员处于圆轨道的最低点处时,有

$$F = mg + \frac{mv^2}{R}$$

这时驾驶员对坐垫的压力(垂直作用力)最大,对应"超重"最大的情况.

当 $\theta=0$,$\varphi=\pi$,即驾驶员处于圆轨道的最高点处时,有

$$F = \frac{mv^2}{R} - mg$$

这时驾驶员对坐垫的压力最小,对应"失重"最甚状态.在圆轨道的最高点处附近,如果飞机的飞行速度 v 不能使驾驶员对坐垫的压力 $F \geqslant 0$,则驾驶员将从坐垫上掉落下来.

第二章

运动的守恒量和守恒定律

一、基本要求

1. 掌握功的概念；掌握质点的动能定理和动量定理；理解质点系的内力和外力；了解质心概念和质心运动定理.

2. 掌握机械能守恒定律及其适用条件,质点系的功能原理；理解保守力做功的特点和势能的概念.

3. 掌握动量守恒定律及其适用条件；理解碰撞和力的成因.

4. 掌握质点的角动量守恒定律及其适用条件.

二、思路与联系

守恒定律是对自然界中的客观规律所做的最深刻、最简洁的陈述,它比物理学中的任何其他定律都更基本,当然也更重要.

质点的运动是在时间和空间中进行的,牛顿第二定律只是给出了力对物体的瞬时作用规律;由物体在力的持续作用下所产生的时间累积效应和空间累积效应,而导出的一些重要定理和守恒定律为解决质点动力学问题提供了一种行之有效的方法.

本章在描述力的时间累积效应时,一方面引入了冲量和动量,进而研究冲量和动量之间的关系,导出质点动量定理,最后得到动量守恒定律;另一方面引入了角动量,导出质点角动量定理,最后得到角动量守恒定律.在描述力的空间累积效应时,引入功和机械能,进而研究功和能之间的关系,导出动能定理和功能原理,最后得到机械能守恒定律和普遍的能量守恒与转化定律.

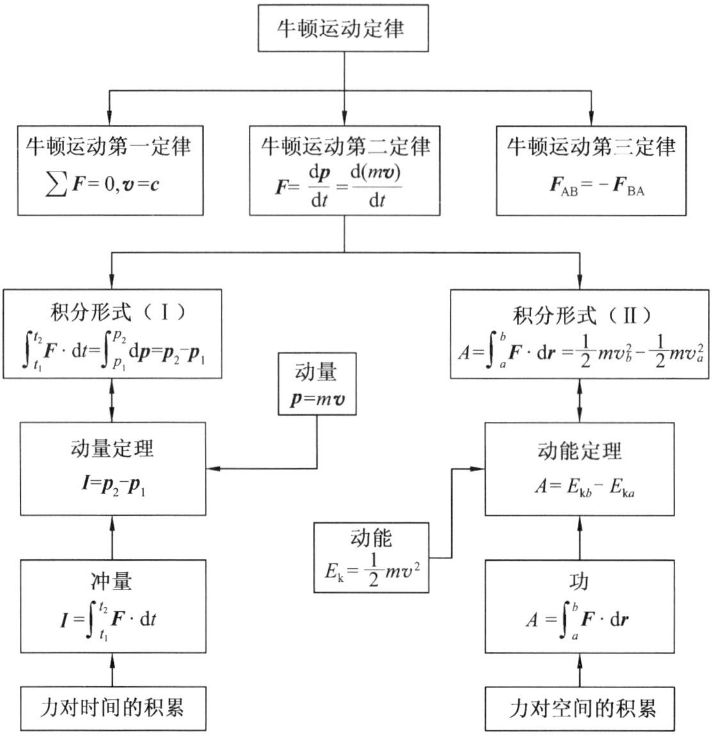
牛顿运动定律
牛顿运动第一定律
$\sum \boldsymbol{F}=0, \boldsymbol{v}=\boldsymbol{c}$
牛顿运动第二定律
$\boldsymbol{F}=\frac{\mathrm{d}\boldsymbol{p}}{\mathrm{d}t}=\frac{\mathrm{d}(m\boldsymbol{v})}{\mathrm{d}t}$
牛顿运动第三定律
$\boldsymbol{F}_{\mathrm{AB}}=-\boldsymbol{F}_{\mathrm{BA}}$
积分形式（Ⅰ）
$\int_{t_1}^{t_2}\boldsymbol{F}\cdot\mathrm{d}t=\int_{p_1}^{p_2}\mathrm{d}\boldsymbol{p}=\boldsymbol{p}_2-\boldsymbol{p}_1$
积分形式（Ⅱ）
$A=\int_a^b\boldsymbol{F}\cdot\mathrm{d}\boldsymbol{r}=\frac{1}{2}mv_b^2-\frac{1}{2}mv_a^2$
动量
$\boldsymbol{p}=m\boldsymbol{v}$
动量定理
$\boldsymbol{I}=\boldsymbol{p}_2-\boldsymbol{p}_1$
动能定理
$A=E_{kb}-E_{ka}$
动能
$E_k=\frac{1}{2}mv^2$
冲量
$\boldsymbol{I}=\int_{t_1}^{t_2}\boldsymbol{F}\cdot\mathrm{d}t$
功
$A=\int_a^b\boldsymbol{F}\cdot\mathrm{d}\boldsymbol{r}$
力对时间的积累
力对空间的积累

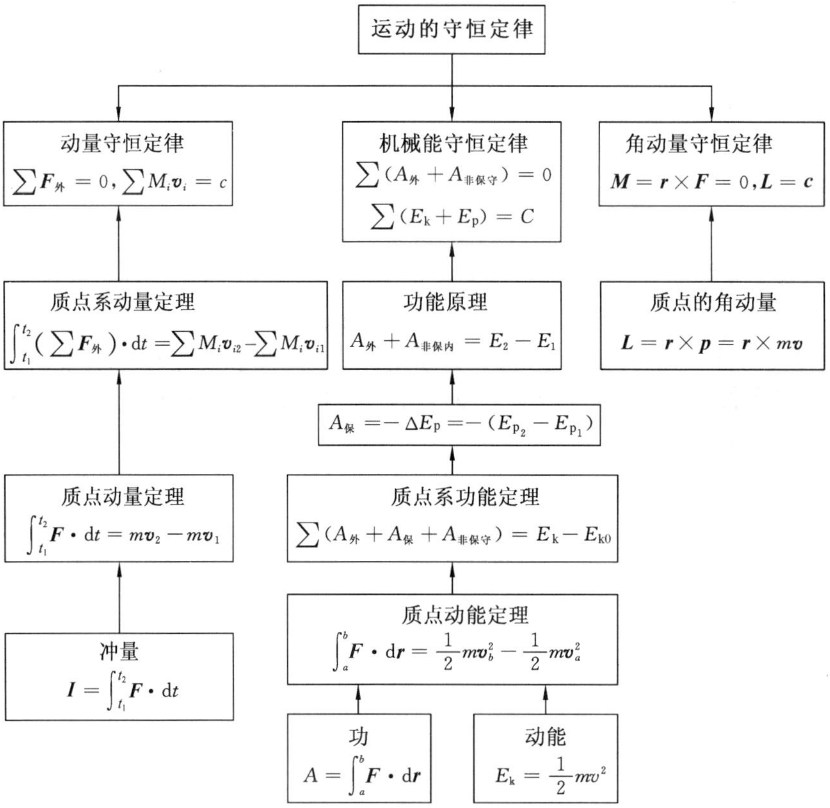
运动的守恒定律
动量守恒定律
$\sum \boldsymbol{F}_{外}=0, \sum M_i\boldsymbol{v}_i=c$
机械能守恒定律
$\sum(A_{外}+A_{非保守})=0$
$\sum(E_k+E_p)=C$
角动量守恒定律
$\boldsymbol{M}=\boldsymbol{r}\times\boldsymbol{F}=0, \boldsymbol{L}=\boldsymbol{c}$
质点系动量定理
$\int_{t_1}^{t_2}(\sum\boldsymbol{F}_{外})\cdot\mathrm{d}t=\sum M_i\boldsymbol{v}_{i2}-\sum M_i\boldsymbol{v}_{i1}$
功能原理
$A_{外}+A_{非保内}=E_2-E_1$
质点的角动量
$\boldsymbol{L}=\boldsymbol{r}\times\boldsymbol{p}=\boldsymbol{r}\times m\boldsymbol{v}$
$A_{保}=-\Delta E_p=-(E_{p_2}-E_{p_1})$
质点动量定理
$\int_{t_1}^{t_2}\boldsymbol{F}\cdot\mathrm{d}t=m\boldsymbol{v}_2-m\boldsymbol{v}_1$
质点系功能定理
$\sum(A_{外}+A_{保}+A_{非保守})=E_k-E_{k0}$
质点动能定理
$\int_a^b\boldsymbol{F}\cdot\mathrm{d}\boldsymbol{r}=\frac{1}{2}m\boldsymbol{v}_b^2-\frac{1}{2}m\boldsymbol{v}_a^2$
冲量
$\boldsymbol{I}=\int_{t_1}^{t_2}\boldsymbol{F}\cdot\mathrm{d}t$
功
$A=\int_a^b\boldsymbol{F}\cdot\mathrm{d}\boldsymbol{r}$
动能
$E_k=\frac{1}{2}mv^2$

三、学习指导

1. 冲量与动量定理

(1) 冲量：力在时间过程中的累积效应

$$\boldsymbol{I}=\int_{t_1}^{t_2}\boldsymbol{F}\mathrm{d}t$$

(2) 质点动量定理

$$\boldsymbol{I}=\int_{t_1}^{t_2}\boldsymbol{F}\mathrm{d}t=\underline{\qquad\qquad\qquad\qquad}$$

分量式：

$$\underline{\qquad\qquad\qquad\qquad\qquad\qquad\qquad\qquad\qquad\qquad}$$

(3) 平均冲力

$$\bar{\boldsymbol{F}}=\underline{\qquad\qquad\qquad\qquad}$$

(4) 质点组(系)的动量定理

$$\boldsymbol{I}=\sum_i\int\boldsymbol{F}_i\mathrm{d}t=\underline{\qquad\qquad\qquad\qquad\qquad\qquad}$$

2. 动量守恒定律：当一个质点系____________________,这一质点系的总动量就守恒(保持不变).

应用动量守恒定律时,先要分析系统所受的合外力是否为零,只有当系统所受的合外力等于零时,系统动量才守恒.实际应用中常常采用分量式,即

$$\sum F_{ix}=0\text{ 时},m_1v_{1x}+m_2v_{2x}+\cdots+m_nv_{nx}=\text{恒量}$$

$$\sum F_{iy}=0\text{ 时},m_1v_{1y}+m_2v_{2y}+\cdots+m_nv_{ny}=\text{恒量}$$

分量式表明,若系统所受的合外力不为零,而合外力在某一方向分量为零时,尽管系统总动量不守恒,但总动量在该方向分量却仍然守恒.

在某些问题(如碰撞、打击、快速的相互作用)中,如内力远远大于外力,这时也可近似认为系统动量守恒.

另外,应用动量守恒定律时,系统中的各物体的速度必须都相对于______________,如果没有特别指明,都选地面作为参照系.

3. 功：力对空间的累积效应

$$A=\int\boldsymbol{F}\cdot\mathrm{d}\boldsymbol{r}$$

功的计算采用以下步骤和方法：① 首先取好坐标,标出坐标轴正方向,将物体运动轨迹分成无穷多小段;② 取任意一小段 $\mathrm{d}\boldsymbol{r}$,并在图中标出,写出这一小段力做的元功 $\boldsymbol{F}\cdot\mathrm{d}\boldsymbol{r}$;③ 将无穷多小段的功叠加起来即求积分 $\int_a^b\boldsymbol{F}\cdot\mathrm{d}\boldsymbol{r}$.

4. 动能定理

(1) 质点动能定理

$$A=\int\boldsymbol{F}\cdot\mathrm{d}\boldsymbol{r}=\underline{\qquad\qquad\qquad\qquad\qquad}$$

(2) 质点组(系)动能定理：质点系从一个状态变化到另一个状态总动能的增量,等于

作用于质点系内各质点上的所有力在这一过程中所做功的总和.

$$A=A_e+A_i=\underline{\qquad\qquad\qquad\qquad\qquad\qquad}$$

5. **保守力　势能**

$$\oint_l \boldsymbol{F}\cdot \mathrm{d}\boldsymbol{r}\equiv 0$$

凡其做功____________________________力称为保守力.系统中相互作用的重力、弹性力、万有引力、分子间相互作用的分子力、静电力等都属于保守力.

保守力在某一过程中所做的功,等于该过程始末两个状态势能增量的负值,即

$$\int_a^b \boldsymbol{F}_{保}\cdot \mathrm{d}\boldsymbol{r}=\underline{\qquad\qquad\qquad\qquad}$$

在保守力场中计算一点的势能时,应先选定势能的零点(若题中规定了势能零点,必须以该点为零点),再用公式

$$E_{pa}=\underline{\qquad\qquad\qquad\qquad}$$

进行计算.而计算保守力场中点到点保守力所做的功或两点势能之差时,势能零点的选择不影响计算结果.

重力势能:$E_{重}=mgh$　　h——物体相对参考点的高度

弹性势能:$E_{弹}=\frac{1}{2}kx^2$　　x——物体相对平衡位置的距离

引力势能:$E_{引}=-G_0\frac{mM}{r}$　　r——M 与 m 之间的距离

6. **质点组(系)功能原理**:系统机械能的增量等于________________所做功的代数和.

$$A_e+A_{id}=\Delta E_k+\Delta E_p=\Delta E$$

7. **机械能守恒定律**:若系统所受外力和非保守内力做功总和为零,即 $A_e+A_{id}=0$,或系统只有保守力做功,则系统机械能守恒.

应用机械能守恒定律时,要先分析(A_e+A_{id})是否为零,或看问题中是否只有保守力做功,只有条件成立才能运用.另一种分析方法是看机械能、热能、电磁能……之间是否存在相互转换的问题.例如,存在摩擦时,克服摩擦力做功,机械能要转变成热能,这时机械能不可能守恒;存在电场、磁场时,要看是否有机械能跟电磁能之间的转换.从能量和能量转换的角度来处理问题往往是比较直观和方便的.

8. **质点角动量及角动量守恒定律**

(1) 力矩:$\boldsymbol{M}=\boldsymbol{r}\times\boldsymbol{F}$

力矩是相对的,相对于____________.

(2) 角动量(动量矩):$\boldsymbol{L}=\boldsymbol{r}\times\boldsymbol{p}$

角动量(动量矩)也是相对的,相对于____________.

(3) 角动量守恒定律:如果质点对某一固定点 O 的力矩($\boldsymbol{r}\times\boldsymbol{F}$)为零,则质点对点 O 的角动量在运动过程中保持不变.

综合分析、处理动力学问题的思路和方法:① 首先将整个问题分成几个分过程;② 考虑每个分过程所遵循的物理规律并列出相应的公式;③ 考虑分过程之间的联系;④ 联立方程求解.

四、习题分析与解答

2-1 三艘质量相等的小船鱼贯而行，速度均为$\boldsymbol{v}$. 如果从中间船上同时以速度$\boldsymbol{u}$把两个质量均为m的物体分别抛到前后两艘船上，速度$\boldsymbol{u}$的方向和$\boldsymbol{v}$一致，问抛掷物体后，这三艘船的速度如何变化？

分析：不计水的流速及阻力，以每艘船和从船上抛出的或接受的物体为系统，则在水平方向各系统都不受外力. 因此，在水平面内各系统的动量守恒. 注意各艘船的速度和从船上抛出或接受物体的速度均应相对同一惯性参考系.

解：取水平坐标轴Ox固定于岸，坐标轴的正方向与$\boldsymbol{v}$一致. 设各艘船的质量为m_0，抛出或接受物的质量为m，分别对三艘船系统运用水平方向的动量守恒定律.

对中间船和抛出物：向前抛出物体对岸的速度为$v+u$，向后抛出物体对岸的速度为$v-u$. 设抛出物体后，中间船对岸的速度为v_2，有

$$(m_0+2m)v=m_0v_2+m(v+u)+m(v-u)$$

得

$$v_2=v$$

中间船的速度不变，即中间船系统质心的运动状态不变.

对前方船和接受物系统：设接受物体后，前方船的速度为v_1，有

$$m_0v+m(v+u)=(m_0+m)v_1$$

$$v_1=v+\frac{m}{m_0+m}u$$

对后方船和接受物系统：设接受物体后，后方船的速度为v_3，有

$$m_0v+m(v-u)=(m_0+m)v_3$$

$$v_3=v-\frac{m}{m_0+m}u$$

2-2 在一光滑的水平面上，把质量为m'和m的两个质点M'和M分别放在自由长度为l_0的弹簧的两端，压紧弹簧使两质点靠近，在弹簧的长度为$l_0(l<l_0)$时，突然松手.

求：质点M'对质点M的相对速度（设弹簧劲度系数为k）.

分析：取光滑水平面上的轻弹簧、M'和M为系统时，弹性力是系统的保守内力，在突然松手后的运动过程中，系统在水平方向不受外力，因此系统的总动量守恒，其质心保持静止，同时也满足机械能守恒条件.

解：突然松手后，M'和M运动方向相反，设它们相对水平面（惯性系）的速度大小分别为v'和v，因系统的总动量守恒，有

$$0=m'v'-mv$$

得

$$v'=\frac{m}{m'}v$$

由机械能守恒，得

$$\frac{1}{2}k(l_0-l)^2=\frac{1}{2}m'v'^2+\frac{1}{2}mv^2$$

由以上两式，得

$$v=(l_0-l)\sqrt{\frac{km'}{m(m+m')}}$$

质点 M' 对质点 M 的相对速度为

$$v_{M'-M}=v'+v=(l_0-l)\sqrt{\frac{k(m+m')}{mm'}}$$

2-3 一链条总长为 L，放在光滑的桌面上，一端下垂，长度为 a，如图所示. 假定开始时链条静止. 求链条刚刚离开桌边时的速度.

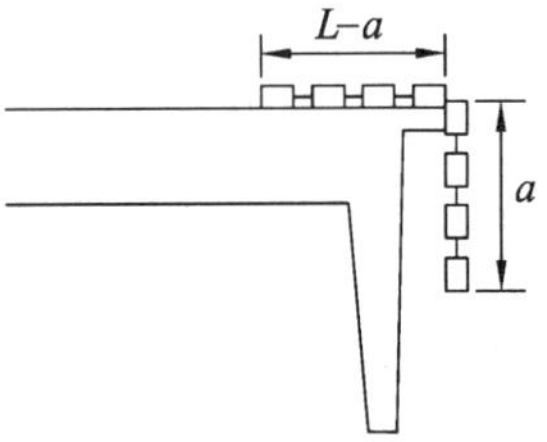

习题 2-3 图

分析： 质量均匀分布的链条，由于下垂部分受重力而引起整体运动. 该运动是在变力作用下的运动，也称落链问题，可以运用牛顿运动定律和动能定理等方法分析求解.

解： 用动能定理解题. 设某时刻链条下垂部分的长度为 y，质量线密度为 ρ_l. 下垂部分受重力 $F=\rho_l g y$，这是一个变力.

滑落过程中，重力做功 $$A=\int_a^L F\,\mathrm{d}y=\frac{1}{2}\rho_l g(L^2-a^2)$$

根据动能定理 $$A=\frac{1}{2}mv^2-0=\frac{1}{2}\rho_l L v^2$$

得 $$v=\sqrt{\frac{g}{L}(L^2-a^2)}$$

2-4 以铁锤将一铁钉击入木板，设木板对铁钉的阻力与铁钉进入木板内的深度成正比. 铁锤击第一次时，能将铁钉击入木板内 1 cm，问击第二次时能击入多深？假定铁锤两次击打铁钉时的速度相同.

分析： 取铁锤和铁钉为系统时，击打过程可视为完全非弹性碰撞的过程，系统的动量守恒. 由于锤的质量远大于钉的质量，击打前后，铁锤的速度几乎不变. 假定每次击打铁钉后，铁锤都静止，那么，将铁钉击入木板内的过程，就是将铁锤的动能 E_k 全部转化为铁钉克服木板阻力做功的过程. 这个过程可运用动能定理求解.

解： 设铁锤二次击打铁钉前的速度都是 v_0，击打后共同运动的速度为 v，铁锤的质量为 m_0，铁钉的质量为 m，击打前后铁锤和铁钉系统的动量守恒，即

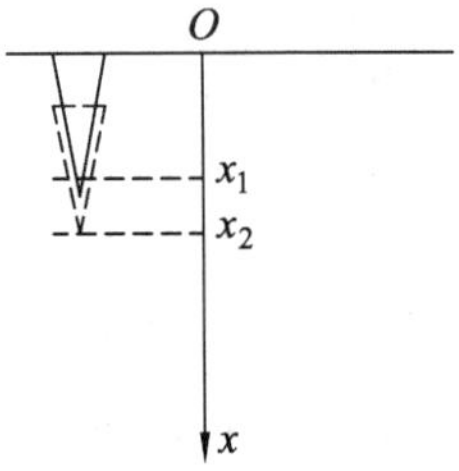

解图 2-4

$$m_0v_0=(m_0+m)v$$

因为 $m_0\gg m$，故有 $$v=v_0$$

所以，铁锤二次击打铁钉后，动能的增量也相同，即

$$\Delta E_{k1}=\Delta E_{k2}=0-E_k=-E_k$$

设木板对铁钉的阻力为 $F=-kx$，第一次击入深度为 x_1，如解图 2-4 所示，则阻力的功为

$$A_1=\int_0^{x_1}F\,\mathrm{d}x=\int_0^{x_1}-kx\,\mathrm{d}x=-\frac{1}{2}kx_1^2 \tag{1}$$

如解图 2-4 所示，第二次击钉后，深度达 x_2，则有

$$A_2=\int_{x_1}^{x_2}(-kx)\,\mathrm{d}x=-\frac{1}{2}k(x_2^2-x_1^2) \tag{2}$$

由题给条件和动能定理可知 $$A_1=A_2=-E_k \tag{3}$$

解上述方程，得 $$x_2=\sqrt{2}x_1$$

代入 $x_1=1$ cm，得第二次击入深度

$$x_2-x_1=\sqrt{2}x_1-x_1=0.414\ \text{cm}$$

2-5 有一保守力 $\boldsymbol{F}=-(-Ax+Bx^2)\boldsymbol{i}$，沿 x 轴作用于质点上，式中 A,B 为常量，x 以“米”计，F 以“牛”计.

(1) 取 $x=0$ 时 $E_p=0$，试计算与此力相应的势能；

(2) 求质点从 $x=2$ m 运动到 $x=3$ m 时势能的变化.

分析：势能属于保守力相互作用系统，是由相对位置决定的函数.空间某点的势能值是相对零势能点而言的，数值上等于从该点将质点移动到势能零点时，保守力所做的功.

解：(1) 已知势能零点位于坐标原点，则 x 处的势能

$$E_{px}=A_{x0}=\int_x^0 \boldsymbol{F}\cdot \mathrm{d}x\boldsymbol{i}=\int_x^0(-Ax+Bx^2)\mathrm{d}x=\frac{A}{2}x^2-\frac{B}{3}x^3$$

(2) 质点由 $x=2$ m 运动到 $x=3$ m 时，势能的增量为

$$\Delta E_p=E_p|_{x=3}-E_p|_{x=2}=\frac{5}{2}A-\frac{19}{3}B$$

保守力做的功为 $$A=\int_2^3 F\mathrm{d}x=-\left(\frac{5}{2}A-\frac{19}{3}B\right)$$

可见，保守力做的功等于势能增量的负值，即

$$A=-\Delta E_p$$

2-6 一质量为 m 的质点做平面运动，其位矢为 $\boldsymbol{r}=a\cos\omega t\boldsymbol{i}+b\sin\omega t\boldsymbol{j}$，式中 a,b 为正值常量，且 $a>b$.问：

(1) 此质点做的是什么运动？其轨迹方程怎样？

(2) 质点在 A 点$(a,0)$和 B 点$(0,b)$时的动能有多大？

(3) 质点所受作用力 $\boldsymbol{F}$ 是怎样的？当质点从 A 点运动到 B 点时，求 $\boldsymbol{F}$ 的分力 $F_x\boldsymbol{i}$ 和 $F_y\boldsymbol{j}$ 所做的功.

(4) $\boldsymbol{F}$ 是保守力吗？为什么？

分析：一个力是否为保守力，可由其做功是否与路径有关来判断.

解：(1) 由位矢方程可知，质点在 x,y 方向的运动方程分别为

$$x(t)=a\cos\omega t,\ y(t)=b\sin\omega t \tag{1}$$

消去 t，得轨迹方程 $$\frac{x^2}{a^2}+\frac{y^2}{b^2}=1$$

质点做轨迹为椭圆的曲线运动.

(2) 对运动方程(1)式分别求时间变化率，得

$$v_x=\frac{\mathrm{d}x}{\mathrm{d}t}=-a\omega\sin\omega t,\ v_y=\frac{\mathrm{d}y}{\mathrm{d}t}=b\omega\cos\omega t \tag{2}$$

由(1)，(2)两式消去 t，得

$$\boldsymbol{v}=-\frac{a\omega y}{b}\boldsymbol{i}+\frac{b\omega x}{a}\boldsymbol{j}$$

速度的大小 $$v=\sqrt{v_x^2+v_y^2}=\omega\sqrt{\frac{a^2y^2}{b^2}+\frac{b^2x^2}{a^2}}$$

质点在 $A(a,0)$ 处的动能：

$$E_{kA}=\frac{1}{2}m\omega^2\left(\frac{a^2y^2}{b^2}+\frac{b^2x^2}{a^2}\right)\Big|_{x=a,y=0}=\frac{1}{2}m\omega^2b^2$$

质点在 $B(0,b)$ 处的动能：

$$E_{kB}=\frac{1}{2}m\omega^2\left(\frac{a^2y^2}{b^2}+\frac{b^2x^2}{a^2}\right)\Big|_{x=0,y=b}=\frac{1}{2}m\omega^2a^2$$

(3) 质点所受作用力

$$\boldsymbol{F}=m\frac{\mathrm{d}^2\boldsymbol{r}}{\mathrm{d}t^2}=m\frac{\mathrm{d}^2x}{\mathrm{d}t^2}\boldsymbol{i}+m\frac{\mathrm{d}^2y}{\mathrm{d}t^2}\boldsymbol{j}=-m\omega^2r\boldsymbol{e}_r \tag{3}$$

可见，质点所受作用力方向指向坐标原点，是有心力.

力的两个分量分别为

$$F_x=-m\omega^2x,\ F_y=-m\omega^2y$$

质点从 $A(a,0)$ 点到 $B(0,b)$ 点时

F_x 做功 $$A_x=\int_a^0F_x\mathrm{d}x=\int_a^0-m\omega^2x\mathrm{d}x=\frac{1}{2}m\omega^2a^2$$

F_y 做功 $$A_y=\int_0^bF_y\mathrm{d}y=\int_0^b-m\omega^2y\mathrm{d}y=-\frac{1}{2}m\omega^2b^2$$

(4) 从任意 $C(x_1,y_1)$ 点运动到任意 $D(x_2,y_2)$ 点，$\boldsymbol{F}$ 做的功

$$\begin{aligned}A&=A_x+A_y=\int_{x_1}^{x_2}F_x\mathrm{d}x+\int_{y_1}^{y_2}F_y\mathrm{d}y\\&=\int_{x_1}^{x_2}-m\omega^2x\mathrm{d}x+\int_{y_1}^{y_2}-m\omega^2y\mathrm{d}y\\&=\frac{1}{2}m\omega^2(x_1^2+y_1^2)-\frac{1}{2}m\omega^2(x_2^2+y_2^2)\end{aligned}$$

可见，$\boldsymbol{F}$ 的功只与始末位置有关，与路径无关，$\boldsymbol{F}$ 是保守力. 从问题(3)的计算结果已可看出这一点.

2-7 一弹簧原长为 l_0，劲度系数为 k，上端固定，下端挂一质量为 m 的物体，先用手托住，使弹簧不伸长.

(1) 如将物体托住慢慢放下，达静止(平衡位置)时，弹簧的最大伸长量和弹性力分别是多少？

(2) 如将物体突然放手，物体到达最低位置时，弹簧的伸长量和弹性力各是多少？物体经过平衡位置时的速度是多少？

分析： 物体悬挂于弹簧下端，受重力和弹性力作用. 取物体、弹簧和地球为系统时，$A_e+A_{id}=0$，所以，系统的机械能守恒. 本题涉及重力势能和弹性势能，解题中需正确选取势能零点.

解：(1) 慢慢放下的物体将静止在受合外力为零的平衡位置. 设此时弹簧的静伸长量为 x_0. 取坐标 Ox 向下为正，以平衡位置为坐标原点，如解图 2-7 所示.

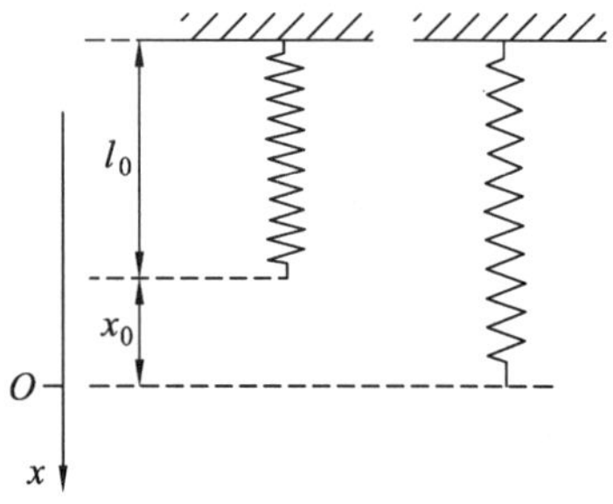

解图 2-7

因受力平衡，有 $-kx_0+mg=0$

得弹簧的静伸长量 $x_0=\frac{mg}{k}$

弹簧作用于物体的弹性力大小为

$$F=kx_0=mg$$

(2) 突然放手后，设物体最低可到达 x 处. 以"放手"位置处为系统的始态和末态，在此过程中，系统的机械能守恒. 选平衡位置为重力势能零点，弹簧原长处为弹性势能零点，有

$$mgx_0=-mgx+\frac{1}{2}k(x_0+x)^2$$

弹簧的伸长量为
$$x_0+x=\frac{2mg}{k}$$

弹性力大小为
$$F=k(x_0+x)=2mg$$

设物体在平衡位置时的速度为 v，仍由机械能守恒定律

$$mgx_0=\frac{1}{2}kx_0^2+\frac{1}{2}mv^2$$

得
$$v=g\sqrt{\frac{m}{k}}=\sqrt{gx_0}$$

2-8 一小船质量为 100 kg，船头到船尾共长 3.6 m. 一质量为 50 kg 的人从船尾走到船头时，船头将移动多少距离？假定水的阻力不计.

分析： 不计水的阻力时，人、船系统在水平方向因不受外力而动量守恒. 运用动量守恒规律时，需注意各物体的速度应相对同一惯性参考系. 需分清人相对船的位移、速度，与人和船相对岸的位移、速度两者之间的区别. 运用质心运动定理同样可解本题.

解 1： 取坐标 Ox 固定于岸，坐标轴正方向由船尾指向船头. 设船的质量为 m_0，相对岸的运动速度为 v_0，人的质量为 m，相对船的运动速度为 v，相对岸的速度为 (v_0+v). 开始时，人船相对静止. 取人和船为系统.

系统的水平动量守恒
$$0=m_0v_0+m(v+v_0)$$

得
$$v_0=-\frac{m}{m+m_0}v \tag{1}$$

式中，"－"号表示船的运动方向与人的运动方向相反.

设人相对船的位移为 l，从船尾到船头所需时间为 t，有

$$l=\int_0^t v\mathrm{d}t \tag{2}$$

设船对岸的位移为 L，有
$$L=\int_0^t v_0\mathrm{d}t \tag{3}$$

将式(1)代入式(3)，并利用式(2)，得

$$L=\int_0^t -\frac{m}{m+m_0}v\mathrm{d}t=-\frac{m}{m+m_0}l=-1.2\ \mathrm{m}$$

船头沿 x 轴反方向相对岸移动了 1.2 m.

解 2： 运用质心运动定理计算.

取人和船为系统. 由于系统在水平方向不受外力，因此，系统质心的加速度 $a_Cx=0$，质心将保持原来的运动状态不变，即保持静止. 取固定的坐标系 Ox 同解 1. 设 x_C 为人的质心位置，人的位置为 x，船的质心位置为 x.

根据质心的定义 $$x_C=\frac{m_0X+mx}{m_0+m}$$

并有 $\Delta x_C=0$，即 $$\Delta x_C=\frac{m_0\Delta X+m\Delta x}{m_0+m}=0$$

船头移动的距离 $$\Delta X=-\frac{m}{m_0}\Delta x \tag{1}$$

由于 Δx 是人对岸的位移，根据运动的相对性，应有

$$\Delta x=l+\Delta X \tag{2}$$

式中，l 是人相对船的位移.

将式(2)代入式(1)，得 $$\Delta X=-\frac{m}{m+m_0}l$$

与解 1 结果相同.

2-9 如图所示是一种测定子弹速度的方法. 子弹水平地射入一端固定在弹簧上的木块内，由弹簧压缩的距离求出子弹的速度. 已知子弹质量是 0.02 kg，木块质量是 8.98 kg. 弹簧的劲度系数是 100 N/m，子弹射入木块后，弹簧被压缩 10 cm. 设木块与平面间的动摩擦因数为 0.2，求子弹的速度.

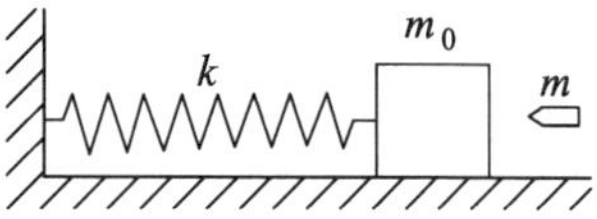

习题 2-9 图

分析：子弹的运动过程有两个阶段：第一阶段，子弹射入木块并开始具有共同的运动速度，是完全非弹性碰撞过程，子弹与木块系统的动量守恒；第二阶段，子弹、木块共同压缩弹簧，取子弹、木块和弹簧为系统时，摩擦力是外力，用功能原理可解得子弹的速度.

解：设 m，m_0 分别为子弹和木块的质量，子弹射入木块前的速度为 v，与木块的共同运动速度为 u. 碰撞过程中，子弹与木块系统的动量守恒.

$$mv=(m+m_0)u \tag{1}$$

对子弹、木块和弹簧系统运用功能定理，

$$A_{外}=\Delta E_k+\Delta E_p \tag{2}$$

在弹簧被压缩 x 的过程中，摩擦力做功为

$$A_{外}=-\mu(m+m_0)gx$$

代入式(2)得

$$-\mu(m+m_0)gx=\left[0-\frac{1}{2}(m+m_0)u^2\right]+\left(\frac{1}{2}kx^2-0\right)$$

将式(1)代入上式，并代入数据，得

$$v=\frac{m_0+m}{m}\sqrt{\frac{kx^2}{m_0+m}+2\mu gx}=319.2\ \text{m/s}$$

2-10 如图所示，轻弹簧的一端与质量为 m_2 的物体连接，另一端与一质量可忽略的挡板相连，它们静止在光滑的桌面上. 弹簧的劲度系数为 k. 今有一质量为 m_1，速度为 $\boldsymbol{v}_0$ 的物体向弹簧运动并与挡板发生正面碰撞. 求弹簧被压缩的最大距离.

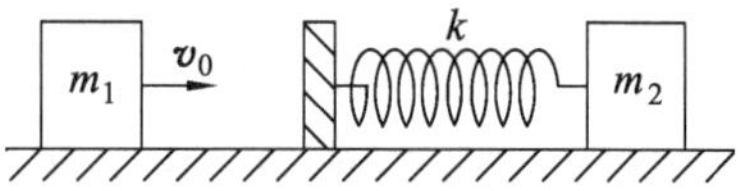

习题 2-10 图

分析：将 m_2 和轻弹簧看作一个整体，在与 m_1 的碰撞过程中形变很大. 从碰撞开始，

到弹簧最大限度地被压缩，m_1 和 m_2 以相同速度运动的整个过程，是完全非弹性碰撞过程，m_1 和连接弹簧的 m_2 系统的动量守恒. 在这个过程中，m_1 的动能部分地转化为弹簧的形变势能. 若以 m_1，m_2 和弹簧为系统，则由于弹性力是保守内力，系统在整个过程中满足机械能守恒条件. 但需注意，m_1 和 m_2 的动能并不守恒.

解：设弹簧被压缩的最大值为 x，m_1 和 m_2 以相同速度 v 运动.

由动量守恒
$$m_1 v_0=(m_1+m_2)v$$

由机械能守恒
$$\frac{1}{2}m_1 v_0^2=\frac{1}{2}(m_1+m_2)v^2+\frac{1}{2}kx^2$$

得
$$x=v_0\sqrt{\frac{m_1 m_2}{k(m_1+m_2)}}$$

第三章

刚体的运动

一、基本要求

1. 掌握刚体绕定轴的转动定律，理解转动惯量概念.
2. 理解刚体绕定轴转动中的能量关系.
3. 掌握刚体绕定轴的角动量守恒定律及其适用条件.

*4. 理解理想液体的性质，定常流动的伯努利方程.

二、思路与联系

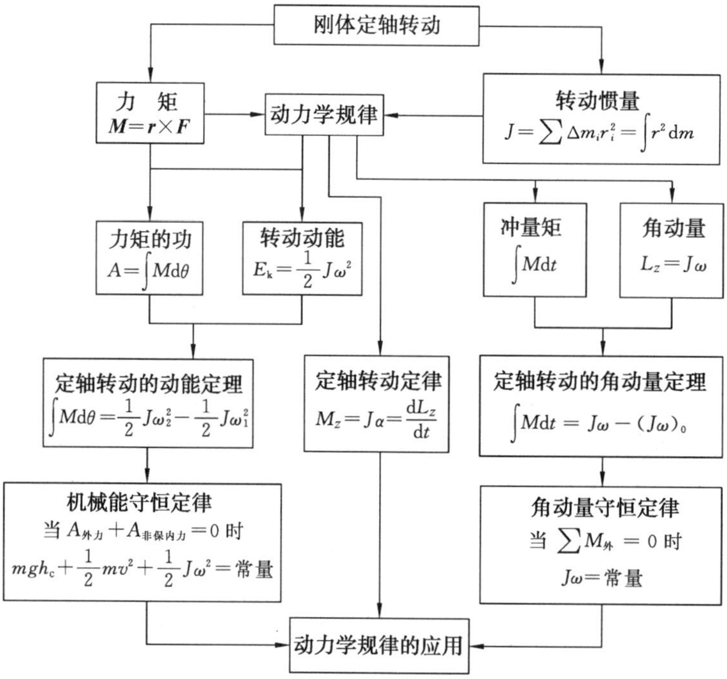

三、学习指导

1. 刚体运动学

(1) 平动：____.

刚体做平动时，所有质点的轨迹都相互平行(相同)；相同时间内，所有质点的位移都相同;任意时刻,所有质点的速度、加速度都相同.因此只要知道任意一点的运动,就可以完全确定整个刚体的运动.通常是用刚体的质心运动来代表平动刚体的运动.

(2) 刚体定轴转动：____

____

____.

刚体绕定轴转动时,所有质点的轨迹形状都完全相同;相同时间内,所有质点的角位移都相同;任意时刻,所有质点的角速度、角加速度都相同.因此只要知道任意一点角量表示的运动状态,就可确定整个刚体的转动状态.所以刚体转动时,通常选用角量来研究.刚体绕定轴转动时,刚体上任一点都在垂直于转轴的平面内做圆周运动,因此圆周运动的角量描述方法对定轴转动刚体完全适用.

① 角位置：θ——$\theta=\theta(t)$又称为转动运动方程.

② 角速度矢量：$\boldsymbol{\omega}$

$\boldsymbol{\omega}$ 的大小：____________. $\boldsymbol{\omega}$ 的方向：________________________.

$\boldsymbol{\omega}$ 与线量的关系：____________________________________.

③ 角加速度：$\boldsymbol{\alpha}$

$\boldsymbol{\alpha}$ 的大小：______________. $\boldsymbol{\alpha}$ 的方向：_________________________

____.

$\boldsymbol{\alpha}$ 与线量的关系：______________________________________.

④ 刚体绕定轴做匀变速转动

$$\omega=\omega_0+\alpha t;\ \theta=\theta_0+\omega_0 t+\frac{1}{2}\alpha t^2;\ \omega^2-\omega_0{}^2=2\alpha(\theta-\theta_0)$$

其中,$t=0$ 时,$\theta=\theta_0$,$\omega=\omega_0$.

2. 力矩：____________

力矩是刚体转动状态改变的原因,是矢量,其方向总是沿着转轴.对于定轴转动刚体,若规定了转轴正方向,当$\boldsymbol{M}$方向与规定的转轴正方向相同时,其方向用正号表示；当$\boldsymbol{M}$方向与规定的转轴正方向相反时,其方向用负号表示.如果有几个外力同时作用于同一刚体上,在定轴转动中,它受到的合外力矩等于这几个外力的力矩的代数和.

3. 转动惯量

(1) 转动惯量概念：____

____.

(2) 转动惯量计算方法：

① 对质量不连续分布的刚体_______________.

② 对质量连续分布的刚体________________,其中 dm 的表达式为：

质量线分布——____________________________;

质量面分布——____________________________;

质量体分布——____________________________.

③ 平行轴定量 $J=J_C+mh^2$. 式中,J_C——______________________________;

m——______________________________; d——______________________________;

J——________________________________.

④ 一般要求记住下列转动惯量：

长为 l、质量为 m 的均匀细杆对通过杆中心且垂直杆的轴的转动惯量：__________.

长为 l、质量为 m 的均匀细杆对通过杆端且垂直杆的轴的转动惯量：__________.

半径为 R、质量为 m 的均匀圆盘通过盘心且垂直盘面的轴的转动惯量：__________.

4. 转动定律：__________

刚体做转动时，要先分析转动物体的受力情况（外力矩为零的力可不分析），求出合外力矩，然后再运用转动定律求解.

应用转动定律时必须注意：$\boldsymbol{M}$，J，$\boldsymbol{\alpha}$ 相对于同一个转动轴.

5. 刚体的转动动能定理

（1）刚体的转动动能：__________.

（2）力矩的功：__________.

力矩的功的几点说明：① 力矩对转动刚体做功，而非功的新定义，是力做功在刚体定轴转动问题上的推广；② 力矩对刚体做功正负的确定：力矩与角速度同方向时，做正功；反之，做负功；③ 受恒力矩作用时，$A=$__________，受变力矩作用时，$A=$__________；④ 刚体中质点间距保持不变，内力矩的功为零.

（3）刚体的势能：__________，h_c 为刚体的质心高度.

（4）刚体定轴转动的动能定理：__________.

（5）刚体定轴转动的机械能守恒定律：__________

__________.

6. 刚体角动量及角动量守恒定律

（1）刚体角动量：__________.

刚体角动量大小 $L=$__________；$\boldsymbol{L}$ 的方向__________.

（2）刚体角动量定理：__________.

（3）刚体角动量守恒定律：__________

__________.

对于在分析物体碰撞、打击过程时是运用动量守恒还是角动量守恒，有时难以确认. 简便的判别方法是：若在碰撞、打击前后，物体都做平动，则这一过程运用__________；在碰撞、打击前后，只要有一物体做转动，则这一过程要用__________.

7. 描述刚体绕定轴转动的物理量与描述平动的物理量的对应关系

质点平动	$\boldsymbol{r}$	$\Delta\boldsymbol{r}$	$\boldsymbol{v}$	$\boldsymbol{\alpha}$	$\boldsymbol{m}$	$\boldsymbol{F}$
刚体转动	θ	$\Delta\theta$	ω	α	J	$\boldsymbol{M}$

四、习题分析与解答

3-1 如图所示，物体的质量为 m_1 和 m_2，且 $m_1>m_2$. 定滑轮的质量 m_A 和 m_B，半径 R_A 和 R_B 均已知. 设绳子的长度不变，并忽略其质量. 绳子和滑轮间不打滑，滑轮视为圆盘，求物体 m_1 和 m_2 的加速度.

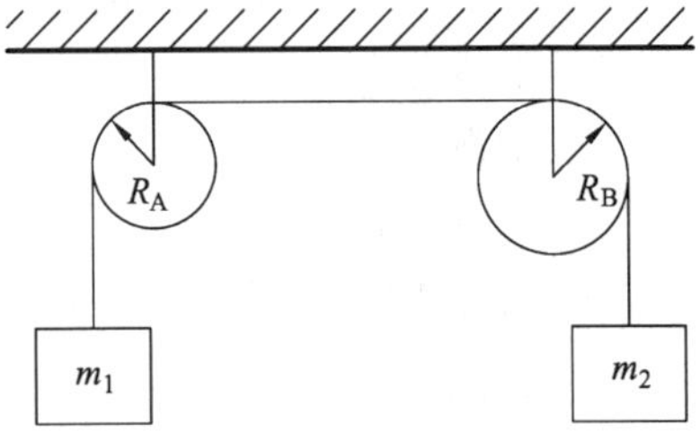

习题 3-1 图

解：

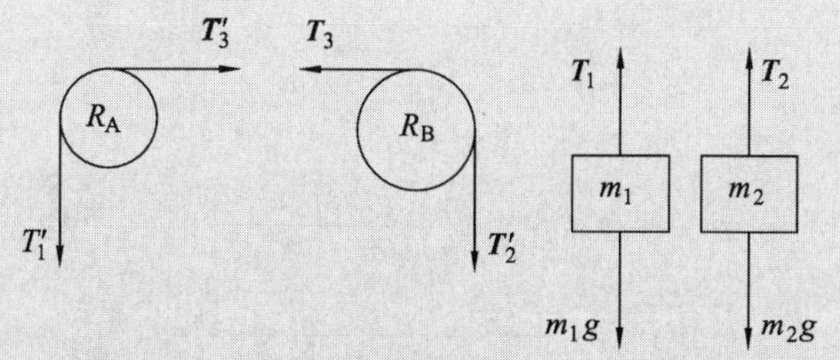

解图 3-1

3-2　如图所示，两物体 1 和 2 的质量分别为 m_1 和 m_2，滑轮的转动惯量为 J，半径为 r.

（1）如物体 2 与桌面间的摩擦因数为 μ，求系统的加速度 a 及绳中的张力 F_{T1} 和 F_{T2}（设绳子与滑轮间无相对滑动）；

（2）如物体 2 与桌面间为光滑接触，求系统的加速度 a 及绳中的张力 F_{T1} 和 F_{T2}.

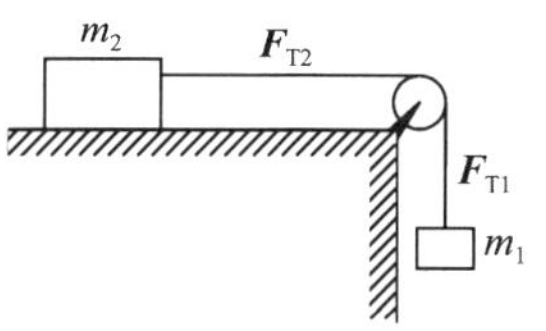

习题 3-2 图

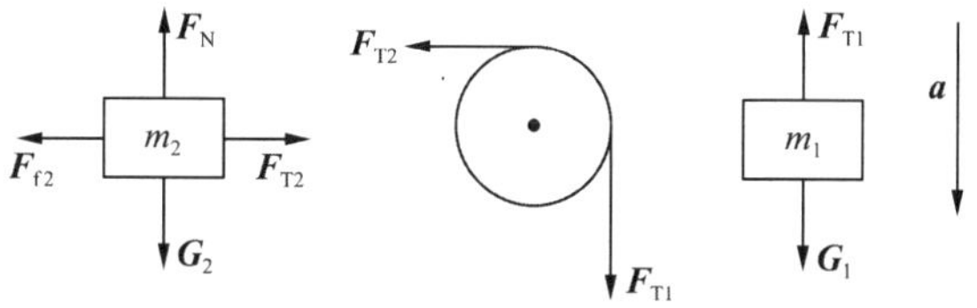

解图 3-2

分析：滑轮受两边绳子的拉力对转轴的力矩，做定轴转动，与绳相连接的两物体做平动. 根据转动定律和牛顿运动定律，可分别得到它们的运动规律. 由于绳子不可伸长且与滑轮无相对滑动. 因此，滑轮两边绳子的张力不相等，两物体具有相同大小的速度和加速度. 物体加速度的大小与滑轮边缘点的切向加速度大小相等.

解：（1）对两物体和滑轮的受力分析，如解图 3-2 所示.

设物体的加速度大小为 a，滑轮角加速度为 α，并设 m_1 向下为运动正方向.
由牛顿运动定律

$$m_1 g - F_{T1} = m_1 a \tag{1}$$

$$F_{T2} - F_{f2} = m_2 a \ (F_{f2} = \mu m_2 g) \tag{2}$$

由转动定律

$$F_{T1}r-F_{T_2}r=J\alpha \tag{3}$$

$$a=\alpha r \tag{4}$$

可解得

$$a=\frac{(m_1-\mu m_2)g}{m_1+m_2+J/r^2}$$

$$F_{T1}=\frac{m_1(m_2+\mu m_2+J/r^2)g}{m_1+m_2+J/r^2}$$

$$F_{T2}=\frac{m_2(m_1+\mu m_2+\mu J/r^2)g}{m_1+m_2+J/r^2}$$

(2) 将 $\mu=0$ 代入以上各式可得

$$a=\frac{m_1 g}{m_1+m_2+J/r^2}$$

$$F_{T1}=\frac{m_1(m_2+J/r^2)g}{m_1+m_2+J/r^2}$$

$$F_{T2}=\frac{m_1 m_2 g}{m_1+m_2+J/r^2}$$

3-3 半径分别为 r_A 和 r_B 的圆盘同轴地黏在一起,可以绕通过盘心且垂直盘面的水平光滑固定轴转动,对轴的转动惯量为 J,两圆盘边缘都绕有轻绳,绳子下端分别挂有质量为 m_A 和 m_B 的物体 A 和物体 B,如图所示. 若物体 A 以加速度 a_A 上升,证明物体 B 的质量为

$$m_B=\frac{Ja_A+m_A r_A^2(g+a_A)}{r_A r_B g-r_B^2 a_A}$$

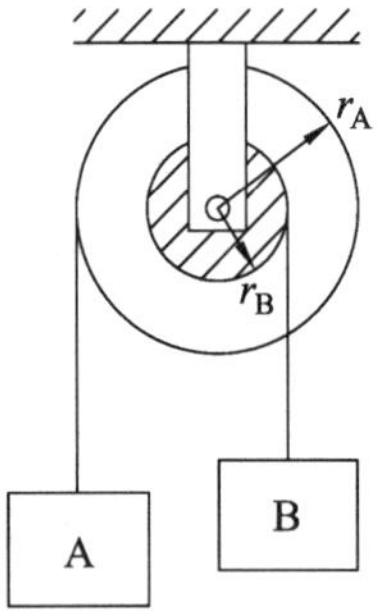

习题 3-3 图

分析:两圆盘作为整体绕定轴转动,有确定的转动惯量,角加速度由圆盘整体所受合外力矩决定. 两圆盘的半径不同,因此物体 A 和 B 加速度的大小也不相同.

证:设 A 的加速度大小为 a_A,方向向上,B 的加速度大小为 a_B,方向向下,圆盘整体以顺时针为转动正方向,角加速度为 α. 两边轻绳的拉力分别为 $\boldsymbol{F}_{TA}$和 $\boldsymbol{F}_{TB}$,分别作物体 A 和 B 的受力图和圆盘整体受力矩的隔离图,如解图 3-3 所示. 对物体 A,B 和圆盘整体分别有

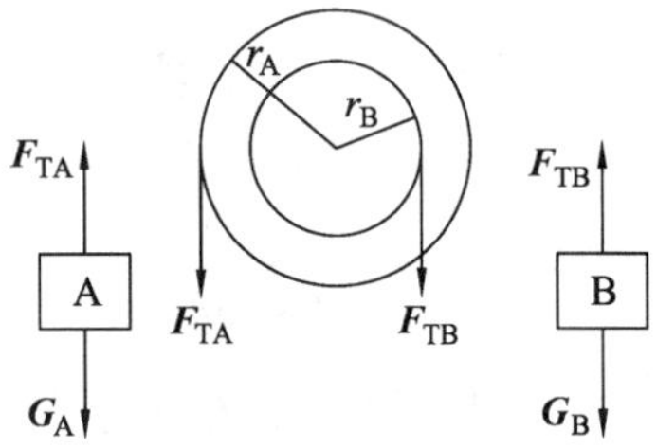

解图 3-3

$$F_{TA}-m_A g=m_A a_A$$

$$m_B g-F_{TB}=m_B a_B$$

$$r_B F_{TB}-r_A F_{TA}=J\alpha$$

$$\alpha=\frac{a_A}{r_A}=\frac{a_B}{r_B}$$

解上述方程可证得

$$m_B=\frac{Ja_A+m_A r_A^2(g+a_A)}{r_A r_B g-r_B^2 a_A}$$

3-4 一轴承光滑的定滑轮,质量为 $m_0=2.00$ kg,半径为 $R=0.10$ m. 一根不能伸长的轻绳,一端固定在定滑轮上,另一端系有一

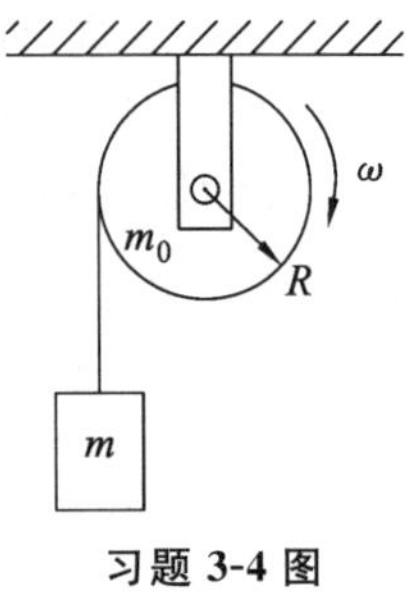

习题 3-4 图

质量为 $m=5.00$ kg 的物体，如图所示. 已知定滑轮的转动惯量为 $J=m_0R^2/2$. 其初角速度为 $\omega_0=10.0$ rad/s，方向垂直纸面向里. 求：

(1) 定滑轮的角加速度；

(2) 定滑轮的角速度变化到 $\omega=0$ 时，物体上升的高度；

(3) 当物体回到原来位置时，定滑轮的角速度.

解：(1) 根据对物体和定滑轮运动的受力分析，可知

$$mg-F_T=ma$$
$$F_TR=J\alpha$$
$$a=R\alpha$$
$$J=m_0R^2/2$$

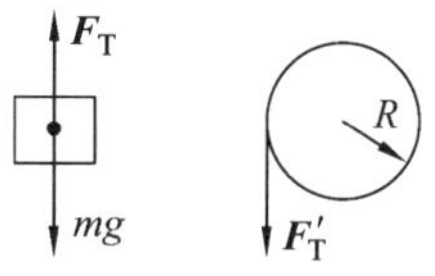

解图 3-4

解上述方程，得

$$\alpha=\frac{mgR}{mR^2+J}=\frac{2mg}{(2m+m_0)R}=81.7\ \text{rad/s}^2$$

(2) 由于定滑轮做匀角加速运动，因此有

$$\omega=\omega_0-\alpha t$$

设定滑轮的角速度由 $\omega_0=10.0$ rad/s 变化到 $\omega=0$ 所需时间为 t，可有

$$10.0-81.7t=0$$

得

$$t=0.122\ \text{s}$$

定滑轮在 t 时间内转过的角度为

$$\theta=\omega_0t-\frac{1}{2}\alpha t^2=0.612\ \text{rad}$$

所以，物体上升的高度为　$h=R\theta=6.12\times10^{-2}$ m

(3) 物体回到原来位置时，定滑轮的角速度为

$$\omega=\sqrt{2\alpha\theta}=10.0\ \text{rad/s}$$

3-5 已知质量为 m，长为 L 的木棒，可绕端点 O 转动. 棒由水平位置从静止开始释放.

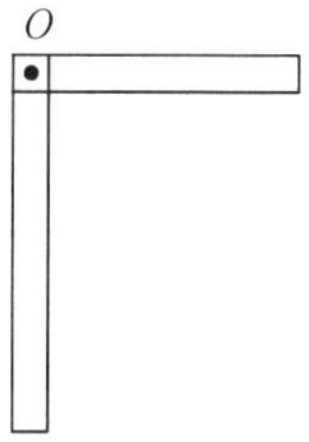

习题 3-5 图

求：(1) 水平位置时角速度 ω，角加速度 α；

(2) 竖直位置时角速度 ω，角加速度 α.

解：

3-6 在自由转动的水平圆盘上，站一个质量为 m 的人．圆盘的半径为 R，转动惯量为 J，角速度为 ω．如果这个人由盘边走到盘心，求角速度的变化及此系统动能的变化．

分析： 取人和圆盘为定轴转动系统．人与盘的相互作用内力不改变系统绕垂直轴转动的角动量，故系统的角动量守恒．

解： 人站在盘边缘时，与圆盘具有相同的角速度 ω．此时，系统的角动量为

$$L=(J+mR^2)\omega$$

设人走到盘心时，系统的角速度为 ω'，由于此时人已在转轴上，对转轴的转动惯量为零，所以 ω' 就是圆盘的角速度．系统的角动量为

$$L'=J\omega'$$

系统角动量守恒，有

$$(J+mR^2)\omega=J\omega'$$

得

$$\omega'=\frac{mR^2+J}{J}\omega$$

角速度的变化为

$$\Delta\omega=\omega'-\omega=\frac{mR^2}{J}\omega$$

系统动能的变化为

$$\Delta E_k=\frac{1}{2}J\omega'^2-\frac{1}{2}(J+mR^2)\omega^2=\frac{1}{2}\frac{(mR^2+J)}{J}mR^2\omega^2$$

3-7 在半径为 R_1、质量为 m 的静止水平圆盘上，站一质量为 m 的人．圆盘可无摩擦地绕通过圆盘中心的竖直轴转动．当这人开始沿着与圆盘同心，半径为 $R_2(R_2<R_1)$ 的圆周匀速地走动时，设他相对圆盘的速度为 v，问圆盘将以多大的角速度旋转？

分析： 与上题分析的情况相同，人和圆盘对转轴的角动量守恒．但须注意守恒定律中的角速度 ω 相对同一惯性参考系，人对盘的速度（角速度）是相对速度（相对角速度）．

解： 人和圆盘都相对静止时，系统的角动量为零，即

$$L=0$$

人走动后，设圆盘的角速度为 ω，则人对地的角速度为 ω'，根据运动的相对性，有

$$\omega'=\frac{v}{R_2}+\omega$$

此时，系统的角动量为

$$L=J\omega+mR_2^2\omega'$$

其中，

$$J=\frac{1}{2}mR_1^2$$

由系统角动量守恒，得

$$0=J\omega+mR_2^2\omega'$$

所以

$$\omega=-\frac{2R_2}{R_1^2+2R_2^2}v$$

“－”表示圆盘转动方向与人走动方向相反．

3-8 如图所示，弹簧的劲度系数 $k=2.0\times10^3$ N/m，轮子的转动惯量为 0.5 kg·m^2，轮子半径 $r=30$ cm．问质量为 60 kg 的物体下落 40 cm 时的速率是多大？（假设开始使物体静止而弹簧无伸长）

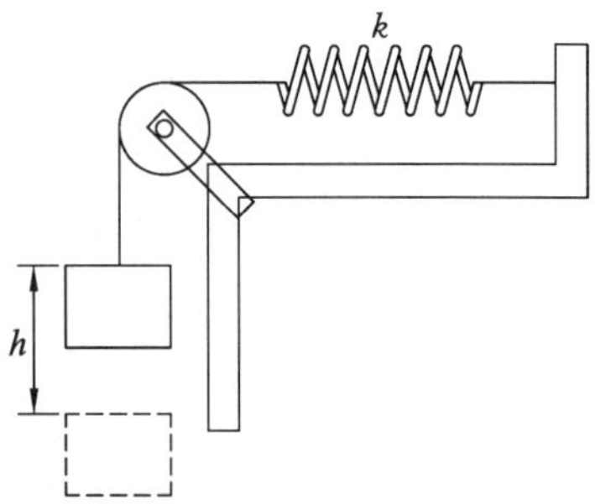

习题 3-8 图

分析： 取弹簧、轮子、物体和地球为系统，则系统不

受外力. 绳与滑轮间的摩擦力和绳的张力都是成对内力. 由于绳与滑轮间无相对滑动,以及绳不可伸长,这两对内力的功都为零. 所以,利用机械能守恒定律即可求解. 也可由牛顿运动定律和转动定律求解.

解 1: 设下落物体的速度为 v,则轮子的转速为 $\omega=\frac{v}{r}$,因绳子不可伸长,所以弹簧的伸长量即为物体下落的距离. 选物体下落 40 cm 时的位置为重力势能零点.

由机械能守恒定律得

$$\frac{1}{2}kh^2+\frac{1}{2}mv^2+\frac{1}{2}J\omega^2=mgh$$

式中,h 为物体下落的高度,m 为物体的质量,J 为轮子的转动惯量. 所以

$$v=\sqrt{\frac{2mgh-kh^2}{m+J/r^2}}=1.51\ \text{m/s}$$

解 2: 受力分析如解图 3-8 所示,并设物体运动方向如图.

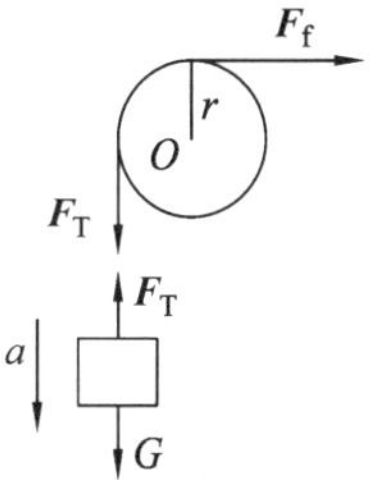

解图 3-8

由

$$mg-F_T=ma$$
$$F_Tr-kxr=J\alpha$$
$$a=r\alpha$$

可解得

$$a=\frac{mg-kx}{m+J/r^2}$$

由 $a=\frac{dv}{dt}$, $v=\frac{dx}{dt}$,得

$$\frac{dv}{a}=\frac{dx}{v}$$
$$vdv=adx$$

即

$$\int_0^v vdv=\int_0^x\frac{mg-kx}{m+J/r^2}dx$$

解得

$$v=\sqrt{\frac{2mgh-kh^2}{m+J/r^2}}=1.51\ \text{m/s}$$

从两种解法可见,第一种简便,这就是守恒定律的优越性.

3-9 一根长 $l=0.40$ m 的均匀木棒,质量 $m'=1.00$ kg,可绕水平轴 O 在竖直平面内转动,开始时棒自然竖直地悬垂. 现有质量 $m=8$ g 的子弹以 $v=200$ m/s 的速度从点 A 射入木棒中,假定点 A 与点 O 的距离为 $3l/4$,如图所示. 求:

(1) 木棒开始运动时的角速度;

(2) 木棒的最大偏转角.

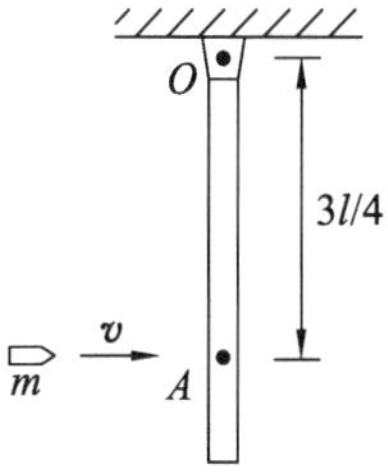

习题 3-9 图

分析: 子弹与木棒的运动由两个过程组成:第一个过程对应子弹射入瞬间,为完全非弹性的碰撞过程,由子弹和木棒构成的系统所受外力对轴的力矩为零,所以系统对轴的角动量守恒;第二个过程是子弹和木棒一起摆动的过程,仍取子弹和木棒为系统,在摆动过程中只有重力做功,利用动能定理可求出最大摆角. 若取子弹、木棒和地球为系统,则因系统不受外力及系统内无非保守内力做功,系统的机械能守恒. 注意:

在第一个过程中由于存在轴对系统的作用力，因此不满足系统的动量守恒条件.

解：(1) 取子弹与木棒为系统. 碰撞前系统对轴的角动量就是做匀速直线运动的子弹对轴的角动量. 即

$$L_0=\frac{3}{4}lmv$$

碰撞后系统对轴的角动量为

$$L=J\omega=\left[m\left(\frac{3}{4}l\right)^2+\frac{1}{3}m'l^2\right]\omega$$

ω 为子弹射入木棒后二者开始共同运动的角速度.

由角动量守恒定律 $$L=L_0$$

得 $$\omega=\frac{3mvl}{4J}=8.89\ \text{rad/s}$$

(2) 取系统不变，因摆动过程中只有重力做功，利用动能定理求最大偏转角.

设棒从竖直位置开始的最大偏转角为 θ，则木棒的质心上升的高度 h_1 满足

$$h_1=\frac{1}{2}l-\frac{1}{2}\cos\theta$$

子弹上升的高度 h_2 为 $$h_2=\frac{3}{4}l-\frac{3}{4}\cos\theta$$

到最大摆角时，重力做负功而系统静止，对系统运用动能定理，有

$$-mgh_2-m'gh_1=0-\frac{1}{2}J\omega^2$$

得 $$\cos\theta=\frac{2m'gl+3mgl-2l\omega^2}{2m'gl+3mgl}=-0.076$$

$$\theta=94°21'$$

第四章

相对论基础

一、基本要求

1. 了解爱因斯坦相对论原理及光速不变原理.
2. 了解洛伦兹变换.
3. 理解狭义相对论中同时的相对性及长度收缩和时间延缓的概念.
4. 理解相对论的质量与速度的关系、质量与能量的关系,并能进行相关计算.

二、思路与联系

狭义相对论

↓

狭义相对论的两个基本原理:

(1) 相对性原理

(2) 光速不变原理

↓

洛伦兹坐标变换和速度变换式

(1) 洛伦兹坐标变换

$$x'=\frac{x-vt}{\sqrt{1-v^2/c^2}}$$

$$t'=\frac{t-\frac{v}{c^2}x}{\sqrt{1-v^2/c^2}}$$

(2) 速度变换

$$u_x'=\frac{u_x-v}{1-vu_x/c^2}$$

$$u_x=\frac{u_x'+v}{1+vu_x'/c^2}$$

↓

狭义相对论的时空观

(1) 同时的相对性

(2) 时间间隔的相对性

$$\tau=\frac{\tau_0}{\sqrt{1-\frac{v^2}{c^2}}}$$

(3) 空间间隔的相对性

$$l=\sqrt{1-\frac{v^2}{c^2}}\,l_0$$

狭义相对论动力学的重要结论

(1) 质量 $m=\frac{m_0}{\sqrt{1-v^2/c^2}}$

(2) 动量 $p=mv=\frac{m_0v}{\sqrt{1-v^2/c^2}}$

(3) 能量 $E=mc^2$

静能 $E_0=m_0c^2$

动能 $E_k=mc^2-m_0c^2$

(4) 能量与动量的关系

$$E^2=(m_0c^2)^2+(pc)^2$$

(5) 动力学基本方程

$$\boldsymbol{F}=\frac{\mathrm{d}\boldsymbol{p}}{\mathrm{d}t}=\frac{\mathrm{d}(m\boldsymbol{v})}{\mathrm{d}t}$$

三、学习指导

(一) 狭义相对论的基本原理

由于用伽利略变换和牛顿力学处理高速运动物体的力学问题的结果，与实验事实存在着不可调和的矛盾，爱因斯坦于 1905 年提出了狭义相对论的两条基本原理.

1. ____
________________________.

2. ____
________________________.

(二) 洛伦兹时空变换关系

1. 洛伦兹时空变换关系

设 K,K′为两个惯性参考系，各对应轴相互平行，K′系相对 K 以速率 v 沿 X 轴正方向运动，设两系原点 O' 和 O 重合时刻 $t=t'=0$，则 K,K′之间的洛伦兹时空变换关系为

$$\begin{cases} x'=\dfrac{\quad}{\qquad\qquad} \\ y'=\_\_\_\_\_\_ \\ z'=\_\_\_\_\_\_ \\ t'=\dfrac{\quad}{\qquad\qquad} \end{cases} \quad \text{其逆变换为} \begin{cases} x=\dfrac{\quad}{\qquad\qquad} \\ y=\_\_\_\_\_\_ \\ z=\_\_\_\_\_\_ \\ t=\dfrac{\quad}{\qquad\qquad} \end{cases}$$

洛伦兹变换式表明，时间与空间是相互联系的. 当 $v \ll c$ 时，洛伦兹变换就退化成伽利略变换.

2. 洛伦兹速度变换公式

洛伦兹速度变换公式为

$$\begin{cases} u'_x=\dfrac{\quad}{\qquad\qquad} \\ y'_y=\dfrac{\quad}{\qquad\qquad} \\ u'_z=\dfrac{\quad}{\qquad\qquad} \end{cases} \quad \text{其逆变换为} \begin{cases} u_x=\dfrac{\quad}{\qquad\qquad} \\ u_y=\dfrac{\quad}{\qquad\qquad} \\ u_z=\dfrac{\quad}{\qquad\qquad} \end{cases}$$

当 $v \ll c$ 时，洛伦兹速度变换公式就过渡为伽利略速度变换公式.

(三) 狭义相对论的时空观

狭义相对论提出了一种不同于经典力学的新的时空观.

1. 同时的相对论

在惯性系 K 中同时发生的两个事件，在另一个相对它运动的惯性系 K′中就不一定同

时发生.

(1)“同时”是相对的. K 系中两事件同时发生在同一地点时,在 K′系中观察也是同时的,这里“同时”才有绝对意义.

(2)“同时”的相对性否定了各惯性系具有统一时间的可能性,否定了牛顿的绝对时空观.

2. 时间延缓

设在 K 系中一固定坐标处有一只静止的钟,记录在该处前后发生的两个事件,两事件的时间间隔为 $t_0=t_2-t_1$,在 K′系中的钟记录的两事件的时间间隔为 $t=t_2'-t_1'$,则$t=$________,其中 t_0 和 t 分别称为固有时和运动时.

(1)“固有时”最短,“运动时”总是比“固有时”长. 这就是时间膨胀或运动钟变慢效应.

(2) 牛顿的绝对时空观是相对论时空观在低速情况下的近似.

(3) 时间膨胀效应来源于光速不变原理,是时间的性质,不涉及时钟的任何机械结构和原子内部的任何过程.

(4) 时间膨胀效应是相对的.

3. 长度收缩

设有一个固定在 K 系中的物体,它沿 x 轴的长度由 K 系来量度时为 $l=x_2-x_1$,由运动坐标系 K′在某一时刻 t' 进行量度,测得该物体的长度 $l'=x_2'-x_1'$,则有

____

(1)“固有长度”最长. 在相对物体运动的其他惯性系中测同一物体沿运动方向的长度时,都小于它的固有长度.

(2) 长度收缩效应是空间的性质,是测量的结果. 它是由运动引起的物质之间的相互作用产生的实在的收缩.

(3) 长度收缩效应是相对的.

(4) 时间膨胀和长度收缩效应密切相关,是时间和空间性质的表现.

(四) 相对论动力学基础

1. 相对论力学基本方程

(1) 相对论质量:____________________.

① 静止质量不为零的物体,其运动的极限速度是真空中的光速.

② 一切以光速运动的物体,其静止质量必须为零,如光子总是以光速运动.

③ 质点的运动速率远小于光速时,$m=m_0$.

(2) 相对论动量:____________________.

① 动量的定义式满足相对性原理,符合洛伦兹关系式.

② 孤立体系的动量在任何惯性系中都守恒.

③ 质点的运动速率远小于光速时,相对论的动量表达式与经典力学中的相同.

(3) 相对论力学基本方程:________________.

2. 质量与能量的关系

(1) 质量与能量的关系为________,它反映了任何物质客体都具有质量和相对应的

能量,从而揭示了能量和质量的不可分割性.

(2) 相对论中的动能表达式:________________.相对论中的动能与经典力学的表达式毫无相似之处,但在质点的运动速率远小于光速时,可以过渡为经典力学的表达式.

3. 动量与能量的关系

____

(1) 动量与能量的关系对洛伦兹变换保持不变.

(2) 动量与能量的关系指出了静止质量为零的粒子存在的可能性.

四、习题分析与解答

1. 相对论时间和长度的计算

4-1 在惯性系中,一次爆炸发生在坐标$(x,y,z,t)=(6\ \text{m},0,0,0.2\times10^{-7}\ \text{s})$处,一惯性参考系沿着$x$的正方向以相对速度$0.8c$运动.假设在$t=t'=0$时两参考系的原点重合.试求出运动参考系中观测者测得该事件的坐标.

分析: 惯性系K'相对K做匀速直线运动,$v=0.8c$.

解: $$x'=\frac{x-vt}{\sqrt{1-\left(\frac{v}{c}\right)^2}}=\frac{6-0.8\times3\times10^8\times0.2\times10^{-7}}{\sqrt{1-0.8^2}}=2\ \text{m}$$

$$y'=y$$

$$z'=z$$

$$t'=\frac{t-vx/c^2}{\sqrt{1-\left(\frac{v}{c}\right)^2}}=\frac{0.2\times10^{-7}-0.8\times6/(3\times10^8)}{\sqrt{1-0.8^2}}=0.67\times10^{-8}\ \text{s}$$

运动参考系中观测者测得该事件的坐标为$(2\ \text{m},0,0,0.67\times10^{-8}\ \text{s})$.

4-2 一米尺沿Oy轴方向放置,如图所示.有三个观察者对尺长做了测量.

(1) A是沿着Ox轴的正方向以速度$v=0.8c$运动的观测者;

(2) B是沿着Oy轴的负方向以速度$v=0.8c$运动的观测者;

(3) C是沿着与Ox轴成$45°$角的方向以速度$v=0.8c$运动的观测者.

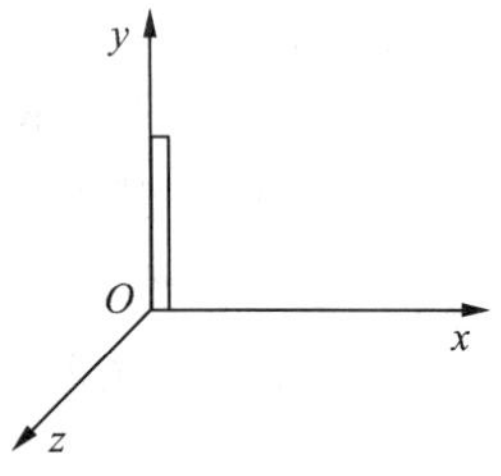

习题 4-2 图

对这些观测者而言,他们各自测得的长度是多少?

分析: 相对论的"长度收缩"效应发生在沿运动长度的方向上.

解: (1) 米尺沿Oy轴方向放置,而观测者A沿Ox轴运动,在A的运动方向上米尺没有相对运动,因此观测者A测得的米尺长度不变,为$L_A=1\ \text{m}$.

(2) 观测者B的运动方向平行于米尺的放置方向,即米尺相对B沿长度方向运动,因此观测者B测得的结果将有"长度收缩"效应.米尺的"固有长度"$L_0=1\ \text{m}$.

$$L_B=L_0\sqrt{1-\frac{v^2}{c^2}}=1.0\times\sqrt{1-0.8^2}=0.6\ \text{m}$$

(3) 米尺在相对观测者C运动的方向上,有"固有长度"为$L_{/\!/}=L_0\cos45°$,C将测得

“收缩”效应，在垂直于 C 的运动方向上，其长度为 $L_{\perp}=L_0\sin 45°$，C 将测得长度不变．所以

$$L_{/\!/}=L_{0/\!/}\sqrt{1-\frac{v^2}{c^2}}=1.0\times\cos 45°\sqrt{1-0.8^2}=0.6\cos 45°\ \text{m}$$

观测者 C 测得米尺的长度为

$$L_C=\sqrt{L_{/\!/}^2+L_{\perp}^2}=\sqrt{(0.6\cos 45°)^2+(1.0\sin 45°)^2}=0.82\ \text{m}$$

4-3 一观察者测得运动着的米尺长 0.5 m，问此尺以多大的速度接近观察者？

分析： 米尺的长度在相对静止的坐标系中测量为 1 m，当米尺沿长度方向相对观察者运动时，由于“长度收缩”效应，观察者测得米尺的长度与相对运动的速度有关．

解： 设米尺的固有长度为 L，且 $L=1.0$ m，由“长度收缩”效应

$$L'=L\sqrt{1-\left(\frac{v}{c}\right)^2}$$

转化得

$$v=c\sqrt{1-\left(\frac{L'}{L}\right)^2}$$

$$v=2.6\times10^8\ \text{m/s}$$

4-4 在 K 系中观察到两个事件同时发生在 Ox 轴上，其间距离是 1 m，在 K′系中观察这两个事件之间的空间距离是 2 m，求在 K′系中这两个事件的时间间隔．

分析： 在 K 系中同时测得了两事件发生的间距 $\Delta x=1$ m，这是“运动长度”．两事件在 K′系中的间距 $\Delta x'=2$ m 是“固有长度”．根据“长度收缩”效应，可得到两参考系相对运动的速度．由于“同时性的相对性”，对 K 系中同时发生的两事件 $\Delta t=0$，在 K′系中不同时，$\Delta t'$可由洛伦兹变换求得．

解： 设 K′系相对于 K 系以速度 v 沿 x 轴正向运动．在 K 系中，$t_1=t_2$，$\Delta x=1$ m，在 K′系中，$\Delta x'=2$ m．由“长度收缩”效应可得

$$\Delta x'=\frac{\Delta x}{\sqrt{1-\beta^2}},\ \beta=\frac{v}{c}$$

得 K′系相对于 K 系的运动速度为

$$v=c\sqrt{1-\left(\frac{\Delta x}{\Delta x'}\right)^2}=\frac{\sqrt{3}}{2}c$$

两事件在 K′系中的时间间隔为

$$\Delta t'=\frac{\Delta t-\frac{v}{c^2}\Delta x}{\sqrt{1-\beta^2}}=\left|\frac{-\frac{v}{c^2}\Delta x}{\sqrt{1-\beta^2}}\right|=\frac{1}{c}\sqrt{(\Delta x')^2-(\Delta x)^2}=5.7\times10^{-9}\ \text{s}$$

4-5 π^+ 介子是一不稳定粒子，平均寿命是 2.6×10^{-8} s（在它自己的参考系中测量）．

(1) 如果此粒子相对于实验室以 $0.8c$ 的速度运动，那么实验室坐标系中测量的 π^+ 介子寿命为多长？

(2) π^+ 介子在衰变前运动了多长距离？

分析： 在 π^+ 介子自己的参考系中平均寿命是“固有时”，即在同一地点粒子产生和衰变两事件的时间间隔；在实验室参考系中测量的 π^+ 介子寿命长于“固有时”，是在不同地

点发生两事件的时间间隔.

解： 在 π^+ 介子参考系中，固有时为 $\tau_0=2.6\times10^{-8}$ s.

(1) 在实验室中观测到 π^+ 介子的寿命为

$$\tau=\frac{\tau_0}{\sqrt{1-\frac{v^2}{c^2}}}=\frac{2.6\times10^{-8}}{\sqrt{1-0.8^2}}=4.33\times10^{-8}\ \text{s}$$

(2) 在实验室参考系中测量到 π^+ 介子的飞行距离为

$$\Delta x=v\tau=10.4\ \text{m}$$

4-6 如一观察者测出电子质量为 $2m_0$，问电子速度为多少？(m_0 为电子的静止质量)

分析： 利用相对论的质速关系解题.

解： 由质速关系，电子相对观察者的运动速度为 v 时，观察者测出的电子质量为

$$m=\frac{m_0}{\sqrt{1-\frac{v^2}{c^2}}}=2m_0$$

解得

$$v=\frac{\sqrt{3}}{2}c=0.866c$$

4-7 某人测得一静止棒长为 l，质量为 m，于是求得此棒线密度为 $\rho_l=\frac{m}{l}$. 假定此棒以速度 v 在棒长方向上运动，此人再测棒的线密度应为多少？若棒在垂直长度方向上运动，它的线密度又为多少？

分析： 本题涉及两个相对论效应：沿棒长方向运动时的"长度收缩"效应和运动物体的"质速关系".

解： 设棒沿 x 轴放置，棒相对观测者沿 x 轴运动.

(1) 棒长 l 是固有长度. 观察者测得棒在运动方向(x 轴)的长度为

$$l'=l\sqrt{1-\frac{v^2}{c^2}} \tag{1}$$

运动质量为

$$m'=\frac{m}{\sqrt{1-\frac{v^2}{c^2}}} \tag{2}$$

则线密度为

$$\rho_l'=\frac{m'}{l'}=\frac{m}{l\left(1-\frac{v^2}{c^2}\right)}=\frac{\rho_l}{1-\frac{v^2}{c^2}}$$

(2) 棒在垂直于长度的方向上(沿 y 轴或 x 轴)运动时，观察者测得的长度不变，即 $l''=l$，但棒的质量即运动质量仍如式(2)所示. 所以，线密度为

$$\rho_l''=\frac{m''}{l''}=\frac{m}{l\sqrt{1-\frac{v^2}{c^2}}}=\frac{\rho_l}{\sqrt{1-\frac{v^2}{c^2}}}$$

2. 相对论动力学问题的计算

4-8 设电子的速度为(1) 1.0×10^6 m/s；(2) 2.0×10^8 m/s，试计算电子的动能各是多少？如用经典力学公式计算电子动能又各为多少？(电子静质量 $m_0=9.1\times10^{-31}$ kg)

分析： 当电子的运动速度接近光速时，经典力学公式不再适用. 注意相对论的动能表达式与经典力学的动能表达式是不同的.

解： 设 $v_1=1.0\times10^6$ m/s，$v_2=2.0\times10^8$ m/s.

由相对论的动能表达式得

$$E_{k1}=\frac{m_0c^2}{\sqrt{1-\frac{v_1^2}{c^2}}}-m_0c^2=4.55\times10^{-19}\ \mathrm{J}$$

$$E_{k2}=\frac{m_0c^2}{\sqrt{1-\frac{v_2^2}{c^2}}}-m_0c^2=27.9\times10^{-15}\ \mathrm{J}$$

用经典力学公式 $E_k=\frac{1}{2}m_0v^2$，得

$$E_{k1}=\frac{1}{2}m_0v_1^2=4.55\times10^{-19}\ \mathrm{J}$$

$$E_{k2}=\frac{1}{2}m_0v_2^2=18.2\times10^{-15}\ \mathrm{J}$$

计算表明，电子的速度为 1.0×10^6 m/s 时，用经典力学公式计算得到的电子动能，在很高精度上与由相对论的动能表达式计算得到的结果一致，而当电子的速度为 2.0×10^8 m/s 时，两者差别较大.

第五章

气体动理论

一、基本要求

1. 了解气体分子热运动的统计规律和统计研究方法；了解宏观量与微观量之间的区别与联系.

2. 掌握平衡状态概念及理想气体物态方程.

3. 理解压强、温度、内能概念；理解能量按自由度均分定理.

4. 理解麦克斯韦速率分布律及三种统计速率；了解玻尔兹曼分布律.

5. 了解气体分子平均碰撞频率和平均自由程概念；了解真实气体及范德瓦耳斯方程.

二、思路与联系

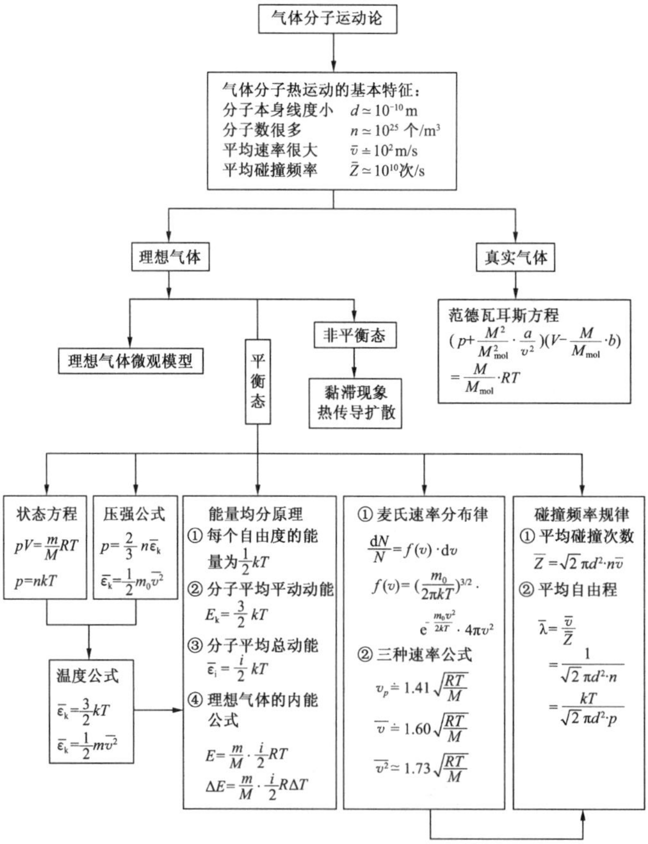

三、学习指导

(一) 热运动的描述:理想气体模型和状态方程

1. 状态参量

体积 V:气体分子所能到达的空间.

压强 p:气体分子垂直作用于器壁单位面积上的力,是____________________的宏观表现.

温度 T:宏观上__________________________,微观上其______________________________.

2. 平衡态和平衡过程

平衡态:在_______________条件下,系统宏观性质_____________________的状态.

平衡过程:状态 1 到状态 2 是一个状态变化的过程.若此过程足够缓慢,这个过程中每一状态都可近似看作平衡态,则叫平衡过程,又叫准静态过程.

3. 理想气体状态方程

对于 ν 摩尔气体 _________________

状态方程反映状态参量之间的函数关系,使用时要注意与过程方程的区别.

(二) 分子热运动和统计规律

1. 分子热运动的基本特征

分子热运动的基本特征是永恒的运动与频繁的相互碰撞.它与机械运动的本质区别在于,分子热运动具有无序性和统计性,因此不能简单应用力学定律来解决分子热运动问题.

在气体动理论中,用大量分子的某些微观量的统计平均值来解释实验中测得的宏观量,故可从实测的宏观量了解个别分子的真实性质.统计方法只适用于大量分子的整体.

2. 宏观量和微观量

宏观量:表征大量分子的整体特征的量,如温度、压强、热容等,是实验中能测得的量.

微观量:表征大量分子整体中个别分子特征的物理量,如某个分子的质量、速度、能量等.

3. 速率分布函数和平均值

分布函数 $f(v)$是指____.

$\frac{dN}{N}=f(v)dv$ 表示_________________________________.

_________________表示分子速率在 $v_1 \sim v_2$ 区间内的概率.

_____________________表示速率分布函数的归一化条件.

(三) 气体动理论的压强公式和温度公式

1. 理想气体微观模型

① 气体分子当作质点,不占体积,体现气态的特性;

② 气体分子的运动遵从牛顿力学的规律;

③ 分子之间除碰撞的瞬间外，无相互作用力，碰撞为弹性碰撞；一般情况下，忽略重力.

2. 气体压强公式

器壁所受压强等于大量分子在单位时间内对其单位面积所施加的冲量.

____

该式是理想气体的压强公式，它反映了宏观量 p 与微观量分子动能的统计平均值 $\bar{\omega}$ 及 n 的关系，说明压强是一个统计概念.

3. 理想气体的温度公式

根据理想气体的压强公式和状态方程可导出宏观量温度 T 与有关微观量的关系，从而揭示温度的微观实质. 气体的温度是______________________.

____

（四）能量均分定理　理想气体的内能

1. 自由度

确定一个物体的空间位置所需的独立坐标的数目称为自由度.

单原子分子自由度为______，刚性双原子分子自由度为______，刚性多原子分子自由度为______.

2. 能量按自由度均分定理

温度为 T 的平衡状态下，物质（气体、液体、固体）分子的每一个自由度都具有相等的平均动能，大小等于 $\frac{1}{2}kT$.

故刚性分子的平均总动能为______________________.

3. 理想气体的内能

内能：热力学系统的全部微观粒子具有的能量总和，包括大量分子热运动的动能，分子间的势能，分子内、原子内及核内的能量. 这里特指前两种，用 E 表示.

对于刚性分子，不计分子间势能，内能仅包括所有分子的平均动能之和.

$$E=\frac{m}{M}N_A\cdot\frac{i}{2}kT=\underline{\qquad\qquad}$$

内能仅是______________，与气体的压强、体积无关.

（五）麦克斯韦速率分布律

1. 麦克斯韦速率分布函数

$$f(v)=4\pi\left(\frac{m_0}{2\pi kT}\right)^{\frac{3}{2}}\mathrm{e}^{-\frac{m_0v^2}{2kT}}v^2$$

2. 气体的三种统计速率

（1）最概然速率：速率分布函数的极大值对应的分子速率.

$$v_p=\sqrt{\frac{2kT}{m_0}}=\underline{\qquad\qquad}$$

表示______________________________________.

（2）平均速率：气体分子速率的算术平均值.

$$\bar{v}=\sqrt{\frac{8kT}{\pi m_0}}=\underline{\qquad\qquad}$$

(3) 方均根速率：气体分子速率平方的平均值的平方根.

$$\sqrt{\overline{v^2}}=\sqrt{\frac{3kT}{m}}=\underline{\qquad\qquad}$$

同一气体不同温度下的速率分布：温度越高，速率大的分子数越多.

同一温度下不同种气体速率分布：分子质量越小，速率大的分子数越多.

要正确应用三种不同的速率分布. 在讨论速率分布时，用最概然速率；在讨论分子碰撞时，用平均速率；在讨论分子平均动能时，用方均根速率.

*(六) 麦克斯韦-玻尔兹曼分布律　重力场中粒子按高度的分布

1. 玻尔兹曼分布律

当分子处于保守力场时，麦克斯韦速率分布律中的指数项应以总能量 $E=E_k+E_p$ 代替动能 E_k，在这样的保守力场中分子的空间分布也就不均匀.

2. 重力场中气体分子按高度分布

在 Z 处分子数密度为：$n=n_0\mathrm{e}^{-\frac{m_0gz}{kT}}$.

将分子数密度代入，得 $p=p_0\mathrm{e}^{-\frac{m_0gz}{kT}}=p_0\mathrm{e}^{-\frac{Mgz}{RT}}$.

重力场中气体的压强随高度的增加按指数规律减小.

*(七) 分子平均碰撞频率　平均自由程

平均碰撞频率：在一定的宏观条件下，一个气体分子在单位时间内受到的平均碰撞次数，用 $\bar{Z}$ 表示.

平均自由程：在一定的宏观条件下，一个气体分子在连续两次碰撞间可能经过的各段自由路程的平均值，用 $\bar{\lambda}$ 表示.

$$\bar{Z}=\sqrt{2}n\sigma\bar{v}=\sqrt{2}\pi d^2\bar{v}n$$

$$\bar{\lambda}=\frac{\bar{v}}{\bar{Z}}=\frac{1}{\sqrt{2}\pi d^2 n}$$

平均自由程与分子有效直径的平方及单位体积内的分子数成反比，与平均速率无关. 平均自由程与压强成反比，当压强很小，有可能大于容器线度，即分子很少与其他分子碰撞，只是不断与器壁碰撞，其平均自由程即容器的线度.

四、习题分析与解答

5-1 有一水银气压计，当水银柱为 0.75 m 高时，管顶离水银液面为 0.12 m. 管的截面积为 2.0×10^{-4} m². 当有少量氦气混入水银管内顶部时，水银柱高下降为 0.60 m. 此时温度为 27 ℃，试计算有多少质量的氦气在管顶？(氦气的摩尔质量为 0.004 kg/mol，0.76 m 水银柱压强为 1.013×10^5 Pa.)

分析： 水银气压计顶部混入氦气后，使水银柱高度下降. 将氦气视作理想气体，运用理想气体物态方程求得混入水银管内的氦气质量.

解： 设管内氦气的压强为 p，管的截面为 S，水银的密度为 ρ. 已知大气压强 $p_0=1.013\times10^5$ Pa，$l_1=0.76$ m 和 $l_2=0.60$ m 分别为氦气混入前、后的水银柱高度.

氦气混入前，由水银柱受力平衡，有 $p_0S=\rho gSl_1$

可得水银密度 $$\rho=\frac{p_0}{gl_1}$$

氦气混入后，由水银柱受力平衡，有

$$p_0S=pS+\rho gSl_2$$

可得 $$p=\rho g(l_1-l_2)=\frac{p_0}{l_1}(l_1-l_2)$$

氦气占据体积 $$V=V_0+\Delta V=S(l_0+l_1-l_2)$$

式中，$l_0=0.12$ m.

由理想气体物态方程 $$pV=\frac{m}{M}RT$$

得 $$\begin{aligned}m&=M\frac{pV}{RT}=M\frac{p_0S(l_1-l_2)(l_0+l_1-l_2)}{l_1RT}\\&=0.004\times\frac{1.33\times10^5\times2\times10^{-4}\times(0.76-0.60)\times(0.12+0.76-0.60)}{0.76\times8.31\times(273+27)}\\&=1.92\times10^{-6}\ \text{kg}\end{aligned}$$

5-2 一体积为 1.0×10^{-3} m^3 的容器中，含有 4.0×10^{-5} kg 氦气和 4.0×10^{-5} kg 氢气，它们的温度为 30 ℃，试求容器中混合气体的压强.

分析： 由道尔顿分压定律可知，平衡状态下混合气体（内部无化学反应）的总压强为各组分理想气体分压强之和.

解： 设氦、氢气体分压强分别为 p_1 和 p_2. 由理想气体物态方程，得

$$p_1V=\frac{m_1RT}{M_{He}},\ p_2V=\frac{m_2RT}{M_{H_2}}$$

总压强

$$p=p_1+p_2=\frac{RT}{V}\left(\frac{m_1}{M_{He}}+\frac{m_2}{M_{H_2}}\right)=7.56\times10^4\ \text{Pa}$$

5-3 计算在 300 K 温度下氢、氧和水银蒸气分子的方均根速率和平均平动动能.

解： $M_{H_2}=2\times10^{-3}$ kg/mol，$M_{O_2}=32\times10^{-3}$ kg/mol，$M_{Hg}=0.201$ kg/mol

(1) 由方均根速率 $$\sqrt{\overline{v^2}}=\sqrt{\frac{3RT}{M}}$$

得

$$\sqrt{v_{H_2}^2}=\sqrt{\frac{3RT}{M_{H_2}}}=1\ 934\ \text{m/s}$$

$$\sqrt{v_{O_2}^2}=\sqrt{\frac{3RT}{M_{O_2}}}=483\ \text{m/s}$$

$$\sqrt{v_{Hg}^2}=\sqrt{\frac{3RT}{M_{Hg}}}=193\ \text{m/s}$$

(2) 温度相同，三种气体的平均平动动能相同

$$\bar{\varepsilon}_k=\frac{3}{2}kT=6.21\times10^{-21}\ \text{J}$$

5-4 求压强为 1.013×10^5 Pa、质量为 2×10^{-3} kg、容积为 1.54×10^{-3} m^{-3}的氧气分子的平均平动动能.

分析：气体分子的平均平动动能是与分子质心平动自由度相关联的动能，与热力学温度成正比. 分子质心平动自由度 $i=3$，利用理想气体物态方程求出氧气处平衡态的温度 T，即可求解.

解：由理想气体物态方程 $$pV=\frac{m}{M}RT$$

得氧气处平衡态的温度 $$T=pV\frac{M}{Rm}=3\times10^{2}\ \mathrm{K}$$

质心平动自由度 $i=3$，所以平均平动动能

$$\bar{\varepsilon}_{k}=\frac{3}{2}kT=6.21\times10^{-21}\ \mathrm{J}$$

5-5　水蒸气分解为同温度的氢气和氧气，即 $H_2O\longrightarrow H_2+\frac{1}{2}O_2$，也就是 1 mol 的水蒸气可分解成同温度为 1 mol 氢气和 $\frac{1}{2}$ mol 氧气，当不计振动自由度时，求此过程中内能的增量.

分析：将水蒸气与分解后的氢气和氧气都视为理想气体. 理想气体的分子数一定时，其内能仅与温度有关. 水蒸气分解为同温度的氢气和氧气，由于分子数增多而使内能增加.

水分子中氢和氧原子的结合相当稳定，将水蒸气分解为氢气和氧气的过程需要外界输入能量，这部分能量转换为系统增加的内能.

解：水蒸气的自由度 $i=6$，温度为 T 时 1 mol 水蒸气的内能为

$$E_1=\frac{6}{2}RT=3RT$$

1 mol 氢气（$i=5$）和 0.5 mol 氧气（$i=5$）在温度为 T 时的内能为

$$E_2=\frac{5}{2}RT+\frac{1}{2}\times\frac{5}{2}RT=\frac{15}{4}RT$$

内能的增量为 $$\Delta E=E_2-E_1=\frac{3}{4}RT$$

5-6　1 mol 氢气，在温度为 27 ℃时，它的分子平动动能和转动动能各为多少？

分析：刚性双原子分子的平动自由度为 3，转动自由度为 2. 根据能量按自由度均分定理，分子的每一自由度都对应一份相同的能量 $\frac{1}{2}kT$. 对理想气体，其内能为分子的平动动能和转动动能之和.

解：氢气为双原了分子.

分子的平均平动动能为

$$\bar{\varepsilon}_{k}=\frac{3}{2}kT=6.21\times10^{-21}\ \mathrm{J}$$

1 mol 氢气分子的平动动能为

$$\frac{3}{2}RT=3.74\times10^{3}\ \mathrm{J}$$

分子的平均转动动能为

$$\frac{2}{2}kT=4.14\times10^{-21}\ \text{J}$$

1 mol 氢气分子的转动动能为

$$\frac{2}{2}RT=2.49\times10^{3}\ \text{J}$$

1 mol 氢气分子的内能为平动动能和转动动能之和，即

$$E_0=\frac{5}{2}RT=6.23\times10^{3}\ \text{J}$$

5-7 无线电所用的真空管真空度为 1.33×10^{-3} Pa，试求在 27 ℃单位体积中的分子数及分子平均自由程．设分子的有效直径为 3.0×10^{-10} m.

解：根据理想气体物态方程 $p=nkT$

可得气体分子数密度 $n=\dfrac{p}{kT}=3.21\times10^{17}\ \text{m}^{-3}$

分子的平均自由程 $\bar{\lambda}=\dfrac{1}{\sqrt{2}\pi d^2 n}=\dfrac{kT}{\sqrt{2}\pi d^2 p}=7.79\ \text{m}$

5-8 设氮分子的有效直径为 10^{-10} m.

(1) 求氮气在标准状态下的平均碰撞次数；

(2) 如果温度不变，气压降到 1.33×10^{-4} Pa，则平均碰撞次数又为多少？

分析：气体分子处于平衡状态时，其平均碰撞次数与分子数密度和分子的平均速率有关．温度一定时，平均碰撞次数正比于压强.

解：标准状态为 $p_0=1.013\times10^5$ Pa，$T_0=273$ K，氮气的摩尔质量 $M=0.028$ kg/mol.

(1) $\bar{Z}=\sqrt{2}\pi d^2 n\bar{v}=\dfrac{\sqrt{2}\pi d^2 p}{kT}\sqrt{\dfrac{8kT}{\pi m_0}}=4d^2 pN_A\sqrt{\dfrac{\pi}{MRT}}=5.43\times10^8/\text{s}$

(2) $p=1.33\times10^{-4}$ Pa，$T=T_0=273$ K 时，

$$\bar{Z}=\sqrt{2}\pi d^2 n\bar{v}=4d^2 pN_A\sqrt{\frac{\pi}{MRT}}=0.71/\text{s}$$

第六章

热力学基础

一、基本要求

1. 理解热力学第零定律；掌握热力学第一定律；掌握在典型过程中功、热量、内能改变量的计算方法.

2. 掌握简单循环过程的热机效率或制冷系数的计算方法.

3. 了解可逆过程和不可逆过程；了解卡诺定理.

4. 理解热力学第二定律及其统计意义；理解熵增加原理和熵的玻尔兹曼表达式.

二、思路与联系

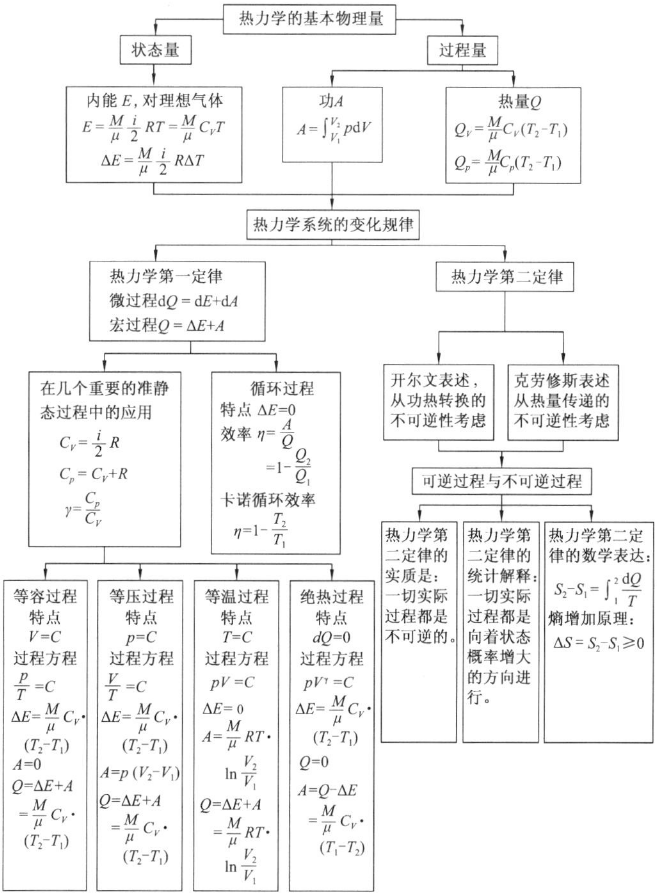

三、学习指导

(一) 热力学第零定律　热力学过程

如果两个物体都与处于确定状态的第三物体处于热平衡,则该两个物体彼此处于热平衡.

(二) 热力学第一定律

1. 热力学过程

热力学系统:在热力学中,一般把所研究的物体或物体组称为热力学系统,简称系统.

热力学过程:热力学系统(大量微观粒子组成的气体、固体、液体)状态随时间变化的过程.

准静态过程:在过程中每一时刻,系统都处于平衡态,这是一种理想过程.

2. 功　热量　内能

(1) 功

准静态过程(状态 1 到状态 2)气体对外界做功(气体体积变化所做的功)

$$A=\int \mathrm{d}A=\underline{\qquad\qquad}$$

准静态过程(状态 1 到状态 2)气体对外界做功与过程有关.

(2) 热量

系统和外界温度不同,就会传热,或称能量交换,热量传递可以改变系统的状态.做功、传热都是过程量.

(3) 内能变化

内能的变化只决定于始末两个状态,与所经历的过程无关,即内能是____________________.

3. 热力学第一定律

$$Q=\underline{\qquad\qquad\qquad\qquad}$$

符号规定:系统对外做正功 $A>0$;系统对外做负功 $A<0$.

系统从外界吸热 $Q>0$;系统对外界放热 $Q<0$.

系统内能增加 $\Delta E>0$;系统内能减少 $\Delta E<0$.

(三) 热力学定律对理想气体等值过程的应用

1. 等体过程

(1) 等体过程:系统体积在状态变化过程中始终保持不变.

$A=0$　或 __________;　____________;　$Q_V=E_2-E_1=\Delta E$.

等体过程中,系统对外不做功,吸收的热量全用于增加内能.

(2) 等体摩尔热容.

等体摩尔热容:一摩尔气体在______不变时,温度改变 1 K 时所吸收或放出的热量.

$$C_{V,\mathrm{m}}=\frac{\mathrm{d}Q_{V,\mathrm{m}}}{\mathrm{d}T}=\underline{\qquad\qquad}$$

即理想气体的等体摩尔热容是一个只与分子自由度有关的量.

$$\Delta E = \underline{\qquad\qquad\qquad}$$

该式适用于所有过程.

2. 等压过程

(1) 等压过程：系统压强在状态变化过程中始终保持不变

$$A = \int_{V_1}^{V_2} p\mathrm{d}V = \underline{\qquad\qquad\qquad} = \underline{\qquad\qquad\qquad}$$

$$Q_p = \Delta E + A = \underline{\qquad\qquad\qquad\qquad}$$

在等压过程中，理想气体吸收的热量一部分用于增加内能，另一部分用于对外做功.

(2) 定压摩尔热容

定压摩尔热容：一摩尔气体在______不变时，温度改变 1 K 时所吸收或放出的热量.

$$C_{p,\mathrm{m}} = C_{V,\mathrm{m}} + R = \underline{\qquad\qquad}$$

(3) 比热容比

$$\gamma = \frac{C_{p,\mathrm{m}}}{C_{V,\mathrm{m}}} = \frac{i+2}{i}$$

3. 等温过程

等温过程：系统温度在状态变化过程中始终保持不变.　______________.

$$Q_T = A = \int_{V_1}^{V_2} p\mathrm{d}V = \underline{\qquad\qquad\qquad\qquad} = \underline{\qquad\qquad\qquad\qquad} = \frac{M}{\mu}RT_1 \ln\frac{p_1}{p_2}$$

在等温过程中，理想气体吸热全部用于对外做功，或外界对气体做功全部转换为气体放出的热.

4. 绝热过程

(1) 绝热过程

系统在状态变化过程中始终与外界没有热交换.　______________

$$A = -(E_2 - E_1) = \underline{\qquad\qquad\qquad\qquad}$$

绝对膨胀过程中，系统对外做的功，是靠内能减少实现的，故温度降低；绝热压缩过程中，外界对气体做功全用于增加气体内能，故温度上升.

绝热过程系统对外做功为

$$A = \int_{V_1}^{V_2} p\mathrm{d}V = p_1V_1^{\gamma}\int_{V_1}^{V_2} V^{-\gamma}\mathrm{d}V = \frac{p_2V_2 - p_1V_1}{1-\gamma}$$

(2) 绝热过程方程

$$\underline{\qquad\qquad\qquad};\qquad TV^{\gamma-1} = C_2;\qquad T^{-\gamma}p^{\gamma-1} = C_3$$

(3) 等温线、绝热线的斜率比较

$$\left(\frac{\mathrm{d}p}{\mathrm{d}V}\right)_T = -\frac{p}{V};\qquad \left(\frac{\mathrm{d}p}{\mathrm{d}V}\right)_Q = -\gamma\frac{p}{V}$$

__________线比__________线陡.

(四) 循环过程　卡诺循环

1. 循环过程

物质系统经历一系列的变化过程又回到初始状态，这样的周而复始的变化过程称为循环过程.

____

正循环：热机循环.利用工作物质连续不断地把热转换为功.循环效率

$$\eta = \_\_\_\_\_\_\_\_\_\_\_\_ = 1 - \frac{|Q_2|}{Q_1}$$

2. 卡诺循环

卡诺循环：由两个__________过程和两个__________过程组成的循环.卡诺循环效率

$$\eta = \_\_\_\_\_\_\_\_\_\_\_\_$$

注意：① 卡诺循环必须有高温和低温两个热源. ② 卡诺循环的效率只与两个热源的温度有关. T_2 愈低或 T_1 愈高,卡诺循环的效率愈大. ③ 卡诺循环的效率总是小于 1.

3. 逆向循环的制冷系数

$$w = \frac{Q_2}{|A|} = \frac{Q_2}{|Q_1| - Q_2}$$

卡诺循环制冷系数 $$w_c = \frac{T_2}{T_1 - T_2}$$

(五) 热力学第二定律

热力学第二定律的两种表述.

开尔文表述：____.

克劳修斯表述：____________________________________

热力学第二定律是研究热机系数和制冷系数时提出的.对热机,吸收的热量不可能全部用来对外做功;对制冷机,若无外界做功,热量不可能从低温物体传到高温物体.热力学第二定律的两种表述形式,解决了热学过程进行的方向问题.

(六) 可逆过程与不可逆过程　卡诺定理

1. 可逆过程与不可逆过程

可逆过程：系统状态变化过程中,逆过程能重复正过程的每一个状态,且不引起其他变化的过程.

在热力学中,过程可逆与否和系统所经历的中间状态是否为平衡状态有关.

实现的条件：____________________________________.

不可逆过程：在不引起其他变化的条件下,不能使逆过程重复正过程的每一个状态的过程.

2. 卡诺定理

(1) 在温度为 T_1 的高温热源和温度为 T_2 的低温热源之间工作的一切可逆热机效率都相等,而与工作物质无关.

(2) 在温度为 T_1 的高温热源和温度为 T_2 的低温热源之间工作的一切不可逆热机的效率不可能大于可逆热机的效率.

卡诺定理指出了提高热机效率的途径：① 使热机尽量接近可逆机；② 尽量提高两热源的温度差.

*（七）熵

1. 熵的存在

当给定系统处于非平衡态时，总要发生从非平衡态向平衡态的自发性过渡；反之，系统却不可能发生从平衡态向非平衡态自发性过渡.

为解决实际过程的方向问题，引入描述平衡态的状态函数——熵(S)，根据它单向变化的性质可判断实际过程的方向.

系统从初态变化到末态时，其熵的增量等于初态和末态之间任意一可逆过程热温比的积分.

$$dS=\left(\frac{dQ}{T}\right)_{可逆}$$

说明：熵是__________函数；两个确定状态的熵变是一确定的值，__________. 如果系统经历的过程不可逆，那么可以在始末状态之间设想某一可逆过程，以设想的过程为积分路径求出熵变；如果系统由几部分组成，各部分熵变之和等于系统总的熵变.

$$\Delta S=\sum_{i=1}^{N}\Delta S_i$$

*（八）玻耳兹曼关系

用 w 表示系统所包含的微观状态数，或理解为宏观状态出现的概率，叫热力学概率或系统的状态概率. 在不可逆过程中，有两个量在同时增加，一个是状态概率 w，一个是熵 S. 玻耳兹曼从理论上证明关系如下：

$$S=k\ln w$$

熵的这个定义表示它是______________________________. 系统某一状态的熵值越大，它所对应的宏观状态越无序.

*（九）熵增加原理　热力学第二定律的统计意义

1. 熵增加原理

孤立系统：与外界既不交换物质也不交换能量的系统叫孤立系统.

熵增加原理：在__________中发生的任何__________________________，系统的熵只有____________________.

可逆绝热过程是一个__________，绝热自由膨胀是____________的过程.

熵增加原理的数学描述为

$$S_b-S_a\geqslant\int_a^b\frac{dQ}{T},\qquad dS\geqslant\frac{dQ}{T}$$

上面两式的等号用于__________，不等号用于__________.

若系统经历绝热过程，则因 $Q=0$，有

$$S_b-S_a\geqslant0;\ dS\geqslant0$$

2. 热力学第二定律的统计意义

一个不受外界影响的孤立系统，其内部发生的过程，总是由_________________________，由包含微观状态数目少的宏观状态向包含微观状态数目多的宏观状态进行，这是热力学第二定律的统计意义.

如气体的绝热自由膨胀、热量从高温物体向低温物体的自发传递、热功转换等过程.

四、习题分析与解答

6-1 1 mol 单原子理想气体从 300 K 加热至 350 K：(1) 容积保持不变；(2) 压强保持不变. 问在这两个过程中各吸收了多少热量？增加了多少内能？对外做了多少功？

分析： 理想气体的内能是温度 T 的单值函数，内能的增量 ΔE 由始、末状态温度的增量 ΔT 决定，与经历的准静态过程无关. 根据热力学第一定律可知，在等体过程中，系统从外界吸收的热量全部转变为内能的增量，在等压过程中，系统从外界吸收的热量部分转变为内能的增量，同时对外界做功.

解： 单原子理想气体自由度 $i=3$，$C_{V,m}=\dfrac{3}{2}R$.

(1) 等体升温过程：

$$A_V=0$$

$$\Delta E=Q_V=\frac{3}{2}R(T_2-T_1)=C_{V,\mathrm{m}}\Delta T=6.23\times10^2\ \mathrm{J}$$

(2) 等压膨胀过程：

$$\Delta E=C_{V,\mathrm{m}}(T_2-T_1)=6.23\times10^2\ \mathrm{J}$$

$$A_p=p(V_2-V_1)=R(T_2-T_1)=4.16\times10^2\ \mathrm{J}$$

$$Q_p=\Delta E+A=1.039\times10^3\ \mathrm{J}$$

或者

$$Q_p=C_{p,\mathrm{m}}\Delta T=\left(\frac{3}{2}+1\right)R(T_2-T_1)=1.039\times10^3\ \mathrm{J}$$

6-2 2 mol 氮气，在温度为 300 K、压强为 1.0×10^5 Pa 时，等温地压缩到 2.0×10^5 Pa. 求气体放出的热量.

分析： 理想气体在等温压缩过程中，内能不变，外界对系统做的功在量值上等于系统放出的热量.

解： 设 $p_1=1.0\times10^5$ Pa，$p_2=2.0\times10^5$ Pa，$T=300$ K. 在等温过程中，$\Delta E=0$.

由热力学第一定律，得

$$Q_T=A_T=\int_{V_1}^{V_2}p\mathrm{d}V=\frac{m}{M}RT\ln\frac{V_2}{V_1}=\frac{m}{M}RT\ln\frac{p_1}{p_2}=-3.46\times10^3\ \mathrm{J}$$

“$-$”表示氮气在等温压缩过程中向外界放出热量.

6-3 质量为 1 kg 的氧气，其温度由 300 K 升高到 350 K. 若温度升高是在下列 3 种不同情况下发生的：(1) 体积不变；(2) 压强不变；(3) 绝热. 问其内能改变各为多少？

分析： 理想气体内能的变化仅与温度的变化有关. 将氧气视作理想气体，在 3 个不同的过程中，由于温度的变化相同，因此内能的变化也相同.

解： 氧气的自由度 $i=5$，$M=32\times10^{-3}$ kg/mol.

$$\Delta E=\frac{m}{M}C_{V,\mathrm{m}}(T_2-T_1)=3.25\times10^4\ \mathrm{J}$$

6-4 将 500 J 的热量传给标准状态下 2 mol 的氢.

(1) 若体积不变，问此热量转变为什么？氢的温度变为多少？

(2) 若温度不变，问此热量转变为什么？氢的压强及体积各变为多少？

(3) 若压强不变,问此热量转变为什么? 氢的温度及体积各变为多少?

分析: 利用热力学第一定律和理想气体的各等值过程特征解题.

解: 标准状态下 2 mol 氢气的宏观参量为 $p_0=1.013\times10^5$ Pa,$T_0=273$ K,$V_0=44.8\times10^{-3}$ m^3.氢气的自由度 $i=5$.

(1) 在等体过程中,$A_V=0$,氢气吸收的热量全部转化为内能的增量.

所以
$$Q_V=\Delta E=\frac{m}{M}C_{V,\mathrm{m}}\Delta T=2\times\frac{5}{2}R\Delta T=5R\Delta T$$

得
$$\Delta T=\frac{Q_V}{5R}=\frac{500}{5\times8.31}=12\ \mathrm{K}$$
$$T=T_0+\Delta T=273\ \mathrm{K}+12\ \mathrm{K}=2.85\times10^2\ \mathrm{K}$$

(2) 在等温过程中,$\Delta E=0$,氢气吸收的热量全部转化为对外界做的功.

由
$$Q_T=A_T=\frac{m}{M}RT_0\ln\frac{V}{V_0}=2\times8.31\times273\times\ln\frac{V}{V_0}=4.537\times10^3\times\ln\frac{V}{V_0}$$

得
$$V=V_0\mathrm{e}^{\frac{Q_T}{4.537\times10^3}}=44.8\times10^{-3}\times\mathrm{e}^{0.11}=0.05\ \mathrm{m}^3$$

由物态方程,等温过程满足
$$p_0V_0=pV$$

所以
$$p=\frac{V_0}{V}p_0=\frac{44.8\times10^{-3}}{0.05}\times1.013\times10^5=9.07\times10^4\ \mathrm{Pa}$$

(3) 在等压过程中,氢气吸收的热量一部分用于对外做功,另一部分使氢气的内能增加.

由
$$Q_p=\frac{m}{M}C_{p,\mathrm{m}}\Delta T=2\times\frac{7}{2}R\Delta T=7R\Delta T$$

得
$$T=T_0+\Delta T=T_0+\frac{Q_p}{7R}=273+\frac{500}{7\times8.31}=2.82\times10^2\ \mathrm{K}$$

由物态方程,可有
$$p\Delta V=\frac{m}{M}R\Delta T$$

得
$$V=V_0+\Delta V=V_0+\frac{1}{p}\frac{m}{M}R\Delta T=V_0+\frac{2Q_p}{7p}=4.6\times10^{-2}\ \mathrm{m}^3$$

6-5 有一定量的理想气体,其压强按 $p=\frac{c}{V^2}$ 的规律变化,c 是常量.求气体从体积 V_1 增加到 V_2 所做的功.该理想气体的温度是升高还是降低?

分析: 已知 $p(V)$ 关系,按功的定义 $A=\int p\mathrm{d}V$ 可求得功.根据理想气体的物态方程和系统的初、末状态,可确定该理想气体在体积增大的过程中,温度是升高还是降低的.

解: 系统对外做功 $A=\int p\mathrm{d}V=\int_{V_1}^{V_2}\frac{c}{V^2}\mathrm{d}V=c\left(\frac{1}{V_1}-\frac{1}{V_2}\right)$

由理想气体物态方程和 $p(V)$ 关系　$pV=\frac{m}{M}RT,\ p=\frac{c}{V^2}$

得 $T(V)$ 关系为
$$T=\frac{M}{m}\frac{c}{RV}$$

气体体积分别为 V_1 和 V_2 时的温度为
$$T_1=\frac{M}{m}\frac{c}{RV_1},\ T_2=\frac{M}{m}\frac{c}{RV_2}$$

即
$$\frac{T_1}{T_2}=\frac{V_2}{V_1}$$
因为 $V_1<V_2$，故 $T_2<T_1$，温度降低.

6-6 1 mol 氢，在压强为 1.0×10^5 Pa，温度为 20 ℃时，其体积为 V_0，今使它经以下两个过程达到同一状态：

(1) 先保持体积不变，加热使其温度升高到 80 ℃，然后让它做等温膨胀，体积变为原来的 2 倍；

(2) 先使它做等温膨胀到原体积的 2 倍，然后保持体积不变，加热到 80 ℃.

试分别计算以上两个过程中吸收的热量，气体对外做的功和内能的增量，并作出 p-V图.

分析：在 p-V 图中画出各过程曲线后，根据热力学第一定律和理想气体物态方程求解.

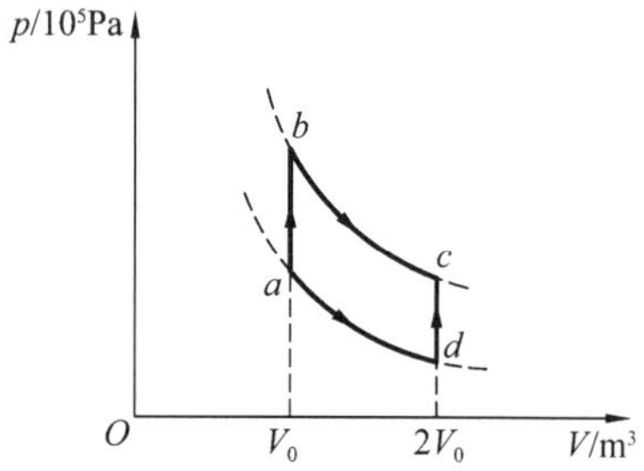

解图 6-6

解：氢气的自由度 $i=5$. 据题意，在 p-V 图上表示的各过程曲线如解图 6-6 所示. 对各过程运用热力学第一定律 $Q=\Delta E+\int p\mathrm{d}V$，有

(1) $a\to b$ 是等体过程，
$$Q_V=\Delta E=C_{V,\mathrm{m}}\Delta T=\frac{5}{2}\times 8.31\times 60\ \mathrm{J}$$
$$=1.246\times10^3\ \mathrm{J}$$

$b\to c$ 是等温过程，
$$Q_T=A_T=RT_2\ln\frac{2V_0}{V_0}=8.31\times(273+80)\times\ln 2=2.033\times10^3\ \mathrm{J}$$

所以，在 $a\to b\to c$ 的过程中，氢气吸收的热量为
$$Q_1=Q_V+Q_T=1\ 246+2\ 033=3.279\times10^3\ \mathrm{J}$$
对外界做功为
$$A_1=A_T=2.033\times10^3\ \mathrm{J}$$
内能的增量为
$$\Delta E_1=1.246\times10^3\ \mathrm{J}$$

(2) 在 $a\to d\to c$ 过程中，氢气先做等温膨胀过程，然后做等体升压过程.

吸收的热量为
$$Q_2=Q_T+Q_V=RT_1\ln\frac{2V_0}{V_0}+C_{V,\mathrm{m}}\Delta T=2.933\times10^3\ \mathrm{J}$$
在等温膨胀过程中，对外界做功为
$$A_2=A_T=RT_1\ln\frac{2V_0}{V_0}=1.687\times10^3\ \mathrm{J}$$
在等体升压过程中，内能的增量为
$$\Delta E_2=C_{V,\mathrm{m}}\Delta T=C_{V,\mathrm{m}}(T_2-T_1)=1.246\times10^3\ \mathrm{J}$$

虽然氢气所经历的过程不同，但由于始、末状态的温差 ΔT 相同，因而内能的增量 ΔE 相同，Q 和 A 则与过程有关.

6-7 气缸内有单原子理想气体，若绝热压缩使其体积减半，问气体分子的平均速率变为原来速率的几倍？若为双原子理想气体，又为几倍？

解：设理想气体由初态(p_1，V_1，T_1)经绝热压缩过渡到达末态(p_2，V_2，T_2)，其中 $V_2=$

$V_1/2$.由绝热过程方程

$$T_1V_1^{\gamma-1}=T_2V_2^{\gamma-1}$$

可得

$$\frac{T_2}{T_1}=\left(\frac{V_1}{V_2}\right)^{\gamma-1}=2^{\gamma-1}$$

理想气体分子的平均速率 $\bar{v}=\sqrt{\frac{8RT}{\pi M}}\propto\sqrt{T}$

所以,平均速率之比为 $\frac{\bar{v}_2}{\bar{v}_1}=\sqrt{\frac{T_2}{T_1}}=2^{\frac{\gamma-1}{2}}$

(1) 单原子理想气体 $\gamma=\frac{5}{3}$, $\frac{\bar{v}_2}{\bar{v}_1}=2^{1/3}=1.26$

(2) 双原子理想气体 $\gamma=\frac{7}{5}$, $\frac{\bar{v}_2}{\bar{v}_1}=2^{1/5}=1.15$

6-8 1 mol 理想气体在 400 K 与 300 K 之间完成一卡诺循环,在 400 K 的等温线上,起始体积为 0.001 0 m³,最后体积为 0.005 0 m³,试计算气体在此循环中所做的功,以及从高温热源吸收的热量和传给低温热源的热量.

分析: 卡诺循环的效率仅与高、低温热源的温度 T_1 和 T_2 有关.本题中,求出等温膨胀过程吸收热量后,利用卡诺循环效率及其定义,便可求出循环的功及在等温压缩过程中系统向低温热源放出的热量.

解: $Q_1=\frac{m}{M}RT_1\ln\frac{V_2}{V_1}=8.31\times400\times\ln 5=5.35\times10^3\ \text{J}$

由循环效率 $\eta=\frac{A}{Q_1}=1-\frac{T_2}{T_1}=1-\frac{300}{400}=25\%$

可得 $A=\eta Q_1=1.34\times10^3\ \text{J}$

由 $A=Q_1-|Q_2|$,得 $|Q_2|=Q_1-A=4.01\times10^3\ \text{J}$

第七章

静止电荷的电场

一、基本要求

1. 掌握电场强度概念；掌握利用叠加原理分析、求解电场强度的基本方法.

2. 掌握静电场的高斯定理；掌握利用高斯定理计算电场强度的条件和方法.

3. 掌握静电场的环路定理和电势的概念；理解用电势的叠加原理求电势的基本方法.

4. 理解电势与电场强度的关系.

5. 理解导体的静电平衡条件,能分析简单导体系统在静电平衡时的电荷分布、电场强度和电势.

6. 了解电介质的极化机理及其描述.

7. 理解电容器概念和典型的连接方式；了解电容器的充、放电过程.

8. 理解电场的能量和能量密度概念.

二、思路与联系

力学部分研究了质点、质点系的机械运动规律,本章及后面两章是电磁学部分.电磁学是大学物理的重要组成部分,静电场的内容是整个电磁学的基础,它是从实验事实出发抽象出概念,总结出基本规律,在此基础上经过严密的逻辑推理得出基本定理.电磁运动是物质的又一基本运动形式,这里从场的观点来讨论电磁运动的基本规律.

本章以“点电荷”为理想模型,研究静电场的基本特性,主要从电场对电荷有力的作用和在电场中移动电荷其电场力做功这两方面,引入描述电场的两个基本物质量：电场强度和电势,同时阐述了静电场的基本定律——库仑定律和场强叠加原理.“场”这种特殊物质作为研究对象,通常要考察它的通量和环流规律即高斯定理和环路定理.当静电场中引入物质后就要考虑新的因素：导体带来了自由电荷,电介质带来了极化电荷,这些电荷受电场作用会有不同的分布,同时自己又产生新的电场,从而改变了原来空间的电场分布.通过讨论导体在静电场中的静电感应现象,研究静电场中的导体处于静电平衡时的条件；由电介质的极化规律,分析了电介质中的电荷分布.在此基础上再进一步讨论了导体和电介质中电荷激发的电场对静电场的影响,从而给出了有介质时静电场的基本规律.

静电场的基本问题是如何求电场和电势的分布.在学习过程中必须抓住两点：一是基本规律,它是研究具体问题的出发点；二是掌握基本的解题方法,它能帮助我们具体地认识基本规律,从而很好地建立直观的物理图像.

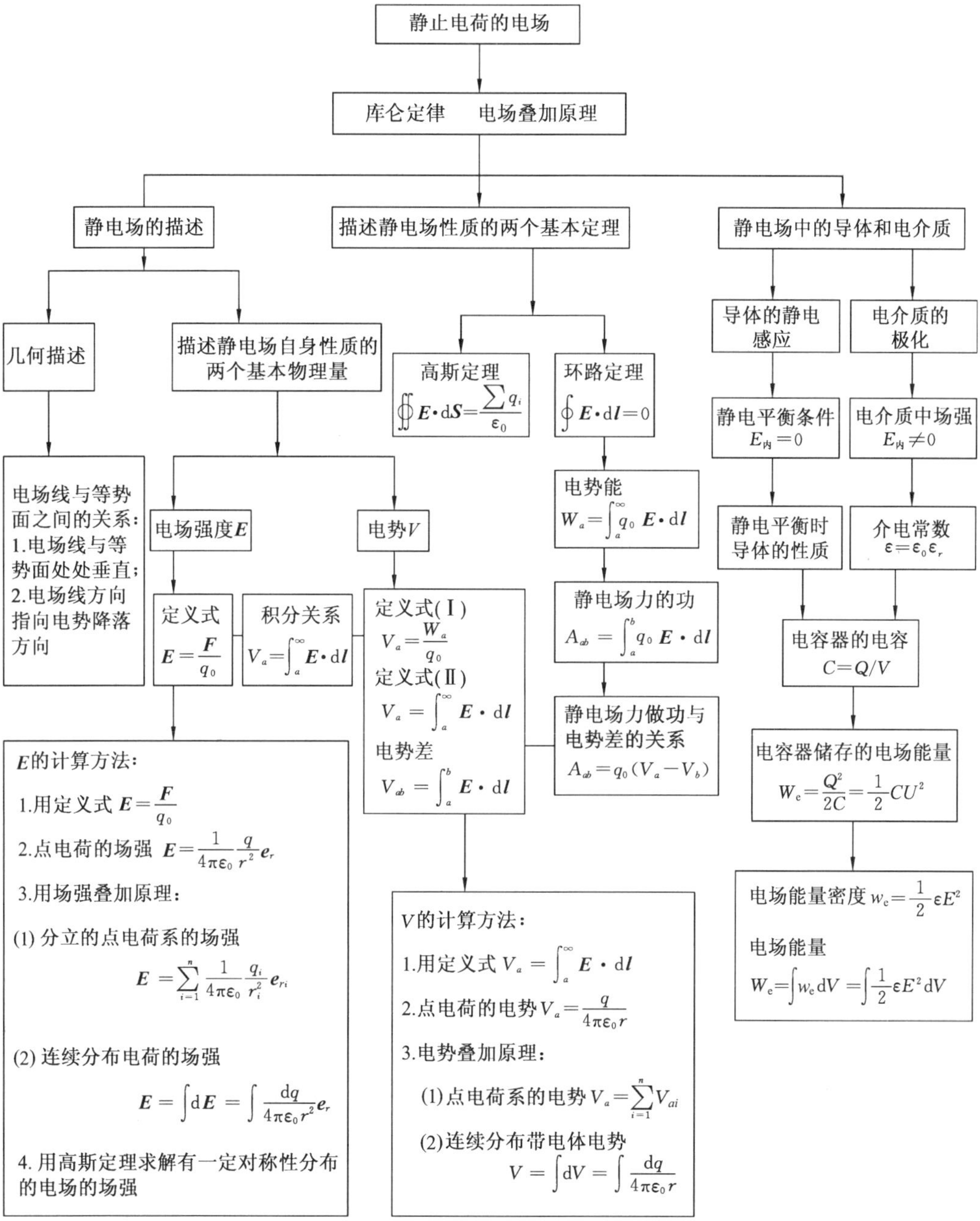

三、学习指导

1. **电荷的量子化、电荷守恒定律**：电子和质子是自然界带有最小电荷量的粒子，物体所带的电荷量都是最小电荷量的________，其电荷量不可能取任意值，这种性质称为电荷的________. 在一个和外界没有电荷交换的系统内，正负电荷的代数和在任何物理过程中保持不变.

2. **库仑定律**：点电荷间的相互作用力定律是静电学的基本定律，它们间的相互作用力称为库仑力，遵守力的叠加原理. 在真空中点电荷 q_2 和 q_1 的作用力为：

$\boldsymbol{F}_{12}=-\boldsymbol{F}_{21}=\dfrac{1}{4\pi\varepsilon_0}\dfrac{q_1q_2}{r_{12}^2}\boldsymbol{e}_{r12}$，其中 $\boldsymbol{e}_{r12}$ 是由点电荷 q_2 指向点电荷 q_1 的单位矢量.

注意：公式中的 q_1，q_2 是代数量.

3. **电场强度**：电场中某点处的电场强度等于________________________，其方向为__________. 场是一种特殊形态的物质，它对处在场中的电荷有力的作用.

电场强度定义式：$\boldsymbol{E}=\dfrac{\boldsymbol{F}}{q_0}$，其中 q_0 是试探点电荷，$\boldsymbol{F}$ 是试探点电荷所受的库仑力，电场的大小只与产生电场的电荷（源电荷）有关，而与试探电荷无关.

（1）点电荷的电场强度

$$\boldsymbol{E}=\frac{\boldsymbol{F}}{q_0}=\_\_\_\_\_\_\_\_\_\_$$

（2）连续分布电荷电场强度

① 电荷元 $\mathrm{d}q$ 的电场强度　　　$\mathrm{d}\boldsymbol{E}=\dfrac{1}{4\pi\varepsilon_0}\dfrac{\mathrm{d}q}{r^2}\boldsymbol{e}_r$

电荷元 $\mathrm{d}q$ 的选取：体分布 $\mathrm{d}q=\rho\mathrm{d}V$；面分布 $\mathrm{d}q=\sigma\mathrm{d}S$；线分布 $\mathrm{d}q=\lambda\mathrm{d}l$（其中，$\rho$ 为电荷的体密度；σ 为电荷的面密度；λ 为电荷的线密度）.

② $\boldsymbol{E}=\dfrac{1}{4\pi\varepsilon_0}\iiint\dfrac{\rho\,\mathrm{d}V}{r^2}\boldsymbol{e}_r$，$\boldsymbol{E}=\dfrac{1}{4\pi\varepsilon_0}\iiint\dfrac{\sigma\,\mathrm{d}S}{r^2}\boldsymbol{e}_r$，$\boldsymbol{E}=\dfrac{1}{4\pi\varepsilon_0}\iiint\dfrac{\lambda\,\mathrm{d}l}{r^2}\boldsymbol{e}_r$ 是点电荷产生的电场和场强叠加原理的具体表示，一般情况下需要先分解后积分.

4. **电场线**：它是一系列假想的曲线，其曲线上一点的________表示该点的电场强度方向；曲线的______表示该点电场的强弱. 电场线特性：（1）始于正电荷，止于负电荷（或来自无穷远，去向无穷远）；（2）电场线不相交；（3）静电场的电场线是不闭合的曲线.

5. **电场强度通量**：通过电场中某一个面的电场线数即为通过这个面的电场强度通量，表示式为 $\Psi_E=$____________. 注意：电通量是标量，无方向，但有正负号.

6. **静电场的高斯定理**：____，表示为 $\oiint_S\boldsymbol{E}\cdot\mathrm{d}\boldsymbol{S}=\dfrac{1}{\varepsilon_0}\sum\limits_{i=1}^{n}q_i$.

关于高斯定理应注意以下两点：

（1）高斯定理表明静电场是有源场，从电场线的角度来看，静电场的这一性质是容易理解的. 若高斯面内有两个点电荷 $+q_1$ 和 $-q_2$，则 $+q_1$ 对高斯面上电场强度通量的贡献是 $+q_1/\varepsilon_0$，而 $-q_2$ 对高斯面上电场强度通量的贡献是 $-q_2/\varepsilon_0$. 也就是说，从 $+q_1$ 穿出高斯面的电场线数为 q_1/ε_0，而穿入高斯面汇聚在 $-q_2$ 上的电场线数是 q_2/ε_0. 电场线始于正电荷，止于负电荷，所以静电场是有源场，这是静电场的一个重要特性.

（2）通过高斯面的电场强度通量 $\oiint_S\boldsymbol{E}\cdot\mathrm{d}\boldsymbol{S}=\dfrac{1}{\varepsilon_0}\sum\limits_{i=1}^{n}q_i$ ，只与________的电荷有关，但高斯面上任意一点的电场强度，则是由____________电荷在该点激发的电场强度的叠加. 为什么通过高斯面的电场强度通量只与高斯面内的电荷有关、与高斯面外的电荷无关，而高斯面上任意点的电场强度却又是高斯面内、外所有电荷所产生的呢？高斯面上任意点的电场是所有电荷各自在场点激发电场的矢量叠加，所以高斯面上的电场与高斯面外的电荷有关；但处在高斯面外的电荷激发电场的电场线将两次通过此高斯面，一次进入，一次穿出，因此它对高斯面的电场强度通量没有贡献.

7. 用高斯定理求电场强度

其主要步骤为：

① 分析带电体所产生的电场是否具有对称分布的特点；

② 选取合适的高斯面，这是求解的关键；

③ 分别求出通过高斯面的电场强度通量和高斯面内的电荷；

④ 由高斯定理求电场强度或电场强度的分布.

8. 静电场的环路定理 $\oint_L \boldsymbol{E}\cdot \mathrm{d}\boldsymbol{l}=0$ 指出：______________________________ ______________________________，或者说，______________ ______________. 它表明静电场也是一种保守力场，静电场是一种保守力，静电场是有位场，也说明静电场中的电场线__________.

9. 电势能与电势

（1）电势能 $W_M=\int_M^N q_0\boldsymbol{E}\cdot \mathrm{d}\boldsymbol{l}$ 指______________________________ ______________________________. 若场源电荷分布在有限区域内，通常选取无穷远处为电势能的零点，则 $W_M=$__________. 注意：电势能是受电场力作用的电荷与场源电荷所共有的；电势能的大小与零势能的参考点选取有关.

（2）电势：静电场中某点的电势在数值上就等于______________________ ______，选择无穷远处为电势零点，则等于______________________________ ______________，即 $V_M=\int_M^\infty \boldsymbol{E}\cdot \mathrm{d}\boldsymbol{l}$ 电势取决于产生电场的电荷，而与试验电荷 q_0 无关；电势的大小与零电势的参考点选择有关.

点电荷电场中的电势 $V_P=\dfrac{q}{4\pi\varepsilon_0 r}$；点电荷系电场中的电势 $V_P=\sum\limits_{i=1}^{n}\dfrac{q_i}{4\pi\varepsilon_0 r_i}$；连续分布电荷电场中的电势 $V_P=\int\dfrac{\mathrm{d}q}{4\pi\varepsilon_0 r}$（选无穷远处为电势零点）

（3）电势差 $V_{MN}=V_M-V_N=\int_M^N \boldsymbol{E}\cdot \mathrm{d}\boldsymbol{l}$，静电场中 M，N 两点的电势差等于______ ______________________________.

（4）等势面与电场线的关系：①______________；②______________ ______；③______________________________.

10. 电场强度与电势梯度的关系

（1）电势梯度 $\mathrm{grad}\,V=\dfrac{\mathrm{d}V}{\mathrm{d}n}\boldsymbol{e}_{\mathrm{n}}$. 电场中某点的电势梯度矢量，在方向上与电势在该点处空间变化率最大的方向相同；在量值上等于该方向上电势空间变化率.

（2）电场强度与电势梯度的关系为 $\boldsymbol{E}=-\dfrac{\mathrm{d}V}{\mathrm{d}n}\boldsymbol{e}_{\mathrm{n}}=-\mathrm{grad}\,V$，即静电场中各点的电场强度等于______________________________. 电场中某一点的电场强度沿某一方向的分量，等于这一点的电势沿该方向单位长度上电势变化率的负值. 在直角坐标系中：$\boldsymbol{E}=-\left(\dfrac{\partial V}{\partial x}\boldsymbol{i}+\dfrac{\partial V}{\partial y}\boldsymbol{j}+\dfrac{\partial V}{\partial z}\boldsymbol{k}\right)$. 注意：如果已知电荷分布，要求电场强度和电势，是先求电场

强度，还是先求电势，原则上说是无所谓的，然而处理得好，数学计算可以很简单，处理不好，数学计算会很烦琐．一般说来，假如电荷分布具有对称性，可先利用高斯定理求出电场的分布，然后再利用电势的定义求电势．如果电荷分布不具有对称性，就要先求电势的分布，然后利用电场强度与电势的关系求电场强度．

11．导体静电平衡时的性质

（1）电场：① 导体内部的场强__________；② 导体表面以外靠近表面处的场强方向与导体表面______．

（2）电势：① 导体是一个________；② 导体表面是一个________．

（3）电荷：① 导体内部处处无未抵消的净电荷存在，电荷只分布在导体表面；② 导体表面之外附近空间的电场强度 $\boldsymbol{E}$ 与该处导体表面的面电荷密度 σ 间满足关系式：

$$\boldsymbol{E}=\frac{\sigma}{\varepsilon_0}\boldsymbol{e}_n\text{（若 }\sigma>0\text{，则 }\boldsymbol{E}\text{ 与 }\boldsymbol{e}_n\text{ 同向；若 }\sigma<0\text{，则 }\boldsymbol{E}\text{ 与 }\boldsymbol{e}_n\text{ 反向）}$$

③ 导体表面曲率越大的地方，电荷密度______，电场强度________，反之越小．

12．电容器的电容

导体壳 B 与壳内的导体 A 组成的一对导体系，叫作电容器．A，B 为电容器的两极板，导体 A，B 相对两表面上所带的等值异号的电荷量为电容器所带的电量．

电容的定义式：________________．孤立导体球的电容 $C=4\pi\varepsilon_0 R$；平行板电容器电容__________________________；圆柱形电容器的电容 $C=2\pi\varepsilon_0 l/\ln\dfrac{R_B}{R_A}$；球形电容器的电容 $C=4\pi\varepsilon_0 R_A R_B/(R_B-R_A)$．

电容器的串联和并联
- 电容器并联：$C=C_1+C_2+\cdots+C_n=\sum\limits_{i=1}^{n}C_i$
- 电容器串联：$\dfrac{1}{C}=\dfrac{1}{C_1}+\dfrac{1}{C_2}+\cdots+\dfrac{1}{C_n}=\sum\limits_{i=1}^{n}\dfrac{1}{C_i}$

***13．电介质极化强度定义**

$\boldsymbol{P}=\dfrac{\sum\boldsymbol{p}}{\Delta V}$，其中 $\sum\boldsymbol{p}$ 是体积 ΔV 中所有分子存在固有电偶极矩的矢量和．电介质表面出现的极化电荷面密度与极化强度的关系为 $\sigma'=\boldsymbol{P}\cdot\boldsymbol{e}_n=P_n$，即介质极化所产生的极化电荷面密度等于极化强度沿介质表面外法线的分量．对各向同性介质其极化规律为 $\boldsymbol{P}=\chi_e\varepsilon_0\boldsymbol{E}$．

***14．有介质时的高斯定理**

$$\oiint_S \boldsymbol{D}\cdot d\boldsymbol{S}=q_0$$

其中，$\boldsymbol{D}=\boldsymbol{P}+\varepsilon_0\boldsymbol{E}$ 称为电位移矢量．该定理指出，通过闭合曲面的电位移通量等于此闭合面内所包围的自由电荷的代数和，而与极化电荷无关．$\boldsymbol{D}$，$\boldsymbol{E}$，$\boldsymbol{P}$ 三者的关系：一般情况下，$\boldsymbol{D}=\boldsymbol{P}+\varepsilon_0\boldsymbol{E}$．线性且各向同性的电介质 $\boldsymbol{P}=\chi_e\varepsilon_0\boldsymbol{E}$（$\chi_e$ 为电介质极化率），$\boldsymbol{D}=\varepsilon\boldsymbol{E}$；$\varepsilon=\varepsilon_r\varepsilon_0$ 为介电常数；$\varepsilon_r=1+\chi_0$ 为相对介电常数．

15．静电场的能量

（1）电场是能量的携带者．

（2）电荷系的能量是电荷系各个部分电荷之间的相互作用能，而电荷之间是通过电场产生相互作用，所以从场的观点看，电荷系的能量是在空间产生的电场的能量．

*（3）电磁波的传播过程就是电场能量的传输过程.

静电场能量密度 $w_e=\frac{1}{2}\boldsymbol{E}\cdot\boldsymbol{D}$. 对各向同性介质 $w_e=\frac{1}{2}\varepsilon E^2$，电场中某空间范围 V 内所包含的电场能量为 $W=\iiint_V w_e \mathrm{d}V=\iiint_V \frac{1}{2}\boldsymbol{D}\cdot\boldsymbol{E}\mathrm{d}V$.

四、习题分析与解答

7-1 在直角三角形 ABC 的顶点 A 放置点电荷 $q_1=1.8\times10^{-9}$ C，在顶点 B 放置点电荷 $q_2=-4.8\times10^{-9}$ C. 已知 $BC=0.04$ m，$AC=0.03$ m. 试求直角顶点 C 处的电场强度.

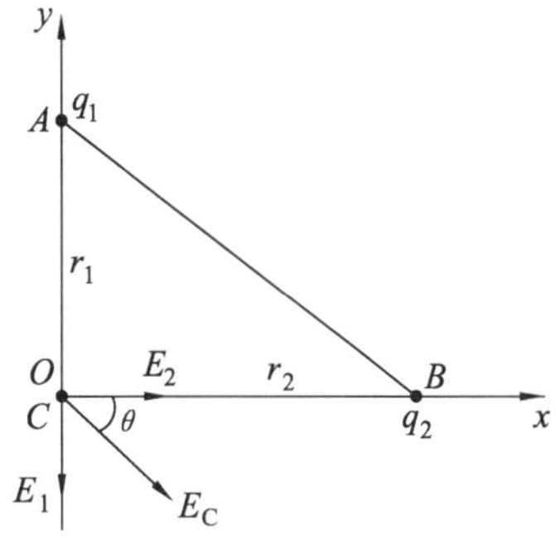

解图 7-1

解：如解图 7-1 所示，以 C 为原点，建立直角坐标 Oxy. 令 $AC=r_1$，$BC=r_2$，则 q_1，q_2 在点 C 产生的电场强度分别为

$$\boldsymbol{E}_1=\frac{1}{4\pi\varepsilon_0}\frac{q_1}{r_1^2}(-\boldsymbol{j})=1.8\times10^4(-\boldsymbol{j})\ \mathrm{V/m}$$

$$\boldsymbol{E}_2=\frac{1}{4\pi\varepsilon_0}\frac{q_2}{r_2^2}\boldsymbol{i}=2.7\times10^4\boldsymbol{i}\ \mathrm{V/m}$$

点 C 的合场强为

$$\boldsymbol{E}_C=\boldsymbol{E}_1+\boldsymbol{E}_2=\underline{\qquad\qquad\qquad\qquad}$$

$\boldsymbol{E}_C$ 的大小为　　$E_C=$____________________

$\boldsymbol{E}_C$ 与水平方向夹角为

$\theta=$____________________

7-2 长 $l=15$ cm 的直导线 AB 上均匀地分布着线密度为 $\lambda=5\times10^{-9}$ C/m 的电荷(如图所示). 求：

（1）在导线的延长线上与导线一端 B 相距 $d=5$ cm 的点 P 处的电场强度；

（2）在导线的垂直平分线上与导线中点相距 $d=5$ cm 的点 Q 处的电场强度.

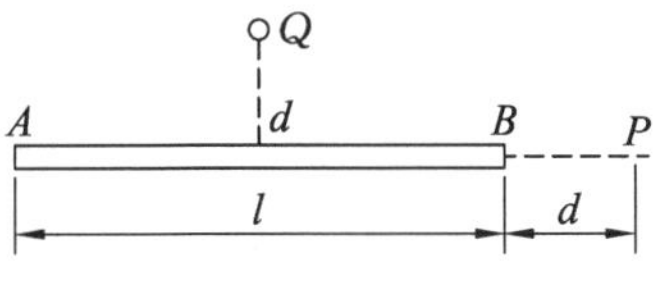

习题 7-2 图

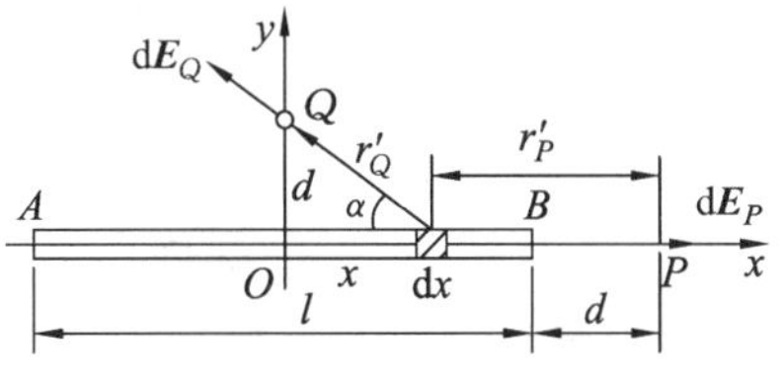

解图 7-2

分析：电荷连续分布的带电体在考察点的电场强度有确定的大小和方向.

通常应根据电荷分布建立坐标系，写出电荷元 $\mathrm{d}q$ 在考察点的电场强度 $\mathrm{d}\boldsymbol{E}$. 当各电荷元在考察点的电场强度 $\mathrm{d}\boldsymbol{E}$ 的方向不同时，应将 $\mathrm{d}\boldsymbol{E}$ 按坐标进行分解，写出分量式 $\mathrm{d}E_x$ 和 $\mathrm{d}E_y$ 等，通过积分求出合场强的分量 E_x 和 E_y 等，最后求得合场强 $\boldsymbol{E}$.

解题前应注意对电荷分布对称性进行分析，选择适当的坐标系，并注意确定积分运算的上下限.

解：取坐标系 Oxy，如解图 7-2 所示. 距点 $O x$ 处的电荷元 $dq=$ ________ 在考察点所产生的电场强度为 $d\boldsymbol{E}$.

(1) 考察点 P 在导线的延长线上时，有

$$d\boldsymbol{E}_P=\frac{1}{4\pi\varepsilon_0}\frac{dq}{r_P'^2}\boldsymbol{i}=\_\_\_\_\_\_\_\_\_\_\_\_\_\_\_\_$$

带电直导线 AB 上所有电荷元在点 P 的电场强度方向都相同，因此，P 处的电场强度为

$$\boldsymbol{E}_P=\int d\boldsymbol{E}_P=\_\_\_\_\_\_\_\_\_\_\_\_\_\_\_\_=\frac{\lambda}{4\pi\varepsilon_0}\left(\frac{1}{d}-\frac{1}{d+l}\right)\boldsymbol{i}=6.75\times10^2\boldsymbol{i}\ \text{V/m}$$

$\boldsymbol{E}_P$ 沿 x 轴正方向.

(2) 考察点 Q 在导线的垂直平分线上时，有

$$d\boldsymbol{E}_Q=\frac{1}{4\pi\varepsilon_0}\frac{dq}{r_Q'^2}\boldsymbol{e}_{r'Q}$$

式中，$\boldsymbol{e}_{r'Q}$ 是从 dq 指向 Q 的单位矢量.

带电直导线 AB 上各电荷元在 Q 点的 $d\boldsymbol{E}_Q$ 方向并不相同，因此需将 $d\boldsymbol{E}_Q$ 按坐标进行分解，有

$$dE_{Qx}=dE_Q\cos\alpha$$

$$dE_{Qy}=dE_Q\sin\alpha$$

由电荷对点 Q 的对称性分布可知，$E_{Qx}=0$. 点 Q 的合场强度 $\boldsymbol{E}_Q$ 沿 y 轴正方向，即 $\boldsymbol{E}_Q=E_{Qy}\boldsymbol{j}$. 所以，有

$$E_Q=\int dE_{Qy}=\int dE_Q\sin\alpha=\int\frac{dq}{4\pi\varepsilon_0 r_Q'^2}\sin\alpha$$

因为

$$r_Q'=\sqrt{d^2+x^2},\ \sin\alpha=\frac{d}{r_Q'}$$

所以，可有

$$E_Q=\int\frac{dq}{4\pi\varepsilon_0 r_Q'^2}\sin\alpha=\frac{\lambda d}{4\pi\varepsilon_0}\int_{-\frac{l}{2}}^{\frac{l}{2}}\frac{dx}{(d^2+x^2)^{3/2}}$$

$$=\frac{\lambda d}{4\pi\varepsilon_0}\frac{x}{d^2\sqrt{d^2+x^2}}\bigg|_{-l/2}^{l/2}=\frac{\lambda l}{4\pi\varepsilon_0 d}\frac{1}{\sqrt{d^2+\left(\frac{l}{2}\right)^2}}$$

代入数据，可得 $E_Q=1.50\times10^3\ \text{V/m}$ 或 $\boldsymbol{E}_Q=1.50\times10^3\boldsymbol{j}\ \text{V/m}$.

7-3 用细绝缘线弯成的半圆环形，半径为 R，其上均匀地带正电荷 Q. 求圆心 O 处的电场强度.

分析：根据电荷分布的对称性，注意选择好坐标系解题.

解：如解图 7-3 所示，在半圆形环上任取一电荷元 $dq=\lambda dl$，在圆心 O 处的电场强度的大小为

$$dE=\frac{1}{4\pi\varepsilon_0}\frac{\lambda dl}{R^2}$$

方向如解图 7-3 所示. 式中，$\lambda=\frac{Q}{\pi R}$，$dl=Rd\theta$.

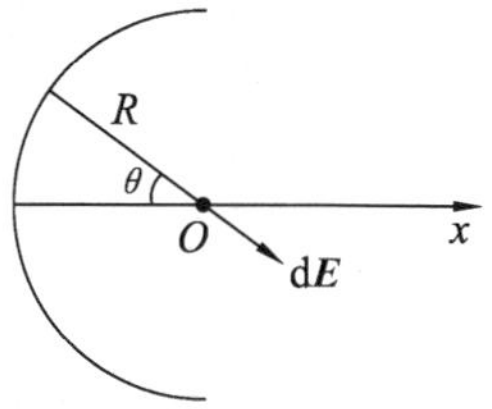

解图 7-3

由电荷的对称分布可知，圆心 O 处的电场强度沿 x 轴正方向，有

$$E=\int dE_x=\int\frac{1}{4\pi\varepsilon_0}\frac{\lambda dl}{R^2}\cos\theta=2\times\frac{\lambda}{4\pi\varepsilon_0 R}\int_0^{\pi/2}\cos\theta d\theta=\frac{\lambda}{2\pi\varepsilon_0 R}=\frac{Q}{2\pi^2\varepsilon_0 R^2}$$

7-4 设点电荷的分布如下：在(0,0)处为 5×10^{-8} C，在(3 m,0)处为 4×10^{-8} C，在(0,4 m)处为 -6×10^{-8} C. 计算通过以(0,0)为球心，半径等于5 m的球面上的总 $\boldsymbol{E}$ 通量.

分析：点电荷系通过一闭合曲面的 $\boldsymbol{E}$ 通量由高斯定理给出.

解：以(0,0)为球心，半径为 $R=5$ m 作高斯闭合球面，则三个点电荷均在球面内，通过球面的总 $\boldsymbol{E}$ 通量为

$$\begin{aligned}\Psi_E &= \oiint_S \boldsymbol{E}\cdot \mathrm{d}\boldsymbol{S} = \frac{1}{\varepsilon_0}\sum_{i=1}^{3} q_i \\ &= \frac{1}{8.85\times10^{-12}}\times(5\times10^{-8}+4\times10^{-8}-6\times10^{-8}) \\ &= 3.4\times10^{3}\ \mathrm{V\cdot m}\end{aligned}$$

7-5 如图所示，电场强度的分量为 $E_x=bx^{1/2}$，$E_y=E_z=0$. 其中，$b=800$ N/(C·$\mathrm{m}^{1/2}$)，$d=10$ cm. 试计算：

(1) 通过立方体表面的总 $\boldsymbol{E}$ 通量；

(2) 立方体内的总电荷量.

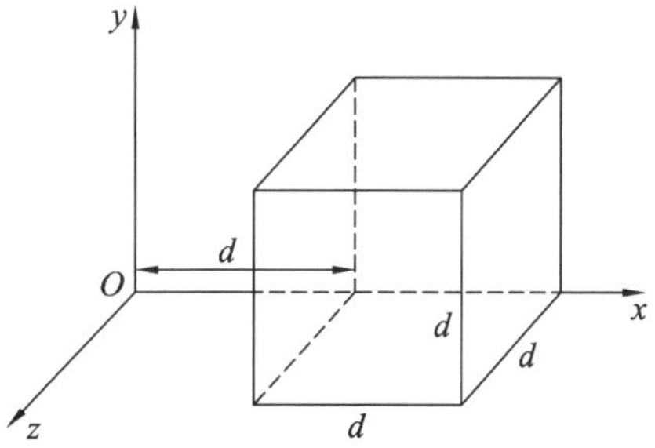

习题 7-5 图

分析：题中的电场强度是沿 x 方向的非均匀电场. 通过立方体的上下前后四个侧面(面法线垂直于 x 轴)的电场强度通量为零；通过立方体左右两个侧面(面法线与 x 轴平行)的 $\boldsymbol{E}$ 通量不为零，且不相等. 在这两个面上的电场强度均匀分布. 根据高斯定理可以断定，立方体内有激发静电场的电源，即电荷.

解：(1) 通过立方体表面的总 $\boldsymbol{E}$ 通量，就是通过立方体左右两个面的 $\boldsymbol{E}$ 通量.

$$\begin{aligned}\Psi_E &= \Psi_{E_1}+\Psi_{E_2}=\boldsymbol{E}_1\cdot\boldsymbol{S}+\boldsymbol{E}_2\cdot\boldsymbol{S} \\ &=(E_2-E_1)S=(b\sqrt{2}d-b\sqrt{d})d^2=1.05\ (\mathrm{N\cdot m^2})/\mathrm{C}\end{aligned}$$

(2) 由高斯定理 $\Psi_E=\dfrac{q}{\varepsilon_0}$，得　$q=\varepsilon_0\Psi_E=9.27\times10^{-12}$ C.

7-6 (1) 地球的半径为 6.37×10^{6} m，地球表面附近的场强近似为 100 V/m，方向指向地球中心，试计算地球带的总电荷量；

(2) 在离地面 1 500 m 处，场强降为 24 V/m，方向仍指向地球中心. 试计算这1 500 m厚的大气层里的平均电荷密度.

分析：设地球带电荷为 Q，并把地球看作表面均匀带电的导体球，利用高斯定理求解.

解：(1) 贴近地球表面作与地球同心的高斯球面，半径为 $R\approx R_{\mathrm{E}}$，使地球表面的电荷全部为高斯面所包围. 由高斯定理

$$\oiint_S \boldsymbol{E}\cdot\mathrm{d}\boldsymbol{S} = -4\pi ER_{\mathrm{E}}^2=\frac{Q}{\varepsilon_0}$$

由　$R_{\mathrm{E}}=6.37\times10^{6}\ \mathrm{m},\ E=100\ \mathrm{V/m}$

得　$Q=-4\pi\varepsilon_0 ER_{\mathrm{E}}^2=-4.51\times10^{5}$ C

故 $Q<0$，表明地球带负电.

(2) 设在离地球表面 h 高度以下的大气层中有电荷量为 q，均匀分布. 以地心为球心，

以 $r=R_E+h$ 为半径作高斯球面 S'. 在高斯面 S' 上的场强为 $\boldsymbol{E}'$，方向仍指向地心. 根据高斯定理，有

$$\oint\!\!\!\oint_{S'} \boldsymbol{E}' \cdot \mathrm{d}\boldsymbol{S}' = -4\pi(R_E+h)^2 E' = \frac{q+Q}{\varepsilon_0}$$

即得
$$E' = -\frac{1}{4\pi\varepsilon_0}\frac{q+Q}{(R_E+h)^2} = 24\ \mathrm{V/m}$$

代入数据，得

$$q = -4\pi\varepsilon_0(R_E+h)^2E' - Q = 3.43\times 10^5\ \mathrm{C}$$

故 $q>0$，表明大气层带正电.

大气层体积为

$$V = \frac{4}{3}\pi[(R_E+h)^3 - R_E^3] = 7.65\times 10^{17}\ \mathrm{m}^3$$

大气层平均电荷密度为 $\rho = \dfrac{q}{V} = 4.48\times 10^{-13}\ \mathrm{C/m^3}$

7-7 在半径分别为 10 cm 和 20 cm 的两层假想同心球面中间，均匀分布着电荷体密度为 $\rho=10^{-9}\ \mathrm{C/m^3}$ 的正电荷. 求离球心 5 cm，15 cm，50 cm 处的电场强度.

分析： 电荷的分布具有球对称性时，它的电场也应具有球对称分布，运用高斯定理可求出各点电场强度的大小.

解： 以 R_1 和 R_2 分别表示均匀带电球壳的内、外半径.

设离球心 $r_1=0.05$ m 处的电场强度为 $\boldsymbol{E}_1$，在以 r_1 为半径的高斯球面 S_1 上，$\boldsymbol{E}_1$ 的大小应该相同，并处处与 S_1 的法线方向平行. 对 S_1 运用高斯定理，有

$$\oint\!\!\!\oint_{S_1} \boldsymbol{E}_1 \cdot \mathrm{d}\boldsymbol{S} = \frac{1}{\varepsilon_0}\sum q = 0$$

所以，离球心 5 cm 处的电场强度 $\boldsymbol{E}_1=\boldsymbol{0}$.

以 $r_2=0.15$ m 为半径作高斯球面 S_2，设 S_2 上各点的场强为 $\boldsymbol{E}_2$，对 S_2 运用高斯定理，有

$$\oint\!\!\!\oint_{S_2} \boldsymbol{E}_2 \cdot \mathrm{d}\boldsymbol{S} = 4\pi r_2^2 E_2 = \frac{1}{\varepsilon_0}\int \rho \mathrm{d}V$$

式中，$\int\rho\mathrm{d}V$ 是 S_2 所围的电荷量 .

$$\int\rho\mathrm{d}V = \int_{R_1}^{r_2} 4\pi r^2 \rho \mathrm{d}r = \frac{4\pi}{3}\rho(r_2^3 - R_1^3)$$

所以，离球心 15 cm 处的电场强度 $\boldsymbol{E}_2$ 的大小为

$$E_2 = \frac{\rho(r_2^3 - R_1^3)}{3\varepsilon_0 r_2^2} = 4.0\ \mathrm{V/m}$$

$\boldsymbol{E}_2$ 的方向与 $\boldsymbol{S}_2$ 的法线方向一致，即沿径向向外.

以 $r_3=0.50$ m 为半径作高斯球面 S_3 时，带电球壳在 S_3 内，对 S_3 运用高斯定理，有

$$\oint\!\!\!\oint_{S_3} \boldsymbol{E}_3 \cdot \mathrm{d}\boldsymbol{S} = 4\pi r_3^2 E_3 = \frac{1}{\varepsilon_0}\int \rho \mathrm{d}V$$

式中，$\int\rho\mathrm{d}V$ 是 S_3 所围的电荷量，即带电球壳的全部电荷量，有

$$\int\rho\mathrm{d}V = \int_{R_1}^{R_2} 4\pi r^2 \rho \mathrm{d}r = \frac{4\pi}{3}\rho(R_2^3 - R_1^3)$$

所以，离球心 50 cm 处的电场强度 $\boldsymbol{E}_3$ 的大小为

$$E_3=\frac{\rho(R_2^3-R_1^3)}{3\varepsilon_0 r_3^2}=1.05\ \text{V/m}$$

E_3 的方向与 S_3 的法线方向一致，沿径向向外.

7-8　半径为 R 的无限长直圆柱体内均匀带电，电荷体密度为 ρ，求场强分布，并作 E-r 曲线.

分析： 均匀带电无限长直圆柱体的电荷分布具有轴对称性，它的电场也呈轴对称分布，运用高斯定理可求出圆柱体内外的场强分布，得到 E-r 曲线.

解： 在圆柱体内，以 r 为半径作高为 l 的同轴闭合圆柱面 S_1，对 S_1 运用高斯定理，有

$$\oiint_{S_1}\boldsymbol{E}\cdot \mathrm{d}\boldsymbol{S}=2\pi rlE=\frac{1}{\varepsilon_0}\rho\pi r^2 l$$

圆柱内，离轴线 r 处的电场强度大小为

$$E=\frac{\rho}{2\varepsilon_0}r\quad (r<R)$$

在圆柱体外，以 r 为半径作高为 l 的同轴闭合圆柱面 S_2，对 S_2 运用高斯定理，有

$$\oiint_{S_2}\boldsymbol{E}\cdot \mathrm{d}\boldsymbol{S}=2\pi rlE=\frac{1}{\varepsilon_0}\rho\pi R^2 l$$

圆柱外，离轴线 r 处的电场强度大小为

$$E=\frac{\rho R^2}{2\varepsilon_0 r}\quad (r>R)$$

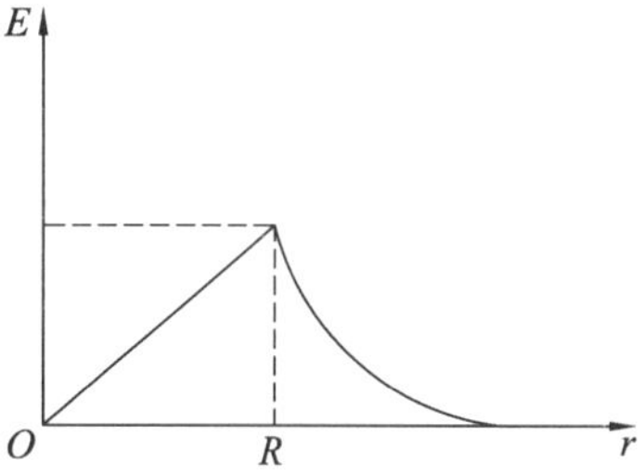

解图 7-8

E-r 曲线见解图 7-8. 当 $\rho>0$ 时，$\boldsymbol{E}$ 的方向沿径向向外.

7-9　点电荷 q_1, q_2, q_3, q_4 的电荷量均为 4×10^{-9} C，放置在一正方形的四个顶点上，各顶点距正方形中心点 O 的距离均为 5 cm.

(1) 计算点 O 处的电场强度和电势；

(2) 将一试探电荷 $q_0=10^{-9}$ C 从无穷远移到点 O，电场力做功多少？

(3) 问(2)中所述过程中 q_0 的电势能改变多少？

解： (1) 正方形顶点上的四个点电荷等量同号，对角电荷在点 O 的电场强度大小相等、方向相反. 由电场强度的叠加原理可知，点 O 的合场强为零，即

$$\boldsymbol{E}_O=0$$

相对无穷远处，每个点电荷在点 O 有相同的电势值，由电势的叠加原理可知，点 O 的电势为

$$V_O=\sum V_{Oi}=4V_{O1}=\frac{1}{4\pi\varepsilon_0}\frac{4q_1}{r}=2.88\times10^3\ \text{V}$$

式中，$r=5$ cm 是正方形顶点到中心的距离.

(2) 将试探电荷 q_0 从无穷远移到点 O，电场力做功为

$$A_{\infty O}=-q_0(V_O-V_\infty)=-q_0V_O=-2.88\times10^{-6}\ \text{J}$$

电场力做负功.

(3) 将试探电荷 q_0 从无穷远移到点 O 的过程中，外力做正功，使点电荷和试探电荷系统的电势能增加. 即　$A_{\infty O}=-\Delta W$

所以，有 $$\Delta W = -A_{\infty O} = 2.88\times10^{-6}\ \text{J}$$

7-10 如图所示，已知 $r=6$ cm，$d=8$ cm，$q_1=3\times10^{-8}$ C，$q_2=-3\times10^{-8}$ C. 求：

(1) 将电荷量为 2×10^{-9} C 的点电荷从点 A 移动到点 B，电场力做功多少？

(2) 将此点电荷从点 C 移动到点 D，电场力做功多少？

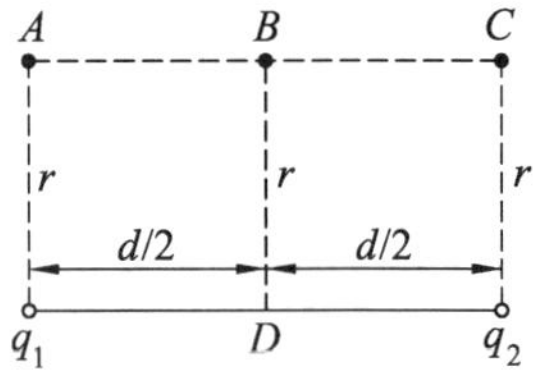

习题 7-10 图

分析： 由电势的叠加原理求出源电荷 q_1，q_2 在 A，B，C，D 四点处的电势 V_A，V_B 和 V_C，V_D 后，利用电势差求得电场力的功或系统电势能的变化.

解： $$V_A = \frac{q_1}{4\pi\varepsilon_0 r} + \frac{q_2}{4\pi\varepsilon_0\sqrt{r^2+d^2}} = 1.8\times10^3\ \text{V}$$

$$V_B = \frac{q_1}{4\pi\varepsilon_0\sqrt{r^2+\frac{d^2}{4}}} + \frac{q^2}{4\pi\varepsilon_0\sqrt{r^2+\frac{d^2}{4}}} = 0$$

$V_C =$ ________________________

$V_D =$ ________________________

(1) 将点电荷由点 A 移动到点 B 的过程中，电场力做功为

$$A_{AB} = -q_0(V_B - V_A) = q_0 V_A = 3.6\times10^{-6}\ \text{J}$$

(2) 将点电荷从点 C 移动到点 D 的过程中，电场力做功为

$A_{CD} =$ ________________________

7-11 半径为 2 mm 的球形水滴具有电势 300 V. 求：

(1) 水滴上所带的电荷量；

(2) 如果两个相同的上述水滴结合成一个较大的水滴，其电势值为多少？（假定结合时电荷没有漏失）

分析： 将带电水滴视作导体球，电荷均匀分布在球的表面. 利用均匀带电球面电势的结论求解.

解：(1) 均匀带电球面的电势为 $V=\dfrac{q}{4\pi\varepsilon_0 r}$

得 $$q = 4\pi\varepsilon_0 rV = 66.7\times10^{-12}\ \text{C}$$

(2) 设结合成的大水滴是半径是 R 的球体，应有

$$\frac{4}{3}\pi R^3 = 2\times\frac{4}{3}\pi r^3$$

得大水滴的半径为

$$R = \sqrt[3]{2}r = 2.52\ \text{mm}$$

带电量为 $Q=2q$ 的大水滴电势为

$$V = \frac{Q}{4\pi\varepsilon_0 R} = \frac{2q}{4\pi\varepsilon_0 R} = 476\ \text{V}$$

7-12 两个同心球面，半径分别为 10 cm 和 30 cm. 小球面均匀带有 10^{-8} C 正电荷，大球面带有 1.5×10^{-8} C 正电荷. 求离球心分别为 20 cm、50 cm 处的电势.

分析： 由于同心带电球的场强具有球对称性，故可利用高斯定理求得场强 $\boldsymbol{E}$ 后，再由电势定义 $V_A=\int_A^{\infty}\boldsymbol{E}\cdot\mathrm{d}\boldsymbol{l}$ 求得 V. 也可利用均匀带电球面的电势，用电势的叠加原理求得各点的电势.

解 1： 设两球面半径分别为 R_1，R_2，带电量分别为 q_1，q_2，由高斯定理可求得电场分布为

$$E_0=0\quad(r<R_1)$$

$$E_1=\frac{q_1}{4\pi\varepsilon_0 r^2}\quad(R_1<r<R_2)$$

$$E_2=\frac{q_1+q_2}{4\pi\varepsilon_0 r^2}\quad(r>R_2)$$

$r=20$ cm 处的电势为

$$V_1=\int_{r_1}^{R_2}\boldsymbol{E}_1\cdot\mathrm{d}\boldsymbol{r}+\int_{R_2}^{\infty}\boldsymbol{E}_2\cdot\mathrm{d}\boldsymbol{r}=\frac{q_1}{4\pi\varepsilon_0}\left(\frac{1}{r_1}-\frac{1}{R_2}\right)+\frac{q_1+q_2}{4\pi\varepsilon_0 R_2}$$

$$=\frac{q_1}{4\pi\varepsilon_0 r_1}+\frac{q_2}{4\pi\varepsilon_0 R_2}=900\ \mathrm{V}$$

$r_2=50$ cm 处的电势为

$$V_2=\underline{\qquad\qquad\qquad\qquad}$$

解 2： 由各球面电势的叠加计算电势.

$r_1=20$ cm 位于两球面之间，电势为小球面电势在 r_1 处的电势和大球面电势的代数和，即

$$V_1=\frac{q_1}{4\pi\varepsilon_0 r_1}+\frac{q_2}{4\pi\varepsilon_0 R_2}=900\ \mathrm{V}$$

$r_2=50$ cm 位于两球面外，电势为两球面在 r_2 处的电势，即

$$V_2=\frac{q_1}{4\pi\varepsilon_0 r_2}+\frac{q_2}{4\pi\varepsilon_0 r_2}=\frac{q_1+q_2}{4\pi\varepsilon_0 r_2}=450\ \mathrm{V}$$

7-13 如图所示，在边长为 1 m 的正方形的左上角有一点电荷 $q_1=10^{-12}$ C，左下角有一点电荷 $q_2=-10^{-12}$ C，电荷量为 $Q=10^{-11}$ C 的电荷均匀分布在右边的细线上. 求正方形中心的电势.

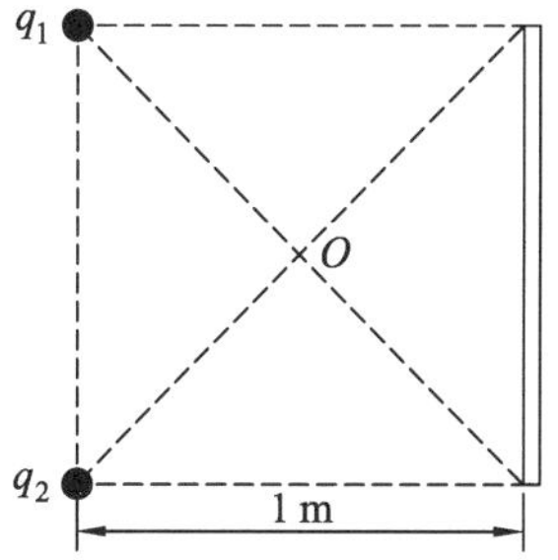

习题 7-13 图

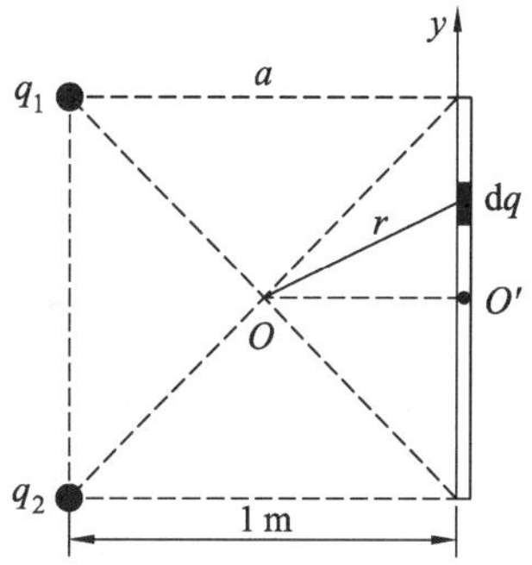

解图 7-13

分析：根据电势的叠加原理可知，正方形中心的电势为两点电荷和带电细线在中心电势的代数和.由于两个点电荷等量异号，它们在中心处的电势之和为零，因此正方形中心的电势就是连续分布带电细线在中心处的电势.

解：设正方形的边长为 a，取 $O'y$ 轴沿带电细线方向，如解图 7-13 所示.在细线上取微元 $\mathrm{d}y$，所带电荷量为 $\mathrm{d}q=\lambda\mathrm{d}y$，$\mathrm{d}q$ 在点 O 处的电势为

$$\mathrm{d}V=\frac{\mathrm{d}q}{4\pi\varepsilon_0 r}=\frac{\lambda\mathrm{d}y}{4\pi\varepsilon_0 r}$$

式中

$$\lambda=\frac{Q}{a},\ r=\sqrt{y^2+\left(\frac{a}{2}\right)^2}$$

点 O 的电势为

$$V=\int\mathrm{d}V=\frac{1}{4\pi\varepsilon_0}\frac{Q}{a}\int_{-\frac{a}{2}}^{\frac{a}{2}}\frac{\mathrm{d}y}{\sqrt{y^2+\left(\frac{a}{2}\right)^2}}=\frac{Q}{4\pi\varepsilon_0 a}\ln\frac{\sqrt{2}+1}{\sqrt{2}-1}=0.16\ \mathrm{V}$$

7-14 如图所示，$AB=2l$，OCD 是以 B 为中心、l 为半径的半圆，点 A 处有正电荷 $+q$，点 B 处有负电荷 $-q$.问：

(1) 把单位正电荷从点 O 沿 OCD 移到点 D，电场力对它做了多少功？

(2) 把单位正电荷从点 D 沿 AB 的延长线移到无穷远处，电场力对它做了多少功？

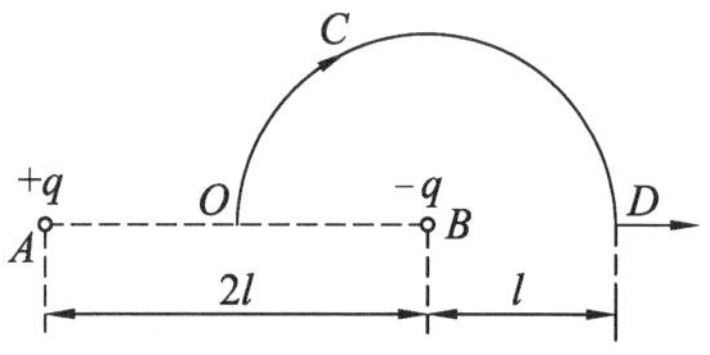

习题 7-14 图

分析：利用电场力的功和电势差的关系求解.

解：(1) $V_0=0$，$V_D=\frac{1}{4\pi\varepsilon_0}\left(\frac{q}{3l}-\frac{q}{l}\right)=-\frac{q}{6\pi\varepsilon_0 l}$

$A_{OD}=$ ______________________

(2) $V_\infty=0$，$A_{D\infty}=$ ______________________

7-15 已知某空间区域的电势函数 $V=x^2+2xy$.求：

(1) 电场强度函数；

(2) 坐标点(2,2,3)的电势及其与原点的电势差.

分析：利用电势与电场强度的关系求解.

解：(1) $\boldsymbol{E}=-\frac{\partial V}{\partial x}\boldsymbol{i}-\frac{\partial V}{\partial y}\boldsymbol{j}=-2(x+y)\boldsymbol{i}-2x\boldsymbol{j}$

(2) $V_{2,2,3}=2^2+2\times2\times2=12\ \mathrm{V}$，$V_0=0$，所以，坐标点(2,2,3)的电势为 12 V，它与原点的电势差 $\Delta V=V_{2,2,3}-V_0=12\ \mathrm{V}$.

7-16 一半径 $R=8\ \mathrm{cm}$ 的圆盘，其上均匀带有面密度为 $\sigma=2\times10^{-5}\ \mathrm{C/m^2}$ 的电荷.

(1) 求轴线上任一点的电势(用该点与盘点的距离 x 来表示)；

(2) 从电场强度和电势的关系求该点的电场强度；

(3) 计算 $x=6\ \mathrm{cm}$ 处的电势和电场强度.

分析：利用电势叠加原理，带电圆盘轴线上 x 处的电势可视为圆盘平面上共轴的带

电细圆环在 x 处电势的叠加，对电势沿 x 轴线的分布函数 $V(x)$ 求变化率得到 $\boldsymbol{E}(x)$.

解：(1) 在圆盘上以盘心为圆心，取半径为 r、宽为 $\mathrm{d}r$ 的细圆环，所带电荷量为

$$\mathrm{d}q=\sigma\mathrm{d}S=\sigma\cdot 2\pi r\mathrm{d}r$$

轴线上 x 处的电势为

$$\mathrm{d}V=\frac{\mathrm{d}q}{4\pi\varepsilon_0\sqrt{x^2+r^2}}=\frac{\sigma r\mathrm{d}r}{2\varepsilon_0\sqrt{x^2+r^2}}$$

整个圆盘轴线上 x 处的电势为

$$V=\int\mathrm{d}V=\int_0^R\frac{\sigma r\,\mathrm{d}r}{2\varepsilon_0\sqrt{x^2+r^2}}=\frac{\sigma}{2\varepsilon_0}(\sqrt{R^2+x^2}-x)$$

(2) 轴线上 x 处的电场强度为

$$\boldsymbol{E}=-\frac{\mathrm{d}V}{\mathrm{d}x}\boldsymbol{i}=\frac{\sigma}{2\varepsilon_0}\left(1-\frac{x}{\sqrt{R^2+x^2}}\right)\boldsymbol{i}$$

(3) 当 $x=6$ cm 时，代入数据得

$$V=4.52\times10^4\ \mathrm{V},\ \boldsymbol{E}=4.52\times10^5\boldsymbol{i}\ \mathrm{V/m}$$

7-17　有一块很大的带电板及一小球，已知小球的质量为 $m=1.0\times10^{-3}$ g，带电荷量为 $q=2.0\times10^{-8}$ C. 小球悬挂在一丝线的下端，平衡时悬线与板面间的夹角为 30°，如图所示. 试计算带电板上的电荷面密度 σ.

分析：带电小球受静电场力、悬线张力和重力而处于平衡状态，所受静电场力和带电板的电荷面密度有关. 对小球做受力分析，列出受力平衡方程求解本解.

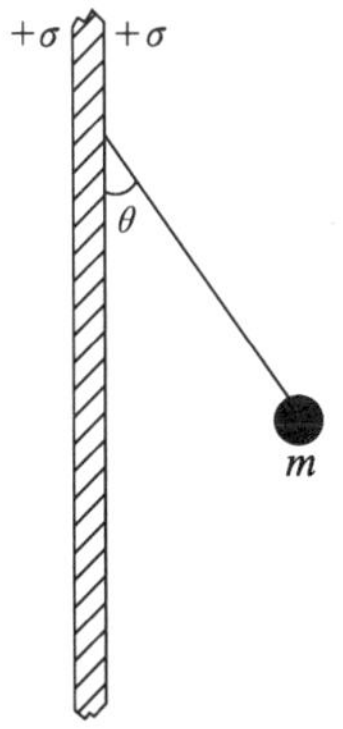

习题 7-17 图

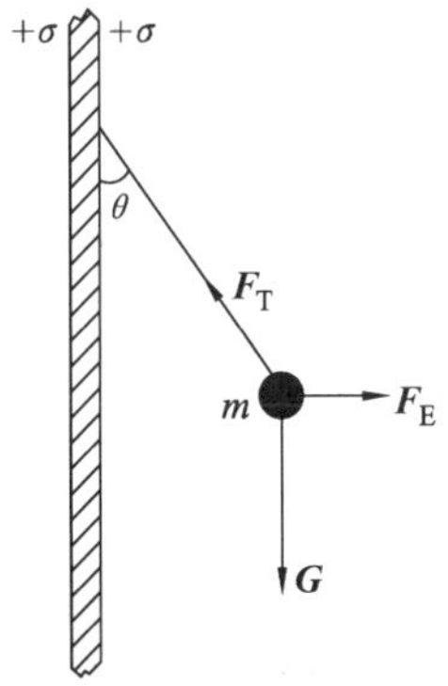

解图 7-17

解：如解图 7-17 所示，小球受电场力 $\boldsymbol{F}_\mathrm{E}$、重力 $\boldsymbol{G}$ 和悬线张力 $\boldsymbol{F}_\mathrm{T}$ 而平衡. 在水平和竖直方向上，分别有

$$F_\mathrm{E}-F_\mathrm{T}\sin\theta=0,\ F_\mathrm{T}\cos\theta-mg=0$$

式中

$$F_\mathrm{E}=qE=q\frac{\sigma}{\varepsilon_0}$$

可解得

$$\sigma=\frac{\varepsilon_0 mg\tan\theta}{q}=2.5\times10^{-9}\ \mathrm{C/m^2}$$

7-18　点电荷 $q=4.0\times10^{-10}$ C，处在导体球壳的中心，壳的内外半径分别为 $R_1=2.0$ cm 和 $R_2=3.0$ cm. 求：

(1) 导体球壳的电势；

(2) 离球心 $r=1.0$ cm 处的电势；

(3) 把点电荷移离球心 1.0 cm 后球心 O 的电势及导体球壳的电势.

分析： 静电平衡时，导体球壳内、外表面将感应出等量异号电荷 $-q$ 和 $+q$，并均匀分布. 利用高斯定理可求得场强的分布，并由电势的定义求得电势的分布. 也可利用电势的叠加原理求得 V 的分布.

解： 利用高斯定理可以得到静电平衡时各区域的电场分布为

$$E_1=\frac{q}{4\pi\varepsilon_0 r^2} \qquad (r<R_1)$$

$$E_2=0 \qquad (R_1<r<R_2)$$

$$E_3=\frac{q}{4\pi\varepsilon_0 r^2} \qquad (r>R_2)$$

(1) 导体球壳的电势

$$V_{R_2}=\int_{R_2}^{\infty}\boldsymbol{E}_3\cdot \mathrm{d}\boldsymbol{r}=\int_{R_2}^{\infty}\frac{q}{4\pi\varepsilon_0 r^2}\mathrm{d}r=\frac{q}{4\pi\varepsilon_0 R_2}=120\ \mathrm{V}$$

(2) 离球心 $r=1.0$ cm 处的电势

$$V_r=\int_r^{R_1}\boldsymbol{E}_1\cdot \mathrm{d}\boldsymbol{r}+\int_{R_1}^{R_2}\boldsymbol{E}_2\cdot \mathrm{d}\boldsymbol{r}+\int_{R_2}^{\infty}\boldsymbol{E}_3\cdot \mathrm{d}\boldsymbol{r}$$

$$=\frac{q}{4\pi\varepsilon_0}\left(\frac{1}{r}-\frac{1}{R_1}+\frac{1}{R_2}\right)=300\ \mathrm{V}$$

(3) 把点电荷移离球心 1.0 cm，仍然在导体球壳内部，导体球壳外表面的电荷分布没有变化，故球壳电势与情况(1)相同，为 120 V.

球心 O 处的电势由叠加原理得

$$V_O=\frac{q}{4\pi\varepsilon_0 R_2}+\frac{q}{4\pi\varepsilon_0 r}=120+360=480\ \mathrm{V}$$

7-19 有直径为 16 cm 及 10 cm 的两个非常薄的铜制球壳，同时放置时，内球的电势为 2 700 V，外球带有电量为 8.0×10^{-9} C. 现把内球和外球接触，两球的电势各变化多少？

分析： 根据内球的电势可求得内球所带电量. 当内、外球壳相接触并处于静电平衡状态时，电荷全部转移到外球的外表面，两球壳等电势.

解： 已知内球半径为 $R_1=5$ cm，外球半径为 $R_2=8$ cm. 设内球带电 q_1，外球带电 q_2. 由高斯定理可以得到两球壳间和外球外部的场强 $\boldsymbol{E}_1$，$\boldsymbol{E}_2$. 由电势的定义，可写出内球的电势为

$$V_1=\int_{R_1}^{R_2}\boldsymbol{E}_1\cdot \mathrm{d}\boldsymbol{l}+\int_{R_2}^{\infty}\boldsymbol{E}_2\cdot \mathrm{d}\boldsymbol{l}=\int_{R_1}^{R_2}\frac{q_1}{4\pi\varepsilon_0 r^2}\mathrm{d}r+\int_{R_2}^{\infty}\frac{q_1+q_2}{4\pi\varepsilon_0 r^2}\mathrm{d}r$$

$$=\frac{q_1}{4\pi\varepsilon_0}\left(\frac{1}{R_1}-\frac{1}{R_2}\right)+\frac{q_2+q_1}{4\pi\varepsilon_0 R_2}=\frac{q_1}{4\pi\varepsilon_0 R_1}+\frac{q_2}{4\pi\varepsilon_0 R_2}=2\ 700\ \mathrm{V}$$

得内球所带电量为 $$q_1=4\pi\varepsilon_0 R_1 V_1-\frac{R_1 q_2}{R_2}=1.0\times10^{-8}\ \mathrm{C}$$

外球的电势为 $$V_2=\int_{R_2}^{\infty}\boldsymbol{E}_2\cdot \mathrm{d}\boldsymbol{l}=\frac{q_1+q_2}{4\pi\varepsilon_0 R_2}=2\ 025\ \mathrm{V}$$

两球相接触后，内外球的电势相等，为

$$V=V_2=\frac{q_1+q_2}{4\pi\varepsilon_0 R_2}=2\ 025\ \mathrm{V}$$

即外球的电势不变. 内球电势的变化为

$$\Delta V=V-V_1=2\ 025-2\ 700=-675\ \mathrm{V}$$

即

$$\Delta V=-\frac{q_1}{4\pi\varepsilon_0}\left(\frac{1}{R_1}-\frac{1}{R_2}\right)$$

7-20 两个同心球壳组成的球形电容器，半径为 R_1 和 $R_2(R_2>R_1)$，通过其中心的平面把它一分为二，其中一半是空气，另一半充满相对电容率为 ε_r 的电介质. 试证明其电容等于用相对电容率为 $(1+\varepsilon_r)/2$ 的电介质充满全部电容器的电容.

分析： 当两个导体球壳带有等量异号的电荷时，在两球壳之间将建立起电场. 根据导体的静电平衡条件可知，这时两个球壳各自都是等势体，上、下半球壳间的电势差相等，并且导体表面的场强都垂直于表面. 所以，整个电容器由上、下两个半球形电容器并联而成.

证： 设充满空气的球形电容为 C_0，则半球形空气电容器的电容为 $C_0/2$；充满电介质 ε_r 的球形电容器的电容为 C'，则半球形电介质电容器的电容为 $C'/2$. 由于两者的形状完全相同，故有

$$C'=\varepsilon_r C_0\ ,\ C'/2=\varepsilon_r C_0/2$$

两半球形电容器并联后的电容量为

$$C=C_0/2+C'/2=(1+\varepsilon_r)C_0/2=\varepsilon'_r C_0$$

式中 $\varepsilon'_r=(1+\varepsilon_r)/2$. $\varepsilon_r' C_0$ 即为用相对电容率为 ε_r' 的电介质充满全部电容器的电容量.

7-21 平板电容器（极板面积为 S，间距为 d）中间有两层厚度各为 d_1 和 $d_2(d=d_1+d_2)$、电容率各为 ε_1 和 ε_2 的电介质. 试计算其电容. 如 $d_1=d_2$，则电容又如何？

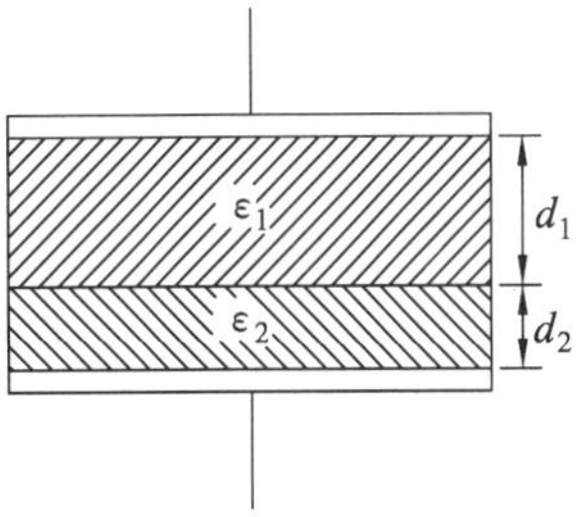

习题 7-21 图

分析： 平板电容器带电时，两极板都是等势体. 由于两种介质的界面平行于极板，因此介质的分界面是等势面，且没有自由电荷分布. 两极板上等量异号的自由电荷均匀分布，所以，在两种介质中电位移矢量相同，但电场强度不同.

本题所示电容器，也可视为两个不同电容器的串联.

解 1： 设极板上自由电荷为 Q，由高斯定理可得

$$D_1=D_2=\sigma=\frac{Q}{S}$$

$$E_1=\frac{D_1}{\varepsilon_1}=\frac{Q}{\varepsilon_1 S},\ E_2=\frac{D_2}{\varepsilon_2}=\frac{Q}{\varepsilon_2 S}$$

极板间的电势差为

$$U=E_1 d_1+E_2 d_2=\left(\frac{d_1}{\varepsilon_1}+\frac{d_2}{\varepsilon_2}\right)\frac{Q}{S}$$

电容量为

$$C=\frac{Q}{U}=\frac{\varepsilon_1\varepsilon_2 S}{\varepsilon_1 d_2+\varepsilon_2 d_1}$$

当 $d_1=d_2=d/2$ 时，有

$$C'=\frac{2\varepsilon_1\varepsilon_2}{(\varepsilon_1+\varepsilon_2)d}S$$

解 2：由平板电容器的电容公式 $C=\varepsilon\dfrac{S}{d}$ 可知，串联的两电容器分别为

$$C_1=\varepsilon_1\frac{S}{d_1},\ C_2=\varepsilon_2\frac{S}{d_2}$$

7-22 平行板空气电容器每极板的面积 $S=3\times10^{-2}\ \mathrm{m^2}$，极板间的距离 $d_1=3\times10^{-3}$ m，在平行板之间有一个厚度为 $d_2=1\times10^{-3}$ m，与地绝缘的平行铜板，当电容器充电到电势差为 300 V 后与电源断开，再把铜板从电容器中抽出. 问：

(1) 电容器内电场强度是否变化？

(2) 抽出铜板外界需做多少功？

分析：电容器充电后与电源断开，电容器极板上的电容量保持不变. 忽略边缘效应的平行板电容器内部，可近似为均匀电场. 静电平衡时，导体板是一等势体，其内部的场强为零.

解：(1) 铜板在平行板之间时，电容器内电场强度为

$$E=\frac{U_1}{d_1-d_2}=\frac{300}{(3-1)\times10^{-3}}=1.5\times10^5\ \mathrm{V/m}$$

铜板从平行板之间抽出后，电容器内的电场强度为 $E=\dfrac{\sigma}{\varepsilon_0}=\dfrac{q}{\varepsilon_0 S}$，由于极板上的电荷 q 保持不变，因此场强 $\boldsymbol{E}$ 也保持不变.

铜板从平行板之间抽出后，极板间的电势差为

$$U_2=Ed_1=\frac{U_1}{d_1-d_2}d_1=450\ \mathrm{V}$$

(2) 在抽出平行铜板的过程中，外界所做之功转换为极板间电场能量的增量，即

$$A=\Delta W=\frac{1}{2}q\Delta U=\frac{1}{2}\varepsilon_0E^2Sd_2=2.99\times10^{-6}\ \mathrm{J}$$

7-23 电容 $C_1=4\ \mu\mathrm{F}$ 的电容器在 800 V 的电势差下充电，然后切断电源，并将此电容器的两个极板分别和原来不带电、电容为 $C_2=6\ \mu\mathrm{F}$ 的电容器两极板相连. 求：

(1) 每个电容器极板所带电荷量；

(2) 连接前后的静电场能.

分析：电容器充电后再与电源断开，极板上的电荷量将保持不变. 将充电电容器与不带电的电容器并联后，极板上的电荷将分布在相连接的两个极板上，并成为等势体. 所以，静电平衡状态下，两个不同电容量的电容器极板上分布的电荷不相等. 并联的过程也是对不带电电容器充电做功的过程，并联后电容器系统的静电能将减少.

解：C_1 充电后极板上的电荷量为

$$Q=C_1U_0=4\times10^{-6}\times800=3.2\times10^{-3}\ \mathrm{C}$$

并联电容器的电容量为 $C=C_1+C_2=10\times10^{-6}\ \mathrm{F}$

并联电容器两极间的电势差为

$$U=\frac{Q}{C}=\frac{Q}{C_1+C_2}=320\ \mathrm{V}$$

(1) 并联后两电容器极板上分布的电量分别为

$$Q_1=C_1U=1.28\times10^{-3}\ \mathrm{C}$$

$$Q_2=C_2U=1.92\times10^{-3}\ \mathrm{C}$$

(2) 并联前 C_1 的静电场能为

$$W_0=\frac{1}{2}C_1U_0^2=\frac{1}{2}\times 4\times 10^{-6}\times 800^2=1.28\ \text{J}$$

并联电容器的静电场能为

$$W=\frac{1}{2}CU^2=\frac{1}{2}\times 10\times 10^{-6}\times 320^2=0.512\ \text{J}$$

第八章

恒定电流的磁场

一、基本要求

1. 理解恒定电流、电流密度和电动势概念；理解一段含源电路的欧姆定律.

2. 掌握磁感应强度的概念；掌握利用叠加原理分析、求解磁感应强度的基本方法.

3. 理解毕奥-萨伐尔定律；掌握用恒定电流磁场的安培环路定理求磁感应强度的条件和方法.

4. 理解安培定律和洛伦兹力；会分析磁场对载流导线和线圈的作用，带电粒子在电磁场中所受作用及其运动.

5. 了解磁场力的功.

*6. 理解有磁介质时的安培环路定理；了解物质的磁性、磁化现象.

二、思路与联系

电磁运动是自然界中存在的普遍运动形态之一. 恒定电流的磁场是《大学物理》中电磁学部分的重要基础理论，在电磁学中起着承前启后的作用，它一方面是静止电荷电场内容的延伸和拓展，另一方面为下一章电磁感应和电磁场的内容打下基础.

由第七章可知，静止电荷的周围存在着电场，那么运动电荷（即电流）的周围存在着什么形式的场呢？运动电荷（即电流）的周围不仅存在电场，而且存在磁场. 磁场可以用磁感应强度和磁场强度来描述，它会对运动的电荷和电流产生洛伦兹力和安培力.

磁场和电场一样，都是物质的一种形式，都为矢量场，因此有许多相似之处，在学习描述磁场的物理量及计算和磁场有关的规律时，可以参考电场的讨论方法，并加以对比. 但在毕奥-萨伐尔定律、洛伦兹力和安培力的学习过程中要特别注意两个矢量的矢积问题，注意判断矢量的方向.

恒定电流的磁场 → 磁场中的磁介质

恒定电流的磁场 ↓ 真空中的稳恒磁场

磁场的描述

1. 磁感应强度 $\boldsymbol{B}$

$\boldsymbol{B}$ 的大小 $B=\dfrac{F_{\mathrm{m}}}{q_0 V}$

$\boldsymbol{B}$ 的方向沿 $(\boldsymbol{F}_{\mathrm{m}}\times\boldsymbol{V})$ 的方向

2. 几何描述

磁感应线

磁通量

$$\Phi_E=\iint B\mathrm{d}S\cos\theta=\iint_S \boldsymbol{B}\cdot\mathrm{d}\boldsymbol{S}$$

基本定律

毕奥-萨伐尔定律

1. 电流激发磁场的规律

$$\mathrm{d}\boldsymbol{B}=\frac{\mu_0}{4\pi}\frac{I\mathrm{d}\boldsymbol{l}\times\boldsymbol{r}}{r^2}$$

2. 对于有限长的载流导体

$$\boldsymbol{B}=\int\mathrm{d}\boldsymbol{B}=\frac{\mu_0}{4\pi}\int\frac{I\mathrm{d}\boldsymbol{l}\times\boldsymbol{r}}{r^2}$$

由毕奥-萨伐尔定律可得运动电荷激发的磁场

$$\mathrm{d}\boldsymbol{B}=\frac{\mu_0}{4\pi}\frac{q\boldsymbol{v}\times\boldsymbol{r}}{r^3}$$

磁场的性质

安培定律

1. 任意形状的载流导线上的电流元在外磁场中受的安培力

$$\mathrm{d}\boldsymbol{F}=I\mathrm{d}\boldsymbol{l}\times\boldsymbol{B}$$

2. 若导线为有限长

$$\boldsymbol{F}=\int_L\mathrm{d}\boldsymbol{F}=\int_L I\mathrm{d}l\times\boldsymbol{B}$$

3. 载流平面线圈在均匀磁场 $\boldsymbol{B}$ 中受到磁力矩的作用

$$\boldsymbol{M}=\boldsymbol{P}_{\mathrm{m}}\times\boldsymbol{B}$$

运动电荷在外磁场中受到的磁力 $\boldsymbol{f}=q\boldsymbol{v}\times\boldsymbol{B}$

1. 磁场的高斯定理

$$\oiint\boldsymbol{B}\cdot\mathrm{d}\boldsymbol{S}=0$$

2. 安培环路定理

$$\oint\boldsymbol{B}\cdot\mathrm{d}\boldsymbol{l}=\mu_0\sum I_i$$

几种典型载流导线所产生的磁感应强度

1. 一段载流直导线外一点的磁感应强度

$$B=\frac{\mu_0 I}{4\pi a}(\cos\theta_1-\cos\theta_2)$$

无限长时　$B=\dfrac{\mu_0 I}{2\pi a}$

2. 载流圆线圈轴线上一点的磁感应强度

$$B=\frac{\mu_0 IR^2}{2(R^2+x^2)^{3/2}}$$

圆心处的磁感应强度 $B=\dfrac{\mu_0 I}{2R}$

3. 载流螺线管轴线上的磁场

$$B=\frac{\mu_0}{2}nI(\cos\beta_2-\cos\beta_1)$$

无限时长　$B=\mu_0 nI$

三、学习指导

1. 电流和电流密度

电荷的定向运动形成电流.电流强度是描述电流强弱的物理量,它定义为单位时间内通过导体任一横截面的电量,即 $I=\mathrm{d}q/\mathrm{d}t$.

学习时应注意以下几点:

(1) 要使电荷定向运动以形成电流,必须有两个条件,一是存在可以自由移动的自由电荷,二是存在电场的作用;

(2) 正电荷定向运动引起的电流与等量负电荷沿反方向运动引起的电流是等效的

(霍耳效应除外),习惯上规定正电荷运动的方向为电流的方向;

(3) 电流强度是标量,不过有正、负之分,它是一个代数量.

电流密度矢量是描述导体中各点的电流方向和强弱的物理量,是矢量.电流密度在某点的方向是该点正电荷运动的方向,或者该点电场的方向,大小等于过该点垂直于电流的单位面积上的电流强度.它与电流强度的关系为 $\boldsymbol{j}=\mathrm{d}I/\mathrm{d}\boldsymbol{S}$,$\mathrm{d}I=\boldsymbol{j}\cdot\mathrm{d}\boldsymbol{S}$ 或 $I=\iint_S \boldsymbol{j}\cdot\mathrm{d}\boldsymbol{S}$.式中,$\boldsymbol{j}$ 为电流密度矢量;$\boldsymbol{S}$ 为导体中的某曲面面积;I 为通过该曲面的电流强度.电流密度矢量与电流强度的关系就是电流密度矢量场与它的通量的关系.

2. 电源的电动势和欧姆定律

电源的电动势是表征电源将其他形式能量转变为电能的本领的物理量.

学习时应注意以下几点:

(1) 电源的电动势定义为单位正电荷沿闭合电路运行一周非静电力所做的功,这个定义既适用于一般直流电流,也适用于电磁感应现象中的闭合回路;

(2) 如果电路中存在若干个电源,则整个电路的总电动势必定等于各电源电动势的代数和;

(3) 习惯上规定电动势的方向是从负极经电源内部到正极的方向,电动势是标量,有正、负之分,它是一个代数量.

通过某段金属导体的电流 I 与施加在该导体两端的电势差 V_2-V_1 成正比,即 $I=(V_2-V_1)/R$,这就是欧姆定律,其中 R 为电阻.欧姆定律反映了金属导体导电的基本规律,电阻 R 是与电势差和电流无关的常量.欧姆定律的微分形式 $\boldsymbol{j}=\gamma\boldsymbol{E}$ 表示电流场中任意一点处电流密度与电场强度的关系,式中系数 γ 是材料的电导率.

3. 磁感应强度

磁感应强度是描述空间一点磁场的强弱和方向的物理量.对于确定的磁场,磁感应强度唯一地取决于场点的位置.这个物理量是根据试探电荷在磁场中运动所受的洛伦兹力来定义的.对于这个定义,包含在两个矢量的矢积($\boldsymbol{v}\times\boldsymbol{B}$)的性质中:

(1) 当两个矢量平行(或反平行)时,矢积为零,即 $F=0$;

(2) 当两个矢量垂直时,矢积具有最大值,即 $F=F_{\mathrm{m}}$,根据 F_{m} 定义磁感应强度 $\boldsymbol{B}$ 的数值,即 $B=F_{\mathrm{m}}/qv$;

(3) 取试探电荷为正电荷,则 $\boldsymbol{v}$,$\boldsymbol{B}$ 和 $\boldsymbol{F}$ 三矢量的指向遵从右手定则,即右手四指从 $\boldsymbol{v}$ 的指向经小于 π 的角转向 $\boldsymbol{B}$ 的指向,拇指的指向就是 $\boldsymbol{F}$ 的指向,或者右手四指从 $\boldsymbol{F}$ 的指向经小于 π 的角转向 $\boldsymbol{v}$ 的指向,拇指的指向就是 $\boldsymbol{B}$ 的指向.

4. 毕奥-萨伐尔定律

毕奥-萨伐尔定律反映了电流元产生磁场的基本规律,其数学表达式为

$$\mathrm{d}\boldsymbol{B}=\underline{\qquad\qquad\qquad\qquad\qquad}.$$

学习时应注意以下几点:

(1) $\boldsymbol{e}_{\mathrm{r}}$ 是场点相对于电流元 $I\mathrm{d}\boldsymbol{l}$ 的位置矢量,即由电流元 $I\mathrm{d}\boldsymbol{l}$ 指向场点的矢量.

(2) 电流 I 是标量,而电流元 $I\mathrm{d}\boldsymbol{l}$ 却是矢量.在一个确定的电路中,电流只能取两个相反的方向,而电流元却不同,随着导线的走向改变,电流元在空间可能有各种取向.大小相

同而取向不同的电流元在空间同一点激发的磁场，不仅大小不同，方向也不同.

(3) 电流元 $I\mathrm{d}\boldsymbol{l}$ 在空间一点所激发磁场的磁感应强度的大小可以表示为

$$\mathrm{d}B=\frac{\mu_0}{4\pi}\frac{I\mathrm{d}l\sin\alpha}{r^2}$$

式中，α 为 $I\mathrm{d}\boldsymbol{l}$ 与 $\boldsymbol{r}$ 之间的夹角. 整个通电导线 L 在同一点产生的磁感应强度的大小，不能用对上式直接积分求得，在一般情况下，应由下式求解

$$B=\frac{\mu_0}{4\pi}\left|\int_L\frac{I\mathrm{d}\boldsymbol{l}\times\boldsymbol{e}_r}{r^2}\right|$$

对于矢量的积分，必须先化成分量式，然后再积分.

(4) 磁感应线是连续的闭合曲线的结论来源于毕奥-萨伐尔定律. 根据毕奥-萨伐尔定律，电流元 $I\mathrm{d}\boldsymbol{l}$ 所激发的磁场的磁感应线是以 $I\mathrm{d}\boldsymbol{l}$ 为轴线的一系列同心圆，或者说，每一条磁感应线都是头尾相接的闭合圈. 根据叠加原理，合成磁场的磁感应线仍然是闭合线.

5. 磁场的高斯定理

对于任何闭合曲面 $\boldsymbol{S}$，磁通量恒等于零，即____________，这一规律称为磁场的高斯定理. 磁感应线是既没有始点也没有终点的连续的闭合曲线，这是稳恒磁场与静电场的重要区别之一. 由磁场的高斯定理可以得到以下结论：

(1) 对于任何以相同闭合曲线为边界的一切曲面，磁通量都相等；

(2) 由一端进入一段磁感应管的磁通量在数值上必定等于由另一端穿出的磁通量. 这是因为磁感应线不可能通过磁感应管的管壁穿进和穿出. 当磁感应管的截面不均匀时，磁感应管膨胀的地方，磁场较弱；磁感应管收缩的地方，磁场较强.

6. 安培环路定理

在磁场中，磁感应强度沿任意闭合曲线(安培环路)的环路积分，____________________________，即 $\oint_L\boldsymbol{B}\cdot\mathrm{d}\boldsymbol{l}=\mu_0\sum I$.

学习时应注意以下几点：

(1) 定理中的 $\boldsymbol{B}$ 是安培环路 L 上任意一点的磁感应强度，它是由空间所有电流共同产生的. 定理中的 $\sum I$ 则是安培环路 L 所包围的电流的代数和. 当安培环路不包围电流时，环路上磁感应强度 $\boldsymbol{B}$ 并不一定处处为零；反之，如果安培环路上磁感应强度处处为零，则安培环路一定不包围电流.

(2) 在计算安培环路所包围电流的代数和时，如果电流的流向与沿安培环路的积分方向满足右手螺旋关系，那么此电流为正，否则为负.

(3) 磁感应线总是与产生它的电流回路套连在一起.

(4) 矢量 $\boldsymbol{B}$ 的环路积分不恒等于零，说明磁场不是保守力场，所以在磁场中不能引入势能(标量势)的概念.

7. 洛伦兹力和安培定律

洛伦兹力的方向总是垂直于粒子运动的速度 $\boldsymbol{v}$ 和磁感应强度 $\boldsymbol{B}$，即垂直于由 $\boldsymbol{v}$ 和 $\boldsymbol{B}$ 所决定的平面. 带正电荷的粒子和带负电荷的粒子，所受洛伦兹力的方向正好相反. 带正电荷的粒子所受洛伦兹力的方向，可以直接根据右手定则来确定；而对于带负电荷的粒子，可将按右手定则所确定的方向逆转 180°，确定粒子实际所受洛伦兹力的方向.

安培定律可描述为 $\mathrm{d}\boldsymbol{F}=I\mathrm{d}\boldsymbol{l}\times\boldsymbol{B}$.

学习时应注意以下几点：

(1) 根据安培定律，处于磁场中的整个载流导线 L 所受的安培力，可以表示为

$$\boldsymbol{F}=\int_L \mathrm{d}\boldsymbol{F}=\int_L I\mathrm{d}\boldsymbol{l}\times\boldsymbol{B}$$

这是一个矢量积分式，运算时必须先化为分量式，然后分别积分.

(2) 在安培定律的数学表达式中，$\boldsymbol{B}$ 是作用在电流元 $I\mathrm{d}\boldsymbol{l}$ 上的磁场，是除了所讨论的电流元 $I\mathrm{d}\boldsymbol{l}$ 以外的其他电流或永磁体产生的磁场，电流元 $I\mathrm{d}\boldsymbol{l}$ 自身所产生的磁场不应包含在 $\boldsymbol{B}$ 之内.

(3) 安培定律是从安培精心设计的四个实验中反推出来的，并且这种反推不具有唯一性. 同时，因为电流元不能独立存在，所以安培定律无法直接用实验验证，它的正确性只能根据由它推得的结论与实验相符来加以确认.

8. 磁场对载流线圈的作用

根据安培定律可以求得一个载流平面线圈的外磁场中所受力矩的表达式

$$\boldsymbol{M}=\boldsymbol{m}\times\boldsymbol{B}$$

式中，$\boldsymbol{m}$ 为载流线圈的磁矩；$\boldsymbol{B}$ 为磁感应强度.

学习时应注意以下几点：

(1) 上式是从矩形平面线圈推得的，可以证明，对于任意形状的平面线圈都适用. 上式所表示的力矩不仅适用于载流线圈，对于处于磁场中的磁矩为 $\boldsymbol{m}$ 的任何带电粒子也适用.

(2) 载流线圈受力矩作用的结果是发生转动，当线圈旋转到 $\boldsymbol{m}$ 的取向与 $\boldsymbol{B}$ 的方向平行时，力矩变为零，这时线圈达到了稳定位置，线圈通过的磁通量为最大值.

(3) 磁矩 $\boldsymbol{m}$ 是矢量，它的方向就是线圈平面的法线方向，而法线方向规定与电流方向构成右手螺旋关系.

*** 9. 有磁介质时的安培环路定理**

对于有磁介质时的安培环路定理，可以按下面的步骤来理解：

(1) 在有磁介质存在的情况下，传导电流 I 和磁化电流 I_s 可能同时出现，安培环路定理应表示为 $\oint \boldsymbol{B}\cdot\mathrm{d}\boldsymbol{l}=\mu_0\left(\sum I+I_s\right)$；

(2) 引入磁场强度 $\boldsymbol{H}$，$\boldsymbol{H}=\dfrac{\boldsymbol{B}}{\mu_0}-\boldsymbol{M}$，这个关系对于任何磁介质都适用.

(3) 对于各向同性的顺磁质和抗磁质，$\chi_m=\boldsymbol{M}/\boldsymbol{H}$. 对于顺磁质 $\chi_m>0$，$\boldsymbol{M}$ 与 $\boldsymbol{H}$ 同方向；对于抗磁质 $\chi_m<0$，$\boldsymbol{M}$ 与 $\boldsymbol{H}$ 反方向.

*(4) 有磁介质时的安培环路定理为 $\oint \boldsymbol{H}\cdot\mathrm{d}\boldsymbol{l}=\sum I$. 这表明，磁场强度 $\boldsymbol{H}$ 的环路积分只决定于安培环路所包围的传导电流的代数和，与磁化电流无关，也就是与磁介质的存在无关. 但是，不能由此得出 $\boldsymbol{H}$ 本身与磁化电流无关或与磁介质无关的结论.

四、习题分析与解答

8-1 设一均匀磁场沿 Ox 轴正方向，其磁感应强度值 $B=1\ \mathrm{Wb/m^2}$. 求在下列情况下，穿过面积为 $2\ \mathrm{m^2}$ 的平面的磁通量.

(1) 平面与 yz 面平行;

(2) 平面与 xz 面平行;

(3) 平面与 Oy 轴平行又与 Ox 轴成 $45°$ 角.

解:(1) 取 yz 面法线方向沿 Ox 轴正方向,穿过该面积的磁通量为

$$\Phi_{yz}=\boldsymbol{B}\cdot\boldsymbol{S}=BS\cos 0°=2\ \text{Wb}$$

(2) xz 面法线方向垂直于 $\boldsymbol{B}$,故穿过该面积的磁通量为零,即

$$\Phi_{xz}=\boldsymbol{B}\cdot\boldsymbol{S}=BS\cos 90°=0$$

(3) 取面法线的正方向与 Ox 轴正方向的夹角为 $45°$,通过该平面的磁通量为

$$\Phi_{y}=\boldsymbol{B}\cdot\boldsymbol{S}=BS\cos 45°=1.41\ \text{Wb}$$

8-2 一边长为 $l=0.15$ m 的立方体如图放置,有一均匀磁场 $\boldsymbol{B}=(6\boldsymbol{i}+3\boldsymbol{j}+1.5\boldsymbol{k})$T 通过立方体所在区域. 计算:

(1) 通过立方体上阴影面积的磁通量;

(2) 通过立方体六面的总磁通量.

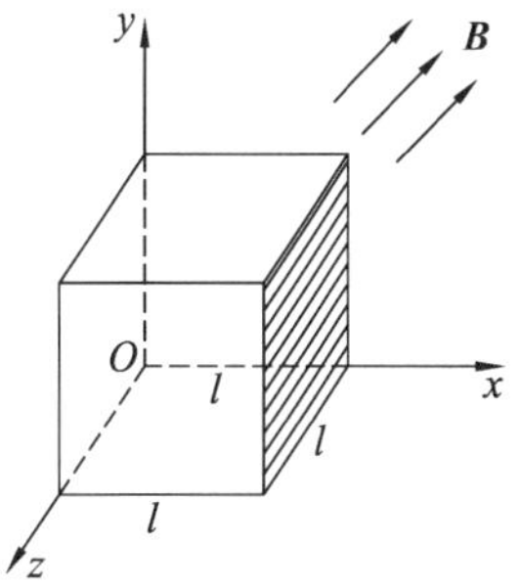

习题 8-2 图

分析:磁感应线是闭合线,通过任一闭合曲面的磁通量为零. 对于闭合曲面,通常取其外表面的法线方向为正向,故阴影面的法线方向沿 Ox 轴正向.

解:(1) 通过立方体上阴影面积的磁通量为 $\Phi=\boldsymbol{B}\cdot\boldsymbol{S}=(6\boldsymbol{i}+3\boldsymbol{j}+1.5\boldsymbol{k})\cdot(0.15)^2\boldsymbol{i}\ \text{Wb}=0.135\ \text{Wb}$

(2) 立方体的六个面构成闭合曲面,由磁场的高斯定理可知通过立方体的总磁通量为零,即 $\Phi=0$.

8-3 在磁感应强度为 $\boldsymbol{B}$ 的均匀磁场中,有一半径为 R 的半球面,$\boldsymbol{B}$ 与半球面轴线的夹角为 α. 求通过该半球面的磁通量.

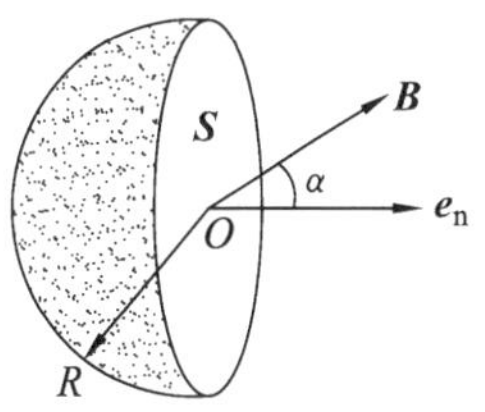

习题 8-3 图

分析:半球面非闭合,若取凸面为半球面的正方向,则磁场线 $\boldsymbol{B}$ 穿进该面,通过半球面的磁通量 $\Phi<0$;若取凹面为半球面的正方向,则磁场线 B 从该面穿出,通过半球面的磁通量 $\Phi>0$.

解:取凹面为半球的正方向. 将 $\boldsymbol{B}$ 分解为与半球面轴线平行的分量 $\boldsymbol{B}_{/\!/}$ 和与半球面轴线相垂直的分量 $\boldsymbol{B}_{\perp}$,即

$$\boldsymbol{B}=\boldsymbol{B}_{/\!/}+\boldsymbol{B}_{\perp}$$

通过半球面的磁通量为

$$\Phi=\boldsymbol{B}\cdot\boldsymbol{S}=(\boldsymbol{B}_{/\!/}+\boldsymbol{B}_{\perp})\cdot\boldsymbol{S}=\boldsymbol{B}_{/\!/}\cdot\boldsymbol{S}+\boldsymbol{B}_{\perp}\cdot\boldsymbol{S}$$

式中,$\boldsymbol{B}_{/\!/}=B\cos\alpha\,\boldsymbol{e}_{\text{n}}$, $\boldsymbol{B}_{\perp}=B\sin\alpha\,\boldsymbol{e}_{\perp}$,$\boldsymbol{e}_{\perp}$ 是垂直于 $\boldsymbol{e}_{\text{n}}$ 的单位矢量. 如解图 8-3 所示,显然有

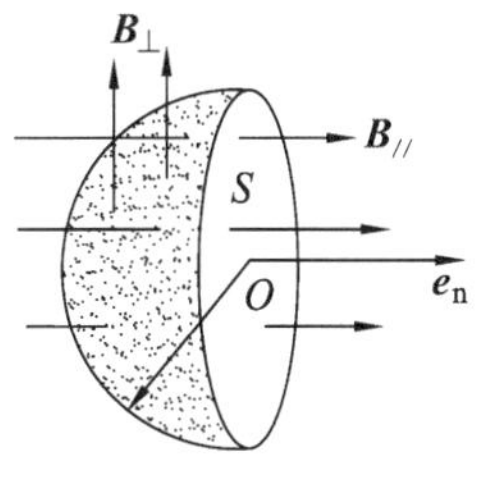

解图 8-3

$$B_{\perp}\cdot\boldsymbol{S}=0$$

所以

$$\Phi=\boldsymbol{B}_{/\!/}\cdot\boldsymbol{S}=B\cos\alpha\,\boldsymbol{e}_{\text{n}}\cdot\boldsymbol{S}$$

式中,$\boldsymbol{e}_{\text{n}}\cdot\boldsymbol{S}=\boldsymbol{S}\cdot\boldsymbol{e}_{\text{n}}=\pi R^2$,就是半球面在其轴线上的投影面积.

所以

$$\Phi=\boldsymbol{B}\cdot\boldsymbol{S}=B\pi R^2\cos\alpha$$

8-4 两根长直导线互相平行地放置在真空中,如图所示,其中通以同向的电流 $I_1=I_2=10$ A. 已知点 P 到两导线的垂直距离均为 0.5 m. 试求点 P 的磁感应强度.

分析：根据磁感应强度的叠加原理，点 P 的磁感应强度 $\boldsymbol{B}_P$ 为各电流在点 P 的磁感应强度的矢量和.

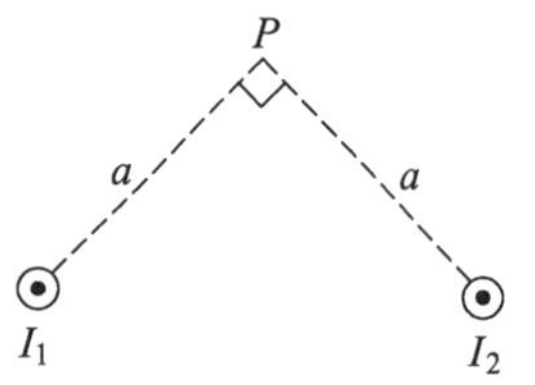

习题 8-4 图

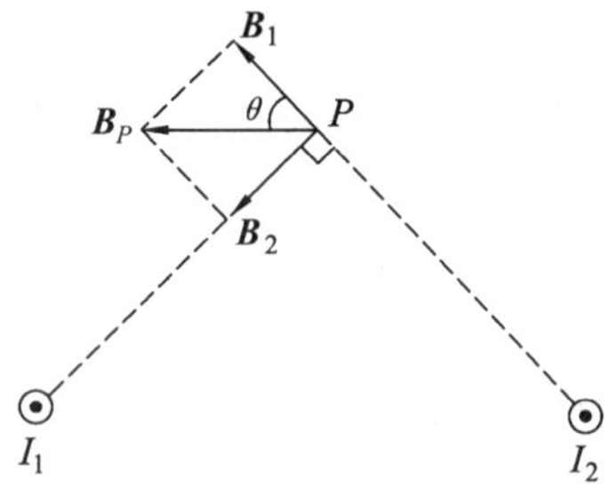

解图 8-4

解：设 I_1，I_2 到点 P 的垂直距离为 a. 根据题意，无限长的直电流 $I_1=I_2=I$，在点 P 的磁感应强度大小相等，为

$$B_1=B_2=\frac{\mu_0 I}{2\pi a}$$

B_1 和 B_2 的方向由右手螺旋法则确定，如解图 8-4 所示. 总磁感应强度 $\boldsymbol{B}_P$ 的大小为

$B_P=$ ______________________

方向如解图 8-4 所示，与 $\boldsymbol{B}_1$ 的夹角 θ 为

____

8-5 高为 h 的等边三角形的回路载有电流 I，试求该三角形中心处的磁感应强度.

分析：根据磁感应强度的叠加原理，等边二角形的中心 O 的磁感应强度为三段相同直电流的磁感应强度的矢量和. 由于三段直电流对点 O 对称分布，所以各段直电流在点 O 的磁感应强度的大小相同，并且方向不相同.

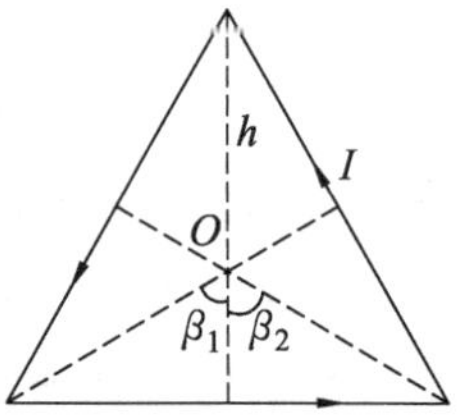

解图 8-5

解：如解图 8-5 所示，点 O 的磁感应强度 $\boldsymbol{B}_0$ 的大小为

$$B_0=3B_1$$

其方向为垂直纸面向外. B_1 是一段直电流在点 O 的磁感应强度，大小为

$$B_1=\frac{\mu_0 I}{4\pi r}(\sin\beta_2-\sin\beta_1)$$

由等边三角形的几何关系可知，$\beta_1=-\frac{\pi}{3}$，$\beta_2=\frac{\pi}{3}$，$r=\frac{h}{3}$，所以，有

$$B_1=\frac{\mu_0 I}{4\pi r}(\sin\beta_2-\sin\beta_1)=\frac{3\sqrt{3}\mu_0 I}{4\pi h}$$

点 O 的总磁感应强度大小为

$$B=3B_1=\frac{9\sqrt{3}\mu_0 I}{4\pi h}$$

8-6　如图所示，一根无限长直导线，通有电流 I，中部一段弯成圆弧形. 求图中点 P 的磁感应强度的大小.

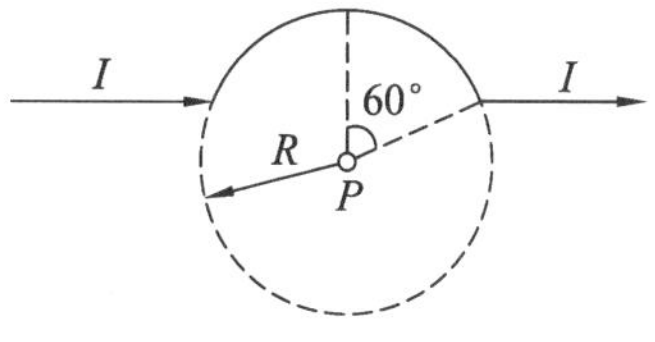

习题 8-6 图

分析： 根据磁感应强度的叠加原理，点 P 的磁感应强是两段直电流和一段圆弧形电流的磁感应强度的矢量和.

解： 三段电流与点 P 在同一平面内，根据电流的方向，由右手螺旋法则可知，它们在点 P 的磁感应强度方向相同，都垂直纸面向里.

由于点 P 相对整个电流对称，设一段直电流在点 P 的磁感应强度大小为 B_1，半个圆弧段电流在点 P 的磁感应强度大小为 B_2，有

$$B_P=2B_1+2B_2$$

其中

$$B_1=\frac{\mu_0 I}{4\pi r}(\sin\beta_2-\sin\beta_1)$$

对左侧直电流，有

$$r=R\cos 60°=\frac{R}{2},\beta_1=-90°,\beta_2=-60°$$

故有

$$B_1=\frac{\mu_0 I}{4\pi r}(\sin\beta_2-\sin\beta_1)=\frac{\mu_0 I}{2\pi R}\left(-\frac{\sqrt{3}}{2}+1\right)=\frac{\mu_0 I}{4\pi R}(2-\sqrt{3})$$

半个圆弧段电流在点 P 的磁感应强度是整个圆环电流在圆心处磁感应强度的 1/6，

故有

$$B_2=\frac{\mu_0 I}{2R}\times\frac{1}{6}=\frac{\mu_0 I}{12R}$$

所以，

$$B_P=2B_1+2B_2=\frac{\mu_0 I}{2\pi R}(2-\sqrt{3})+\frac{\mu_0 I}{6R}=\frac{\mu_0 I}{2\pi R}\left(2-\sqrt{3}+\frac{\pi}{3}\right)$$

8-7　两根长直导线沿半径方向引到铁环上 A，B 两点，并与很远的电源相连，如图所示. 求环中心的磁感应强度.

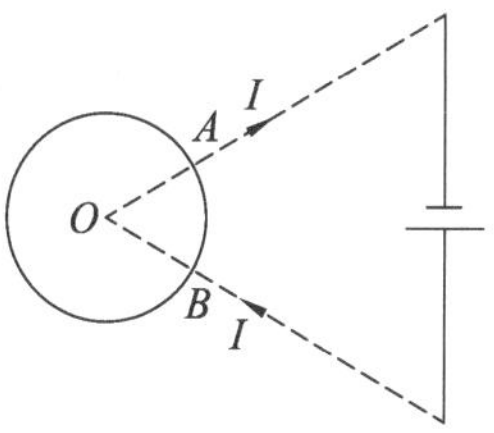

习题 8-7 图

分析： 长直电流沿环的径向流至点 B 后分流，沿环反向流动并汇聚于点 A，然后再沿环的径向流向远处. 所以，环心 O 处的 $\boldsymbol{B}$ 应为四段电流的磁感应强度的矢量和.

由于两长直电流在其延长线上点 O 处的磁感应强度为零，故 $\boldsymbol{B}_0$ 仅由两段圆弧电流产生. 但需考虑这两段圆弧电流的流向相反，大小也是不同的.

解： 两段圆弧电流在点 O 处的磁感应强度方向相反，大小分别设为 B_1 和 B_2. 设圆弧长度分别为 l_1 和 l_2，导线截面为 S，电阻率为 ρ，则两段圆弧导线的电阻分别为

$$R_1=\rho l_1/S,\ R_2=\rho l_2/S$$

由

$$I_1R_1=I_2R_2$$

可得

$$I_1l_1=I_2l_2$$

$$B_1=\frac{\mu_0 I_1}{2r}\cdot\frac{l_1}{2\pi r}=\frac{\mu_0}{4\pi}\frac{I_1l_1}{r^2}$$

$$B_2=\frac{\mu_0 I_2}{2r}\cdot\frac{l_2}{2\pi r}=\frac{\mu_0}{4\pi}\frac{I_2l_2}{r^2}=\frac{\mu_0}{4\pi}\frac{I_1l_1}{r^2}$$

所以，圆心 O 处磁感应强度的大小为

$$B_0=B_1-B_2=0$$

8-8 电流均匀地流过宽为 b 的无限长平面导体薄板，电流为 I，沿板长方向流动. 如习题 8-8 图所示，在薄板平面内，求距板的一边为 b 的点 P 处的磁感应强度.

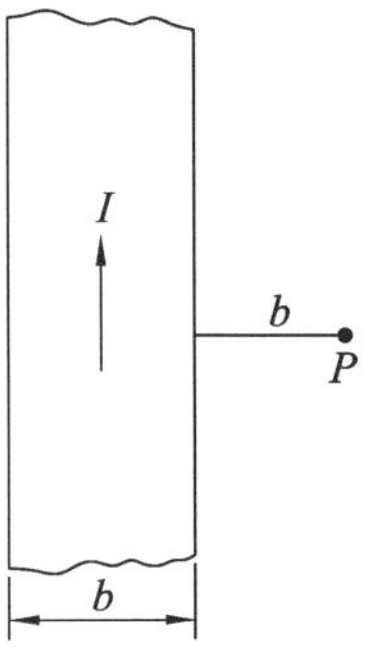

习题 8-8 图

分析：将宽度为 b 的无限长载流导体薄板视为由宽为 $\mathrm{d}y$ 的无限长载流细条平行排列而成. 利用无限长载流直导线磁感应强度的规律和磁感应强度的叠加原理解题.

解：如解图 8-8 所示，取坐标轴 Oy，坐标原点位于板的中线. 在板上距原点 y 处取宽为 $\mathrm{d}y$、电流为 $\mathrm{d}I=I\mathrm{d}y/b$ 的无限长细条，该无限长直电流在点 P 的磁感应强度大小为

$$\mathrm{d}B=\frac{\mu_0\mathrm{d}I}{2\pi\left(\dfrac{b}{2}+b-y\right)}=\frac{\mu_0 I}{\pi b(3b-2y)}\mathrm{d}y$$

$\mathrm{d}\boldsymbol{B}$ 的方向垂直纸面向里.

板上所有细条在点 P 处磁感应强度的方向相同，所以有

$$B=\int\mathrm{d}B=\frac{\mu_0 I}{\pi b}\int_{-b/2}^{b/2}\frac{\mathrm{d}y}{3b-2y}=\frac{\mu_0 I}{2\pi b}\ln 2$$

$\boldsymbol{B}$ 的方向垂直纸面向里.

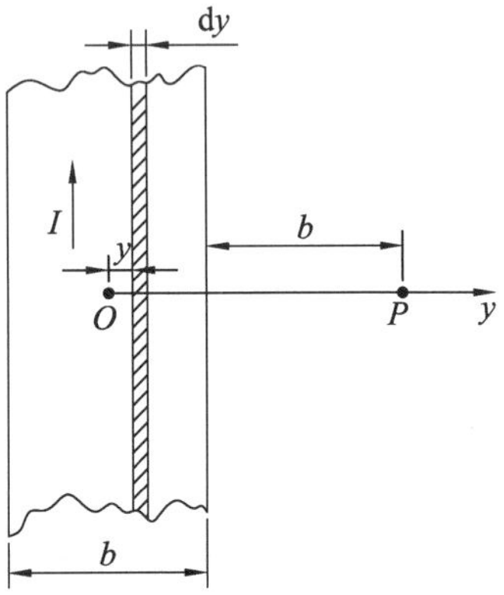

解图 8-8

8-9 在半径 $R=1$ cm 的“无限长”半圆柱形金属薄片中，有电流 $I=5$ A 自下而上通过，如图所示. 试求圆柱轴线上一点 P 处的磁感应强度.

分析：将无限长半圆柱面电流视为由宽为 $\mathrm{d}l$ 的无限长直电流排列而成. 利用无限长直流的磁感应强度和叠加原理解题.

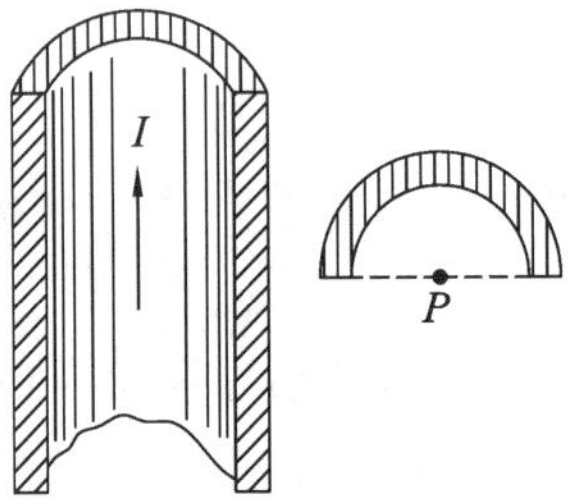

习题 8-9 图

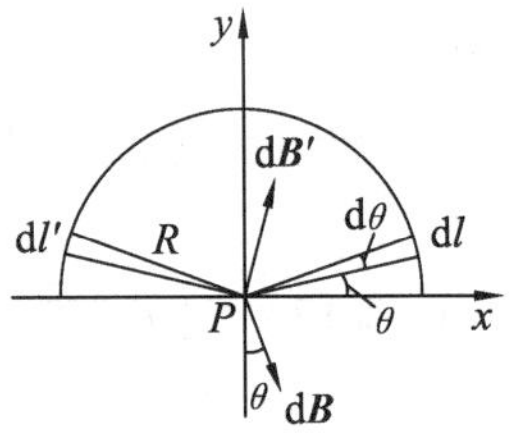

解图 8-9

解：在如解图 8-9 所示的坐标系中，半圆柱面上宽为 $\mathrm{d}l=R\mathrm{d}\theta$ 的无限长薄片条中有电流 $\mathrm{d}I=IR\mathrm{d}\theta/\pi R=I\mathrm{d}\theta/\pi$，在轴线上点 P 处的磁感应强度大小为

$$\mathrm{d}B=\frac{\mu_0\mathrm{d}I}{2\pi R}=\frac{\mu_0 I\mathrm{d}\theta}{2\pi^2 R}$$

$\mathrm{d}\boldsymbol{B}$ 的方向如解图 8-9 所示. 若在半圆柱面相对 y 轴对称地取另一薄片条 $\mathrm{d}l'$，则 $\mathrm{d}l'$ 的直电流在点 P 的磁感应强度为 $\mathrm{d}B'$，如解图 8-9 所示，$\mathrm{d}\boldsymbol{B}'$ 与 $\mathrm{d}B$ 相对 x 轴对称分布. 由磁感应强度的叠加原理可知，无限长半圆柱面电流在点 P 的磁感应强度 $\boldsymbol{B}$ 沿 x 轴正方向，即有

$$B_y=0,\ B=B_x=\int \mathrm{d}B_x=\int \mathrm{d}B\sin\theta$$

所以，点 P 的磁感应强度 $\boldsymbol{B}$ 的大小为

$$B_x=\int \mathrm{d}B_x=\int_0^{\pi}\frac{\mu_0 I}{2\pi^2 R}\sin\theta\mathrm{d}\theta=\frac{\mu_0 I}{\pi^2 R}=6.37\times10^{-5}\ \mathrm{T}$$

8-10 一个塑料圆盘，半径为 R，电荷 q 均匀分布于表面，圆盘绕通过圆心垂直于盘面的轴转动，角速度为 ω. 求圆盘中心处的磁感应强度.

分析： 旋转的带电圆盘可等效为由半径连续变化的同心载流圆环平铺而成. 由于各圆环电流在环心处的磁感应强度方向相同，大小不同，故盘心的磁感应强度为共面的所有圆电流在环心处磁感应强度的代数和.

解： 如解图 8-10 所示，在圆盘上取半径为 r、宽为 $\mathrm{d}r$ 的细圆环，环上的电量为

$$\mathrm{d}q=2\pi r\sigma\mathrm{d}r=\frac{q}{R^2}2r\mathrm{d}r=\frac{2q}{R^2}r\mathrm{d}r$$

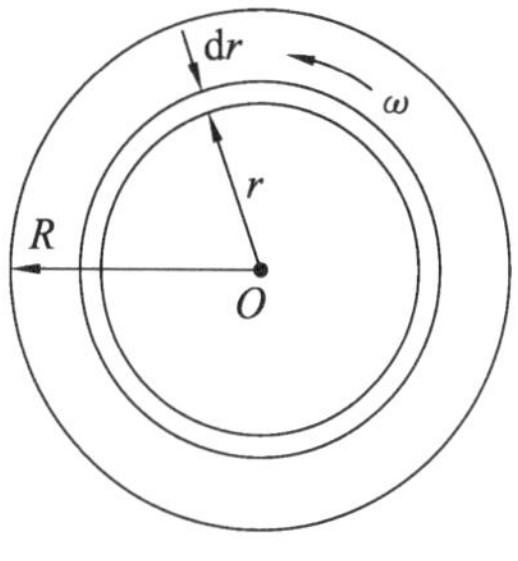

解图 8-10

根据电流的定义 $\mathrm{d}I=\frac{\mathrm{d}q}{\mathrm{d}t}$，$\mathrm{d}q$ 就是在圆盘绕轴转动的一个周期 T 内，垂直通过盘的径向宽为 $\mathrm{d}r$ 线段的电荷量. 所以，有

$$\mathrm{d}I=\frac{\mathrm{d}q}{T}=\omega\frac{\mathrm{d}q}{2\pi}=\frac{q\omega}{\pi R^2}r\mathrm{d}r$$

圆电流 $\mathrm{d}I$ 在盘心的磁感应强度大小为

$$\mathrm{d}B=\frac{\mu_0\mathrm{d}I}{2r}=\frac{\mu_0 q\omega}{2\pi R^2}\mathrm{d}r$$

匀角速率转动的带电圆盘在盘心的磁感应强度大小为

$$B=\int\mathrm{d}B=\int_0^R\frac{\mu_0 q\omega}{2\pi R^2}\mathrm{d}r=\frac{\mu_0 q\omega}{2\pi R}$$

$\boldsymbol{B}$ 的方向沿轴线，与 ω 成右手螺旋关系.

8-11 如图所示，半径为 R，电荷线密度为 $\lambda(\lambda>0)$ 的均匀带电圆环，绕圆心且与圆平面垂直的轴以角速度 ω 转动. 求圆心 O 处的磁感应强度 $\boldsymbol{B}_0$.

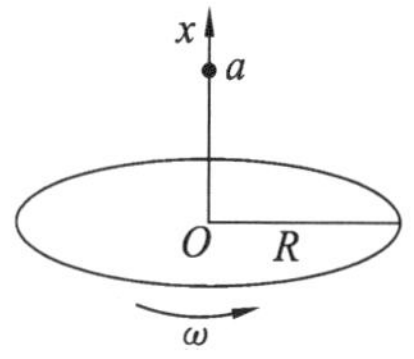

习题 8-11 图

分析： 绕圆心轴转动的均匀带电圆环相当于一个圆电流. 利用圆电流轴线上磁感应强度的结论解题.

解： 根据电流的定义，等效圆电流为

$$I=\frac{\mathrm{d}q}{\mathrm{d}t}=\frac{\lambda\mathrm{d}l}{\mathrm{d}t}=\lambda v=\lambda R\omega$$

圆心 O 处磁感应强度 $\boldsymbol{B}_0$ 沿 x 轴正方向，大小为

$$B_0=\frac{\mu_0 I}{2R}=\frac{\mu_0\lambda\omega}{2}$$

8-12 两平行长直导线相距 $d=40$ cm，每根导线载有电流 $I_1=I_2=20$ A，电流流向如图所示.

求：(1) 两导线所在平面内与该两导线等距的一点 A 处的磁感应强度；

(2) 通过图中斜线所示面积的磁通量($r_1=r_3=10$ cm, $l=25$ cm).

分析: 两平行电流反向，相对点 A 对称分布，故在点 A 处的磁感应强度等大同向. 在两导线所在平面内的磁感应强度非均匀分布，须运用积分求得通过矩形面积的磁通量.

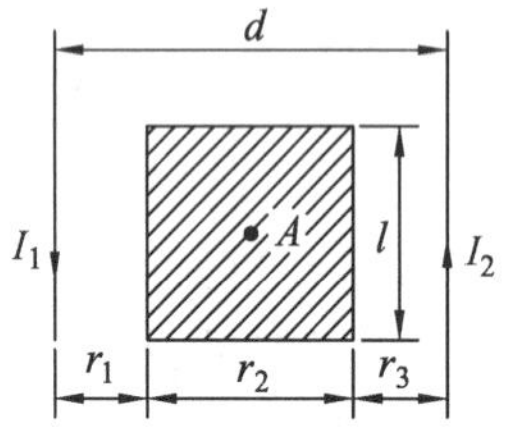

习题 8-12 图

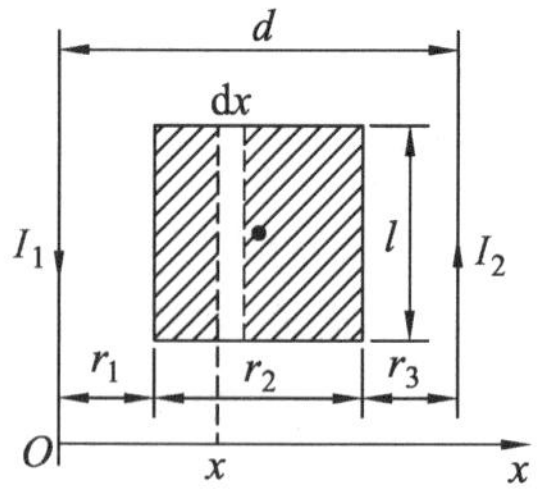

解图 8-12

解: 如解图 8-12 所示，取坐标轴 Ox. 设平面内场点 P 距 I_1 为 x，距 I_2 为 $(d-x)$，两电流在点 P 的磁感应强度大小为

$$B_P=B_{1P}+B_{2P}=\frac{\mu_0 I_1}{2\pi x}+\frac{\mu_0 I_2}{2\pi(d-x)}$$

$\boldsymbol{B}_P$ 的方向垂直纸面向外.

(1) 在到两导线等距离的点 A 处，$x=\dfrac{d}{2}$，因 $I_1=I_2$，故

$$B_A=\frac{\mu_0 I_1}{2\pi}\left(\frac{1}{x}+\frac{1}{d-x}\right)=\frac{2\mu_0 I_1}{\pi d}=4.0\times10^{-5}\ \mathrm{T}$$

(2) 取矩形面积的法线方向垂直纸面向外，处处与非均匀磁感应强度 $\boldsymbol{B}$ 的方向一致，通过面积元 $\mathrm{d}S=l\mathrm{d}x$ 的磁通量为

$$\mathrm{d}\Phi=\boldsymbol{B}\cdot\mathrm{d}\boldsymbol{S}=B\mathrm{d}S\cos 0°=B\mathrm{d}S=Bl\mathrm{d}x$$

通过矩形面积的磁通量为

$$\Phi=\int\mathrm{d}\Phi=\int_S\boldsymbol{B}\cdot\mathrm{d}\boldsymbol{S}=\int_S Bl\,\mathrm{d}x=\int_{r_1}^{r_1+r_2}\left[\frac{\mu_0 I_1}{2\pi x}+\frac{\mu_0 I_2}{2\pi(d-x)}\right]l\mathrm{d}x$$

$$=\frac{\mu_0 I_1 l}{\pi}\ln\frac{r_1+r_2}{r_1}=2.2\times10^{-6}\ \mathrm{Wb}$$

8-13 有一根很长的同轴电缆，由一圆柱形导体和一同轴筒状导体组成，圆柱的半径为 R_1，圆筒的内外半径分别为 R_2 和 R_3，如图所示. 在这两导体中，载有大小相等而方向相反的电流 I，电流均匀分布在各导体的截面上. 求：

(1) 圆柱导体内各点($r<R_1$)的磁感应强度；

(2) 两导体之间($R_1<r<R_2$)的磁感应强度；

(3) 外圆筒导体内($R_2<r<R_3$)的磁感应强度；

(4) 电缆外($r>R_3$)各点的磁感应强度.

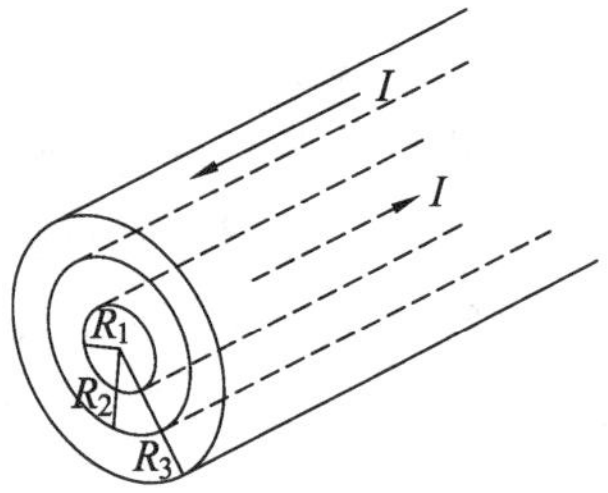

习题 8-13 图

分析: 无限长同轴电缆电流的磁感应强度具有轴对称性. 运用安培环路定理求各处的磁感应强度.

解: (1) 在圆柱导体内，以 $r(r<R_1)$ 为半径，作同轴的闭合回路 L_1，令 L_1 的绕行方向与圆柱内的电流成右手螺旋关系，运用安培环路定理，有

$$\oint_{L1}\boldsymbol{B}\cdot d\boldsymbol{l}=B\cdot 2\pi r=\mu_0 I'$$

式中，I'是环路 L_1 所围电流，有 $I'=\dfrac{I\pi r^2}{\pi R_1^2}=\dfrac{Ir^2}{R_1^2}$

得圆柱内各点（$r<R_1$）的磁感应强度 $\boldsymbol{B}$ 的大小为

$$B=\frac{\mu_0 Ir}{2\pi R_1^2}\ (r<R_1)$$

（2）在两导体之间，以 $r(R_1<r<R_2)$ 为半径，作同轴的闭合回路 L_2，使 L_2 的绕行方向与圆柱电流 I 成右手螺旋关系，运用安培环路定理，有

$$\oint_{L2}\boldsymbol{B}\cdot d\boldsymbol{l}=B\cdot 2\pi r=\mu_0 I$$

得 $$B=\frac{\mu_0 I}{2\pi r}\ (R_1<r<R_2)$$

（3）在外圆筒导体内，以 $r(R_2<r<R_3)$ 为半径，作同轴的闭合回路 L_3，使 L_3 的绕行方向与圆柱电流 I 成右手螺旋关系，运用安培环路定理，有

$$\oint_{L3}\boldsymbol{B}\cdot d\boldsymbol{l}=B\cdot 2\pi r=\mu_0(I-I')$$

式中，I'是环路 L_3 所围外圆筒导体内的电流，与圆柱电流 I 的流向相反.

$$I'=I\frac{r^2-R_2^2}{R_3^2-R_2^2}$$

所以，有 $$B=\frac{\mu_0 I}{2\pi r}\left(1-\frac{r^2-R_2^2}{R_3^2-R_2^2}\right)\ (R_2<r<R_3)$$

（4）电缆外各点，以 $r(r>R_3)$ 为半径，作同轴的闭合回路，并运用安培环路定理可以发现，环路所围电流的代数和为 0，所以，有

$$B=0\ (r>R_3)$$

根据以上(1)～(4)的计算结果，作 B-r 曲线如解图 8-13 所示.

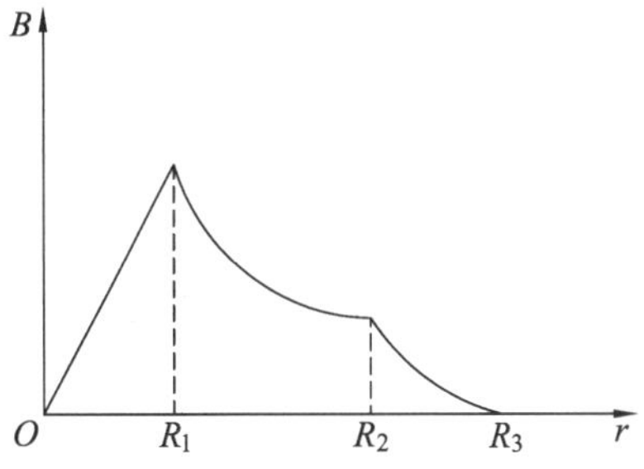

解图 8-13

8-14 一质子以 1.0×10^7 m/s 的速度射入磁感应强度 $B=1.5$ T 的均匀磁场中，其速度方向与磁场方向成 30°角. 计算：

（1）质子做螺旋运动的半径；

（2）螺距；

（3）旋转频率.

分析： 当质子速度 $\boldsymbol{v}$ 与 $\boldsymbol{B}$ 成一定角度时，在平行于 $\boldsymbol{B}$ 的方向上质子不受力，做匀速直线运动；在垂直于 $\boldsymbol{B}$ 的方向上受磁场力而做匀速率圆周运动. 因此，质子的运动轨迹为螺旋线.

解：（1）质子做匀速率圆周运动的向心力

$$F=ev_\perp B=m\frac{v_\perp^2}{R}$$

圆周运动半径为 $$R=\frac{mv_\perp}{eB}=\frac{mv\sin\theta}{eB}=3.48\times10^{-2}\ \text{m}$$

(2) 螺距为 $h = v_{/\!/} T = v\cos\theta \dfrac{2\pi R}{v_{\perp}} = \dfrac{2\pi m v\cos\theta}{eB} = 0.38\ \text{m}$

(3) 旋转频率为 $\nu = \dfrac{1}{T} = \dfrac{eB}{2\pi m} = 2.28\times10^{7}\ \text{s}^{-1}$

8-15 一束单价铜离子以 1.0×10^{5} m/s 的速率进入质谱仪的均匀磁场，转过 180° 后各离子打在照相底片上，如磁感应强度为 0.50 T，试计算质量为 63 u 和 65 u 的两同位素分开的距离($1\ \text{u}=1.66\times10^{-27}$ kg).

分析：垂直进入均匀磁场的两种同位素粒子，速率相同但质量不同，因此将做不同半径的匀速圆周运动. 打到照相底片时，粒子运动了半周，故分开的距离为两圆周轨迹和直径之差.

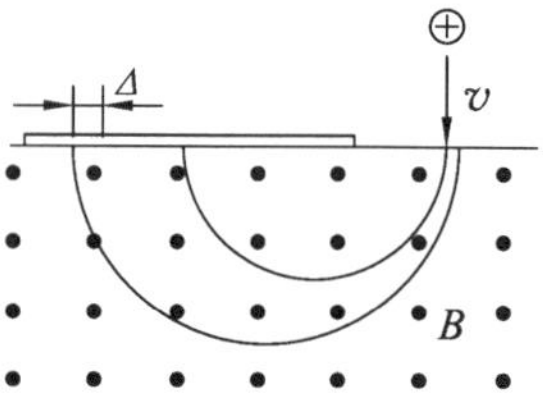

解图 8-15

解：如解图 8-15，带电粒子在磁场中做圆周运动轨迹的直径为

$$d = 2R = \frac{2mv}{eB}$$

两种同位素粒子分开的距离为

$$\Delta = d_1 - d_2 = 2(R_1 - R_2) = 2\left(\frac{m_1 v}{qB} - \frac{m_2 v}{qB}\right) = 8.4\times10^{-3}\ \text{m}$$

8-16 在霍耳效应实验中，宽 1.0 cm、长 4.0 cm、厚 1.0×10^{-3} cm 的导体沿长度方向载有 3.0 A 的电流，当磁感应强度 $B=1.5$ T 的磁场垂直地通过该薄导体时，产生 1.0×10^{-5} V 的霍耳电压(在宽度两端). 试求：

(1) 载流子的漂移速度；

(2) 每立方厘米的载流子数；

(3) 假设载流子是电子，试就一给定的电流和磁场方向在图上画出霍耳电压的极性.

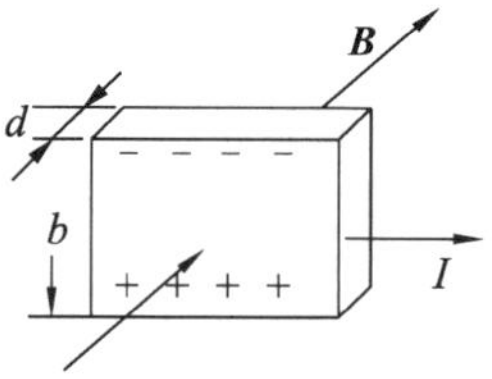

解图 8-16

解：已知导体的宽 $b=1.0$ cm，厚 $d=1.0\times10^{-3}$ cm，如解图 8-16 所示，由霍尔效应关系式可解题得.

(1) 霍尔电场的电场强度为

$$E_H = \frac{U}{b} = \frac{1.0\times10^{-5}}{1.0\times10^{-2}} = 1.0\times10^{-3}\ \text{V/m}$$

载流子的漂移速度为 $\bar{v} = \dfrac{E_H}{B} = 6.7\times10^{-4}\ \text{m/s}$

(2) 由于电流 $I = nq\bar{v}S = nq\bar{v}bd$，所以载流子密度为

$$n = \frac{I}{q\bar{v}bd} = 2.8\times10^{29}\ \text{m}^{-3}$$

(3) 载流子为电子时，电压极性如解图 8-16 所示.

8-17 如图所示，在长直导线旁有一矩形线圈，导线中通有电流 $I_1=20$ A，线圈中通有电流 $I_2=10$ A. 已知 $d=1$ cm，$b=9$ cm，$l=20$ cm. 求矩形线圈上受到的合力是多少？

分析：矩形线圈与无限长直电流 I_1 共面，I_1 的磁感应强度 $\boldsymbol{B}_1$ 垂直于纸面向里，随距离的增大而减小. 因此，线圈的左右两条边所受磁场力的方向相反，大小不同，上下两条边所受磁场力的方向相反，大小相同. 所以，线圈所受合力在图示平面内向左.

解: 线圈左段导线受力大小为

$$F_{左}=I_2B_1l=\frac{\mu_0I_1I_2l}{2\pi d}$$

方向向左. 右段导线受力大小为

$$F_{右}=I_2B'_1l=\frac{\mu_0I_1I_2l}{2\pi(d+b)}$$

方向向右. 线圈所受合力的大小为

$$F=F_{左}-F_{右}=\frac{\mu_0I_1I_2}{2\pi}l\left(\frac{1}{d}-\frac{1}{d+b}\right)=7.2\times10^{-4}\ \text{N}$$

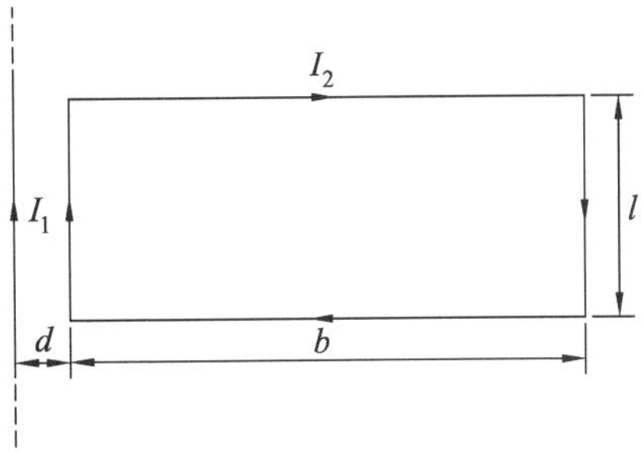

习题 8-17 图

合力 $\boldsymbol{F}$ 的方向向左.

8-18 一半径为 $R=0.1$ m 的半圆形闭合线圈,载有电流 $I=10$ A,放在均匀磁场中,磁场方向与线圈面平行,如图所示. 已知 $B=0.5$ T. 求:

(1) 线圈所受力矩的大小和方向(以直径为转轴);

(2) 若线圈受力矩的作用转到线圈平面与磁场垂直的位置,则力矩做功多少?

分析: 在均匀磁场中,刚性载流线圈受磁力的合力为零. 对确定转轴的磁矩,可由力矩的定义求得,也可根据载流线圈的磁矩求得.

磁矩使线圈转到稳定平衡位置,即线圈平面法向 $\boldsymbol{e}_n$ 与 $\boldsymbol{B}$ 平行的位置. 在此过程中,为保持电流 I 不变,电源电动势做的功转化为线圈转动的机械能.

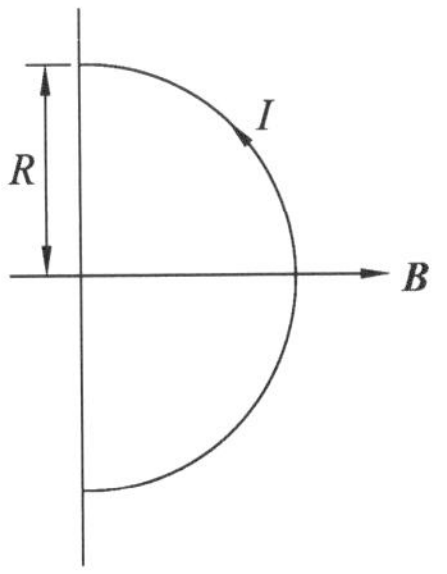

习题 8-18 图

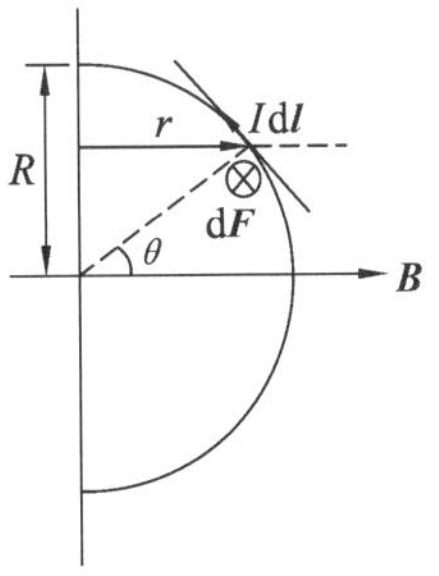

解图 8-18

解: (1) 如解图 8-18 所示,在线圈的圆弧段上任取一个电流元 $I\mathrm{d}\boldsymbol{l}$,受磁场力为

$$\mathrm{d}\boldsymbol{F}=I\mathrm{d}\boldsymbol{l}\times\boldsymbol{B}$$

$\mathrm{d}\boldsymbol{F}$ 的方向如图所示,大小为

$$\mathrm{d}F=IB\mathrm{d}l\cos\theta$$

$\mathrm{d}\boldsymbol{F}$ 对转轴(线圈直径)的力矩为

$$\mathrm{d}\boldsymbol{M}=\boldsymbol{r}\times\mathrm{d}\boldsymbol{F}$$

由图可知,圆弧段上所有电流元所受的磁力 $\mathrm{d}\boldsymbol{F}$ 对转轴的力矩 $\mathrm{d}\boldsymbol{M}$ 的方向都相同,沿直径轴向上. 所以,整个线圈所受力矩的大小为

$$M=\int\mathrm{d}M=IB\int r\cos\theta\mathrm{d}l$$

由于 $r=R\cos\theta$, $\mathrm{d}l=R\mathrm{d}\theta$,故有

$$M=\int\mathrm{d}M=IBR^2\int_{-\pi/2}^{\pi/2}\cos^2\theta\mathrm{d}\theta=\frac{1}{2}BI\pi R^2=7.85\times10^{-2}\ \text{N}\cdot\text{m}$$

上述结果，用均匀磁场中载流线圈受磁矩 $\boldsymbol{M}=\boldsymbol{m}\times\boldsymbol{B}$ 同样可以求得，式中 $\boldsymbol{m}=IS\boldsymbol{e}_{\rm n}$ 为线圈的磁矩，$\boldsymbol{e}_{\rm n}$ 垂直线圈平面向外，$\boldsymbol{M}$ 沿直径轴向上，所以有

$$M=mB\sin\frac{\pi}{2}=ISB=\frac{1}{2}IB\pi R^2=7.85\times10^{-2}\ \text{N}\cdot\text{m}$$

(2) 保持 I 不变，磁矩做功为

$$A=I\Delta\Phi=I(BS-0)=IB\,\frac{\pi R^2}{2}=7.85\times10^{-2}\ \text{J}$$

8-19 如图所示，一矩形线圈可绕 Oy 轴转动，线圈中载有电流 0.10 A，放在磁感应强度 $B=0.50$ T 的均匀磁场中，B 的方向平行于 Ox 轴. 求维持线圈在图示位置时的力矩.

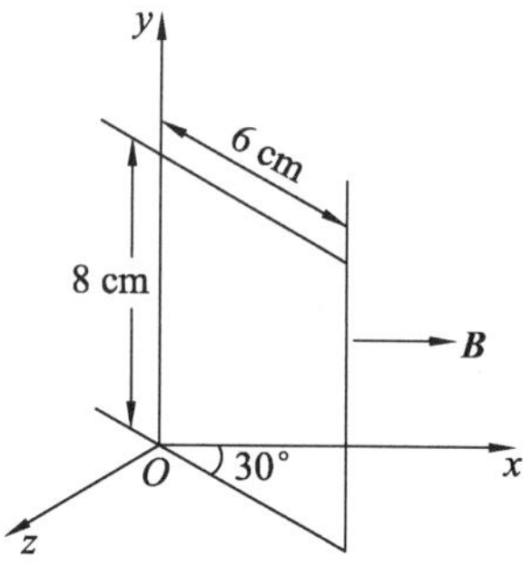

习题 8-19 图

分析： 维持线圈在图示位置所需的外力矩应与线圈所受磁矩的大小相等，方向相反.

解： 设线圈中电流顺时针流动，线圈受磁矩大小为

$$M_{\rm m}=mB\sin\alpha=ISB\sin 60^\circ=2.08\times10^{-4}\ \text{N}\cdot\text{m}$$

$\boldsymbol{M}_{\rm m}$ 的方向沿 y 轴向下，外力矩 $\boldsymbol{M}$ 应与其等大、反向，即

$$\boldsymbol{M}=-\boldsymbol{M}_{\rm m}$$

$\boldsymbol{M}$ 的方向沿 y 轴向上.

第九章

电磁感应　电磁场理论

一、基本要求

1. 掌握法拉第电磁感应定律；理解动生电动势和感生电动势的概念和规律.
2. 理解自感系数和互感系数的定义和意义.
3. 理解磁能密度、磁场能量的概念，能分析、计算简单对称情况下磁场的能量.
4. 理解位移电流概念和全电流环路定理，麦克斯韦方程组积分形式及其物理意义.

二、思路与联系

1820 年，丹麦物理学家奥斯特发现了电流磁效应，揭示了电和磁之间的联系. 1831 年，法拉第发现了电磁感应现象，总结出了电磁感应定律. 这一现象的发现从另一方面揭示了电和磁间的密切联系，麦克斯韦根据涡旋电场和位移电流的假设，将静电场和稳恒磁场的基本方程加以推广，从而导出作为电磁场理论基础的麦克斯韦方程组.

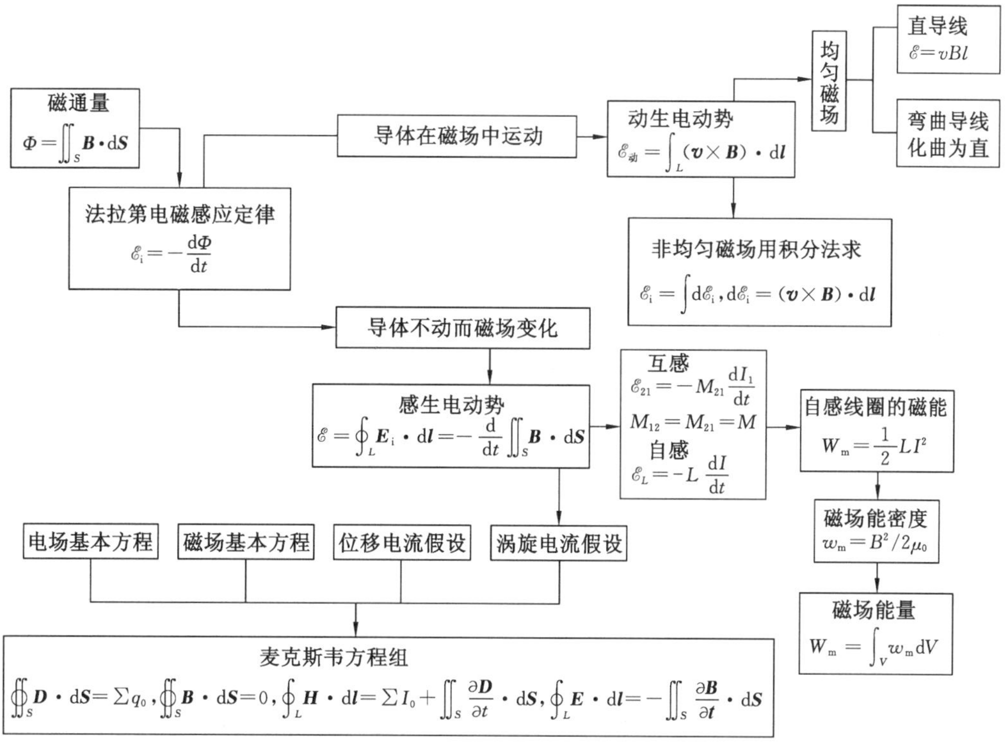

三、学习指导

（一）电动势

电源电动势定义为单位正电荷从负极经过电源内部移到正极的过程中，非静电力所做的功.

$$\mathscr{E}=\int_{-}^{+}\boldsymbol{E}_{\mathrm{k}}\cdot \mathrm{d}\boldsymbol{l}$$

如果闭合回路中处处都有非静电力，则电动势为

$$\mathscr{E}=\oint_{L}\boldsymbol{E}_{\mathrm{k}}\cdot \mathrm{d}\boldsymbol{l}$$

式中，$\boldsymbol{E}_{\mathrm{k}}$ 为非静电场强.

应该注意的是：

(1) 电动势是定量反映电源内部非静电力做功本领的物理量. 它由电源本身的性质决定，而与电源内是否有电流无关.

(2) 电动势是标量. 定义式中积分路径始终与 $\boldsymbol{E}_{\mathrm{k}}$ 方向一致. 所以得出的 ε 值始终是正值. 为计算方便常规定电动势有一个方向：从电源负极经内部指向正极，这实际上是非静电场强 $\boldsymbol{E}_{\mathrm{k}}$ 的方向.

（二）电磁感应的基本定律

1. 楞次定律

楞次定律可表述为：____

____

楞次定律是确定闭合回路中感应电流方向的定律. 楞次定律本质上是能量守恒定律在电磁感应现象中的具体表现.

楞次定律可简单地表述为：______________________________________.

2. 法拉第电磁感应定律

法拉第电磁感应定律一般表式为：

____

它说明通过回路面积的磁通量发生变化时，回路中的感应电动势与通过回路的磁通量对时间的变化率成正比.

理解这个定律，应注意以下几个方面：

(1) 穿过导体回路所围面积的磁通量变化，可能有多种具体原因，但定律表明，不论什么原因，只要$\frac{\mathrm{d}\Phi}{\mathrm{d}t}$不等于零，就有感应电动势产生.

(2) 式中的负号反映了感应电动势的方向，是楞次定律的数学表示. 感应电动势本身是标量，所谓它的方向是指非静电力场强方向. 如果与回路规定的绕行方向一致，其值为正，反之为负.

(3) 若产生感应电动势的回路是闭合回路，且电阻为 R，则回路中引起的感应电流为

$$I=\frac{\varepsilon}{R}=-\frac{1}{R}\frac{\mathrm{d}\Phi}{\mathrm{d}t}$$

(4) 用法拉第电磁感应定律计算感应电动势的关键是正确计算磁感应通量及其变化

率，如果线圈不止一匝而有 N 匝，则 N 匝线圈中的总电动势应为各匝中电动势的总和，若每匝中通过的磁通量都是相同的，则此时法拉第电磁感应定律应写为

$$\mathscr{E}_i=-N\frac{d\Phi}{dt}=-\frac{dN\Phi}{dt}$$

$\Psi=N\Phi$ 称全磁通(或磁通链).

(三) 动生电动势

动生电动势是指在磁场中运动的导体内产生的感应电动势，引起动生电动势的非静电力是________. 导体中单位正电荷所受的非静电力即非静电场强为

____

因此动生电动势一般表示式为

____

式中，L 为积分路径沿导体或导线；$\boldsymbol{v}$为 $d\boldsymbol{l}$ 这一段导线元的运动速度；$\boldsymbol{B}$ 为导线元 $d\boldsymbol{l}$ 所在处的磁感应强度.

动生电动势公式为计算感应电动势提供了另一种方法. 由于该式的物理意义是"运动导体在磁场中，单位时间内切割磁力线的数目等于该运动导体上的动生电动势"，所以用此法进行计算能直接反映出哪一段导线上存在多大的动生电动势. 这一点也正是与用法拉第电磁感应定律求感应电动势的区别所在.

(四) 感生电动势和涡旋电场

1. 感生电动势

感生电动势是指导体不动而磁场变化所产生的感应电动势. 引起感生电动势的非静电力是________. 感生电动势可表示为

____

式中，L 指积分路径沿导体或导线；$\boldsymbol{E}_{涡}$ 是导线元 $d\boldsymbol{l}$ 所在处的涡旋电场的场强.

对于闭合导体回路 L：

____

不难看出，此时实际上是用法拉第定律求解.

2. 涡旋电场

涡旋电场假设：变化磁场在其周围空间激发不同于静电场的涡旋状的电场. 它对电荷的作用力为 $\boldsymbol{F}=q\boldsymbol{E}_{涡}$.

关于涡旋电场，要注意明确以下几点：

(1) 涡旋电场是由变化的磁场产生的，它对电荷的作用力与洛伦兹力是性质不同的两种力；

(2) 变化的磁场在其周围空间激发涡旋电场，与是否存在导体无关；

(3) 涡旋电场和静电场都是电场，它们对电荷都有电场力作用，但两者又有本质的区别，涡旋电场的环流 $\oint_L \boldsymbol{E}_{涡}\cdot d\boldsymbol{l}\neq 0$，说明它是非保守场，它的场线是无头无尾的闭合线，而静电场是保守场.

（五）自感现象和互感现象

1. 自感现象与自感系数

由于线圈回路自身电流的变化而引起感应电动势的现象，称为自感现象.

自感系数 L 的定义为

____

式中，Φ 是回路中电流 I 在回路所围面积上产生的磁通量. 自感系数和自感电动势的关系表示为

____

式中，负号反映自感电动势的方向.

关于自感系数要明确以下几点：

(1) 自感系数是由线圈的性质(大小、形状、匝数、磁介质情况等)决定的.

(2) 计算自感系数的方法与计算电容的方法类似，具体步骤如下：先设线圈中有电流 I；然后求出 I 在线圈内产生的磁场 $\boldsymbol{B}$；由 $\boldsymbol{B}$ 求得线圈中的全磁通 Φ，最后由定义求得自感系数 L.

2. 互感现象与互感系数

两个载流回路中的电流变化时，相互在对方回路中产生感应电动势的现象称为互感现象.

互感系数的定义为

____

式中，Φ_{21} 是电流 I_1 在回路 2 中产生的磁通；Φ_{12} 是电流 I_2 在回路 1 中产生的磁通. 可以证明，$M_{12}=M_{21}=M$，互感系数取决于两线圈的大小、形状、匝数及相对位置和周围磁介质情况. 互感系数的计算方法完全类似于自感系数的计算方法.

互感系数和互感电动势的关系为

____

____

式中，负号反映互感电动势的方向.

（六）磁场能量

一个自感线圈的磁能：当电流为 I 时，$W_m=\frac{1}{2}LI^2$.

磁场能量体密度 ______________________________

磁场能量公式 ______________________________

（七）位移电流

场中一点处的电位移矢量的时间变化率为该点处的位移电流密度，即

$$\boldsymbol{\delta}_d=\frac{d\boldsymbol{D}}{dt}$$

通过某一截面的位移电流等于通过该截面的电位移通量的时间变化率，即

$$I_d=\frac{d\Phi_d}{dt}=\iint_S\frac{\partial\boldsymbol{D}}{\partial t}\cdot d\boldsymbol{S}$$

位移电流的物理意义：变化的电场能够激发磁场. 换句话说，位移电流是变化电场的代称.

（八）麦克斯韦方程组

麦克斯韦方程组的积分形式为

________________________ (1)

________________________ (2)

________________________ (3)

________________________ (4)

需要指出：

(1) 式(1)反映的是电场与场源电荷的关系，式中的 $\boldsymbol{D}$ 包括电荷激发的静电场及由变化磁场激发的感生电场；

(2) 式(2)给出的是法拉第电磁感应定律，在磁场不变化时此式给出的是静电场的环路定理；

(3) 式(3)给出的是磁场的高斯定理，说明自然界没有单独的"磁荷"存在；

(4) 式(4)给出的是全电流的安培环路定理，说明磁场由运动电荷或变化的电场产生.

四、习题分析与解答

9-1 如图所示，通过回路的磁场线与线圈平面垂直，且指向图画，设磁通量依如下关系变化：

$$\Phi=6t^2+7t+1$$

式中，Φ 的单位为 Wb，t 的单位为 s. 求 $t=2$ s 时，回路中的感生电动势的量值和方向.

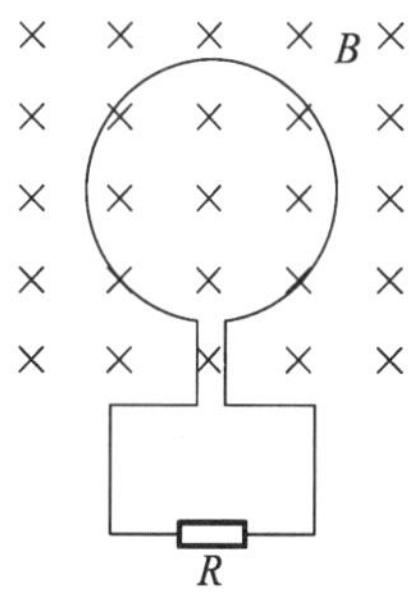

习题 9-1 图

解： 取回路的绕行方向为顺时针，在开始计时后，通过图示回路的磁通量 $\Phi>0$. t 时刻在回路中产生的感生电动势为

$$\mathscr{E}_i=-\frac{\mathrm{d}\Phi}{\mathrm{d}t}=(12t+7)\times10^{-3}\ \mathrm{V}$$

$t=2$ s 时的电动势为

$$\mathscr{E}_i=-3.1\times10^{-2}\ \mathrm{V}$$

式中，"－"表明电动势的方向与设定的回路绕行方向相反，为逆时针方向. 这与用楞次定律判断电动势的方向相同. 因为通过回路的原磁通随时间而增加，所以，感生电动势的取向应使感生电流的磁通阻碍原磁通的增加，即取逆时针方向.

9-2 如图所示，长直导线通以电流 I，在其右方放一长方形线圈 $ABCD$，两者共面，线圈长 l，宽 a，以速度 $\boldsymbol{v}$ 垂直于直线向右运动. 求：当线圈 AB 边与长直导线相距为 d 时，线圈中感应电动势的大小和方向.

分析： 求线圈中的感应电动势即动生电动势. 对这类问题，通常有两种计算方法.

解 1： 用法拉第电磁感应定律 $\mathscr{E}=-\dfrac{\mathrm{d}\Phi}{\mathrm{d}t}$ 计算. 取顺时针方向为线框回路的正方向，长直载流导线 I 产生的磁场是非均匀场，计算通过线框 $ABCD$ 的磁通量 Φ. 因线圈回路的绕行方向为顺时针方向，则面元 d$\boldsymbol{S}$ 的方向向里，长直载流导线在面元 d$\boldsymbol{S}$ 处的磁场方向向里，磁场的大小为

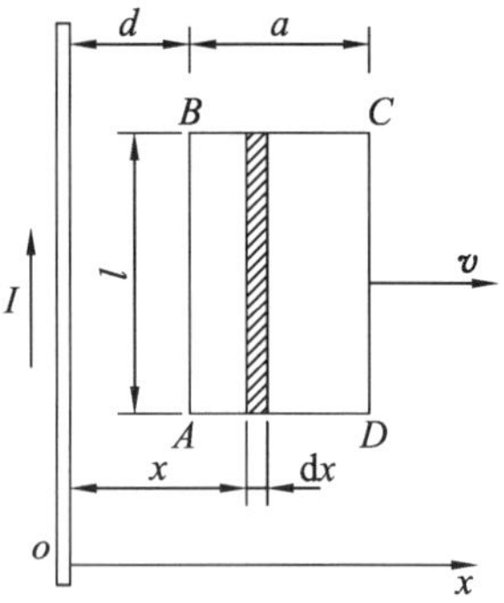

习题 9-2 图

$$B=\frac{\mu_0 I}{2\pi x}$$

所以 $\Phi=\iint_S \boldsymbol{B}\cdot \mathrm{d}\boldsymbol{S}=\int_x^{x+a}\frac{\mu_0 I}{2\pi x}l\,\mathrm{d}x=\frac{\mu_0 Il}{2\pi}\ln\frac{x+a}{x}$

由法拉第电磁感应定律得

$$\mathscr{E}=-\frac{\mathrm{d}\Phi}{\mathrm{d}t}=-\frac{\mu_0 Il}{2\pi}\cdot\frac{x}{x+a}\left(-\frac{a}{x^2}\right)\frac{\mathrm{d}x}{\mathrm{d}t}=\frac{\mu_0 Ilva}{2\pi x(x+a)}$$

当 $x=d$ 时，线框中的动生电动势为

$$\mathscr{E}=\frac{\mu_0 Ilva}{2\pi d(d+a)}>0$$

由于 $\mathscr{E}>0$，所以它的方向为顺时针方向，即 $ABCDA$ 方向.

解 2：用动生电动势公式 $\mathscr{E}=\int_L(\boldsymbol{v}\times\boldsymbol{B})\cdot\mathrm{d}\boldsymbol{l}$ 计算，取绕行回路正方向为顺时针方向，则

$$\mathscr{E}=\oint_L(\boldsymbol{v}\times\boldsymbol{B})\cdot\mathrm{d}\boldsymbol{l}$$

$$=\int_A^B(\boldsymbol{v}\times\boldsymbol{B})\cdot\mathrm{d}\boldsymbol{l}+\int_B^C(\boldsymbol{v}\times\boldsymbol{B})\cdot\mathrm{d}\boldsymbol{l}+\int_C^D(\boldsymbol{v}\times\boldsymbol{B})\cdot\mathrm{d}\boldsymbol{l}+\int_D^A(\boldsymbol{v}\times\boldsymbol{B})\cdot\mathrm{d}\boldsymbol{l}$$

因为在 BC 段和 DA 段，$(\boldsymbol{v}\times\boldsymbol{B})\perp\mathrm{d}\boldsymbol{l}$，即

$$\int_B^C(\boldsymbol{v}\times\boldsymbol{B})\cdot\mathrm{d}\boldsymbol{l}=\int_D^A(\boldsymbol{v}\times\boldsymbol{B})\cdot\mathrm{d}\boldsymbol{l}=0$$

所以

$$\mathscr{E}=\int_A^B(\boldsymbol{v}\times\boldsymbol{B})\cdot\mathrm{d}\boldsymbol{l}+\int_C^D(\boldsymbol{v}\times\boldsymbol{B})\cdot\mathrm{d}\boldsymbol{l}=\int_A^B vB_1\,\mathrm{d}l+\int_C^D vB_2\,\mathrm{d}l$$

$$=\int_A^B v\frac{\mu_0 I}{2\pi d}\mathrm{d}l-\int_A^B v\frac{\mu_0 I}{2\pi(d+a)}\mathrm{d}l=\frac{\mu_0 Ilv}{2\pi}\left(\frac{1}{d}-\frac{1}{d+a}\right)=\frac{\mu_0 Ilva}{2\pi d(d+a)}$$

9-3 一根长为 L 的铜棒 Oa，在磁感强度为 $\boldsymbol{B}$ 的均匀磁场中，以角速度 ω 在垂直于磁场方向的平面内绕棒 O 端做逆时针匀速转动，如图所示. 试求铜棒中的动生电动势.

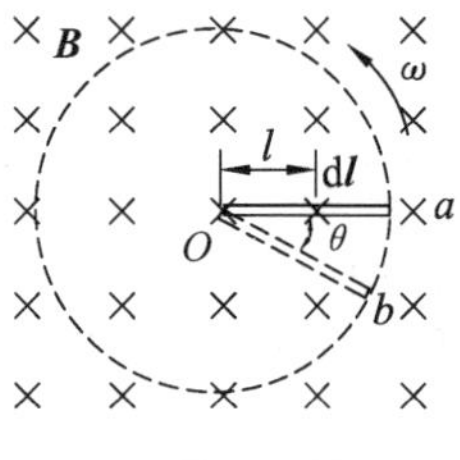

习题 9-3 图

分析：棒 Oa 中的动生电动势可直接用动生电动势公式进行计算. 由于棒上各点处速度不同，所以要进行积分计算. 另外，亦可用法拉第电磁感应定律求解，但需补成回路.

解 1：用动生电动势公式求解.

在棒 Oa 上距 O 端为 l 处取线元 d$\boldsymbol{l}$，其方向沿棒指向 a 端，则 d$\boldsymbol{l}$ 上的动生电动势为

$$\mathrm{d}\mathscr{E}_i=(\boldsymbol{v}\times\boldsymbol{B})\cdot\mathrm{d}\boldsymbol{l}$$

由于棒上线元 dl 的速度 $\boldsymbol{v}$ 与磁感强度 $\boldsymbol{B}$ 相互垂直，所以矢量 $\boldsymbol{v}\times\boldsymbol{B}$ 的大小为 $vB\sin 90°=vB$，且方向沿棒指向 O 端；又因 $v=\omega l$，故 $vB=\omega lB$. 而矢量 $\boldsymbol{v}\times\boldsymbol{B}$ 与矢量 d$\boldsymbol{l}$ 反向共线，两者的点积为 $\omega lB\mathrm{d}l\cos\pi=-\omega B\mathrm{d}l$，由此得

$$\mathrm{d}\mathscr{E}_i=-\omega lB\mathrm{d}l$$

因此,整个铜棒中的动生电动势为

$$\mathscr{E}_i=\int_0^a d\mathscr{E}_i=-\int_0^L \omega lB\,dl=-\frac{1}{2}\omega BL^2$$

可见其方向为由 a 指向 O,即 O 端的电势高于 a 端的电势.

解 2: 用法拉第电磁感应定律求解.

铜棒在转动中所扫过的面积是变化的,造成了穿过该面积的磁通量的变化,从而产生电磁感应现象.因此,用 $\mathscr{E}_i=-\frac{d\Phi_m}{dt}$ 求解时,通常先要求出磁通量 Φ_m 的一般表达式.为此,可取任意扇形回路 $oabo$(如图所示),并选定回路绕行方向为顺时针方向,则通过此扇形面积 S 的磁通量为

$$\Phi_m=\boldsymbol{B}\cdot\boldsymbol{S}=\frac{1}{2}BL^2\theta$$

根据法拉第电磁感应定律,可得铜棒 oa 在转动中产生的动生电动势为

$$\mathscr{E}_i=-\frac{d\Phi_m}{dt}=-\frac{1}{2}BL^2\omega$$

式中,负号表示 $\mathscr{E}_i$ 的方向与所选回路绕行方向相反,即 $\mathscr{E}_i$ 在棒内是由 a 指向 o 的.所得结果与解 1 完全一样.

9-4 一无限长直导线,通有电流 I,竖直放置,另一长为 l 的水平导体杆 AC 处于其附近(如图所示),并以速度 $\boldsymbol{v}$ 向上做匀速平动.已知杆 AC 与长直载流导线共面,杆的 A 端距该导线的距离为 d.求 AC 杆中的动生电动势.

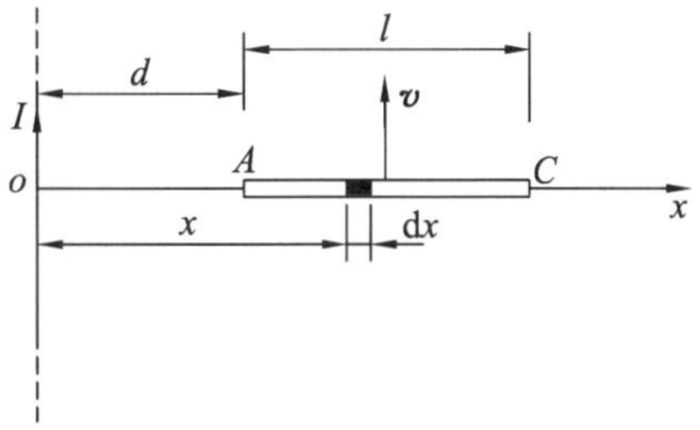

习题 9-4 图

解: 计算直导线上的动生电动势,还是用动生电动势公式求解方便.由于本题的磁场是非均匀磁场,所以必须进行积分计算.无限长直载流导线在其周围激发磁场,距载流导线为 x 处的磁感应强度大小为

$$B=\frac{\mu_0 I}{2\pi x}$$

方向由右手螺旋法则确定,垂直于纸面向里.在杆上距导线为 x 处取一个线元 dx,线元 dx 处的磁感应强度 $\boldsymbol{B}$ 可视为均匀强度,线元 dx 中的动生电动势为

$$d\mathscr{E}_i=(\boldsymbol{v}\times\boldsymbol{B})\cdot dx\boldsymbol{i}$$

式中,单位矢量 $\boldsymbol{i}$ 的方向沿杆指向 C.由于导体杆运动速度 $\boldsymbol{v}$ 垂直于磁感应强度 $\boldsymbol{B}$,所以矢积 $\boldsymbol{v}\times\boldsymbol{B}$ 的大小为 $vB\sin 90°=vB$,且方向沿杆指向 A,即该矢量与矢量 $dx\boldsymbol{i}$ 共线,但方向相反,两者夹角为 π,故其点积为 $-vBdx$.于是上式可改写为

$$d\mathscr{E}_i=-vBdx=-\frac{\mu_0 Iv}{2\pi x}dx$$

整个导体杆 AC 上的动生电动势为

$$\mathscr{E}_i=\int_A^C d\mathscr{E}_i=-\oint_d^{d+l}\frac{\mu_0 Iv}{2\pi}\frac{dx}{x}=-\frac{\mu_0 Iv}{2\pi}\ln\frac{d+l}{d}$$

所得电动势 $\mathscr{E}_i$ 为负值,表明电动势的方向与进行积分的方向相反,即电动势的方向

应是由 C 指向 A 的(作为验证,大家不难得出$\boldsymbol{v}\times\boldsymbol{B}$ 的方向确实是由 C 指向 A),从而得知 A 端的电势高于 C 端的电势,即 $V_A-V_C=\frac{\mu_0 Iv}{2\pi}\ln\frac{d+l}{d}$.

9-5 如图所示,无限长直导线中电流为 i,矩形导线框架 $abcd$ 与长直导线共面,且 $ad\,/\!/\,AB$,dc 边固定,ab 边沿 da 及 cb 以速度$\boldsymbol{v}$无摩擦地匀速平动,设线框自感忽略不计,$t=0$ 时,ab 边与 dc 边重合.

(1) 如 $i=I_0$,I_0 为常量,求 ab 中的感应电动势; a,b 两中点哪点电势高?

(2) 如 $i=I_0\cos\omega t$,求线框中的总感应电动势.

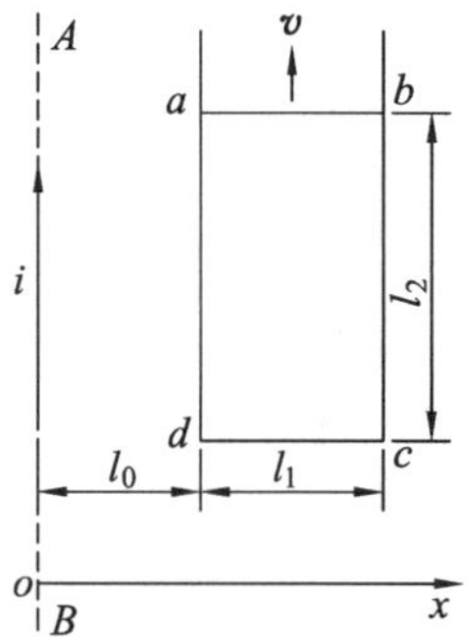

习题 9-5 图

解: 长直导线中电流的磁场强度为

$$B=\frac{\mu_0 i}{2\pi x}\ (\text{方向}\otimes)$$

(1) ab 中的感应电动势为动生电动势:

$$\mathscr{E}_{\overline{ab}}=\int_{ab}(\boldsymbol{v}\times\boldsymbol{B})\cdot \mathrm{d}\boldsymbol{l}=\int_0^{l_0+l_1}v\cdot\frac{\mu_0 I_0}{2\pi x}\mathrm{d}x=-\frac{\mu_0 I_0 v}{2\pi}\ln\frac{l_0+l_1}{l_0}$$

由于 $\mathscr{E}_{\overline{ab}}<0$,所以,点 a 电势高.

(2) 设 $abcda$ 回路的循环方向为顺时针方向.

面元 $\mathrm{d}S=l_2\mathrm{d}x$,方向$\otimes$. 通过回路 $abcda$ 的磁通量为

$$\Phi=\iint_S\boldsymbol{B}\cdot\mathrm{d}\boldsymbol{S}=\int_0^{l_0+l_1}\frac{\mu_0 i}{2\pi x}l_2\mathrm{d}x=\frac{\mu_0 i l_2}{2\pi}\ln\frac{l_0+l_1}{l_0}$$

而

$$\frac{\mathrm{d}(il_2)}{\mathrm{d}t}=l_2\frac{\mathrm{d}i}{\mathrm{d}t}+i\frac{\mathrm{d}l_2}{\mathrm{d}t}=-l_2I_0\omega\sin\omega t+iv=I_0v(\cos\omega t-\omega t\sin\omega t)$$

所以,线框中的总感应电动势为

$$\mathscr{E}_i=-\frac{\mathrm{d}\Phi}{\mathrm{d}t}=-\frac{\mu_0}{2\pi}\left(\ln\frac{l_0+l_1}{l_0}\right)\frac{\mathrm{d}(il_2)}{\mathrm{d}t}$$

$$=-\frac{I_0\mu_0 v}{2\pi}\left(\ln\frac{l_0+l_1}{l_0}\right)(\omega t\sin\omega t-\cos\omega t)$$

9-6 一圆形线圈 A 由 50 匝细线绕成,其面积为 4 cm^2,放在另一个匝数为100 匝、半径为 20 cm 的圆形线圈 B 的中心,两线圈同轴. 设线圈 B 中的电流在线圈 A 所在处所激发的磁场可看作均匀磁场. 求:

(1) 两线圈的互感;

(2) 当线圈 B 中的电流以 50 A/s 的变化率减小时,线圈 A 内磁通量的变化率;

(3) 线圈 A 中的感生电动势.

分析: 两线圈间的互感系数 M 在线圈形状、相对位置不变,周围没有铁磁物质的情况下是个常数. 由于本题中线圈的面积 $S_A\ll S_B$,且线圈 A 位于共面的线圈 B 的中心,因此可将 B 在 A 处的磁场看作均匀磁场. 设线圈 B 中有电流 I_B,可得到通过线圈 A 的磁通链数.

解: (1) 当线圈 B 中有电流 I_B 时,其圆心处的磁感应强度为

$$B=N_B\frac{\mu_0 I_B}{2R}$$

通过线圈 A 的磁通链数为

$$\Psi_A = N_A B S_A = N_A N_B \frac{\mu_0 I_B}{2R} S_A$$

互感系数为 $$M = \frac{\Psi_A}{I_B} = N_A N_B \frac{\mu_0}{2R} S_A = 6.28 \times 10^6 \text{ H}$$

(2) 当 $\frac{dI_B}{dt} = -50$ A/s 时，线圈 A 中磁通链数的变化率为

$$\frac{d\Psi_A}{dt} = N_A N_B \frac{\mu_0}{2R} S_A \frac{dI_B}{dt} = -3.14 \times 10^{-4} \text{ Wb/s}$$

(3) 线圈 A 中的感生电动势为

$$\mathscr{E}_A = \left| -M \frac{dI}{dt} \right| = 3.14 \times 10^{-4} \text{ V}$$

9-7 一矩形线圈长 $l=20$ cm，宽 $b=10$ cm，由 100 匝表面绝缘的导线绕成，放置在一根长直导线的旁边，并和直导线在同一平面内，该直导线是一个闭合回路的一部分，其余部分离线圈很远，其影响可略去不计. 求习题 9-7 图所示两种情况下，线圈与长直导线间的互感.

分析： 两回路间的互感系数取决于两者的相对位置和所处的介质环境，与回路中是否载有电流无关. 可通过计算长直电流在矩形线圈中的磁通链数，求得互感系数.

解： 取坐标轴 Ox 垂直于长直电流，向右为正方向，坐标原点位于长直电流处. 当长直电流为 I 时，在 x 处的磁感应强度大小为

$$B = \frac{\mu_0 I}{2\pi x}$$

在习题 9-7 图(a)中，通过矩形线圈的磁通链数为

$$\Psi_a = N \iint_S \boldsymbol{B} \cdot d\boldsymbol{S} = \int_b^{2b} N \frac{\mu_0 I}{2\pi x} l \, dx = N \frac{\mu_0 I l}{2\pi} \ln 2$$

互感系数为

$$M_a = \frac{\Psi_a}{I} = N \frac{\mu_0 l}{2\pi} \ln 2 = 2.8 \times 10^{-6} \text{ H}$$

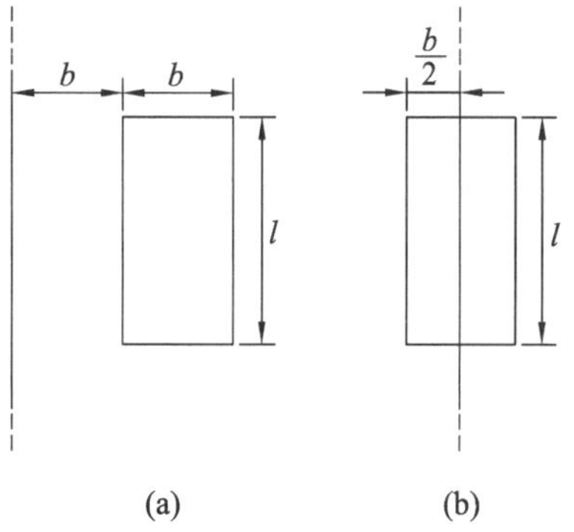

习题 9-7 图

在习题 9-7 图(b)中，矩形线圈相对长直导线对称，通过矩形线圈的磁通链数为零. 所以有

$$\Psi_b = 0$$

互感系数为

$$M_b = 0$$

9-8 一圆形极板电容器，极板的面积为 S，两极板的间距为 d. 一根长为 d 的极细导线在极板间沿轴线与两板相连，已知细导线的电阻为 R，两极板外接交变电压 $U = U_0 \sin \omega t$. 求：

(1) 细导线中的电流；

(2) 通过电容器的位移电流；

(3) 通过极板外接线中的电流；

(4) 极板间离轴线为 r 处的磁场强度.(设 r 小于极板的半径)

分析: 根据全电流连续可知,接线中的传导电流 I_c 在数值上与两极板间细导线中的传导电流 I_R 和所有位移电流 I_d 之和相等,即 $I_c=I_R+I_d$. 不计电容器的边缘效应时,可认为位移电流分布在极板间,且本题中全电流激发的磁场具有轴对称性.

解: (1) 根据欧姆定律可知,细导线中的传导电流为

$$I_R=\frac{U}{R}=\frac{U_0}{R}\sin\omega t$$

(2) 电容器的位移电流为

$$I_d=S\delta_d=\frac{d(S\sigma)}{dt}=\frac{dq}{dt}=C\frac{dU}{dt}=CU_0\omega\cos\omega t$$

$$=\frac{\varepsilon_0 S}{d}U_0\omega\cos\omega t$$

式中,δ_d 是极板间位移电流密度的大小; $C=\dfrac{\varepsilon_0 S}{d}$,$\varepsilon_0$ 是真空的介电常数.

(3) 极板外接线中的电流是传导电流 I_c 为

$$I_c=I_R+I_d=\frac{U_0}{R}\sin\omega t+\frac{\varepsilon_0 S}{d}U_0\omega\cos\omega t$$

(4) 由于全电流激发的磁场具有轴对称性,在极板间取离轴线 $r\left(r<\sqrt{\dfrac{S}{\pi}}\right)$ 为半径的磁场线为全电流定律的积分回路,有

$$\oint_L \boldsymbol{H}\cdot d\boldsymbol{l}=H\cdot 2\pi r=I_R+I'_d=I_R+\frac{I_d}{S}\pi r^2$$

得

$$H=\frac{U_0}{2\pi}\left(\frac{1}{rR}\sin\omega t+\frac{\varepsilon_0\pi r\omega}{d}\cos\omega t\right)$$

第十章

机械振动和电磁振荡

一、基本要求

1. 掌握简谐运动的基本特征，能描述简谐运动的能量、特征量及各量之间的关系.
2. 掌握用解析法、旋转矢量法及图形法分析物体谐振动状态(相位和相位差)的方法.
3. 掌握在同一直线上的两个同频率简谐振动的合成规律；了解拍现象和拍频.

* 4. 了解相互垂直的两个同频率简谐振动的合成规律；了解李萨如图形.

* 5. 了解阻尼振动和受迫振动的特征；了解共振的条件及其应用.

* 6. 理解电磁振荡规律.

二、思路与联系

物体在一定位置附近所做的往复运动叫作机械振动，简称振动. 任何一个物理量随时间的周期性变化都可以称为广义振动.

机械振动中最简单、最基本的振动是简谐振动. 任何复杂的振动都可以看作不同频率的简谐振动的合成. 因此，掌握简谐振动的运动特征和规律非常重要.

电磁振荡属于广义振动，其与机械振动有类似的运动形式，可参考机械振动的规律来分析.

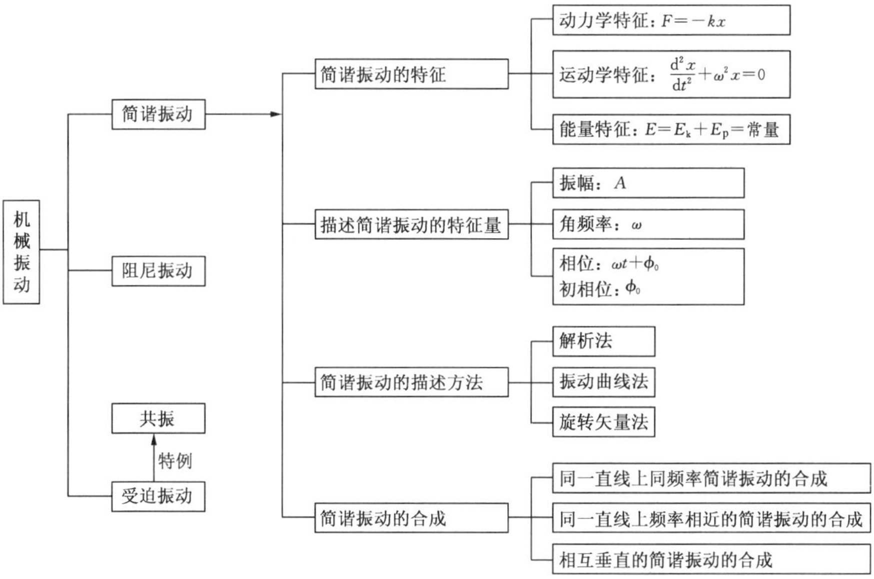

三、学习指导

（一）谐振动的特征及表达式

1. 谐振动

谐振动的定义，可从以下几个方面给出：

(1) 物体在线性回复力 $-kx$ 的作用下所发生的运动为简谐振动. 其中，k 为常数，x 为以物体的平衡位置为坐标原点时物体的位移.

(2) 描述物体运动的微分方程满足 $\frac{d^2x}{dt^2}+\omega^2x=0$，即 $a=-\omega^2x$ 时，物体的运动为简谐振动. 式中，$a=\frac{d^2x}{dt^2}$ 为振动物体的加速度；ω 为振动系统的固有角频率.

(3) 物体偏离平衡位置的位移随时间按余弦（或正弦）函数规律变化时的运动为简谐振动，即 $x=A\cos(\omega t+\phi_0)$，式中，A 为振幅，ϕ_0 为初相位.

2. 谐振动特征量

(1) 振幅 A

做简谐振动的物体离开平衡位置的最大位移的绝对值称为振幅. 振幅由振动系统的初始状态决定. 要注意的是：① 振幅不能理解为最大位移，它是个绝对值，恒为正值. ② 谐振动的振幅由振动系统的初始状态（x_0，v_0）决定，是微分方程通解中的两个待定常数之一. ③ 在除谐振动之外的其他振动中，振幅一般不为常数.

(2) 角频率、频率和周期

物体在 2π 秒时间内所做的完全振动的次数称为角频率，用 ω 表示. 角频率 ω 与周期 T、频率 ν 的关系为

$$\omega=\frac{2\pi}{T}=2\pi v,\nu=\frac{1}{T}$$

(3) 相位、初相位

谐振动表示式中的 $(\omega t+\phi_0)$ 称为 t 时刻物体振动的相位. $t=0$ 时刻的相位，与开始计时时刻谐振动物体的运动状态相对应，称为初相位. 当振幅 A 确定后，由 $(\omega t+\phi_0)$ 就可完全确定 t 时刻振动物体的运动状态.

初相位 ϕ_0 是微分方程通解中的另一个待定常数，与振幅 A 相同，也由 $t=0$ 时的位移 x_0 和速度 v_0 确定.

$$A=\sqrt{x_0^2+\frac{v_0^2}{\omega^2}}$$

$$\phi_0=\arctan\left(-\frac{v_0}{\omega x_0}\right)$$

(4) 相位差

谐振动的相位对应着振动的状态，谐振动的相位差即反映振动状态的差异. 需注意以下三种情况：

① 两个物体做同方向、同频率的简谐振动，在同一时刻 t 的“步调”是否一致，取决于它们的初相之差. t 时刻的相位差 $\Delta\phi=\phi_2-\phi_1=(\omega t+\phi_{02})-(\omega t+\phi_{01})=\phi_{02}-\phi_{01}=\Delta\phi_0$. 当初相位 $\Delta\phi=0$ 或 2π 的整数倍时，两个谐振动的“步调”完全一致，称为同相；当初相差

$\Delta\phi_0=\pi$ 或 π 的奇数倍时，两个谐振动的“步调”相反，称为反相.

② 比较同一个简谐振动在不同时刻振动状态的差异时，相位差与时间差相对应.

$$\Delta\phi=\omega(t_2-t_1)=\omega\Delta t$$

当 $\Delta\phi=2\pi$ 时，有 $\Delta t=\dfrac{2\pi}{\omega}=T$. 可见，两个相邻的完全相同的振动状态，在相位上差 2π，在时间上差一个周期 T.

③ 比较不同物理量的变化情况. 如谐振动物体的速度与位移间的相位差为

$$\phi_v-\phi_x=\left(\omega t+\phi_0+\frac{\pi}{2}\right)-(\omega t+\phi_0)=\frac{\pi}{2}$$

表明在任意时刻，速度超前位移 $\dfrac{\pi}{2}$.

3. 谐振动的矢量图示法和振动曲线

(1) 简谐振动的矢量图示法

谐振动的规律可以借助旋转矢量图示法来加深理解. 矢量图示法的优点在于能够直观地表达谐振动的规律和谐振动的三个特征量. 但需要注意，旋转矢量本身是做定轴转动，做谐振动的是它的端点在 x 轴上的投影点.

(2) 振动曲线

以振动物体偏离平衡位置的位移 x 为纵坐标，作 $x=A\cos(\omega t+\phi_0)$ 的函数曲线，即振动曲线. 根据振动曲线，可以得到关于谐振动的各种信息：

① 振幅 A、某时刻质点的位移 x、相位 ϕ、运动方向或速度；② 初相位 ϕ_0；③ 相位差 $\Delta\phi$.

4. 谐振动能量

由于谐振动是不考虑任何阻尼的理想情况，因此谐振动系统的机械能自然应当守恒.

(1) 谐振动系统的弹性势能和动能都随时间 t 周期性变化，变化周期都是位移变化周期的 $\dfrac{1}{2}$.

(2) 谐振动系统的总机械能守恒. 振动过程中，系统的势能和动能可相互转换.

(3) 谐振动系统的平衡位置通常取在系统的势能最小值处.

***(二) 阻尼振动**

阻尼振动表达式为

$$\frac{d^2x}{dt^2}+2\delta\frac{dx}{dt}+\omega_0^2x=0$$

式中，$\omega_0^2=\dfrac{k}{m}$ 是无阻尼时系统的固有频率；$2\delta=\dfrac{\gamma}{m}$，$\delta$ 称为阻尼系数.

1. 欠阻尼：$\delta<\omega_0$ 时的阻尼振动

振动规律为

$$x=A_0e^{-\delta t}\cos(\omega't+\phi_0')$$

式中，$\omega'=\sqrt{\omega_0^2-\delta^2}$ 为阻尼振动系统的角频率.

(1) 欠阻尼振动的振幅 $Ae^{-\delta t}$ 随时间衰减，阻尼愈大，衰减得愈快.

(2) 欠阻尼振动是一种“准周期”振动. 严格意义上的周期运动是指运动状态完全重复的运动，显然，欠阻尼时减幅振动的周期仅有近似的意义. 仍沿用振动周期的定义，有

$$T'=\frac{2\pi}{\omega'}=\frac{2\pi}{\sqrt{\omega_0^2-\delta^2}}$$

2. 临界阻尼：$\delta=\omega_0$ 时的阻尼振动

此时微分方程的解不再含有周期函数因子.偏离平衡位置的振子所具有的弹性势能全部转化为其他运动形式的能量，振子刚好能平滑地到达并停留在平衡位置.

3. 过阻尼：$\delta>\omega_0$ 时的阻尼振动

振子未达到平衡位置时速度已经趋于零，且需经更长的时间才可能回到平衡位置.

***（三）受迫振动**

1. 受迫振动

受迫振动的运动表达式为

$$\frac{d^2x}{dt^2}+2\delta\frac{dx}{dt}+\omega_0^2x=\frac{F_0}{m}\cos\omega t$$

式中，$\omega_0^2=\frac{k}{m}$，$2\delta=\frac{\gamma}{m}$，$F_0\cos\omega t$ 是策动力，F_0 是周期性策动力的振幅.

方程的解为

$$x=A_0e^{-\delta t}\cos(\omega' t+\phi_0')+A\cos(\omega t+\phi_0)$$

它由两项构成：第一项随时间 t 做减幅振动，很快消失；第二项为稳态解.稳定时系统的振动表达式为

$$x=A\cos(\omega t+\phi)$$

振幅 $$A=\frac{F_0}{m\sqrt{(\omega_0^2-\omega^2)^2+4\beta^2\omega^2}}$$

初相 $$\phi=\arctan\frac{-2\delta\omega}{\omega_0^2-\omega^2}$$

可见，稳态的受迫振动是等幅振动.

稳态受迫振动的运动规律与谐振动相同，但存在实质上的区别：

（1）振动的角频率不是谐振系统的固有角频率，而是周期性策动力（外力）的角频率.

（2）振幅和初相位与振动系统的初相位无关，取决于阻尼系数和策动力的角频率.

2. 共振

受迫振动的位移振幅随策动力的角频率而变化，位移振幅达极大时为位移共振.位移共振时策动力的角频率为共振角频率

$$\omega_{共振}=\sqrt{\omega_0^2-2\delta^2}$$

受迫振动的速度振幅也随策动力的角频率而变化，速度振幅达最大值时为速度共振.速度共振时策动力的角频率为速度共振频率 $\omega'_{共振}=\omega_0$.

当阻尼很小，即 $\beta\ll\omega_0$ 时，$\omega_{共振}\approx\omega'_{共振}=\omega_0$，位移共振和速度共振的角频率都与系统的固有角频率相同.

***（四）电磁振荡**

振荡电路的种类很多，无阻尼 LC 振荡电路的变化规律是简谐振动.任意时刻，电容器极板上的电量 q 满足方程

$$\frac{d^2q}{dt^2}+\frac{1}{LC}q=0$$

解为 $$q=Q_0\cos(\omega t+\phi_0)$$

电路中的电流为 $$i=\frac{\mathrm{d}q}{\mathrm{d}t}=-\omega Q_0\sin(\omega t+\phi_0)$$

可见无阻尼 LC 振荡电路中的电荷、电流都做简谐振动. 电路的固有振荡频率为

$$\nu=\frac{1}{2\pi\sqrt{LC}}$$

有阻尼的电磁振荡电路为 RLC 电路，接有交变信号源的 RLC 电路与受迫振动系统类似.

（五）谐振动的合成

1. 同方向、同频率的两个谐振动的合成

两个振动方向相同(x 方向)、振动频率相同(ω)的谐振动，它们的合振动仍为谐振动. 合振动的振幅和初相，可利用矢量图示法得到. 对于多个同方向、同频率的简谐振动的合成，同样可利用矢量图示法求得结果. 设两个分振动为

$$x_1=A_1\cos(\omega t+\phi_{10}),\ x_2=A_2\cos(\omega t+\phi_{20})$$

合振动为

$$x=x_1+x_2=A\cos(\omega t+\phi_0)$$

式中，
$$A=\sqrt{A_1^2+A_2^2+2A_1A_2\cos(\phi_{20}-\phi_{10})}$$

$$\tan\phi_0=\frac{A_1\sin\phi_{10}+A_2\sin\phi_{20}}{A_1\cos\phi_{10}+A_2\cos\phi_{20}}$$

合振幅取决于两个分振动的初相之差和各自的振幅.

(1) 当 $\phi_{20}-\phi_{10}=\pm2k\pi\ (k=0,1,2,3,\cdots)$，即同相时，$A=A_1+A_2$，合振幅最大.

(2) 当 $\phi_{20}-\phi_{10}=\pm(2k+1)\pi\ (k=0,1,2,3,\cdots)$，即反相时，$A=|A_1-A_2|$，合振幅最小.

(3) $\phi_{20}-\phi_{10}$ 为其他相差时，$|A_1-A_2|<A<(A_1+A_2)$.

2. 同方向、频率相近的两个谐振动的合成

振动方向相同，频率虽不同却很接近的两个谐振动合成后，其合振动不再是谐振动. 设角频率分别为 ω_1 和 ω_2 的两分振动具有相同的振幅和初相，即

$$x_1=A\cos(\omega_1 t+\phi_0),\ x_2=A\cos(\omega_2 t+\phi_0)$$

合振动 $$x=x_1+x_2=2A\cos\left(\frac{\Delta\omega}{2}t\right)\cos(\bar{\omega}t+\phi_0)$$

其中，$\frac{\omega_2+\omega_1}{2}=\bar{\omega}\approx\omega_1\approx\omega_2\gg\frac{\omega_2-\omega_1}{2}=\frac{\Delta\omega}{2}$，说明质点沿 x 方向以 $\bar{\omega}$ 为振动角频率做快速的往复运动，位移的最大值以极小的角频率 $\frac{\Delta\omega}{2}$ 缓慢变化.

由于 $\frac{\Delta\omega}{2}\ll\bar{\omega}$，因此合振幅 $\left|2A\cos\frac{\Delta\omega}{2}t\right|$ 随时间做非常缓慢的周期性变化，这种合振动的强弱随时间变化的现象称为拍.

单位时间内振幅函数的变化次数，称为拍频. 拍频 $\nu_{拍}=\frac{1}{\tau}=|\nu_2-\nu_1|$.

***3. 同频率相互垂直的谐振动的合成**

一质点同时参与两个相互垂直的简谐振动时，其运动轨迹为该两方向构成的平面内

的曲线.设两个同频率、相互垂直的简谐振动为

$$x=A_1\cos(\omega t+\phi_{10}),y=A_2\cos(\omega t+\phi_{20})$$

消去 t,得质点的轨迹方程

$$\frac{x^2}{A_1^2}+\frac{y^2}{A_2^2}-2\frac{xy}{A_1A_2}\cos(\phi_{20}-\phi_{10})=\sin^2(\phi_{20}-\phi_{10})$$

这是由两分振动的振幅和初相位差决定的椭圆方程.

(1) $\phi_{20}-\phi_{10}=0$ 或 π 时,质点的轨迹为 Oxy 平面内的直线,斜率由 A_1 和 A_2 之比决定.此时质点仍做简谐振动.

(2) $\phi_{20}-\phi_{10}=\frac{\pi}{2}$ 或 $\frac{3\pi}{2}$ 时,质点的轨迹呈正椭圆形,质点沿轨迹的运行方向为顺时针或逆时针. $A_1=A_2$ 时,质点的轨迹为圆.

(3) 相位差为其他值时,轨迹为斜椭圆.

*** 4. 不同频率、相互垂直的简谐振动的合成**

当两个振动方向相互垂直、振动频率成整数比的简谐振动合成时,质点的运动轨迹是平面内的稳定的封闭曲线,这些曲线称为李萨如图形.

四、习题分析与解答

10-1 一小球与轻弹簧组成的系统,按

$$x=0.05\cos\left(8\pi t+\frac{\pi}{3}\right)$$

的规律振动,式中 t 以 s 为单位,x 以 m 为单位.试求:

(1) 振动的角频率、周期、振幅、初相、速度及加速度的最大值;

(2) $t=1$ s,2 s,10 s 时刻的相位各为多少?

(3) 分别画出位移、速度、加速度与时间的关系曲线.

分析: 根据系统的运动学方程可知,系统做简谐运动.

解: (1) 可由系数比较法确定各物理量.将小球的运动学方程与谐振动的一般形式____________作比较,可得

$$A=0.05\text{ m},\omega=8\pi=25.12\text{ rad/s}$$

$$T=\frac{2\pi}{\omega}=0.25\text{ s},\phi_0=\frac{\pi}{3}$$

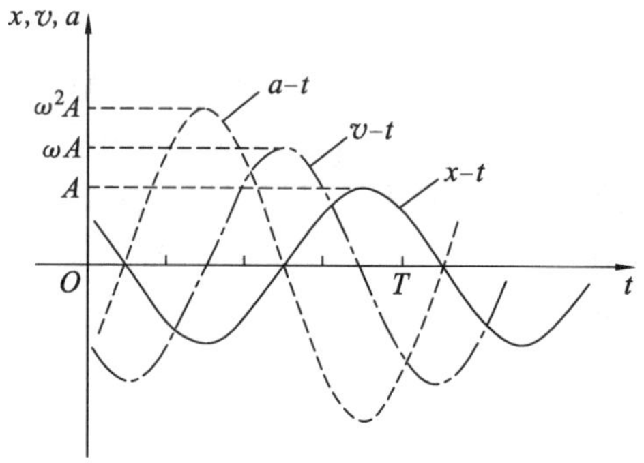

解图 10-1

小球振动的速度为

$$v=\_\_\_\_=-A\omega\sin(\omega t+\phi_0)=-0.05\times8\pi\sin\left(8\pi t+\frac{\pi}{3}\right)$$

$$=-0.4\pi\sin\left(8\pi t+\frac{\pi}{3}\right)\text{ m/s}$$

小球振动速度最大值的绝对值为速度振幅 v_m,

$$v_m=\_\_\_\_=0.4\pi=1.26\text{ m/s}$$

小球振动的加速度为

$$a=\_\_\_\_=-A\omega^2\cos(\omega t+\phi_0)=-0.05\times(8\pi)^2\cos\left(8\pi t+\frac{\pi}{3}\right)$$

$$=-3.2\pi^2\cos\left(8\pi t+\frac{\pi}{3}\right)\ \mathrm{m/s^2}$$

小球振动加速度最大值的绝对值为加速度振幅 a_m，

$$a_m=\_\_\_\_=3.2\pi^2=31.6\ \mathrm{m/s^2}$$

(2) $t=1$ s 时的相位为

$$\phi|_{t=1}=(\omega t+\phi)|_{t=1}=8\pi+\frac{\pi}{3}=\frac{25\pi}{3}$$

$t=2$ s 时的相位为

$$\phi|_{t=2}=(\omega t+\phi)|_{t=2}=16\pi+\frac{\pi}{3}=\frac{49\pi}{3}$$

$t=10$ s 时的相位为

$$\phi|_{t=10}=(\omega t+\phi)|_{t=10}=80\pi+\frac{\pi}{3}=\frac{241\pi}{3}$$

(3) $x(t)$, $v(t)$, $a(t)$ 曲线如解图 10-1 所示.

10-2　有一个与轻弹簧相连的小球，沿 x 轴做振幅为 A 的谐振动，周期为 T. 其运动学方程用余弦函数表示. 若 $t=0$ 时，球的运动状态为：(1) $x_0=-A$；(2) 过平衡位置向 x 正方向运动；(3) 过 $x=\frac{A}{2}$处向 x 负方向运动；(4) 过 $x=\frac{A}{\sqrt{2}}$处向 x 正方向运动. 试用矢量图示法确定相应的初相位的值，并写出振动表达式.

解：对同一个简谐振动系统，由于所处的初始状态不同，小球做频率相同但初相不同的谐振动. 各谐振动对应的旋转矢量图见解图 10-2.

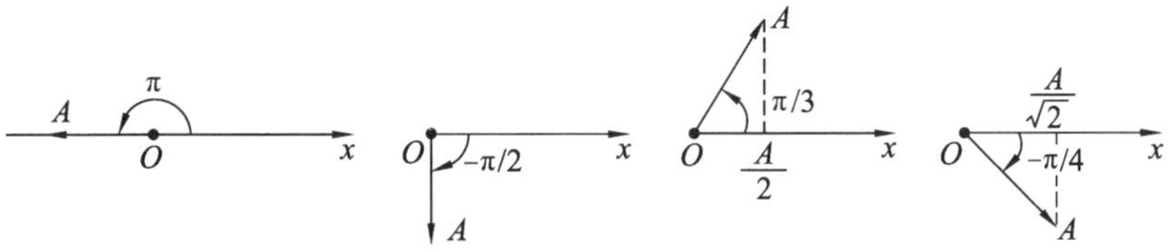

解图 10-2

(1) $x_0=-A$, $v_0=0$；$\phi=$____________________.

振动表达式为　____________________(SI 制).

(2) $x_0=0$, $v_0=v_{max}>0$；$\phi=$____________________.

振动表达式为　____________________(SI 制).

(3) $x_0=\frac{A}{2}$, $v_0<0$；$\phi=$____________________.

振动表达式为　____________________(SI 制).

(4) $x_0=\frac{A}{\sqrt{2}}$, $v_0>0$；$\phi=$____________________.

振动表达式为　____________________(SI 制).

10-3 一振动质点的振动曲线如图所示. 试求:

(1) 运动学方程;

(2) 点 P 对应的相位;

(3) 从振动开始到达点 P 相应位置所需的时间.

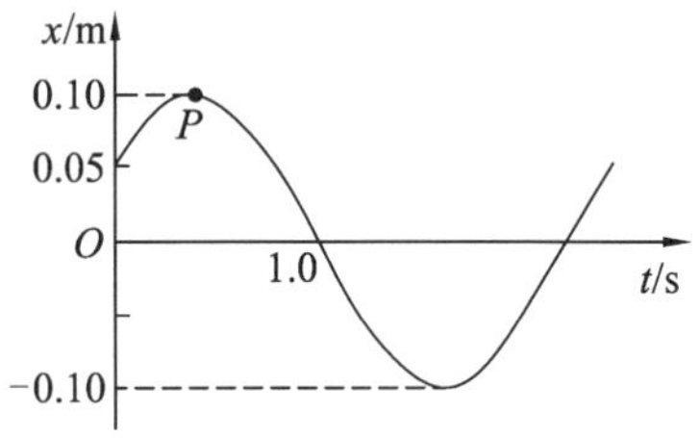

习题 10-3 图

解: (1) 设质点振动的运动学方程为

$$x=A\cos(\omega t+\phi)\ \text{m}$$

据题图可知, $A=$______, $x_0=$____________, v_0 ____ 0, 可有

____

得 $\phi=$____________

由于 $v_0=-A\omega\sin\phi$____ 0, 故有 $\phi=$____________.

由题图, $t=1$ s 时, $x_1=0$, 有 $\omega t-\dfrac{\pi}{3}=\dfrac{\pi}{2}$

可得 ________________

所以, 质点振动的运动学方程为

________________(m)

(2) 点 P 位于质点正方向位移的最大值处, 其对应的相位为零, 即

$$\phi_P=\frac{5}{6}\pi t-\frac{\pi}{3}=0$$

(3) 由 $\phi_P=0$ 可得从振动开始到达点 P 相应位置所需的时间为

$$t=\frac{\Delta\phi}{\omega}=\frac{\pi}{3}\times\frac{6}{5\pi}=\frac{2}{5}\ \text{s}=0.4\ \text{s}$$

10-4 一质量为 10 g 的物体做简谐运动, 其振幅为 24 cm, 周期为 4.0 s, 当 $t=0$ 时, 位移为 $+24$ cm. 求:

(1) $t=0.5$ s 时, 物体所在位置;

(2) $t=0.5$ s 时, 物体所受力的大小与方向;

(3) 由起始位置运动到 $x=12$ cm 处所需的最少时间;

(4) 在 $x=12$ cm 处, 物体的速度、动能及系统的势能和总能量.

分析: 已知简谐运动的振幅 A 和角频率 ω(可由 $\omega=\dfrac{2\pi}{T}$ 得到), 根据物体的初始运动状态 x_0 和 v_0 即可得到初相 ϕ, 并写出谐振动的运动方程. 谐振动物体在任意时刻的运动状态都与谐振动的相位相对应. 作为保守力系统, 谐振动系统的机械能守恒.

解: 据题意, 谐振动的振幅 $A=24$ cm, 周期 $T=4.0$ s, 故 $\omega=\dfrac{2\pi}{T}=\dfrac{2\pi}{4}=\dfrac{\pi}{2}$.

由简谐运动的初始位移 $x_0=A=24$ cm 可知, 初始振动速度 $v_0=0$. 所以, 振动初相 ________. 简谐运动表达式为

____

(1) $t=0.5$ s 时, 有 $x|_{t=0.5}=$________________________.

$t=0.5$ s 时, 物体的位移在 x 轴正方向, 距平衡位置______处.

(2) $t=0.5$ s 时, 物体的加速度为

$$a\Big|_{t=0.5}=\frac{d^2x}{dt^2}\Big|_{t=0.5}=\underline{\qquad\qquad\qquad\qquad}$$

物体所受力为

$$F|_{t=0.5}=ma|_{t=0.5}=\underline{\qquad\qquad\qquad\qquad}$$

$t=0.5$ s时，物体受力的方向与位移的方向相反，指向平衡位置.

(3) 物体在 $x=12$ cm 的相位$\phi|_{x=0.12}$，由________________得

$$\phi|_{x=0.12}=\underline{\qquad\qquad\qquad\qquad}$$

由于物体是从起始时刻的最大位移处向平衡位置方向运动，即$\phi|_{x=0.24}=0$，故运动至$x=12$ cm时的速度 $v<0$，其相位ϕ应取$\phi|_{x=0.12}=\dfrac{\pi}{3}$. 所以，所需最少时间为

$$t=\frac{\Delta\phi}{\omega}=\underline{\qquad\qquad\qquad\qquad}.$$

(4) 在 $x=12$ cm 处，物体的速度为

$$v|_{x=0.12}=\frac{dx}{dt}\Big|_{x=0.12}=\underline{\qquad\qquad\qquad}.$$

物体的动能为

$$E_k|_{x=0.12}=\frac{1}{2}mv^2\Big|_{x=0.12}=\underline{\qquad\qquad}.$$

物体的势能为

$$E_p|_{x=0.12}=\frac{1}{2}kx^2\Big|_{x=0.12}=\underline{\qquad\qquad}.$$

谐振动系统的机械能为

$$E=E_k+E_p=\underline{\qquad\qquad\qquad\qquad}.$$

10-5　一弹簧振子做谐振动，振幅 $A=0.20$ m，弹簧的劲度系数 $k=2.0$ N/m，所系物体的质量 $m=0.50$ kg. 试求：

(1) 当动能和势能相等时，物体的位移是多少？

(2) 设 $t=0$ 时，物体在正最大位移处达到动能和势能相等处所需的时间是多少？(在一个周期内)

解：(1) 振子做谐振动，动能和势能相等时，有 $E_p=\dfrac{1}{2}E$，即$\dfrac{1}{2}kx^2=\dfrac{1}{2}\left(\dfrac{1}{2}kA^2\right)$.

位移为

$$x=\pm\frac{\sqrt{2}}{2}A=\pm0.14\ \text{m}$$

(2) 据题意可有 $x_0=A$，$v_0=0$，得$\phi_0=0$.

所以，谐振动表达式为　$x=A\cos\omega t$

式中

$$\omega=\sqrt{\frac{k}{m}}=\sqrt{\frac{2.0}{0.5}}=2\ \text{rad/s}$$

当 $x=\pm\dfrac{\sqrt{2}}{2}A$ 时，动能和势能相等，即有

$$\pm\frac{\sqrt{2}}{2}A=A\cos\omega t$$

$$\omega t=2t=(2j+1)\frac{\pi}{4}\quad (j=0,1,2,\cdots)$$

所以，在开始计时后的一个周期内，动能和势能相等的时刻为

$$t_1=\frac{\pi}{8}=0.39\ \mathrm{s}$$

$$t_2=\frac{3\pi}{8}=1.2\ \mathrm{s}$$

$$t_3=\frac{5\pi}{8}=2.0\ \mathrm{s}$$

$$t_4=\frac{7\pi}{8}=2.7\ \mathrm{s}$$

10-6 一质点同时参与两个在同一直线上的谐振动：

$$x_1=0.04\cos\left(2t+\frac{\pi}{6}\right),x_2=0.03\cos\left(2t-\frac{5}{6}\pi\right)$$

试求其合振动的运动学方程(式中，x 以 m 计，t 以 s 计).

分析：这是两个振动方向相同(Ox 轴)、振动频率相同的谐振动的合成，合振动仍为 x 轴上同频率的谐振动. 利用旋转矢量图法判断出两个振动的相位差，即可得到合振动的振幅和相位，并写出合振动的运动学方程.

解：这两个谐振动的相位在任何时刻都反相，由旋转矢量图可知，合矢量 $\boldsymbol{A}$ 在 $\boldsymbol{A}_1$ 方位如解图 10-6 所示. 所以，合振幅为

$$A=|A_1-A_2|=0.04-0.03=0.01\ \mathrm{m}$$

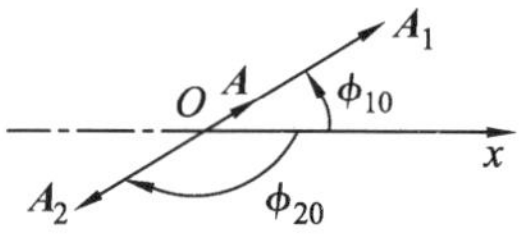

解图 10-6

初相位为 $\phi_0=\phi_{10}=\frac{\pi}{6}$

合振动的运动学方程为 $x=x_1+x_2=0.01\cos\left(2t+\frac{\pi}{6}\right)\ \mathrm{m}$

10-7 一个质点同时参与两个同方向、同频率的简谐运动，其振动方程为

$$x_1=0.3\cos\left(0.5\pi t-\frac{5\pi}{6}\right)\ \mathrm{m}$$

$$x_2=0.4\cos(0.5\pi t+\phi_{20})\ \mathrm{m}$$

试问：

(1) ϕ_{20} 为何值时合振动的振幅最大？其值为多少？

(2) 若合振动的初相 $\phi_0=\frac{\pi}{6}$，则 ϕ_{20} 为何值？

分析：当两个同方向(Ox 轴)、同频率的谐振动同相时，其合振动的振幅最大，反相时合振动的振幅最小. 合振动的初相可根据旋转矢量图上合矢量的方位确定.

解：(1) 当两个振动同相时，合振动的振幅最大，所以当 $\phi_{20}=-\frac{\pi}{6}$ 时，合振幅最大，为

$$A=A_1+A_2=0.3+0.4=0.7\ \mathrm{m}$$

(2) 若合振动的初相 $\phi_0=\frac{\pi}{6}$，旋转矢量图上合矢量 $\boldsymbol{A}$ 的方位与 $\boldsymbol{A}_1$ 相反，即 $\boldsymbol{A}$ 与 $\boldsymbol{A}_2$ 的方位相同，所以，当 $\phi_{20}=\frac{\pi}{6}$ 时，合振幅最小，为

$$A=|A_1-A_2|=0.4-0.3=0.1\ \mathrm{m}$$

第十一章

机械波和电磁波

一、基本要求

1. 掌握建立平面简谐波波函数的方法和波函数的物理意义,理解波的能量传播特征.

2. 掌握描述波动的特征量和描述能量传播特征的物理量及其关系.

3. 理解惠更斯原理.

4. 理解波的叠加原理和相干波概念;理解波的干涉的相位差和波程差条件;理解驻波及其形成条件、驻波与行波的区别.

5. 理解机械波的多普勒效应;了解电磁波的多普勒效应.

6. 了解电磁波的产生及其性质.

二、思路与联系

与振动密切相关的波动,也是自然界常见的、重要的物质运动形式.波的种类很多,按物理性质来分有机械波、电磁波等;按波的传播方向和振动方向间的关系来分有横波和纵波;按波的传播方向来分有一维波、二维波和三维波;按介质中质点振动的规律来分有简谐波与非简谐波;按传播过程中波面形状来分有平面波、柱面波和球面波;等等.

机械波是机械振动在媒质中的传播.在振动传播过程中,介质本身并没有产生宏观迁移,传播的仅仅是振动状态.形成机械波,必须具备两个条件:振源和能够产生传播振动的弹性介质.电磁波是变化的电磁场在空间的传播,电磁波的传播不需要介质,可在真空中传播,这是它与机械波的重要区别,但其传播规律与机械波是相似的.电磁波是横波.

各种类型的波各有特性,但具有一些相同的性质.本章着重研究机械波,目的在于通过对简单直观的平面谐波的研究,认识波动的基本规律,这对分析研究其他形式的波动具有重要意义,尤其对波动光学的学习具有直接的帮助.

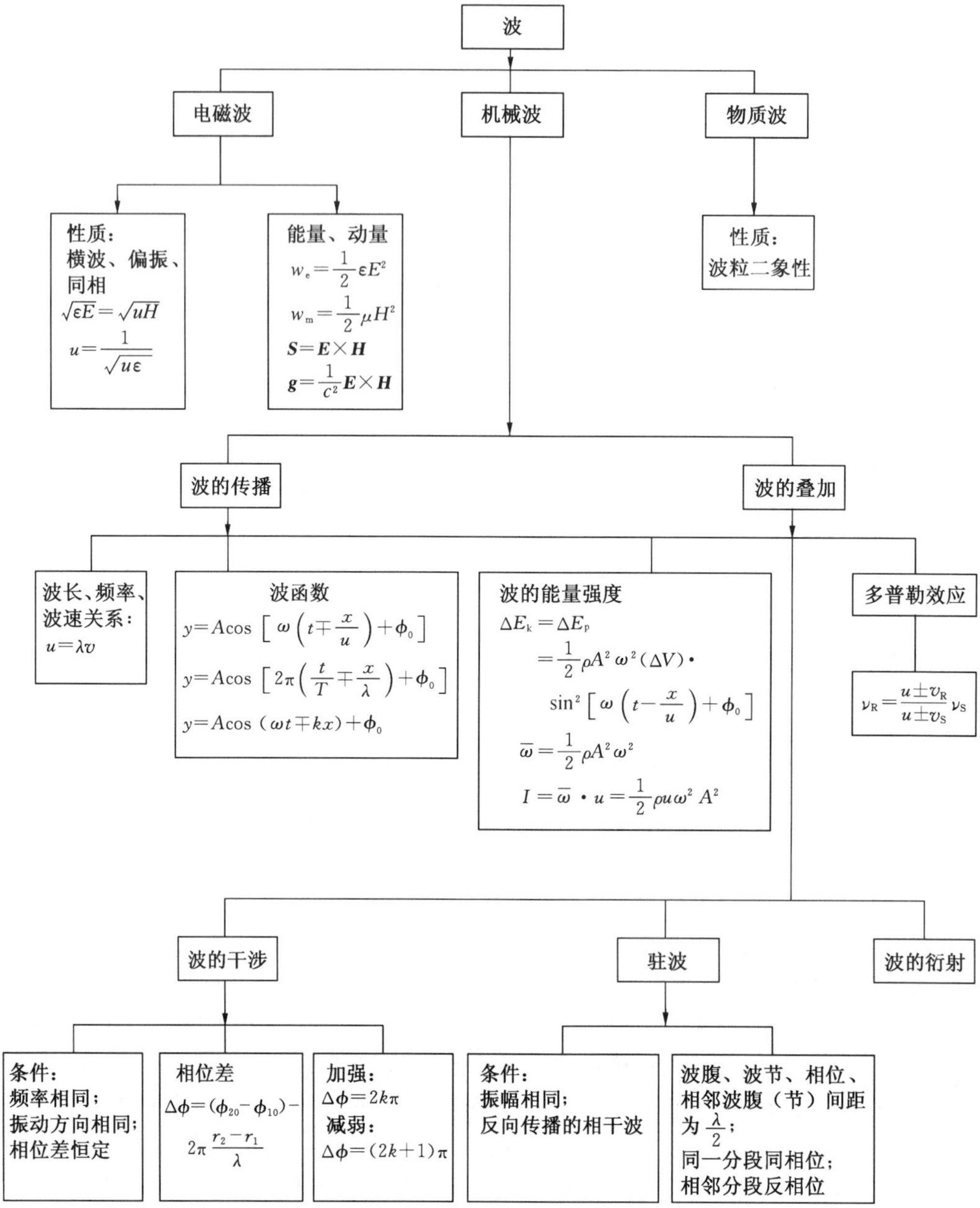
波
电磁波
机械波
物质波
性质：横波、偏振、同相
$\sqrt{\varepsilon}E=\sqrt{u}H$
$u=\frac{1}{\sqrt{u\varepsilon}}$
能量、动量
$w_e=\frac{1}{2}\varepsilon E^2$
$w_m=\frac{1}{2}\mu H^2$
$\boldsymbol{S}=\boldsymbol{E}\times\boldsymbol{H}$
$\boldsymbol{g}=\frac{1}{c^2}\boldsymbol{E}\times\boldsymbol{H}$
性质：波粒二象性
波的传播
波的叠加
波长、频率、波速关系：$u=\lambda v$
波函数
$y=A\cos\left[\omega\left(t\mp\frac{x}{u}\right)+\phi_0\right]$
$y=A\cos\left[2\pi\left(\frac{t}{T}\mp\frac{x}{\lambda}\right)+\phi_0\right]$
$y=A\cos(\omega t\mp kx)+\phi_0$
波的能量强度
$\Delta E_k=\Delta E_p=\frac{1}{2}\rho A^2\omega^2(\Delta V)\cdot\sin^2\left[\omega\left(t-\frac{x}{u}\right)+\phi_0\right]$
$\overline{\omega}=\frac{1}{2}\rho A^2\omega^2$
$I=\overline{\omega}\cdot u=\frac{1}{2}\rho u\omega^2A^2$
多普勒效应
$\nu_R=\frac{u\pm v_R}{u\pm v_S}\nu_S$
波的干涉
驻波
波的衍射
条件：频率相同；振动方向相同；相位差恒定
相位差 $\Delta\phi=(\phi_{20}-\phi_{10})-2\pi\frac{r_2-r_1}{\lambda}$
加强：$\Delta\phi=2k\pi$
减弱：$\Delta\phi=(2k+1)\pi$
条件：振幅相同；反向传播的相干波
波腹、波节、相位、相邻波腹（节）间距为$\frac{\lambda}{2}$；同一分段同相位；相邻分段反相位

三、学习指导

(一)机械波的产生和传播

1. 波动

波动是振动状态在空间的传播.机械振动在介质中的传播过程称为机械波,变化电场和变化的磁场在空间的传播过程称为电磁波.

机械波的形成和传播必须具备________:一是引起机械波的________;二是能把振动状态传播出去的________.

电磁波的产生和传播机制与机械波有着本质上的区别.电磁波可以由开放的振荡电路即振荡偶极子激发,它的传播并不需要弹性介质,而由变化的电场和磁场相互激发、相互感生,由近及远传播开去.

作为振动状态在空间的传播,________________________:

(1)波动传播的是____________.空间某点的振动引起周围其他点的振动,各点的振动相互联系,由近及远传播开去,形成波动.

(2)波动具有____________和____________.沿传播方向,各点的振动状态依次落后.在每一时刻,各点振动状态的空间分布形成空间周期性,每一点的振动又具有时间周期性.

各种形态的波动具有明显的共性,例如:都具有一定的传播速度;都能产生干涉、衍射等现象;都伴随着能量的传播;在分界面上都存在反射和折射现象;等等.

2. 波的一般描述

(1)简谐波

简谐振动的传播形成简谐波.简谐波在弹性介质中传播时,介质中各质点的运动都是简谐振动.各种复杂的线性波都可由许多不同频率、不同振幅的简谐波叠加而成.因此,简谐波是最简单,而又最重要的波,其中又以机械简谐波最为直观.

(2)横波与纵波

横波是振动方向与波的传播方向相互垂直的波.纵波是振动方向与波的传播方向相互平行的波.

(3)波速

振动状态在空间的传播速度称为波速或相速,用 u 表示.

弹性介质中机械波相位的传播速度 u 取决于介质的弹性性质(弹性模量)和惯性性质(密度),可表示为

$$u=\sqrt{\frac{\text{弹性模量}}{\text{密度}}}$$

电磁波在无色散介质中的传播速度取决于介质的电磁性质,真空中的传播速度为 c,即

$$u=\frac{1}{\sqrt{\varepsilon\mu}},\ c=\frac{1}{\sqrt{\varepsilon_0\mu_0}}$$

(4)波长

波长因素描述波的空间周期性,用 λ 表示.波长反映波动具有空间周期性的特征.

(5) 波的周期

描述波的时间周期性,用 T 表示.

在简谐波传播空间中的所有的质点都具有相同的振动周期,这反映了波动的时间周期性.

波速 u、波长 λ 和周期 T 三者有如下关系:________________.

(二) 平面简谐波的波函数　波动方程

1. 平面谐波的波函数

平面谐波沿 x 轴正方向传播,取 x 轴上坐标原点处(不一定是波源),则距原点 x 处质点的运动方程为

____

式中,"—"表示 $x>0$ 处质点在 t 时刻的振动相位落后于该时刻 $x=0$ 处质点的振动相位.同理,对于 $x<0$ 处,质点的振动相位则由于坐标值为负,是超前的.

平面谐波沿 x 轴反方向传播时,距原点 $x>0$ 处质点的运动方程为

$$y=A\cos\left[\omega\left(t+\frac{x}{u}\right)+\phi_0\right]=A\cos\left[\left(\omega t+2\pi\frac{x}{\lambda}\right)+\phi_0\right]$$

式中,"+"表示在 t 时刻,x 处质点的振动相位比 $x=0$ 处质点的振动相位超前,这是因为波沿 x 轴反方向传播的缘故.同理,对于 $x<0$ 处,质点的振动相位则由于坐标值为负,是落后的.

所以,波函数可写为　$y=A\cos\left[\omega\left(t\mp\frac{x}{u}\right)+\phi_0\right]$

***2. 波动方程**

一维平面简谐波满足微分方程

$$\frac{\partial^2 y}{\partial x^2}=\frac{1}{u^2}\frac{\partial^2 y}{\partial t^2}$$

这是根据牛顿运动定律和弹性介质推得的线性方程,u 为弹性介质中的波速.在一定的边值条件下,方程的解称为波函数,具有 $f(x,t)=f(x\pm ut)$ 的形式.

(1) 一维平面简谐波满足微分方程一般适用于各向同性的均匀介质,既适用于机械波,也适用于平面简谐电磁波,既适用于横波,也适用于纵波.

(2) 线性偏微分方程的解满足叠加原理.如果波函数 $y_1(x,t)$ 是上述方程的一个解,波函数 $y_2(x,t)$ 是上述方程的另一个解,那么,两个波函数叠加的结果 $y(x,t)=y_1+y_2$ 也一定是上述方程的解.这就是波的叠加原理的理论依据.

(三) 波的能量　波的强度

1. 波的能量

所有的波都携带能量.机械波在弹性介质中传播的同时,伴随着机械能的传播.

与简谐振动系统的机械能守恒不同,简谐波在无吸收的弹性介质中传播时,质元 ΔV $(\Delta m=\rho\Delta V)$ 的动能和势能的大小相同,且同相地变化,有

$$W_k=W_p=\frac{1}{2}\rho A^2\omega^2(\Delta V)\sin^2\omega\left(t-\frac{x}{u}\right)$$

ΔV 的机械能　$W=W_k+W_p=\rho A^2\omega^2(\Delta V)\sin^2\omega\left(t-\frac{x}{u}\right)$

单位体积内波的能量称为能量密度，在一个时间周期内能量密度的平均值称为平均能量密度.

$$\bar{w}=\frac{1}{T}\int_0^T w\mathrm{d}t=\frac{1}{2}\rho A^2\omega^2$$

式中，
$$w=\frac{W}{\Delta V}=\rho A^2\omega^2\sin^2\omega\left(t-\frac{x}{u}\right)$$

为能量密度(energy density of wave).

在波的传播过程中，介质内有不为零的平均能量密度以波速 u 随波运动，这说明波的传播过程确实是能量的传播过程.

2. **波的强度**

(1) 平均能流和波的强度

波的传播过程伴随着能量的流动，因此也可以把波动看作"能量流"，即能流. 单位时间内通过垂直于波的传播方向上面积 S 的平均能量为平均能流 $\bar{P}$.

$$\bar{P}=\bar{w}uS$$

波的强度也称波的能流密度(energy flux density). 它是单位时间内通过垂直于波的传播方向上面积 S 的平均能流.

$$I=\frac{\bar{P}}{S}=\bar{w}u=\frac{1}{2}\rho u\omega^2A^2$$

(2) 平面波和球面波

平面波的波线为等间隔的、互相平行的有向线段. 根据能量守恒定律，单位时间内，通过垂直于波线的两个等面积的平面的波的平均能量必定相等，$\bar{P}_1=\bar{P}_2$，由此得出平面波振幅不变的结论，即 $A_1=A_2$.

对于球面波，波线呈球对称辐射状分布. 单位时间内通过同心的两球面的波的平均能量必定相等，即 $\bar{P}_1=\bar{P}_2$，所以有

$$\frac{1}{2}\rho u\omega^2A_1^2(4\pi r_1^2)=\frac{1}{2}\rho u\omega^2A_2^2(4\pi r_2^2)$$

即
$$\frac{A_2}{A_1}=\frac{r_1}{r_2}$$

若已知 $r_1=1$ 时，$A_1=a$，那么离球心 r 处的球面波的振幅为 $A=\frac{a}{r}$. 可见球面波的振幅反比于距离，这也是能量守恒的必然要求.

(四) 电磁波

1. **电磁波**

电磁波是交变电磁场在空间的传播. 作为电磁场的一种运动形式，电磁波同时也传播电磁场的能量和动量.

(1) 电磁波由可变化的电荷或电流激发，也可被变化的电荷或电流所吸收. 与机械波不同的是，电磁波可以脱离其"源"而独立存在，其传播过程不依赖于任何弹性介质. 变化的磁场激发涡漩场，两者相互激发相互依存，因此在真空中也能传播电磁波.

(2) 电磁波的传播速度等于光速. 真空中电磁波的传播速度是一恒量，用 c 表示.

电磁波在介质中的传播速度为　$v=\frac{1}{\sqrt{\varepsilon\mu}}=\frac{c}{\sqrt{\varepsilon_r\mu_r}}$

式中，ε 和 μ 分别为介质的电容率和磁导率.

(3) 各种电磁波因波长和频率不同而具有不同的性质，但它们的本质完全相同. 随着频率的增高，传播的直进性和粒子性愈明显.

* 2. 平面电磁波的性质

对于均匀、各向同性的线性介质，在远离场源的自由空间中传播的电磁波，可以作为平面电磁波处理. 平面电磁波的主要特征表现在：① 横波性；② 同相性；③ 偏振性.

任何时刻，空间某点处的 E 和 H 在量值上都有如下关系：

$$\sqrt{\varepsilon}E(r,t)=\sqrt{\mu}H(r,t)$$

由于 E 和 H 的同相性，所以它们的振幅 E_0 和 H_0 之间存在振幅关系：

$$\sqrt{\varepsilon}E_0=\sqrt{\mu}H_0$$

3. 电磁波的能量

电磁波的传播过程也是电磁场能量的传播过程.

(1) 能量密度矢量 $\boldsymbol{S}$(辐射强度或能流密度)

能流密度矢量就是单位时间内通过垂直于传播方向上单位面积的电磁能，即坡印廷矢量.

$$S=wu=\left(\frac{1}{2}\varepsilon E^2+\frac{1}{2}\mu H^2\right)u=EH$$

式中的 $E=E(r,t)$，$H=H(r,t)$都是随时间和空间变化的波动表达式，故 $S=S(r,t)$也是随时间和空间变化的.

(2) 平均辐射强度(波的强度)

辐射强度在一个周期内的平均值称为平均辐射强度.

对于真空中的平面电磁波， $\bar{S}=\frac{1}{2}\varepsilon_0 cE_0^2=\frac{1}{2}\mu_0 cH_0^2$

式中，E_0 和 H_0 分别为电场强度矢量和磁场强度矢量的振幅.

(五) 波的叠加原理　波的干涉　驻波

1. 波的干涉

(1) 波的干涉现象

当两列____，干涉现象是波动的基本特征之一.

(2) 相干波

振动方向相同或有同方向的分量，振动频率相同，在相遇处引起质点分振动的相位差恒定的两列波，称为相干波. 相干波在它们相遇空间内的各点，可以形成稳定的振动加强和振动减弱的干涉现象.

(3) 干涉加强和减弱的条件

当两列相干波引起空间某点 P 的两个分振动的相位差 $\Delta\phi$满足：

$$\Delta\phi=(\phi_{20}-\phi_{10})-\frac{2\pi}{\lambda}(r_2-r_1)=\begin{cases}2k\pi\ (k=0,\pm1,\pm2,\cdots)\text{，干涉加强}\\(2k+1)\pi\ (k=0,\pm1,\pm2,\cdots)\text{，干涉减弱}\end{cases}$$

式中，r_1 和 r_2 分别为两相干波源 S_1 和 S_2 到相遇点 P 的波程.

由于波的强度正比于质点合振动振幅的平方，因此干涉区域内波的强度分布可以表示为

$$I=I_1+I_2+2\sqrt{I_1I_2}\cos\Delta\phi$$

它取决于相位差 $\Delta\phi$. 若两相干波源的初相相同，相遇点 P 的相位差 $\Delta\phi$ 可以表示为

$$\Delta\phi=\_\_\_\_\_\_\_\_\_\_\_\_\_\_\_\_\_\_\_\_$$

式中，$\delta=r_1-r_2$ 为波程差. 若在相遇点，两列相干波引起分振动的振幅相等，即 $A_1=A_2$，则干涉区域内波的强度

$$I=2I_1(I+\cos\Delta\phi)=4I_1\cos^2\frac{\Delta\phi}{2}$$

由于干涉，两列相干波的能量在重叠区域内出现了由相位差 $\Delta\phi$ 所决定的重新分布.

2. 驻波

驻波是特殊形态的合成波. 振幅相同、传播方向相反($\pm x$)的两列相干波叠加后形成驻波.

驻波具有波动的某些共性，如各质点位移的分布具有空间周期性，各质点的振动具有时间周期性，但它既______________，也______________，______________，这是______________.

对于驻波，需注意以下概念：

(1) 驻波表达式中含有两个因子：振幅项和振动项，而反映波动的主要特征——状态传播的重要因子$\left(vt\pm\frac{x}{\lambda}\right)$消失了.

(2) 振幅随 x 而缓慢变化. 驻波中各质点因位置 x 不同而以各自不同的振幅做简谐运动. 振幅最大处为波腹，振幅最小处为波节. ____________________.

(3) 驻波的相位分布为：____________________，____________________.

驻波中，各质元在振动过程中的能量不断变化. 例如：波节处质元的动能始终为零，其势能则随着两侧质元振动引起的相对形变而不断变化；波腹处质元的动能不断变化，但其势能始终为零. 各质元间不断交换能量，但总能量始终停留在驻波所在范围内，并不传播出去.

(六) 多普勒效应

多普勒效应是一切波动具有的共同特征，机械波、电磁波都存在多普勒效应. 它们的重要区别是：

(1) 机械波的传播依赖弹性介质，波源或观测者的速度都是相对介质的，两者引起的效果并不相同. 电磁波的传播不依赖弹性介质，其多普勒效应仅与波源和观测者的相对运动速度有关，而不论何者在运动.

(2) 电磁波以光速传播，对电磁波的多普勒效应必须考虑相对论效应，而对机械波的多普勒效应则不一定.

(3) 电磁波既有纵向的多普勒效应，也有横向的多普勒效应，而机械波不存在横向的多普勒效应.

1. 机械波的多普勒效应

当波源或观测者相对介质的运动发生在它们的连线上时，观测者接收到波的频率

ν_R 为

$$\nu_R=\frac{u_0}{u_S}\nu_S$$

式中,u_0 为观测者相对波阵面的运动速度; u_S 为波源相对波阵面的运动速度.

当观测者相对介质运动,波源不动时,

$$u_0=\_\_\_\_\_\_\_\_\_\_\_\_\_\_\_\_$$

式中,u 为波在介质中的传播速度."+"对应观测者向着波阵面运动,单位时间内遇到的完整的波的数目较相对介质不动时所遇到的要多,因此接收到的频率增高."−"对应观测者背着波阵面运动,观测者在单位时间内遇到的完整的波的数目较相对介质不动时所遇到的要减少,因此接收到的频率降低.

当波源相对介质运动,观察者不动时,

$$u_S=\_\_\_\_\_\_\_\_\_\_\_\_\_\_\_\_$$

其中,"−"对应波源追着波阵面运动,与介质不动的情况比较,波长变短而频率增高."+"对应波源背离波阵面运动,与介质不动的情况比较,波长变长而频率降低.

显然,波源的运动和观测者的运动导致观测者接收到的频率改变的原因是不同的.

四、习题分析与解答

11-1 一横波沿绳子传播时的波动方程式为

$$y=0.05\cos(10\pi t-4\pi x)$$

x,y 的单位为 m,t 的单位为 s.

(1) 求此波的振幅、波速、频率和波长.

(2) 求绳子上各质点振动的最大速度和最大加速度.

(3) 求 $x=0.2$ m 处的质点在 $t=1$ s 时的相位,它是原点处质点在哪一时刻的相位?

(4) 分别画出 $t=1$ s,1.25 s,1.50 s 各时刻的波形.

分析: 平面简谐波在弹性介质中传播时,介质中各质点做位移方向、振幅、频率都相同的谐振动,振动的相位沿传播方向依次落后,以速度 u 传播.把绳中横波的表达式与波动表达式相比较,可得到波的振幅、波速、频率和波长等特征量.t 时刻、$x>0$ 处质点的振动相位与 t 时刻前 $x=0$ 处质点的振动相位相同.

解: (1) 将绳中横波的表达式

$$y=0.05\cos(10\pi t-4\pi x)$$

与标准波动表达式

$$y=A\cos(2\pi\nu t-2\pi x/\lambda+\phi_0)$$

比较可得 $A=0.05\ \text{m},\nu=5\ \text{Hz},\lambda=0.5\ \text{m}$

并有 $u=\lambda\nu=2.5\ \text{m/s},\phi_0=0$

(2) 各质点振动的最大速度为 $v_m=\omega A=0.5\pi=1.57\ \text{m/s}$

各质点振动的最大加速度为 $a_m=\omega^2 A=5\pi^2=49.3\ \text{m/s}^2$

(3) $x=0.2$ m 处质点在 $t=1$ s 时的相位为

$$\phi(0.2\ \text{m},1\ \text{s})=(10\pi\times1-4\pi\times0.2)=9.2\pi$$

这是 t 时刻前,坐标原点 $x=0$ 处质点的振动相位,即有

$$\phi(0\ \text{m},t)=(10\pi t-4\pi\times 0)=9.2\pi$$

得
$$t=0.92\ \text{s}$$

(4) $t=1$ s 时的波动方程为

$$y=0.05\cos(10\pi-4\pi x)=0.05\cos 4\pi x\ \text{m}$$

$t=1.25$ s 时的波动方程为

$$y=0.05\cos(12.5\pi-4\pi x)=0.05\sin 4\pi x\ \text{m}$$

$t=1.50$ s 时的波动方程为

$$y=0.05\cos(15\pi-4\pi x)=-0.05\cos 4\pi x\ \text{m}$$

各时刻的波形曲线 $y-x$,如解图 11-1 所示.

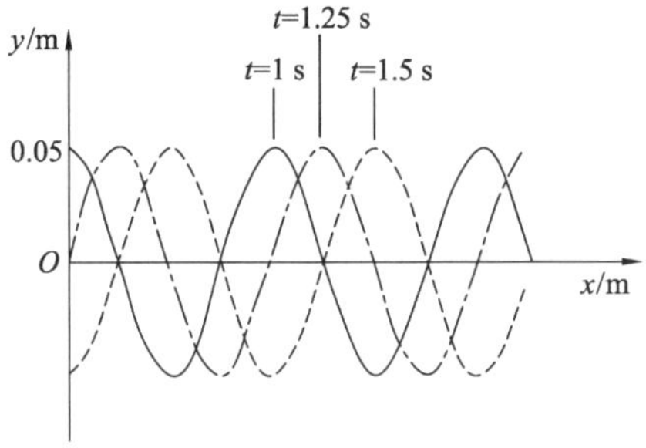

解图 11-1

11-2　设有一平面简谐波

$$y=0.02\cos 2\pi\left(\frac{t}{0.01}-\frac{x}{0.3}\right)$$

x,y 以 m 计,t 以 s 计.

(1) 求振幅、波长、频率和波速;

(2) 求 $x=0.1$ m 处质点振动的初相位.

解:(1) 将波动表达式

$$y=0.02\cos 2\pi\left(\frac{t}{0.01}-\frac{x}{0.3}\right)$$

与标准波动方程
$$y=A\cos\left(2\pi\nu t-\frac{2\pi}{\lambda}x+\phi_0\right)$$

比较可得
$$A=0.02\ \text{m},\lambda=0.3\ \text{m},\nu=100\ \text{Hz},\phi_0=0$$

并有
$$u=\lambda\nu=30\ \text{m/s}$$

(2) $x=0.1$ m 处质点在 $t=0$ 时刻振动的初相位为

$$\phi_0\big|_{x=0.1}=2\pi\left(\frac{0}{0.01}-\frac{0.1}{0.3}\right)=-\frac{2\pi}{3}$$

11-3　一平面简谐波沿 x 轴正向传播,振幅 $A=0.1$ m,频率 $\nu=10$ Hz,当 $t=1.0$ s 时,$x=0.1$ m 处的质点 a 的振动状态为 $y_a=0$,而 $v_a=\left(\frac{\mathrm{d}y}{\mathrm{d}t}\right)_a<0$. 此时,$x=20$ cm 处的质点 b 的振动状态为 $y_b=5.0$ cm,$v_b>0$. a,b 两质点的间距小于一个波长. 求波的表达式.

分析:在平面简谐波传播的过程中,a,b 两质点都做谐振动. 由于两质点的间距小于一个波长,因此在任意时刻它们的相位差小于 2π. 根据 t 时刻质点 a 和 b 的振动状态,可以确定两质点振动的相位和相位差,坐标原点处质点振动的初相位,以及波长 λ.

解: 设波的表达式为

$$y=A\cos\left(2\pi\nu t-\frac{2\pi x}{\lambda}+\phi_0\right)=0.1\cos\left(20\pi t-\frac{2\pi x}{\lambda}+\phi_0\right)\ \text{m}$$

将 $x_a=0.1$ m 代入波的表达式,可得质点 a 的振动表达式为

$$y_a=0.1\cos\left(20\pi t-\frac{0.2\pi}{\lambda}+\phi_0\right)\ \text{m}$$

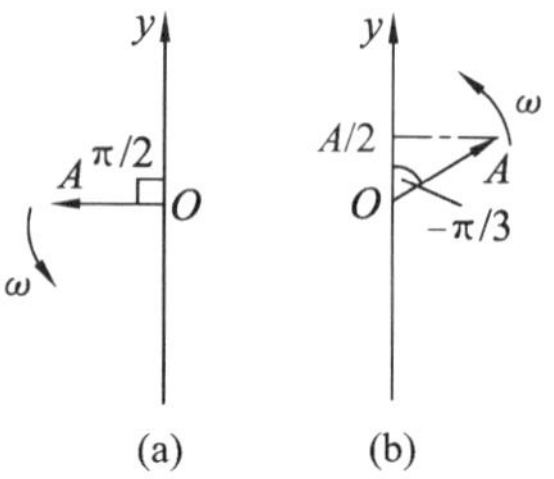

解图 11-3

据题意,$t=1.0$ s 时,$y_a=0$,$v_a=\left(\frac{\mathrm{d}y}{\mathrm{d}t}\right)_a<0$,由解图 11-3a 的旋转矢量图可知,该时刻质点 a 正由平衡位置向位移的负方向运动,有

$$\phi_a=\frac{\pi}{2}$$

即
$$\phi_a=20\pi\times1.0-\frac{0.2\pi}{\lambda}+\phi_0=\left(20-\frac{0.2}{\lambda}\right)\pi+\phi_0=\frac{\pi}{2} \tag{1}$$

将 $x_b=0.2$ m 代入波的表达式,可得质点 b 的振动表达式为

$$y_b=0.1\cos\left(20\pi t-\frac{0.4\pi}{\lambda}+\phi_0\right)\ \text{m}$$

据题意,$t=1.0$ s 时,$y_b=5.0$ cm,$v_b>0$,由解图 11-3b 的旋转矢量图可知,该时刻质点 b 的相位为$\phi_b=-\frac{\pi}{3}$. 即有

$$\phi_b=20\pi\times1.0-\frac{0.4\pi}{\lambda}+\phi_0=\left(20-\frac{0.4}{\lambda}\right)\pi+\phi_0=-\frac{\pi}{3} \tag{2}$$

根据波的表达式,可得 a,b 两质点的相位差为

$$\Delta\phi=\phi_b-\phi_a=-\frac{2\pi}{\lambda}(x_b-x_a) \tag{3}$$

式中,"$-$"表示质点 b 的相位落后于质点 a 的相位.

由式(1),(2),(3)可解得波长为

$$\lambda=0.24\ \text{m}$$

坐标原点处质点振动的初相为 $\phi_0=-\frac{2}{3}\pi$

所以,波的表达式为 $y=0.1\cos\left(20\pi t-\frac{25\pi}{3}x-\frac{2}{3}\pi\right)$ m

11-4 已知一沿 x 轴正向传播的平面余弦波在 $t=\frac{1}{3}$ s 时的波形如图所示,且周期 $T=2$ s.

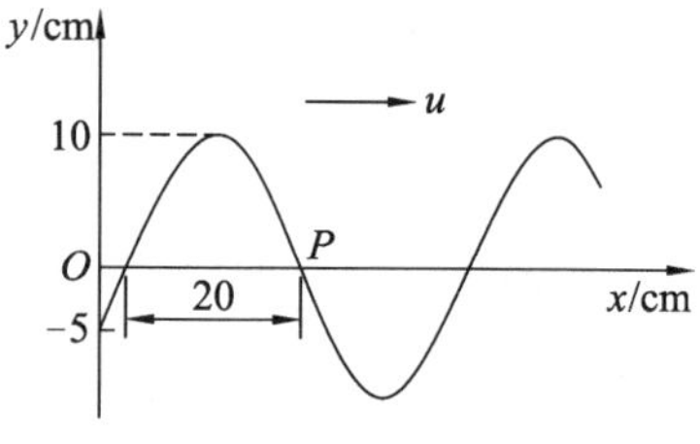

习题 11-4 图

(1) 写出点 O 和点 P 的振动表达式;

(2) 写出该波的波动表达式;

(3) 求点 P 离点 O 的距离.

分析: 根据波形曲线可知波长和振幅,由 $u=\frac{\lambda}{T}$ 可

得到波速.将波形曲线沿波的传播方向稍作平移,即可确定点 O 和点 P 在 $t=\frac{1}{3}$ s时的振动状态,并得到 O 点振动的初相,从而确定波动表达式和波线上各点的振动表达式.

解:由波形曲线可得

$$A=10\ \text{cm}=0.1\ \text{m},\quad \lambda=40\ \text{cm}=0.4\ \text{m}$$

并且有

$$u=\frac{\lambda}{T}=\frac{0.4}{2}=0.2\ \text{m/s},\quad \omega=\frac{2\pi}{T}=\pi\ \text{rad/s}$$

(1) 设波动表达式为
$$y=A\cos\left[\omega\left(t-\frac{x}{u}\right)+\phi_0\right]$$

由 $t=\frac{1}{3}$ s时点 O 的振动状态:$y_{Ot}=-\frac{A}{2}$,$v_{Ot}<0$,利用旋转矢量图可得,该时刻点 O 的振动相位为$\frac{2\pi}{3}$,即

$$\phi_{Ot}=(\omega t+\phi_0)\big|_{t=\frac{1}{3}}=\frac{\pi}{3}+\phi_0=\frac{2\pi}{3}$$

由此可得点 O 的振动初相为
$$\phi_0=\frac{\pi}{3}$$

将 $x=0$,$\phi_0=\frac{\pi}{3}$代入波动表达式,即得点 O 的振动表达式为

$$y_0=0.1\cos\left(\pi t+\frac{\pi}{3}\right)\ \text{m}$$

同样,由 $t=\frac{1}{3}$ s时点 P 的振动状态:$y_{Pt}=0$,$v_{Pt}>0$,利用旋转矢量图可得,该时刻点 P 的振动相位为$-\frac{\pi}{2}$,即

$$\phi_{Pt}=\left[\omega\left(t-\frac{x}{u}\right)+\phi_0\right]_{t=\frac{1}{3}\text{s}}=\frac{\pi}{3}-\frac{\pi x_P}{0.2}+\frac{\pi}{3}=-\frac{\pi}{2}$$

可得
$$x_P=0.233\ \text{m}$$

将 $x_P=0.233$ m,$\phi_0=\frac{\pi}{3}$代入波动表达式,即得点 P 的振动表达式为

$$y_P=0.1\cos\left(\pi t-\frac{5\pi}{6}\right)\ \text{m}$$

(2) 波动表达式为

$$y=A\cos\left[\omega\left(t-\frac{x}{u}\right)+\phi_0\right]=0.1\cos\left[\pi(t-5x)+\frac{\pi}{3}\right]\ \text{m}$$

(3) 点 P 离点 O 的距离为　　$x_P=0.233$ m

11-5　一平面简谐波在 $t=0$ 时的波形曲线如图所示,波速 $u=0.08$ m/s.

(1) 写出该波的波动表达式;

(2) 画出 $t=\frac{T}{8}$时的波形曲线.

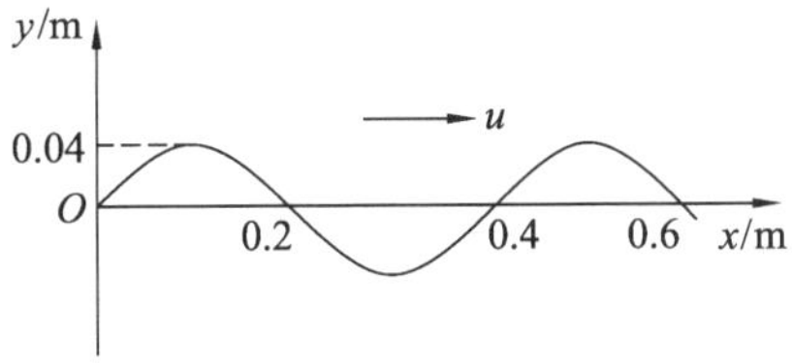

习题 11-5 图

分析:根据 $t=0$ 时刻的波形曲线,求出点 O 处质点振动的初相ϕ_0,写出点 O 的振动表达式,即可根据波的传播方向写出波动表达式.将波形曲线沿

传播方向平移$\frac{\lambda}{8}$即为$t=\frac{T}{8}$时的波形曲线.

解:(1) 由波形曲线可知$A=0.04\ \text{m}$,$\lambda=0.4\ \text{m}$.

由$u=\lambda\nu$,得

$$\nu=0.2\ \text{Hz},\ \omega=2\pi\nu=0.4\pi\ \text{rad/s}$$

$t=0$时,$x=0$处质点的运动状态为$y_0=0$,$v_0<0$,根据旋转矢量图可知,

$$\phi_0=\frac{\pi}{2}$$

所以,点O处质点的振动表达式为

$$y_0(t)=A\cos(\omega t+\phi_0)=0.04\cos\left(0.4\pi t+\frac{\pi}{2}\right)\ \text{m}$$

波动表达式为

$$y(x,t)=A\cos\left[\omega\left(t-\frac{x}{u}\right)+\phi_0\right]=0.04\cos\left[0.4\pi\left(t-\frac{x}{0.08}\right)+\frac{\pi}{2}\right]$$

$$=0.04\cos\left(0.4\pi t-5\pi x+\frac{\pi}{2}\right)\ \text{m}$$

(2) 波动传播相位,即有

$$\Delta\left(\omega t-\omega\frac{x}{u}\right)=0$$

即 $$\Delta t-\frac{\Delta x}{u}=0$$

$\Delta t=\frac{T}{8}$时,有 $\Delta x=u\Delta t=\frac{\lambda}{T}\ \frac{T}{8}=\frac{\lambda}{8}$

所以,将波形曲线沿传播方向平移$\frac{\lambda}{8}$即为$t=\frac{T}{8}$时的波形曲线,如解图 11-5 所示.

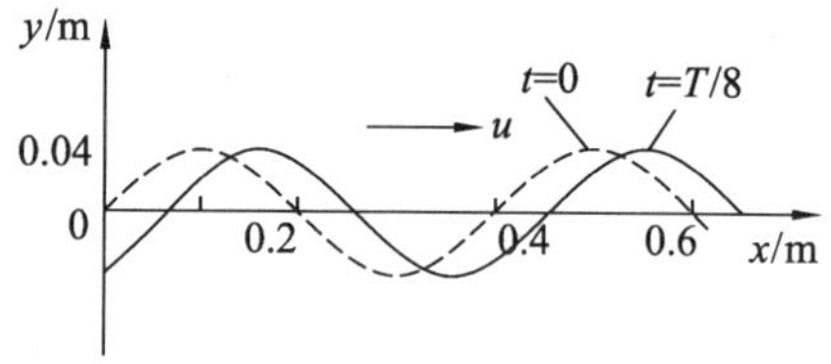

解图 11-5

11-6 一列沿x正向传播的简谐波,已知$t_1=0$和$t_2=0.25\ \text{s}$时的波形如图所示.试求:

(1) 点P的振动表达式;

(2) 此波的波动表达式;

(3) 画出点O的振动曲线.

解:从波形图可得波的振幅为 $A=0.2\ \text{m}$

根据相距$\Delta x=0.45\ \text{m}$两质点的相位差为$\Delta\phi=\frac{3\pi}{2}$,可得波长为

$$\lambda=\frac{2\pi}{\Delta\phi}|\Delta x|=0.6\ \text{m}$$

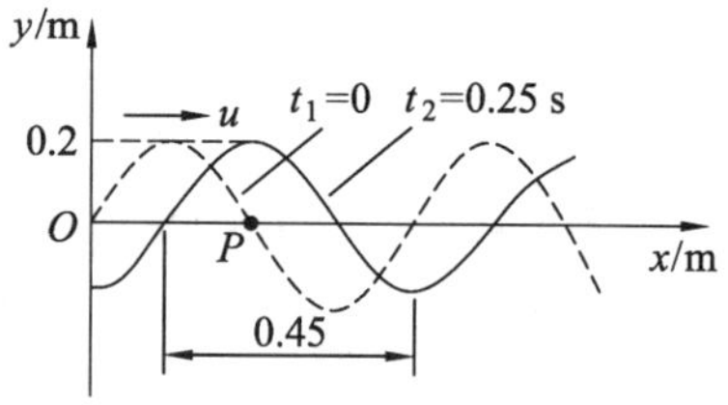

习题 11-6 图

根据波形曲线平移$\frac{\lambda}{4}$的时间间隔为$\Delta t=0.25\ \text{s}$,可得振动周期和振动频率为

$$T=\frac{\Delta t}{|\Delta x|}\lambda=1\ \text{s},\quad \nu=\frac{1}{T}=1\ \text{Hz}$$

波的传播速度为

$$u=\lambda\nu=0.6\ \text{m/s}$$

(1) $t=0$ 时,点 P 的振动状态为 $y_P(0)=0$,$v_P(0)>0$,由旋转矢量图可知,$\phi_{P0}=-\dfrac{\pi}{2}$.所以,$P$ 点的振动表达式为

$$y_P=0.2\cos\left(2\pi t-\frac{\pi}{2}\right)\ \text{m}$$

(2) $t=0$ 时,点 O 的振动状态为 $y_O(0)=0$,$v_O(0)<0$,由旋转矢量图可知,$\phi_{O0}=\phi_0=\dfrac{\pi}{2}$.所以,点 O 的振动表达式为

$$y_O=0.2\cos\left(2\pi t+\frac{\pi}{2}\right)\ \text{m}$$

波动表达式为

$$\begin{aligned}y&=0.2\cos\left[2\pi\left(t-\frac{x}{0.6}\right)+\frac{\pi}{2}\right]\\&=0.2\cos\left(2\pi t-\frac{10}{3}\pi x+\frac{\pi}{2}\right)\ \text{m}\end{aligned}$$

(3) 点 O 的振动曲线 $y_O(t)$ 如解图 11-6 所示.

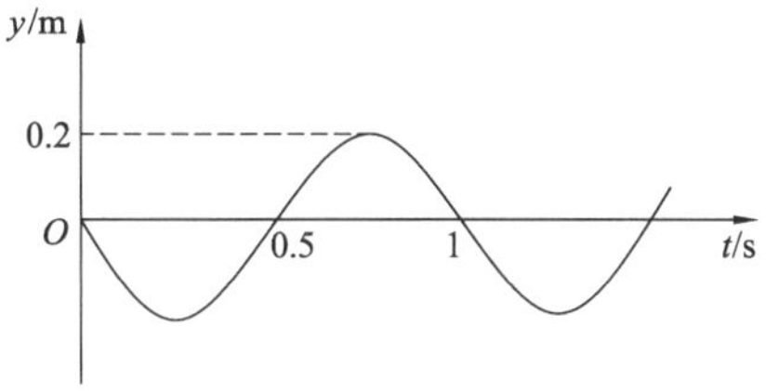

解图 11-6

11-7　一平面简谐声波的频率为 500 Hz,在空气中以速度 $u=340$ m/s 传播.到达人耳时,振幅 $A=10^{-4}$ cm,试求人耳接收到声波的平均能量密度和声强(空气的密度 $\rho=1.29\ \text{kg/m}^3$).

解: 人耳接收到声波的平均能量密度为

$$\bar{w}=\frac{1}{2}\rho A^2\omega^2=6.37\times10^{-6}\ \text{J/m}^3$$

人耳接收到声波的声强为

$$I=\bar{w}u=2.16\times10^{-3}\ \text{W/m}^2$$

11-8　设 S_1 和 S_2 为两相干波源,相距 $\dfrac{\lambda}{4}$,S_1 的相位比 S_2 的相位超前 $\dfrac{\pi}{2}$.若两波在 S_1S_2 连线方向上的强度相同均为 I_0,且不随距离变化,问 S_1S_2 连线上,在 S_1 外侧各点的合成波的强度如何? 又在 S_2 外侧各点的强度如何?

分析: 在 S_1S_2 连线上各点处,合成波的振幅取决于两相干波在各点分振动的相位差和分振幅.合成波的强度正比于振幅的平方.

解: 设 P 为 S_1 外侧任一点,Q 为 S_2 外侧任一点,如解图 11-8 所示.设 S_1 的初相 $\phi_1=0$,据题意,S_2 的初相为 $\phi_2=-\dfrac{\pi}{2}$,可取 S_1S_2 连线上两相干波的振幅 $A_1=A_2=A$.

解图 11-8

设 S_1,S_2 到点 P 的距离分别为 r_P 和 $r'_P=r_P+\dfrac{\lambda}{4}$,则点 P 的两个振动分别为

$$y_{1P}=A\cos\left(\omega t-\frac{2\pi}{\lambda}r_P+\phi_1\right)=A\cos\left(\omega t-\frac{2\pi}{\lambda}r_P\right)$$

$$y_{2P}=A\cos\left(\omega t-\frac{2\pi}{\lambda}r'_P+\phi_2\right)=A\cos\left[\omega t-\frac{2\pi}{\lambda}\left(r_P+\frac{\lambda}{4}\right)-\frac{\pi}{2}\right]$$

相位差为

$$\Delta\phi_P=\phi_{2P}-\phi_{1P}=\left[\omega t-\frac{2\pi}{\lambda}\left(r_P+\frac{\lambda}{4}\right)-\frac{\pi}{2}\right]-\left(\omega t-\frac{2\pi}{\lambda}r_P\right)=-\pi$$

点 P 的合振幅为

$$A_P=|A_1-A_2|=0$$

所以，在 S_1 外侧的各点因干涉相消，波的强度为零，即 $I_P=0$.

对 S_2 外侧任一点 Q，设 S_1，S_2 到点 Q 的距离分别为 r_Q 和 $r'_Q=r_Q-\frac{\lambda}{4}$，则点 Q 的两个振动分别为

$$y_{1Q}=A\cos\left(\omega t-\frac{2\pi}{\lambda}r_Q+\phi_1\right)=A\cos\left(\omega t-\frac{2\pi}{\lambda}r_Q\right)$$

$$y_{2Q}=A\cos\left(\omega t-\frac{2\pi}{\lambda}r'_Q+\phi_2\right)=A\cos\left[\omega t-\frac{2\pi}{\lambda}\left(r_Q-\frac{\lambda}{4}\right)-\frac{\pi}{2}\right]$$

相位差为

$$\Delta\phi_Q=\phi_{2Q}-\phi_{1Q}=\left[\omega t-\frac{2\pi}{\lambda}\left(r_Q-\frac{\lambda}{4}\right)-\frac{\pi}{2}\right]-\left(\omega t-\frac{2\pi}{\lambda}r_Q\right)=0$$

点 Q 的合振幅为

$$A_Q=A_1+A_2=2A$$

所以，在 S_2 外侧的各点因干涉相长，波的强度 $I\propto(2A)^2$，即 $I=4I_0$. 干涉加强时，合成波的强度为单列波的强度的 4 倍.

11-9 两个波在一很长的弦线上传播，设其波动表达式为

$$y_1=0.06\cos\frac{\pi}{2}(0.020x-8.0t)$$

$$y_2=0.06\cos\frac{\pi}{2}(0.020x+8.0t)$$

用 SI 制单位. 求：

(1) 合成波的表达式；

(2) 波节和波腹的位置.

分析： 两列传播方向相反的相干波可以合成为驻波. 根据驻波表达式求波节和波腹的位置.

解： (1) 将两个波的表达式按

$$y=A\cos\left(\omega t\mp\frac{2\pi}{\lambda}x\right)$$

的形式改写为
$$y_1=0.06\cos\left(4\pi t-\frac{2\pi}{200}x\right)$$

和
$$y_2=0.06\cos\left(4\pi t+\frac{2\pi}{200}x\right)$$

这两列波在弦线上的传播方向相反，$\omega=4\pi$ rad/s，$\lambda=200$ m.

合成波为 $y=y_1+y_2=\left(2A\cos\frac{2\pi}{\lambda}x\right)\cos\omega t=0.12\cos 0.01\pi x\cos 4\pi t$

该合成波是驻波.

(2) 驻波的波节和波腹的位置由 $|0.12\cos 0.01\pi x|$ 确定.

在波节处，有
$$\cos 0.01\pi x=0$$
$$0.01\pi x=(2k+1)\frac{\pi}{2}$$
波节点位置为
$$x=50(2k+1)\ \text{m}, k=0,\pm1,\pm2,\cdots$$
在波腹处，有
$$|\cos 0.01\pi x|=1$$
$$0.01\pi x=k\pi$$
波腹点位置为
$$x=100k\ \text{m}, k=0,\pm1,\pm2,\cdots$$

11-10 一声源的频率为 1 080 Hz，相对于地以 30 m/s 的速率向右运动. 在其右方有一反射面相对于地面以 65 m/s 的速率向左运动. 设空气中的声速为 331 m/s. 求：

(1) 声源在空气中发出声间的波长；

(2) 每秒钟到达反射面的波数；

(3) 反射波的速率；

(4) 反射波的波长.

分析：运动反射面作为观察者，其接收到的频率即为运动声源相对运动观察者接近时，观察者接收到的频率.

解：(1) 在运动声源前方空气分子的振动频率为
$$\nu_1=\frac{u}{u-v_S}\nu_S=\frac{331}{331-30}\times1\ 080\ \text{Hz}=1\ 188\ \text{Hz}$$
在运动声源前方空气中的波长为
$$\lambda_1=\frac{u}{\nu_1}=\frac{u-v_S}{\nu_S}=\frac{331-30}{1\ 080}=0.28\ \text{m}$$
在运动声源后方空气分子的振动频率为
$$\nu_1'=\frac{u}{u-(-v_S)}\nu_S=\frac{331}{331+30}\times1\ 080=990\ \text{Hz}$$
在运动声源后方空气中的波长为
$$\lambda_1'=\frac{u}{\nu_1'}=\frac{u+v_S}{\nu_S}=\frac{331+30}{1\ 080}=0.33\ \text{m}$$
(2) 每秒到达反射面的波数，即运动着的反射面接收到的频率为
$$\nu_R=\frac{u+v_R}{u-v_S}\nu_S=\frac{331+65}{331-30}\times1\ 080=1\ 421\ \text{Hz}$$
(3) 反射波的速率，即反射波在空气中的传播速度为 $u=331$ m/s

(4) 反射波的波长为　$\lambda_2=\frac{u-v_R}{\nu_R}=\frac{331-65}{1\ 421}=0.187\ \text{m}$

11-11 一固定的超声波探测器，在海水中发出一束频率 $\nu=30\ 000$ Hz 的超声波，被向着探测器驶来的潜艇反射回来，反射波与原来的波合成后，得到频率为 241 Hz 的拍，求潜艇的速率. 设超声波在海水中的波速为 1 500 m/s.

分析：潜艇接近固定的超声波波源时，接收到的超声波频率有多普勒效应. 同时，作为反射波源接近探测器，探测器接收到的反射波频率仍有多普勒效应. 所以，探测器接收到的超声波和发射的超声波的振动合成为拍.

解：潜艇接收到的超声波频率为

$$\nu_R=\frac{u+v}{u}\nu_S$$

式中，v 是潜艇相当于观察者接近固定波源时的速率.

潜艇作为波源以速率 v 接近固定探测器并反射超声波，探测器接收到的频率为

$$\nu_R'=\frac{u}{u-v}\nu_R=\frac{u}{u-v}\ \frac{u+v}{u}\nu_S=\frac{u+v}{u-v}\nu_S$$

反射波与发射波的合振动为拍，拍频为

$$\Delta\nu=|\nu_R'-\nu_S|=\frac{u+v}{u-v}\nu_S-\nu_S=\frac{2v}{u-v}\nu_S$$

潜艇速率为

$$v=\frac{u\Delta\nu}{2\nu_S+\Delta\nu}=\frac{1\ 500\times 241}{2\times 30\ 000+241}=6\ \text{m/s}$$

第十二章

光 学

一、基本要求

1. 掌握对杨氏双缝干涉和薄膜等厚干涉光程差的分析方法,确定干涉条纹位置的规律;理解半波损失的概念;了解迈克耳孙干涉仪的工作原理.

2. 理解惠更斯-菲涅耳原理;掌握用半波带法分析单缝夫琅禾费衍射的条纹位置.

3. 掌握光栅方程,理解缝宽对光栅衍射光强分布的影响.

4. 理解衍射对光学仪器分辨本领的影响;了解晶体的 X 射线衍射.

5. 掌握马吕斯定律和布儒斯特定律,了解双折射现象.

二、思路与联系

光学是大学物理的重要组成部分. 特点是系统性不强,包括几何光学、波动光学和现代光学几部分,看上去比较零散. 它既古老又现代,是承载现代高新技术和自然科学最重要的基础之一.

几何光学以光的直线传播定律为基础,讨论光在各向同性介质界面上的反射、折射、成像规律及其性质。

波动光学则是在波动基础上,以干涉、衍射和偏振等横波所特有的性质,从一个侧面揭示光具有电磁波的属性,粒子性则是光呈现在人们面前的另一面,因此,它又是通向现代物理的桥梁.

几何光学是研究光学最粗浅的模型,但能在相当范围内给出比较满意的结论;波动光学则是在人们认识光的本质过程中迈出的第一步,可见光是电磁波中能引起人眼视觉的部分;量子性则是在探索光的本质过程中具有微观客体的体现. 光究竟是什么? 留给人们仍有无限的探索和想象.

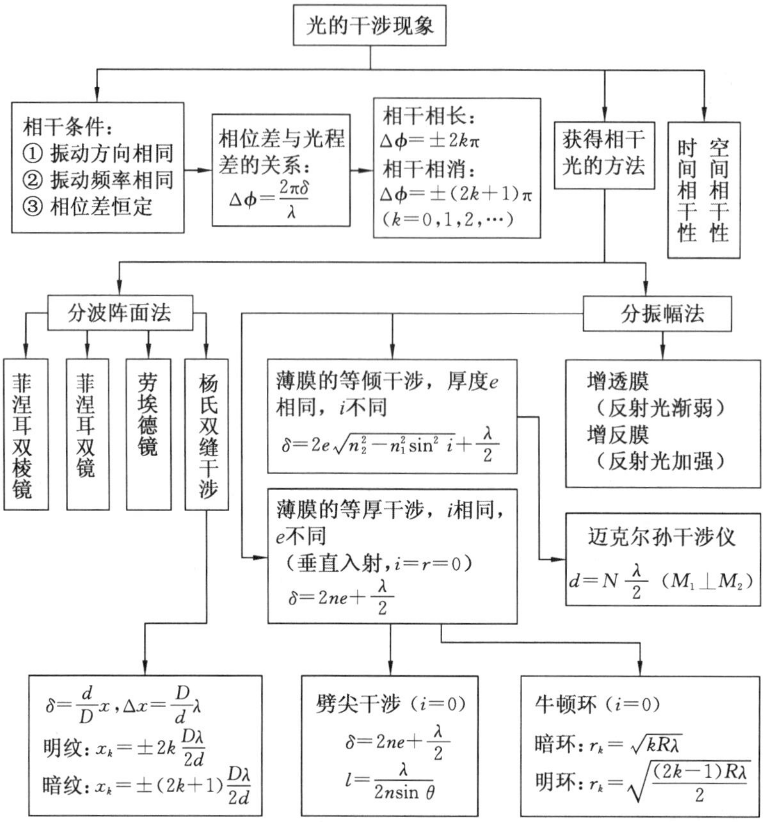
光的干涉现象
相干条件：
① 振动方向相同
② 振动频率相同
③ 相位差恒定
相位差与光程差的关系：
$\Delta\phi=\frac{2\pi\delta}{\lambda}$
相干相长：
$\Delta\phi=\pm 2k\pi$
相干相消：
$\Delta\phi=\pm(2k+1)\pi$
$(k=0,1,2,\cdots)$
获得相干光的方法
时间相干性
空间相干性
分波阵面法
分振幅法
菲涅耳双棱镜
菲涅耳双镜
劳埃德镜
杨氏双缝干涉
薄膜的等倾干涉，厚度e相同，i不同
$\delta=2e\sqrt{n_2^2-n_1^2\sin^2 i}+\frac{\lambda}{2}$
增透膜
（反射光渐弱）
增反膜
（反射光加强）
薄膜的等厚干涉，i相同，e不同
（垂直入射，$i=r=0$）
$\delta=2ne+\frac{\lambda}{2}$
迈克尔孙干涉仪
$d=N\frac{\lambda}{2}$ （$M_1\perp M_2$）
$\delta=\frac{d}{D}x$，$\Delta x=\frac{D}{d}\lambda$
明纹：$x_k=\pm 2k\frac{D\lambda}{2d}$
暗纹：$x_k=\pm(2k+1)\frac{D\lambda}{2d}$
劈尖干涉（$i=0$）
$\delta=2ne+\frac{\lambda}{2}$
$l=\frac{\lambda}{2n\sin\theta}$
牛顿环（$i=0$）
暗环：$r_k=\sqrt{kR\lambda}$
明环：$r_k=\sqrt{\frac{(2k-1)R\lambda}{2}}$

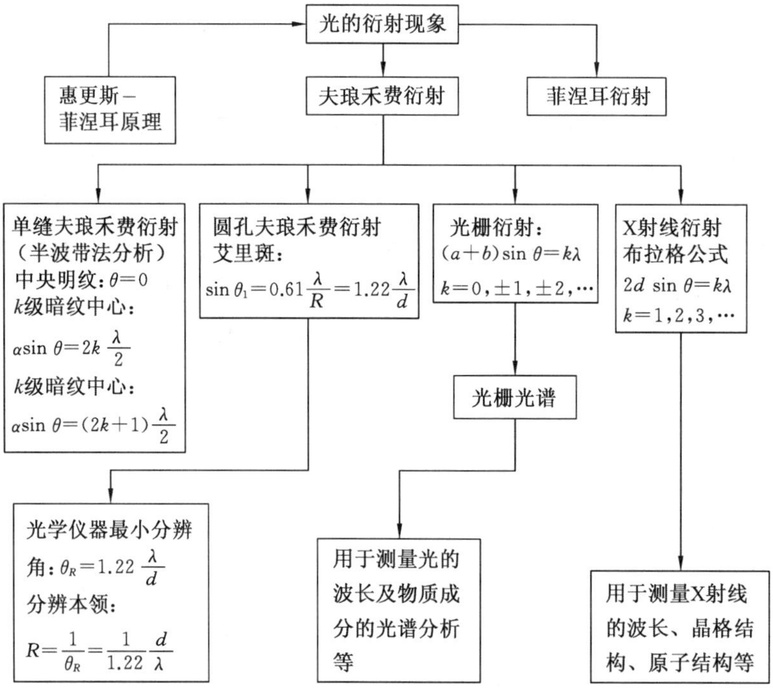
光的衍射现象
惠更斯－菲涅耳原理
夫琅禾费衍射
菲涅耳衍射
单缝夫琅禾费衍射
（半波带法分析）
中央明纹：$\theta=0$
k级暗纹中心：
$a\sin\theta=2k\frac{\lambda}{2}$
k级暗纹中心：
$a\sin\theta=(2k+1)\frac{\lambda}{2}$
圆孔夫琅禾费衍射
艾里斑：
$\sin\theta_1=0.61\frac{\lambda}{R}=1.22\frac{\lambda}{d}$
光栅衍射：
$(a+b)\sin\theta=k\lambda$
$k=0,\pm1,\pm2,\cdots$
X射线衍射
布拉格公式
$2d\sin\theta=k\lambda$
$k=1,2,3,\cdots$
光栅光谱
光学仪器最小分辨角：$\theta_R=1.22\frac{\lambda}{d}$
分辨本领：
$R=\frac{1}{\theta_R}=\frac{1}{1.22}\frac{d}{\lambda}$
用于测量光的波长及物质成分的光谱分析等
用于测量X射线的波长、晶格结构、原子结构等

三、学习指导

1. 光的干涉

(1) 相干条件及获得相干光的方法

____称为相干光. 由于原子在一次发光过程中只能发出一段有限长的波列，并且不同原子发出的或者同一原子先后不同时刻发出的波列，其频率、振动方向及相位一般都各不相同. 普通光束是由许多有限长的波列组成的，所以不同的光源或一个光源上不同部分发出的光是不能产生干涉的.

为获得相干光，把从光源上同一点发出的光分为两部分，使它们经不同路径传播，然后相遇，只要它们的光程差不大于波列的长度，这两部分光在相遇区就满足相干条件. 获得相干光的方法一般有两种：

① ____________

从波阵面上不同部分分离出两部分或更多部分作为初相位相同的相干光源，使之产生干涉. 杨氏双缝、劳埃德镜等就属于这种类型的干涉.

② ____________

入射光经薄膜上、下表面依次反射，将振幅分解为若干部分(实际是将光的能量分为若干部分)，经不同路径再相遇形成干涉. 薄膜、劈尖、牛顿环和迈克耳孙干涉仪等属于这种类型的干涉.

(2) 分波阵面法双光束干涉

介质的折射率 n 和光波在介质中经过的几何路程的乘积称为光程. 两束相干光的光程之差叫作光程差，一般用 δ 表示. 光程差 δ 与相位差 $\Delta\phi$ 间的关系是

$$\Delta\phi=2\pi\frac{\delta}{\lambda}$$

杨氏双缝干涉中观察屏上呈现干涉明、暗条纹的条件是

$$\delta=\pm k\lambda,\_\_\_\_\_\_\_\_\_\_;\quad \delta=\pm(2k+1)\frac{\lambda}{v},\_\_\_\_\_\_\_\_\_\_$$

k 称为干涉级，取值要根据具体情况确定. 需要注意的是，干涉级和第几条明纹或暗纹不是同一个概念.

(3) 分振幅法双光束干涉

当光以掠入射或接近垂直地从光疏介质入射到光密介质界面上时，反射光相对于入射光有一 π 相位突变，相当于出现了半个波长的光程差，常称为半波损失. 为统一起见，在计算光程时，凡有半波损失的光波，都加上 $\lambda/2$ 的光程.

薄膜上下表面反射光发生干涉时相干光之间的光程差和产生明、暗条纹的条件是

$$\delta=2d\sqrt{n^2-n_1^2\sin^2 i}+\frac{\lambda}{2}=\begin{cases}k\lambda, & k=1,2,3,\cdots\\(2k+1)\dfrac{\lambda}{2}, & k=0,1,2,\cdots\end{cases}$$

由上式可见，当介质一定时，决定相位差的是膜厚 d 和入射角 i. 因此，根据引起相位差的原因，分为等厚干涉和等倾干涉，前者对应入射角 i 不变，同一级条纹对应相同厚度的薄膜，不同级条纹对应不同厚度的薄膜；后者对应 d 不变，同一级条纹对应有相同入射

角的光线，不同级条纹对应不同入射角的光线.

(4) 牛顿环　迈克尔孙干涉仪

__________是分振幅法干涉的应用之一. 属于等厚干涉，干涉规律是

____

对单色光，干涉图样是明、暗相间的同心圆环，中心疏、边缘密，中心级数低，边缘级数高；对复色光，同一级条纹，内紫外红.

迈克尔孙干涉仪最重要的特点是两相干光束在空间完全分开，可以看作等效薄膜干涉，根据薄膜是平行膜还是劈形膜，分为等倾干涉和等厚干涉. 对于单色光的等倾干涉，干涉图样是明暗相间的同心圆，中心疏、边缘密，中心级数高，边缘级数低；对复色光，同一级条纹，内红外紫，与牛顿环不同. 当等效空气薄膜厚度增加时，视场中心的条纹"冒出"，薄膜等效厚度每增加半个波长，中心"冒出"一个条纹；当等效空气薄膜厚度减小时，视场中心的条纹"陷入"，薄膜等效厚度每减少半个波长，中心"陷入"一个条纹.

2. 光的衍射

(1) 惠更新-菲涅耳原理

惠更斯提出，波在介质中传播到的各点都可以看作发射子波的新波源，________________________：波在传播过程中，从同一波阵面上各点发出的子波，经传播而在空间某点相遇时，发生相干叠加. 衍射现象中出现的明暗条纹，正是从同一波阵面上发出的各____________________的结果.

(2) 单缝衍射

半波带法是处理单缝夫琅禾费衍射最常用的办法，要点是用露出波面对考察点作半波带，____.
规律可用下式表示

____.

中央明纹是两侧明纹宽度的 2 倍. 中央明纹集中了绝大部分衍射光能量.

(3) 干涉与衍射的区别

干涉和衍射的本质都是波的相干叠加，区别在于：干涉是有限束光波的叠加，每束光波又可近似用几何光学规律描述；衍射是无穷多次波的相干叠加，这些光波一般不服从几何光学规律. 干涉和衍射光强分布函数不同. 在处理上，本质是相位差，但干涉的矢量图是折线，衍射的矢量图是光滑曲线. 必须指出，干涉和衍射效应往往是同时存在的，如杨氏双缝干涉、光栅衍射等.

(4) 光栅

光栅是重要的光学元件，种类很多，教材上讨论的仅是用于分光(色散)的振幅型透射光栅. 光栅衍射的物理本质是 N 个单缝衍射相干光之间的多光束干涉. 衍射明纹的强度是对应单缝衍射在该处强度的 N^2 倍，宽度则与 N 成反比，因此，光栅衍射花样是黑暗背景中的细亮线. 反映衍射规律的数学表达式是光栅方程.

数学表达式为

____

光栅方程是多缝干涉产生明纹的条件，而当相应明纹正好落在单缝衍射的极小位置时，该明纹不能出现，这种现象称缺级. 发生缺级的条件是

____

对复色光，不同波长的同一级衍射条纹的集合称光栅光谱.

(5) 圆孔的夫琅禾费衍射 光学仪器的分辨本领

平行单色光经圆孔衍射后，在透镜焦平面上形成的衍射图样是以艾里斑为中心的一组同心圆环，艾里斑集中了84%以上的衍射光能量. 艾里斑的角半径满足

____

由于绝大多数光学仪器的孔径光阑都是圆孔，对成像光束的限制作用都可以看成是圆孔的夫琅禾费衍射，光学仪器对点物成的点像就是圆孔夫琅禾费衍射的艾里斑. 因此，衍射也就限制了光学仪器的成像分辨本领. 瑞利指出，在两个等强度的非相干点光源衍射图样合成光强分布曲线中，当两个最大中的最小不超过最大值的80%时，则可分辨出是两个物点. 这时两个物点对圆孔中心所张的角刚好等于圆孔衍射艾里斑的角半径，于是，______________________________.

____

一般将光学仪器的最小分辨角的倒数定义为仪器的分辨本领：

$$R=\frac{1}{\theta_R}$$

望远镜的分辨本领

$$R=\frac{1}{1.22}\cdot\frac{d}{\lambda}$$

可见，提高望远镜分辨本领的途径之一是增大望远镜的口径.

由于显微镜所观察的物在物镜的物方焦点附近，一般用能分辨的最小距离表示

$$\Delta y=\frac{0.61\lambda}{n\cdot\sin u}$$

$n\cdot\sin u$ 称数值孔径. 提高显微镜的分辨本领的途径之一是缩短光波波长，二是增加数值孔径. 生物显微镜在放大倍数较大时要采用油浸头，目的就是增加数值孔径，提高分辨本领.

3. 光的偏振

(1) 光的偏振态

在垂直于光的传播方向的平面内，______________________________；______________________________；______________________________. 在迎着光的方向观察，光矢量端点的轨迹是圆的称圆偏振光，是椭圆的称椭圆偏振光.

从自然光获得线偏振光的过程称起偏，起到起偏作用的光学元件称起偏器. 偏振片是最常用的起偏器，它只让某一方向振动的线偏振光透过，对另一方向振动的光则全部吸收. 偏振片也可作为检偏器使用. 利用反射和折射是获得线偏振光的另一种方法，自然光以________ i_B 入射到介质界面上时反射光是________，透射光是

____

式中，n_2，n_1 分别是折射方和入射方的折射率.

入射光强为 I_0 的线偏振光和经检偏器后的光强 I 之间满足________________

____

式中，θ 是入射线偏振光与检偏器透光方向之间的夹角.

(2) 光的双折射

一束光进入各向异性晶体分解为两束折射光的现象，称双折射. 其中，遵循折射定律的一束称为寻常光(o 光)，不遵循折射定律的另一束称为非常光(e 光). o 光在晶体中各个方向传播的速度相同，e 光的传播速度随传播方向的不同而变化.

晶体中存在不产生双折射的特定方向，称为晶体的光轴. 存在一个特定方向的称为单轴晶体，存在两个特定方向的称为双轴晶体. 注意：晶体的光轴不是一根，而是一个方向，晶体中每点都有光轴. 把包含光轴和任一已知光线组成的平面称为该光线的主平面.

根据 e 光的传播速度大于或小于 o 光的速度，单轴晶体分为正晶体和负晶体. 在垂直于光轴的平面内，e 光速度大于 o 光速度的称为负晶体，反之，称为正晶体. 由此引入主折射率 n_e，对于负晶体，$n_e < n_o$；对于正晶体，$n_e > n_o$. 利用惠更斯的子波假说，即 o 光波面是球面，e 光波面是旋转椭球面，可以用作图法找出晶体中的波面和波的传播方向.

传播方向相同、相位差恒定、振动方向相互正交的光经检偏器后满足相干条件而形成干涉的现象称为偏振光的干涉. 对单色光，偏振光干涉不一定形成明暗条纹；复色光则形成彩色，因此，也称为色偏振. 偏振光的干涉在现代力学、地质冶金等行业有广泛应用. 光弹效应、电光效应、磁光效应、旋光效应等则是现代光电子技术、实验力学、质量检测等行业不可缺少的应用技术.

四、习题分析与解答

12-1 在双缝干涉实验中，两缝的间距为 0.6 mm，照亮狭缝 S 的光源是汞弧灯加上绿色滤光片. 在 2.5 m 远处的屏幕上出现干涉条纹，测得相邻两明条纹中心的距离为 2.27 mm. 试计算入射光的波长. 如果所用仪器只能测量 $\Delta x \geqslant 5$ mm 的距离，则对此双缝的间距 d 有何要求？

分析： 使用绿色滤光片以获得单色光. 屏幕上点 P 的明暗情况取决于从双缝发出的相干光在该点的光程差. 在双缝干涉装置中，屏幕上可观察的明、暗条纹所对应的衍射角 θ 都很小，因此光强近似为等间距分布. 由相邻两明条纹或者暗条纹中心的间隔可求得波长.

解： 在屏幕上取坐标轴 Ox，向上为正，坐标原点位于关于双缝的对称中心. 屏幕上第 k 级明纹中心的位置为
$$x = \pm k \frac{D}{d}\lambda$$

第 k 级与第 $k+1$ 级明纹中心的间隔为
$$\Delta x = x_{k+1} - x_k = (k+1)\frac{D}{d}\lambda - k\frac{D}{d}\lambda = \frac{D\lambda}{d}$$

代入已知数据，得
$$\lambda = \frac{\Delta x}{D}d = \frac{2.27\times 10^{-3}}{2.5}\times 0.6\times 10^{-3}\ \text{m} = 545\ \text{nm}$$

如果所用仪器只能测量相邻两明(暗)纹中心的间隔 $\Delta x \geqslant 5$ mm,则此双缝的间距 d 应进一步减小,由 $\Delta x = \frac{D}{d}\lambda \geqslant 5$ mm 可得

$$d = \frac{D\lambda}{\Delta x} \leqslant \frac{2.5 \times 545 \times 10^{-9}}{5 \times 10^{-3}} \text{ m} = 0.27 \text{ mm}$$

12-2 在双缝干涉实验中,两缝相距 1 mm,屏离缝的距离为 1 m,若所用光源含有波长 600 nm 和 540 nm 两种光波.试求:

(1) 两光波分别形成的条纹间距;

(2) 两组条纹之间的距离与级数之间的关系;

(3) 这两组条纹有可能重合吗?

分析: 两种光波在双缝干涉实验中形成各自的干涉条纹,它们的中央明纹在 $x=0$ 处重合,中央明纹两侧各级明、暗条纹中心的位置因波长不同而互相错开.当短波长的某一级次条纹位置处于长波长低一级次条纹位置内侧时,两组干涉条纹发生重叠.

解: 已知 $d=1$ mm,$D=1$ m,$\lambda_1=540$ nm,$\lambda_2=600$ nm.

(1) 两光波分别形成的条纹间距 Δx_1 和 Δx_2 为

$$\Delta x_1 = \frac{D}{d}\lambda_1 = \frac{1}{1\times 10^{-3}} \times 540 \times 10^{-9} \text{ m} = 5.4 \times 10^{-4} \text{ m} = 0.54 \text{ mm}$$

$$\Delta x_2 = \frac{D}{d}\lambda_2 = \frac{1}{1\times 10^{-3}} \times 600 \times 10^{-9} \text{ m} = 6.0 \times 10^{-4} \text{ m} = 0.60 \text{ mm}$$

(2) 在两光波各自的干涉条纹中,第 k 级明纹中心的位置分别为

$$x_{1k} = k\frac{D}{d}\lambda_1, \quad x_{2k} = k\frac{D}{d}\lambda_2$$

它们的间隔为

$$\Delta x_k = k\frac{D}{d}(\lambda_2 - \lambda_1) = k\frac{D}{d}\Delta\lambda = k \times 6 \times 10^{-5} \text{ m} = 6k \times 10^{-2} \text{ mm}$$

不同波长、相同级数条纹的间隔 Δx_k 随着干涉级数 k 的增大而增大.

(3) 在两组干涉条纹中,当 λ_2 的 k 级和 λ_1 的 $(k+1)$ 级条纹重合时,有

$$(k+1)\frac{D}{d}\lambda_1 = k\frac{D}{d}\lambda_2$$

得

$$k = \frac{\lambda_1}{\lambda_2 - \lambda_1} = \frac{540}{600-540} = 9$$

从 $\lambda_2 = 600$ nm 的 $k=9$ 级开始,都将有 $x_{1(k+2)} < x_{2(k+1)}$,即两组条纹重合.

12-3 一射电望远镜的天线设在湖岸上,距湖面高度为 h,对岸地平线上方有一恒星刚刚升起,恒星发出波长为 λ 的电磁波.试求当天线测得第一级干涉极大时恒星所在的角位置 θ.(提示:作为劳埃德镜干涉分析)

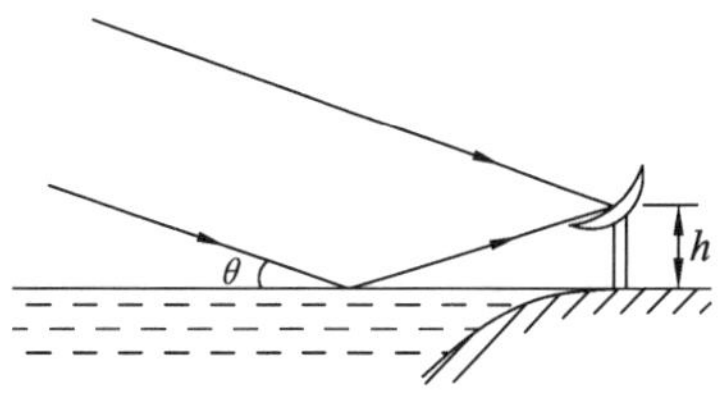

习题 12-3 图

分析: 天线接收到的电磁波一部分直接来自恒星,

另一部分来自经湖面的反射波.由于恒星位于对岸地平线上方,入射于湖面的掠射角 θ 很小,反射时将发生“半波损失”.这两部分电磁波是相干波,在接收天线处的波程差随 θ 而变.在恒星升起的过程中,射电望远镜所接收到的电磁波由于干涉,其强度时而加强,时而减弱.

解: 来自远方恒星的电磁波可视为平面波.如解图 12-3 所示,反射波在点 Q 反射时有“半波损失”.h 处的天线测得第一级干涉极大时,有

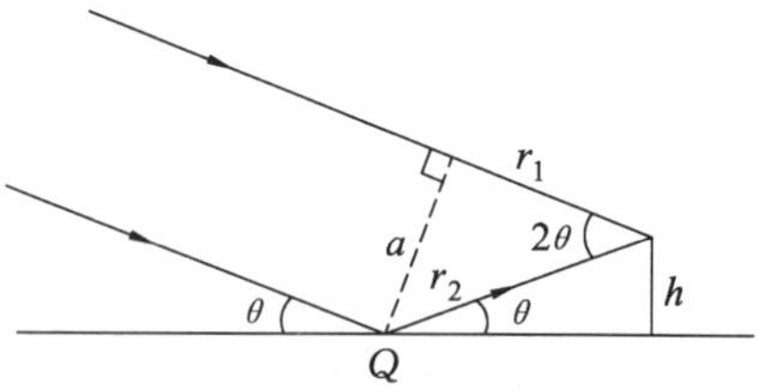

解图 12-3

$$\delta=r_2-r_1+\frac{\lambda}{2}=\lambda$$

根据图示的几何关系,可有

$$r_1=r_2\cos 2\theta$$

$$h=r_2\sin\theta$$

所以
$$\delta=r_2(1-\cos 2\theta)+\frac{\lambda}{2}=2h\sin\theta+\frac{\lambda}{2}=\lambda$$

由于
$$\sin\theta\approx\theta$$

所以,解得
$$\theta=\frac{\lambda}{4h}$$

12-4 一平面单色光波垂直照射在厚度均匀的薄油膜上,油膜覆盖在玻璃板上,所用单色光的波长可以连续变化,观察到 500 nm 与 700 nm 这两个波长的光在反射中消失.油的折射率为 1.30,玻璃的折射率为 1.50,试求油膜的厚度.

分析: 油膜覆盖在玻璃板上,在油膜上表面和下表面反射的光波都发生 π 的相位突变.所以,在反射光的光程差中,没有附加的光程差项$\frac{\lambda}{2}$.

解: 设薄油膜的厚度为 e,$\lambda_1=500$ nm,$\lambda_2=700$ nm.已知空气的折射率为 $n_1=1.00$,油膜和玻璃的折射率分别为 $n_2=1.30$ 和 $n_3=1.50$,有 $n_1<n_2<n_3$.

反射光干涉极小时的光程差满足条件:

$$2en_2=(2k_1+1)\frac{\lambda_1}{2}=(2k_2+1)\frac{\lambda_2}{2}$$

由于 $\lambda_1<\lambda_2$,并且,在这两个波长之间未出现其他波长光波的干涉极小,应有

$$k_2=k_1-1$$

即有
$$(2k_1+1)\frac{\lambda_1}{2}=(2k_1-1)\frac{\lambda_2}{2}$$

可得
$$k_1=\frac{\lambda_1+\lambda_2}{2(\lambda_2-\lambda_1)}=3$$

所以
$$e=\frac{(2k_1+1)\lambda_1}{4n_2}=\frac{(2\times3+1)\times500}{4\times1.30}=673\text{ nm}$$

12-5 白光垂直照射在空气中厚度为 0.40 μm 的玻璃片上,玻璃的折射率为 1.50.试问在可见光范围内(λ=400~700 nm),哪些波长的光在反射中增强?哪些波长的光在透射中增强?

分析: 玻璃的折射率大于空气的折射率,因此,在玻璃片上表面的反射光有 π 的相位

突变，而在下表面的反射光没有相位突变. 所以，在反射光的光程差中应考虑附加的光程差项$\frac{\lambda}{2}$. 由光能守恒可知，透射光的干涉现象与反射光的互补，在反射中干涉减弱的光波，在透射中加强.

解：设波长为λ的光波在玻璃片的上、下表面反射加强，有

$$2en+\frac{\lambda}{2}=k\lambda \quad (k=1,2,3,\cdots)$$

得
$$\lambda=\frac{4ne}{2k-1}$$

在可见光范围内，反射加强的光波波长对应$k=3$(其他值均在可见光范围外)，所以，

$$\lambda=\frac{4\times1.50\times0.40\times10^3}{2\times3-1}=480\ \mathrm{nm}$$

在玻璃片的上、下表面反射减弱(即透射加强)的光波满足条件

$$2ne+\frac{\lambda}{2}=(2k+1)\frac{\lambda}{2} \quad (k=0,1,2,\cdots)$$

即
$$\lambda=\frac{2ne}{k}$$

在可见光范围内，透射加强的光波波长为

$$\lambda_1=\frac{2ne}{2}=600\ \mathrm{nm}\ (k=2)$$

$$\lambda_2=\frac{2ne}{3}=400\ \mathrm{nm}\ (k=3)$$

12-6　一白光垂直照射到空气中一厚度为380 nm的肥皂水膜上. 试问水膜表面呈现什么颜色？(肥皂水的折射率看作1.33)

分析：肥皂水膜置于空气中，其折射率大于空气的折射率，因此，在反射光的光程差中应考虑附加的光程差项$\frac{\lambda}{2}$. 水膜表面呈现的颜色与反射加强光波的波长相对应.

解：设波长为λ的光波在肥皂水膜的上、下表面反射加强，有

$$2en+\frac{\lambda}{2}=k\lambda \quad (k=1,2,3,\cdots)$$

得
$$\lambda=\frac{4ne}{2k-1}$$

在可见光范围内，反射加强的光波波长分别对应$k=2$和$k=3$，则有

$\lambda_1=674\ \mathrm{nm}\quad(k=2)$红色

$\lambda_2=404\ \mathrm{nm}\quad(k=3)$紫色

水膜表面呈现紫红色.

12-7　利用劈尖的等厚干涉条纹可以测量很小的角度. 今在很薄的劈尖玻璃板上，垂直地射入波长为589.3 nm的钠光，相邻暗条纹间距为5.0 mm，玻璃的折射率为1.52. 求此劈尖的夹角.

分析：单色平行光垂直入射于劈尖薄膜时，在薄膜的上、下表面反射或透射的相干光波，在薄膜表面附近形成等厚的干涉条纹.

劈尖玻璃板的两个界面是平面，其等厚干涉条纹平行于棱边，呈现明暗相间、等间隔分布的特点. 相邻明条纹或相邻暗条纹的间隔取决于劈尖角，厚度差为劈尖膜介质内的半波长.

解： 设劈尖角为 θ，相邻暗条纹的间距为 l，厚度差为 Δe.

$$\Delta e=\frac{\lambda}{2n}$$

由相邻条纹的间距和劈尖角的几何关系，可有

$$\sin\theta\approx\theta=\frac{\Delta e}{l}=\frac{\lambda}{2nl}$$

得劈尖角为

$$\theta=\frac{589.3\times10^{-9}}{2\times1.52\times5.0\times10^{-3}}=3.88\times10^{-5}\ \text{rad}=8''$$

12-8 制造半导体元件时，常需要精确地测定硅片上的二氧化硅（SiO_2）薄膜的厚度，这时可把二氧化硅薄膜的一部分腐蚀掉，使它成为劈尖，利用等厚干涉条纹测出其厚度. 已知 Si 的折射率为 3.42，SiO_2 的折射率为 1.5. 用氦氖激光（$\lambda=632.8$ nm）垂直照射，在反射光中观察到在腐蚀区域内有 8 条暗纹，求 SiO_2 薄膜的厚度.

分析： 如解图 12-8 所示，二氧化硅（n_2）劈尖膜的上方介质（n_1）是空气，下方介质（n_3）是硅，有 $n_1<n_2<n_3$，在劈尖膜的上、下表面反射的光波在反射时都有 π 相位突变，在它们的光程差中无附加光程差项 $\frac{\lambda}{2}$. 所以，二氧化硅劈尖膜的棱边是亮纹. 由于在腐蚀区域内有 8 条暗纹，所以在 SiO_2 薄膜的均匀厚度区域、劈尖膜的最高处应为一片亮区.

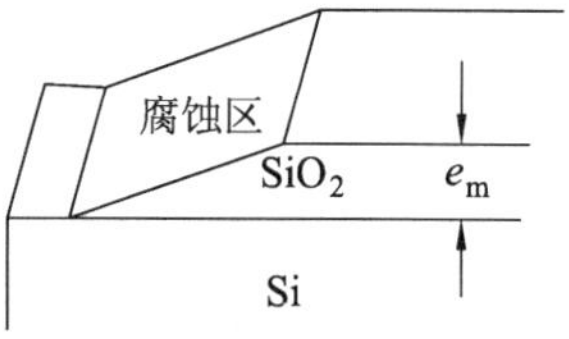

解图 12-8

解： 设反射光中第 k 级亮条纹对应的膜厚为 e，其光程差为

$$2n_2e=k\lambda\quad(k=0,1,2,\cdots,8)$$

$k=8$ 与 SiO_2 薄膜的均匀膜厚 e_m 相对应. 所以，从劈尖膜棱边的明条纹到最高处的亮区范围内可有 8 条暗纹.

由上式可得 SiO_2 薄膜的厚度为

$$e_m=\frac{8\lambda}{2n_2}=\frac{8\times632.8\times10^{-9}}{2\times1.5}=1.69\times10^{-6}\text{m}=1.69\ \mu\text{m}$$

12-9 使用单色光来观察牛顿环，测得某一明环的直径为 3.00 mm，在它外面第五个明环的直径为 4.60 mm，所用平凸透镜的曲率半径为 1.03 m，求此单色光的波长.

分析： 单色平行光垂直入射于牛顿环实验装置时，在空气层上、下表面反射或透射的光波相干形成明暗相间、内疏外密、呈同心圆分布的干涉条纹. 条纹的级次为内低外高. 反射光的明、暗条纹与透射光的互补.

解： 设单色光的波长为 λ，平凸透镜的曲率半径为 R，反射光中第 k 级明环半径为 r_k，有

$$r_k^2=\frac{2k-1}{2}R\lambda$$

第 $k+5$ 级明环半径为 $$r_{k+5}^2=\frac{2(k+5)-1}{2}R\lambda$$

即有 $$r_{k+5}^2-r_k^2=5R\lambda$$

所以，$$\lambda=\frac{r_{k+5}^2-r_k^2}{5R}=\frac{2.30^2-1.50^2}{5\times1.03\times10^3}=5.90\times10^{-4}\text{ mm}=590\text{ nm}$$

12-10 迈克耳孙干涉仪可以用来测量光谱中非常接近的两谱线的波长差. 其方法是先将干涉仪调整到零光程差，再换上被测光源，这时在视场中出现被测光的清晰的干涉条纹，然后沿一个方向移动 M_2，将会观察到视场中干涉条纹逐渐变得模糊以至消失. 如再继续向同一个方向移动 M_2，干涉条纹又会逐渐清晰起来. 设两次出现最清晰条纹期间，M_2 移过的距离为 0.289 mm，已知钠黄光的波长大约是 589 nm. 试计算两谱线的波长差 $\Delta\lambda$.

分析：以等厚干涉测量为例进行分析. 如解图 12-10 所示，将干涉仪调整到图(a)状态时，视场中心 O 处的光程差为零. 这是零级明条纹，两侧分布有平行等间隔的明、暗等厚干涉条纹，条纹间隔正比于波长. 换上被测光源后，由于含有两种波长非常接近的光波，因此视场中出现两套干涉条纹，它们的零级明条纹在点 O 处重叠，其他相同级次的明条纹间稍有错位，整个视场中可呈现清晰的明和暗的光强分布. 移动 M_2 时，两套条纹均将向左平移，如图(b)和图(c)所示，同一次级的两明条纹的间隔也将随之增大. 在 M_2 连续移动的过程中，当长波长光波的一个明条纹和短波长光波的一个暗条纹重叠于点 O 处时，视场将变得模糊，当短波长的明条纹比长波长的多移动 1 条时，点 O 处又为两条明条纹所重叠，视场又由模糊变得清晰.

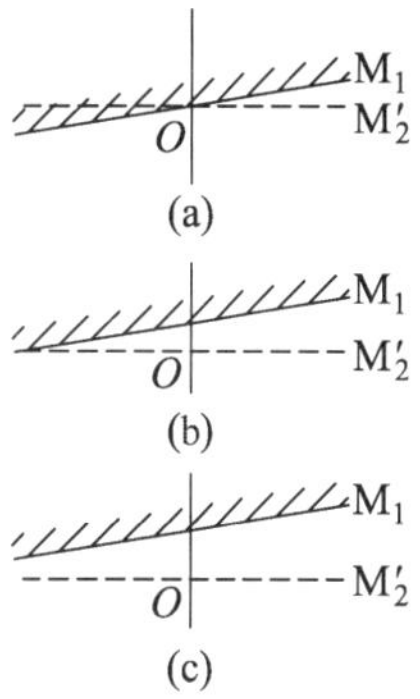

解图 12-10

当然，当两个零级明条纹重叠于点 O 处时，整个视场是最清晰的. 随着 M_2 的移动，这个区域被移出了视场. 以后虽也可周期性地出现点 O 处两个明条纹重叠的情况，但视场中明、暗光强的清晰程度将下降. 当 M_2 沿一个方向进一步移动，使光程差大于光的波列长度时，干涉现象消失，整个视场为均匀亮度.

解：设 $\lambda_1=589$ nm，未知波长为 λ_2，并设 $\lambda_2>\lambda_1$. 据题意，在视场中先后两次出现"清晰"的过程中，M_2 移动的距离为 d，设此时在点 O 处重叠的两个明条纹为 λ_1 的第$(k+1)$级和 λ_2 的第 k 级明级，则有

$$\delta=2d=(k+1)\lambda_1=k\lambda_2$$

可解得 $$\lambda_2=\frac{2d\lambda_1}{2d-\lambda_1}=\frac{2\times0.289\times10^{-3}\times589\times10^{-9}}{2\times0.289\times10^{-3}-589\times10^{-9}}\text{m}=589.6\text{ nm}$$

两谱线的波长差 $\Delta\lambda$ 为 $$\Delta\lambda=\lambda_2-\lambda_1=0.6\text{ nm}$$

12-11 在复色光照射下的单缝衍射图样中，某一波长的第 3 级明纹位置恰与波长 $\lambda=600$ nm的单色光的第 2 级明纹位置重合，求这一光波的波长.

解：

12-12 用波长 $\lambda_1=400$ nm 和 $\lambda_2=700$ nm 的混合光垂直照射单缝，在衍射图样中，λ_1 的第 k_1 级明纹中心位置恰与 λ_2 的第 k_2 级暗纹中心位置重合.(1) 求 k_1 和 k_2；(2) 试问 λ_1 的暗纹中心位置能否与 λ_2 的暗纹中心位置重合？

解：(1) 当 λ_1 的第 k_1 级明纹与 λ_2 的第 k_2 级暗纹位置重合时，这两个条纹在 θ 方向上的光程差相等，即有

$$a\sin\theta=(2k_1+1)\frac{\lambda_1}{2}=k_2\lambda_2$$

得

$$\frac{2k_1+1}{2k_2}=\frac{\lambda_2}{\lambda_1}=\frac{7}{4}$$

要使上式成立，可取 $k_1=3, k_2=2$.

当取 $k_1=10, k_2=6,\cdots$时，上式虽也成立，但单缝衍射的光强已很弱.

(2) 若 λ_1 的第 k_1 级暗纹与 λ_2 的第 k_2 级暗纹位置重合，有

$$a\sin\theta=k_1\lambda_1=k_2\lambda_2$$

得

$$\frac{k_1}{k_2}=\frac{\lambda_2}{\lambda_1}=\frac{7}{4}$$

要使上式成立，可取 $k_1=7, k_2=4$.

12-13 利用单缝衍射的原理可以测量位移及与位移联系的物理量，如热膨胀、形变等，把需要测量位移的对象和一标准直边相连，同另一固定的标准直边形成一单缝，这个单缝宽度变化能反映位移的大小. 如果中央明纹两侧的正、负第 k 级暗(亮)纹之间距离的变化为 dx_k，试证明：

$$dx_k=-\frac{2k\lambda f}{a^2}da$$

式中，f 为透镜的焦距，da 为单缝宽度的变化($da\ll a$).

分析： 单缝衍射图样相对中央明纹中心对称分布，单缝的缝宽 a 越小，则明、暗条纹越宽，条纹的间距越大，衍射越显著. 缝宽 a 改变 da 时，条纹间距都将相应地发生变化.

证： 以 x_k 表示中央明纹两侧第 k 级暗纹之间距离，则屏上第 k 级暗条纹的坐标为 $x_k/2$，有

$$a\sin\theta\approx a\frac{x_k}{2f}=k\lambda$$

$$x_k=\frac{2k\lambda f}{a}$$

两边取微分，得

$$dx_k=-\frac{2k\lambda f}{a^2}da$$

命题得证. 式中"－"表明，若缝宽变小，$da<0$，则有 $dx_k>0$，即缝宽越小，衍射越显著.

12-14 已知一个每厘米刻有 4 000 条缝的光栅，利用这个光栅可以产生多少个完整的可见光谱($\lambda=400\sim760$ nm)？

分析： 平行可见光垂直入射于光栅时，可形成光栅的衍射光谱. 各波长光波的零级主极大都非相干地重叠在透镜的焦点处，形成白色的中央主极大. 其两侧对称地按波长由短到长排列同一级次的主极大，形成该级次的光谱，即从紫色到红色的光谱.

当高级次光谱中紫光的主极大与低一级次光谱中某波长的主极大处于同一衍射角时，这两个可见光谱开始发生重叠，在重叠处有相同的光程差.

解： 据题意可得光栅常数为

$$a+b=\frac{L}{N}=\frac{1\times10^{-2}}{4\,000}=2.5\times10^{-6}\,\text{m}$$

设 λ 为可见光中红光的波长(最大波长)，在光栅方程

$$(a+b)\sin\theta=k\lambda$$

中，令 $\sin\theta=1$ 可得红光主极大的最高级次

$$k=\frac{a+b}{\lambda}=\frac{2.5\times10^{-6}}{760\times10^{-9}}=3.29$$

取整数，$k=3$.

所以，在中央主极大一侧，可以有三个从紫色到红色的可见光谱.

设在θ角，第$(k+1)$级光谱的紫光($\lambda_0=400$ nm)与第k级光谱中红光的主极大($\lambda=760$ nm)重叠，有

$$(a+b)\sin\theta=k\lambda=(k+1)\lambda_0$$

可得
$$k=\frac{\lambda_0}{\lambda-\lambda_0}=\frac{400}{760-400}=1.1$$

可见光的第二级与第三级光谱将发生重叠，即不重叠的完整光谱是$k=1$的第一级光谱.

12-15 波长600 nm的单色光垂直入射在一光栅上，第二级明条纹出现在$\sin\theta=0.20$处，第四级缺级. 试问：

(1) 光栅上相邻两缝的间距$(a+b)$有多大？

(2) 光栅上狭缝可能的最小宽度a有多大？

(3) 按上述选定的a,b值，在光屏上可能观察到的全部明条纹级数是多少？

解：

12-16 一个平面光栅，当用光垂直照射时，能在30°角的衍射方向上得到600 nm的第二级主极大，并能分辨$\Delta\lambda=0.05$ nm的两条光谱线，但不能得到第三级主极大. 计算此光栅的透光部分的宽度a和不透光部分的宽度b及总缝数.

分析： 根据光栅方程和缺级条件可求得光栅的参数，根据光栅的分辨本领可求得被光照射到的总缝数N.

解： 据题意，在$\theta=30°$方向上得到$\lambda=600$ nm的第二级主极大，根据光栅方程，有

$$(a+b)\sin\theta=2\lambda$$

得
$$a+b=\frac{2\lambda}{\sin\theta}=\frac{2\times600\times10^{-9}}{\sin 30°}=2.4\times10^{-6}\ \text{m}$$

由第三级缺级，可知
$$\frac{a+b}{a}=3$$

得
$$a=\frac{a+b}{3}=\frac{2.4\times10^{-6}}{3}=8\times10^{-7}\ \text{m}$$
$$b=(a+b)-a=1.6\times10^{-6}\ \text{m}$$

光栅分辨本领为
$$R=\frac{\lambda}{\Delta\lambda}=kN$$
所以，光栅被光照射到的总缝数为
$$N=\frac{\lambda}{k\Delta\lambda}=\frac{600}{2\times0.05}=6\ 000\ 条$$

12-17 在迎面驶来的汽车上，两盏前灯相距 1.2 m. 试问汽车在离人多远的地方，眼睛才可能分辨这两盏前灯？假设夜间人眼瞳孔直径为 5.0 mm，而入射光波长 $\lambda=550.0$ nm.

分析： 远处车灯对眼睛瞳孔形成夫琅禾费圆孔衍射，在视网膜上形成的两个艾里斑恰可分辨时，应满足瑞利准则，即两个艾里斑中心对人眼瞳孔中心的张角 θ 与人眼的最小可分辨角 θ_R 相等.

解： 如解图 12-17 所示，设两灯距离为 l，人与车之间距离为 s. 恰可分辨时，两车灯对瞳孔的最小分辨角为
$$\theta\approx\frac{l}{s}$$

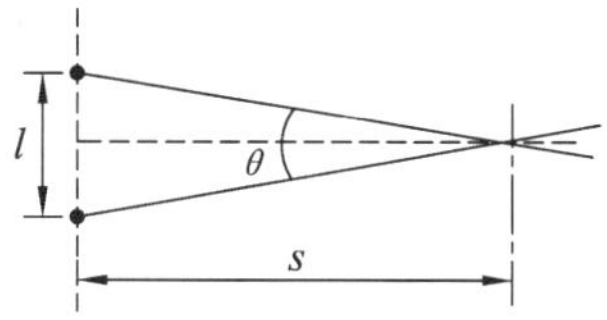

解图 12-17

根据瑞利准则，有　$\theta=\theta_R=1.22\dfrac{\lambda}{d}=\dfrac{l}{s}$

可得
$$s=\frac{ld}{1.22\lambda}=\frac{1.2\times5.0\times10^{-3}}{1.22\times550.0\times10^{-9}}=8.94\times10^{3}\ \text{m}$$

12-18 已知天空中两颗星相对于一望远镜的角距离为 4.84×10^{-6} rad，由它们发出的光波波长 $\lambda=550.0$ nm. 望远镜物镜的口径至少要多大，才能分辨出这两颗星？

分析： 根据瑞利准则，恰可分辨时的角距离即为最小分辨角. 最小分辨角正比于所用光波波长，反比于光学仪器孔径.

解： 设所需望远镜物镜的直径为 d，恰可分辨时的角距离为 θ_R. 由
$$\theta_R=1.22\frac{\lambda}{d}$$
得
$$d=1.22\frac{\lambda}{\theta_R}=1.22\times\frac{550.0\times10^{-9}}{4.84\times10^{-6}}\ \text{m}=13.9\ \text{cm}$$

12-19 一观察者通过缝宽为 0.5 mm 的单缝，观察位于正前方 1 km 远处发出波长为 500 nm 的单色光的两盏灯的灯丝，两灯丝都与单缝平行，它们所在的平面与观察方向垂直，则人眼能分辨的两灯丝最短距离是多少？

分析： 远处的光源、单缝和人眼的晶状体（透镜）构成单缝的夫琅禾费衍射，在视网膜上形成光强分布. 根据瑞利准则，两个不相干的单缝衍射光强分布，恰可分辨时的角距离即为单缝衍射中央明纹的半角宽度.

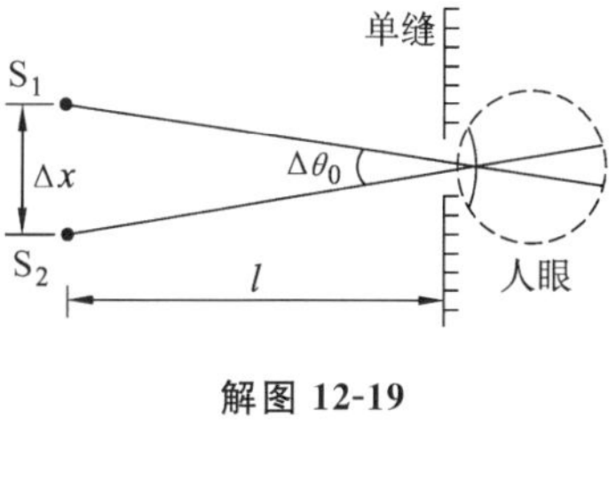

解图 12-19

解： 如解图 12-19 所示，设人眼能分辨的两灯丝最小间距为 Δx，两灯丝与人眼（单缝）相距 l，单缝宽为 a，单缝衍射的第一级暗纹中心对应的衍射角为 θ. 有

$$a\sin\theta \approx a\theta = \lambda$$

中央明纹的半角宽度为 $\Delta\theta_0 = \theta = \dfrac{\lambda}{a}$

恰可分辨时，有 $\Delta\theta_0 = \theta_R$

θ_R 为最小分辨角. 由图示的几何关系可知

$$\Delta\theta_0 = \frac{\Delta x}{l}$$

所以，
$$\Delta x = \frac{\lambda}{a}l = \frac{500\times10^{-9}}{0.5\times10^{-3}}\times1\times10^3 = 1\ \text{m}$$

12-20 已知地球到月球的距离是 3.84×10^8 m，设来自月球的光的波长为 600 nm，若在地球上用物镜直径为 1 m 的天文望远镜观察时，刚好将月球正面一环形山上的两点分辨开，则该两点间的距离为多少？

解： 设地球到月球的距离为 L，环形山上两点间的距离为 Δx，望远镜的物镜直径为 d，望远镜恰可分辨两点时的张角为 θ_R，有

$$\Delta x = L\theta_R = 1.22\frac{\lambda}{d}L = 1.22\times\frac{600\times10^{-9}}{1}\times3.84\times10^8 = 281\ \text{m}$$

12-21 一直径为 2 mm 的氦氖激光束射向月球表面，其波长为 632.8 nm. 已知月球和地面的距离为 3.84×10^5 km. 试求：

(1) 在月球上得到的光斑的直径有多大？

(2) 如果这激光束经扩束器扩展成直径为 2 m，则在月球表面上得到的光斑的直径将为多大？在激光测距仪中，通常采用激光扩束器这是为什么？

分析： 激光束受通光孔径的衍射作用，从激光器发出后存在一定程度的发散，在月球表面形成圆孔衍射图样. 艾里斑角半径 θ_1 的大小可反映发散的程度.

解： (1) 设激光束直径为 d，地面至月球表面距离为 L，在月球表面，激光束形成艾里斑的直径为 D，则有 $D=2L\theta_1$.

艾里斑的角半径 θ_1 为 $\theta_1 = 1.22\dfrac{\lambda}{d}$

所以，
$$\begin{aligned} D &= 1.22\frac{2L\lambda}{d} \\ &= 1.22\times\frac{2\times3.84\times10^8\times632.8\times10^{-9}}{2\times10^{-3}} \\ &= 2.96\times10^5\ \text{m} \end{aligned}$$

(2) 若激光束扩束为 d'，则艾里斑直径为

$$D' = \frac{d}{d'}D = \frac{2\times10^{-3}}{2}\times2.96\times10^5 = 296\ \text{m}$$

使用激光扩束器可减小激光束的发散，使激光束的光能集中，方向性更好，有利于提高测距精度.

12-22 用方解石分析 X 射线谱，已知方解石的晶面间距为 3.029×10^{-10} m，今在 $43°26'$ 和 $40°42'$ 的掠射方向上观察到两条主最大谱线. 求这两条谱线的波长.

分析： 在布拉格条件中，d 是晶面间距，θ 是掠射角. 在以晶面为镜面的反射线方向

上，两晶面反射光线间的干涉形成X射线的主最大谱线. 对于给定的晶体取向(即确定的晶面间距 d)，以不同的掠射角入射时，只能出现满足布拉格条件的相应波长的主最大谱线. 由于 $\sin\theta\leqslant 1$，所以，满足布拉格条件的X射线的极限波长为 $\lambda\leqslant\lambda_c=2d$.

解： 据题意 $d=3.029\times10^{-1}\ \text{nm}$

由布拉格条件 $2d\sin\theta=k\lambda\ (k=1,2,3,\cdots)$

$k=1$ 时，两条谱线的波长可以为

$$\lambda_1=2d\sin\theta_1=2\times3.029\times10^{-1}\times\sin(43°26')=0.416\ \text{nm}$$

$$\lambda_2=2d\sin\theta_2=2\times3.029\times10^{-1}\times\sin(40°42')=0.395\ \text{nm}$$

$k=2$ 时，两条谱线的波长可以为

$$\lambda_1=d\sin\theta_1=3.029\times10^{-1}\times\sin(43°26')=0.208\ \text{nm}$$

$$\lambda_2=d\sin\theta_2=3.029\times10^{-1}\times\sin(40°42')=0.197\ \text{nm}$$

……

12-23 使自然光通过两个偏振化方向成60°角的偏振片，透射光强为 I_1. 今在这两个偏振片之间再插入另一偏振片，它的偏振化方向与前两个偏振片均成30°角，则透射光强为多少？

分析： 利用马吕斯定律求解.

解： 设自然光的光强为 I_0，三个偏振片分别为A，B，C，且依次排列，A和C偏振化方向间的夹角为 $\theta_1=60°$，A和B偏振化方向间的夹角与B和C间的夹角相等，为 $\theta_2=30°$.

自然光入射于起偏器A后的透射光是光强为 $\frac{I_0}{2}$ 的线偏振光.

设透过A的线偏振光光强为 I_A，$I_A=\frac{I_0}{2}$. 据题意，未插入B时，透过C的光强为 I_1.

根据马吕斯定律，应有

$$I_1=I_A\cos^2\theta_1=\frac{I_0}{2}\cos^2 60°=\frac{1}{8}I_0$$

在A和C之间插入B后，设透过B的光强为 I_B，透过C的光强为 I_2，则

$$I_B=I_A\cos^2\theta_2=\frac{I_0}{2}\cos^2 30°=\frac{3}{8}I_0$$

$$I_2=I_B\cos^2\theta_2=\frac{3}{8}I_0\cos^2 30°=\frac{9}{32}I_0$$

所以
$$I_2=\frac{9}{32}I_0=\frac{9}{4}I_1=2.25I_1$$

12-24 自然光和线偏振光的混合光束，通过一偏振片时，随着偏振片以光的传播方向为轴转动，透射光的强度也跟着改变，如最强和最弱的光强之比为6∶1，那么入射光中自然光和线偏振光的强度之比为多大？

分析： 偏振片的偏振化方向平行于混合光束中的线偏振光振动方向时，透射光最强，两方向互相垂直时的透射光强最小.

解： 设混合光束中的自然光光强为 I_0，线偏振光光强为 I_1，透射光强最大值为 $I_{\max}$，最小值为 $I_{\min}$，有

$$I_{max}=\frac{1}{2}I_0+I_1,I_{min}=\frac{1}{2}I_0$$

$$\frac{I_{max}}{I_{min}}=\frac{I_0+2I_1}{I_0}=6$$

所以，
$$5I_0=2I_1,\frac{I_0}{I_1}=\frac{2}{5}$$

12-25 水的折射率为 1.33，玻璃的折射率为 1.50. 当光由水中射向玻璃而反射时，起偏振角为多少？当光由玻璃射向水面而反射时，起偏振角又为多少？

分析： 利用布儒斯特定律求解本题.

解： 设布儒斯特角为 α，水的折射率为 n_1，玻璃的折射率为 n_2.

当光从水中射向玻璃而反射起偏时，由布儒斯特定律 $\tan\alpha=\frac{n_2}{n_1}$，可得起偏振角为

$$\alpha_1=\arctan\frac{n_2}{n_1}=48°26'$$

当光从玻璃射向水中而反射起偏时，由布儒斯特定律 $\tan\alpha=\frac{n_1}{n_2}$，可得起偏振角为

$$\alpha_2=\arctan\frac{n_1}{n_2}=41°34'$$

12-26 怎样测定不透明电介质(例如珐琅)的折射率？今测得釉质的起偏振角 $i_B=58.0°$，试求它的折射率.

分析： 根据布儒斯特定律，可以用自然光入射于不透明介质，由反射光成为振动方向完全垂直于入射面的线偏振光所对应的入射角，来确定该介质的折射率.

解： 设珐琅的折射率为 n，在空气($n_1=1$)中观察从珐琅表面反射的光. 当反射光是振动方向完全垂直于入射面的线偏振光时，由布儒斯特定律

$$\tan i_B=n$$

可得
$$n=\tan 58.0°=1.60$$

12-27 二氧化碳激光器谐振腔的布儒斯特窗一般由锗制成，对 10.6 μm 附近的红外激光有较大的透射率. 如果锗的折射率为 4.5，试计算用锗制成的布儒斯特窗与谐振腔轴线所成之角 α.

分析： 沿轴向传播的光，在锗板表面以布儒斯特角入射时，振动方向垂直于入射面的光振动，被反射出管外，透射光被反射镜反射回腔内. 经端面反射镜的多次反射，腔内垂直于入射面的光振动被抑制，而振动方向平行于入射面的透射光损耗很小，并可在多次通过腔内激活介质的过程中得到放大，最终输出为偏振性很好的激光束.

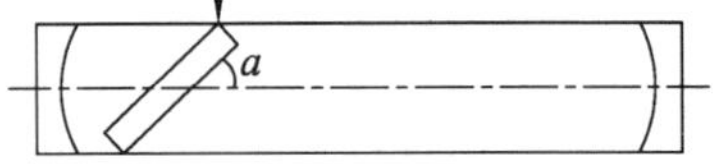

习题 12-27 图

解： 设锗板的折射率为 n，沿轴向传播的光在锗板表面入射的布儒斯特角为 i_0，则

$$\tan i_0=n$$

$$i_0=\arctan n=\arctan 4.5=77.47°=77°28'$$

所以
$$\alpha=90°-i_0=12°32'$$

第十三章

早期量子论和量子力学基础

一、基本要求

1. 理解热辐射的基本规律,理解普朗克能量子概念和量子假设.

2. 理解光电效应的爱因斯坦方程,进一步认识光的本性——光的波粒二象性.

3. 理解康普顿效应中能量传递过程和光电效应中能量吸收过程中的量子化本质.

4. 理解氢原子光谱的规律和玻尔的氢原子理论.

5. 理解德布罗意的物质波假设及实物粒子的波粒二象性.

6. 理解海森伯的不确定关系;了解波函数的概念及其统计解释;了解一维定态薛定谔方程,了解定态薛定谔方程的几个应用.

二、思路与联系

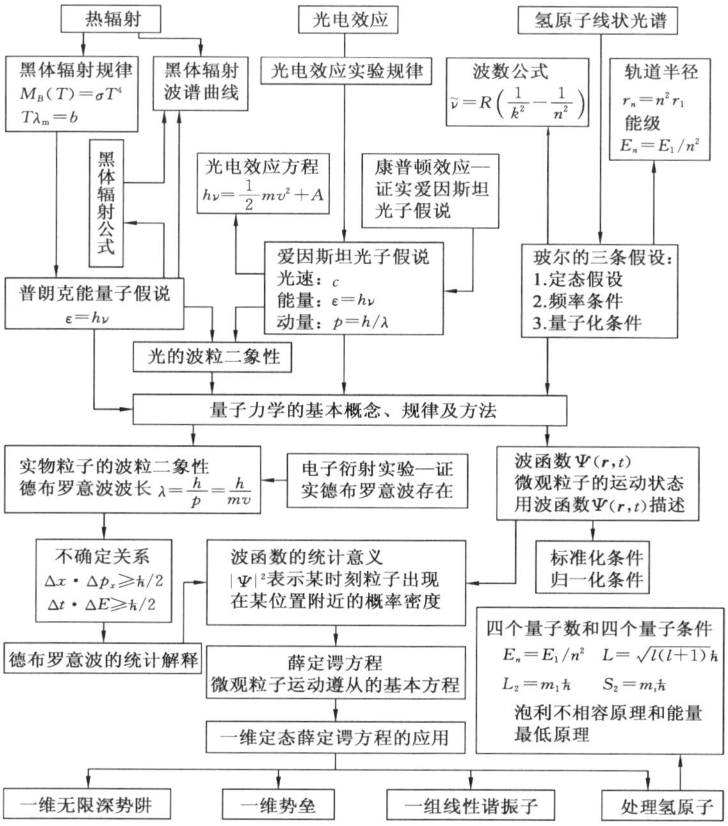

三、学习指导

（一）热辐射　普朗克的能量子假说

1. 黑体辐射

（1）热辐射

物体因具有温度而发出电磁辐射的现象称热辐射．为了定量研究热辐射的规律，引入几个物理量：单色辐出度 $M_\lambda(T)$、辐出度 $M(T)$、单色吸收比和单色反射比等．同时引入一个理想模型——黑体，黑体就是________________________________．基尔霍夫从理论上提出了辐出度与单色吸收比内在联系的规律．

（2）基尔霍夫辐射定律

在同样的温度下，各种不同物体对相同波长的单色辐出度与单色吸收比比值都相等，并等于该温度下黑体对同一波长的单色辐出度．

$$\frac{M_{\lambda1}(T)}{a_{\lambda1}(T)}=\frac{M_{\lambda2}(T)}{a_{\lambda2}(T)}=\cdots=M_{\lambda0}(T)$$

其中，$M_{\lambda0}(T)$为黑体的单色辐出度．

（3）黑体辐射实验规律

利用黑体模型，用实验方法可以测得黑体的单色辐出度 $M_{\lambda0}(T)$随 λ 和 T 变化的实验曲线，根据实验曲线可以得到关于黑体辐射的两条定律．

① 斯特藩-玻耳兹曼定律

黑体的辐出度与黑体的绝对温度四次方成正比：__________，其中 σ 为斯特藩常数，$\sigma=5.67\times10^{-8}\,\mathrm{W/(m^2\cdot K^4)}$.

② 维恩位移定律

对于给定温度 T，黑体的单色辐出度 $M_{\lambda0}(T)$有一最大值，其对应波长为 λ_m，则

____

其中，$b=2.897\times10^{-3}\,\mathrm{m\cdot K}$.

2. 普朗克量子假设

（1）普朗克公式

为了从理论上找出符合实验曲线的函数式 $M_{\lambda0}(T)=f(\lambda,T)$，许多物理学家在经典物理学的基础上做了很大的努力，但都遭到了失败．普朗克利用内插法提出了一个新的公式：

$$M_{\lambda0}=2\pi hc^2\lambda^{-5}\frac{1}{e^{\frac{hc}{\lambda kT}}-1}$$

其中，$h=6.626\,075\,5\times10^{-34}\,\mathrm{J\cdot s}$为普朗克常数．这一公式称为普朗克公式，它与实验结果符合得很好．

（2）能量子假说

为了寻找普朗克公式的理论依据，普朗克提出了能量子假说：

① 黑体由能辐射和吸收电磁波能量的带电谐振子组成．

② 谐振子只能处于某些分立的状态，相应的能量是某一最小能量 ε（称为能量子）的整数倍，即 $\varepsilon,2\varepsilon,3\varepsilon,\cdots,n\varepsilon$. n 为正整数，称为量子数．

③ 对于频率为 ν 的谐振子最小能量为________.

(二) 光电效应　爱因斯坦的光子理论

1. 光电效应的实验规律

光电效应：当波长较短的可见光或紫外光照射到某些金属表面上时，金属中的电子从光中吸取能量而从金属表面逸出的现象. 光电效应的实验规律如下：

(1) 单位时间内，受光照的金属板释放出来的电子数和____________成正比.

(2) 光电子从金属表面逸出时具有一定的动能，最大初动能与入射光的强度无关.

(3) 光电子从金属表面逸出时的最大初动能与____________成线性关系. 当入射光的频率小于____________时，不管照射光的强度多大，都不会产生光电效应.

(4) 从入射光开始照射直到金属释放出电子，无论光的强度如何，这段时间都很短，通常不超过 10^{-9} s.

2. 爱因斯坦的光子理论

经典的电磁场理论无法解释光电效应. 在普朗克能量子假设的基础上，爱因斯坦提出了光子理论：

(1) 光在空间传播时，是一束以光速运动的粒子流，这些粒子称为________，现在称为________.

(2) 每一________的能量为 $h\nu$.

(3) 光的能流密度取决于单位时间内通过该单位面积的光子数.

根据光子理论，金属中的自由电子只能整个地吸收光子的能量，一部分消耗于从金属表面逸出时所必须做的功，剩下的成为电子的初动能，即

____

上式称为爱因斯坦光电效应方程. A 为____________________________________，根据光子理论可以解释光电效应.

3. 光的波粒二象性

从爱因斯坦的光子理论可知，光不仅具有波动性，还具有粒子性，这种双重性称为波粒二象性，光子具有质量、动量和能量等通常粒子所具有的一般属性，具体表达式如下：

______________，______________，$\varepsilon=h\nu$

(三) 康普顿效应

1. 康普顿效应

康普顿在进行 X 射线经物质散射的实验时，发现在散射光中除了有与入射光波长 λ_0 相同的射线之外，同时还有________________的射线. 这种改变波长的散射称为康普顿效应. 具体如下：

(1) 波长的偏移 $\Delta\lambda=\lambda-\lambda_0$ 随散射角 φ 而异：当散射角增大时，波长的偏移也随之增加，而且随着散射角的增大，新波长的强度增大.

(2) 在同一散射角下，对于所有散射物质，波长的偏移都相同，但原波长的谱线强度随散射物质的原子序数的增大而________，新波长的谱线强度随之________.

2. 光量子理论的解释

经典的电磁场理论无法解释康普顿效应，光子理论认为康普顿效应是光子和自由电子做弹性碰撞的结果. 根据能量守恒和动量守恒定律可以得到康普顿散射公式：

其中，$\lambda_C=\dfrac{h}{m_0c}=2.43\times10^{-12}$ m 为电子的康普顿波长.

此式说明：波长改变与散射物质无关，仅决定于散射角：波长改变随散射角增大而增加.

（四）氢原子光谱　玻尔的氢原子理论

1. 氢原子光谱的规律性

原子发光是重要的原子现象之一，光谱学的数据对物质结构的研究具有重要意义. 氢原子谱线的波长可以用下列经验公式表示：

____________　$k=1,2,3,\cdots$；$n=k+1,k+2,k+3,\cdots$

波数 $\tilde{\nu}=\dfrac{1}{\lambda}$，$R=1.096\ 776\times10^{7}\ \mathrm{m}^{-1}$ 是里德伯常量.

2. 玻尔的氢原子理论

根据原子的核式结构模型和氢原子光谱的规律性，玻尔着眼于原子的稳定性，吸收了普朗克量子假设，提出了氢原子理论假设.

(1) ____________：原子系统只能处在一系列不连续的能量状态，在这些状态中，电子虽然做加速运动，但并不辐射电磁波，这些状态称为原子的稳定状态(简称定态).

(2) ____________：当原子从一个能量为 E_n 的定态跃迁到另一能量为 E_k 的定态时，就要发射或吸收一个频率为 $\nu_{kn}\left(\nu_{kn}=\dfrac{|E_n-E_k|}{h}\right)$的光子.

(3) ____________：在电子绕核做圆周运动时，其稳定状态必须满足电子的角动量 L 等于$\dfrac{h}{2\pi}$的整数倍的条件. 即 $L=n\dfrac{h}{2\pi}$，$n=1,2,3,\cdots$. n 为量子数.

3. 原子轨道半径和能级

根据电子绕核做圆周运动的模型及角动量量子化条件得到氢原子处于各定态时的电子轨道半径和能级.

(1) $r_n=n^2\left(\dfrac{\varepsilon_0h^2}{\pi me^2}\right)$，$n=1,2,3,\cdots$. $r_1=0.529\times10^{-10}$m 为玻尔半径.

(2) 氢原子系统的能量 $E_n=-\dfrac{1}{n^2}\left(\dfrac{me^4}{8{\varepsilon_0}^2h^2}\right)$，$n=1,2,3,\cdots$. 能量是量子化的.

(3) 根据频率条件，跃迁发射光子的波数

$$\tilde{\nu}_{nk}=\frac{me^4}{8{\varepsilon_0}^2h^3c}\left(\frac{1}{k^2}-\frac{1}{n^2}\right).$$

4. 玻尔理论的缺陷

(1) 玻尔理论仍然以经典理论为基础，定态假设又和经典理论相抵触.

(2) 量子化条件的引进没有适当的理论解释.

(3) 对谱线的强度、宽度、偏振等无法处理.

（五）德布罗意波　波粒二象性

1. 德布罗意物质波假设

1924 年，德布罗意受爱因斯坦的光子理论的启发，从自然界的对称性出发，提出了物质波假说：质量 m 的粒子以速度 v 匀速运动时，具有能量 E 和动量 p，从波动性方面来

看，它具有波长 λ 和频率 ν，这些量之间的关系遵从下述公式：

________________，________________

具有静止质量 m_0 的实物粒子以速度 v 运动，则与该粒子相联系的平面单色波的波长为

____

2. 微观粒子的波粒二象性

实物粒子作为一个整体只能在某处出现，这是粒子性的表现；它在某处出现的概率遵从由波动的强度决定的规律，这是波动性的表现. 因此，实物粒子的波动性，既非机械波，也非电磁波，而是一种____波.

（六）不确定关系

由于微观粒子的波粒二象性，1927 年海森伯分析了几个理想实验后提出了不确定关系.

__________________，__________________，__________________

其中，Δx，Δy，Δz 和 Δp_x，Δp_y，Δp_z 分别表示坐标和动量的不确定量.

（1）不确定关系式说明用经典物理学量——动量、坐标来描写微观粒子行为时将会受到一定的限制，因为微观粒子不可能同时具有确定的动量及位置坐标.

（2）不确定关系式可以用来判别对于实物粒子其行为究竟应该用经典力学来描写还是用量子力学来描写.

（3）不确定关系是微观粒子的波粒二象性的必然结果，是微观粒子的属性之一，是一个客观规律，而不是由于测量仪器的缺陷和测量方法不完善造成的.

（七）波函数　薛定谔方程

1. 波函数

（1）波函数的表示

波函数是描述微观粒子运动状态的函数，一般用 $\Psi(x,y,z,t)$ 表示.

（2）波函数的统计解释

在某一时刻，在空间某处，微观粒子出现的概率正比于该时刻、该地点波函数的平方. 在空间一很小区域（以体积元 $dV=dxdydz$ 表征）出现粒子的概率为

$$|\Psi|^2 dV=\Psi\Psi^* dV$$

其中，$|\Psi|^2$ 称为概率密度，表示____________________________________.

（3）波函数标准化条件

粒子在空间出现的概率随时间的演化应该是单值、连续、有限的，此外粒子在空间出现的概率应该等于 1，即满足归一化条件____________，所以波函数标准化条件是________________，而且满足归一化条件.

2. 薛定谔方程

薛定谔提出了量子力学的基本方程，方程给出了微观粒子的运动状态随时间变化的规律，即波函数所满足的方程.

（1）在势场中粒子的薛定谔方程

质量为 m 的粒子在势能为 $U(x,y,z,t)$ 的外力场中运动，薛定谔方程为

____

若已知 $U(x,y,z,t)$，在给定的初始条件和边界条件下，考虑到波函数的标准条件，可

以解出 $\Psi(x,y,z,t)$，从而得到粒子的分布概率及描述粒子运动的各种力学量.

(2) 定态薛定谔方程

当势能函数 $U(x,y,z,t)$ 不显含时间，可用分离变量法将波函数 $\Psi(x,y,z,t)$ 写成 $\Psi(x,y,z,t)=\Psi(x,y,z)f(t)$，$\Psi(x,y,z)$ 称为定态波函数. 定态波函数满足的定态薛定谔方程为

____

(八) 一维定态薛定谔方程的应用

*** 1. 一维无限深势阱**

(1) 势能函数

粒子在保守力场的作用下，被限制在一小范围内运动，势函数与陷阱相似，故称为势阱，一维无限深势阱是其简化模型，势能函数为

$$U(x)=\begin{cases}0 & (0<x<a)\\ \infty & (x\leqslant 0,x\geqslant a)\end{cases}$$

在给定的初始条件和边界条件下，考虑到波函数的标准条件，可以解出 $\varphi(x)$ 和能量.

(2) 定态波函数

$$\text{波函数}\quad \Psi(x)=\begin{cases}\Psi_n(x,t)=\sqrt{\dfrac{2}{a}}\sin\dfrac{n\pi}{a}x\,e^{-\frac{i}{\hbar}Et} & (0<x<a)\\ 0 & (x\leqslant 0,x\geqslant a)\end{cases}$$

(3) 能量

$$E_n=\frac{n^2\pi^2\hbar^2}{8ma^2}\ (n=1,2,3,\cdots)$$

① 能量取分立值，能量量子化是粒子处于束缚态时所具有的性质.

② 存在零点能，粒子的最小能量不等于零，$E_1=\dfrac{\pi^2\hbar^2}{2ma^2}$. 零点能的存在与不确定度关系协调一致.

四、习题分析与解答

13-1 估测星球表面温度的方法之一是将星球看成黑体，测量它的辐射峰值波长 λ_m，利于维恩位移定律便可估计其表面温度. 如果测得北极星和天狼星的 λ_m 分别为 0.35 μm和 0.29 μm，试计算它们的表面温度.

分析：根据维恩位移定律，与黑体辐射本领极大值相对应的波长 λ_m 与绝对温度 T 的乘积为一个不变的常数可知，当辐射曲线的最高峰向短波方向移动时，黑体的温度升高.

解：根据维恩位移定律 ____________

可得北极星的表面温度为

____

天狼星的表面温度为

____

13-2 钾的光电效应红限波长为 $\lambda_0=0.62$ μm，求：

(1) 钾的逸出功；

(2) 在波长 $\lambda=330\ \text{nm}$ 的紫外光照射下，钾的遏止电势差.

解： 由爱因斯坦光电效应方程 $h\nu=E_{km}+A$，可得

(1) $E_k=0$ 时，入射光子的能量最小，等于材料的逸出功，对应光子的红限频率，有

$$A=h\nu_0=\frac{hc}{\lambda_0}=\frac{6.63\times10^{-34}\times3\times10^8}{0.62\times10^{-6}}=3.21\times10^{-19}\ \text{J}=2.01\ \text{eV}$$

(2) 产生光电效应时，阴、阳电极间的反向电场阻止光电子向阳极运动，电场力的功等于光电子的最大动能时，光电流为零，这时电极间的电势差为遏止电势差 U_a. 所以有

$$E_{km}=eU_a$$

即

$$U_a=\frac{E_{km}}{e}=\frac{h\nu-A}{e}=\frac{h(\nu-\nu_0)}{e}=\frac{hc}{e}\left(\frac{1}{\lambda}-\frac{1}{\lambda_0}\right)$$

$$=\frac{6.63\times10^{-34}\times3\times10^8}{1.602\times10^{-19}\times1\times10^{-9}}\left(\frac{1}{330}-\frac{1}{620}\right)=1.76\ \text{V}$$

13-3 铝的逸出功为 4.2 eV. 今用波长为 200 nm 的紫外光照射到铝表面上，发射的光电子的最大初动能为多少？遏止电势差为多大？铝的红限波长是多大？

解： 根据光电效应方程

____

可得光电子的最大初动能为

____

由最大初动能与遏止电势差关系

____

得

____

由逸出功与红限关系

____

可得铝的红限波长为

____

13-4 如果一个光子的能量等于一个电子的静止能量，问该光子的频率、波长和动量各是多少？

解： 设电子的静止质量为 m_{e0}，相应的静止能量为 E_{e0}，一个光子的能量为 E，有

$$E_{e0}=m_{e0}c^2,\ E=h\nu$$

据题意，$E=E_{e0}$，即有

$$m_{e0}c^2=h\nu$$

所以，这个光子的频率为

$$\nu=\frac{m_{e0}c^2}{h}=\frac{9.11\times10^{-31}\times(3\times10^8)^2}{6.63\times10^{-34}}=1.24\times10^{20}\ \text{Hz}$$

光子波长为

$$\lambda=\frac{c}{\nu}=2.43\times10^{-12}\ \text{m}=2.43\times10^{-3}\ \text{nm}$$

光子动量为

$$p=\frac{E}{c}=m_{e0}c=\frac{h}{\lambda}=2.73\times10^{-22}\ \text{kg}\cdot\text{m}\cdot\text{s}^{-1}$$

13-5 已知 X 射线的光子能量为 0.60 MeV，在康普顿散射后波长改变了 20%，求反冲电子获得的能量.

分析： 在康普顿散射中，入射光子和自由电子在相互作用的过程中能量和动量守恒.

已知入射光子的能量，在求得散射电子的能量后，即可由能量守恒定律求得反冲电子的能量(动能)．由于散射光子波长的增量 $\Delta\lambda$ 与散射角 φ 有关，因此可先求出散射光子的动量，并由动量守恒定律求得反冲电子的动量.

解：

13-6 以 $\lambda_1=400$ nm 的可见光和 $\lambda_2=0.04$ nm 的 X 射线与自由电子碰撞，在 $\theta=\frac{\pi}{2}$的方向上观察散射光.

计算两种情况下，波长的改变量和电子获得的动能.

解： 设入射光的波长为 λ_0，散射光的波长为 λ，在散射角 $\theta=\frac{\pi}{4}$的方向上，散射光波长的改变量为

$$\Delta\lambda=\lambda-\lambda_0=\frac{2h}{m_0c}\sin^2\frac{\varphi}{2}=2\lambda_C\sin^2\frac{\pi}{4}$$

$$=2\times2.43\times10^{-3}\times\frac{1}{2}=2.43\times10^{-3}\,\text{nm}$$

散射角一定时，$\Delta\lambda$ 是一与散射物质无关的常数.

设入射光子的能量为 $E_0=h\nu_0=\frac{hc}{\lambda_0}$，散射光子的能量为 $E_\varphi=h\nu_\varphi=\frac{hc}{\lambda}$，电子获得的动能为 ΔE. 根据能量守恒定律，可得电子获得的动能为

$$\Delta E=E_0-E_\varphi$$

即
$$\Delta E=\frac{hc}{\lambda_0}-\frac{hc}{\lambda}=hc\,\frac{\lambda-\lambda_0}{\lambda\lambda_0}=hc\,\frac{\Delta\lambda}{(\lambda_0+\Delta\lambda)\lambda_0}$$

当 λ_0 是可见光 $\lambda_1=400$ nm 时，

$$\Delta\lambda_1=2.43\times10^{-3}\,\text{nm}$$

电子所获动能为
$$\Delta E_1=hc\,\frac{\Delta\lambda}{(\lambda_1+\Delta\lambda)\lambda_1}=3.02\times10^{-24}\ \text{J}$$

当 λ_0 是 X 射线 $\lambda_2=0.04$ nm 时，波长的改变量为

$$\Delta\lambda_2=2.43\times10^{-3}\,\text{nm}$$

电子所获动能为
$$\Delta E_2=hc\,\frac{\Delta\lambda}{(\lambda_2+\Delta\lambda)\lambda_2}=2.85\times10^{-16}\ \text{J}$$

13-7 一束带电粒子经 206 V 电压加速后，测得其德布罗意波长为 2.0×10^{-3} nm，已知该粒子所带的电荷量与电子电荷量相等，求该粒子的质量.

解:

13-8 设电子与光子的波长均为 0.50 nm. 试求两者的动量之比及动能之比.

分析: 根据德布罗意关系 $\lambda=\dfrac{h}{p}$,具有相同波长 λ 的粒子有相同的动量 p. 光子的动能即光子的总能量 $E_\varphi=h\nu$. 电子的动能 E_e 是否应考虑相对论动能表达式,可先考察其静能 m_0c^2 与 p_ec 的大小,若 $p_ec\ll m_0c^2$,则可不考虑相对论效应,即电子的动能为 $E_e=\dfrac{1}{2}m_0v^2=\dfrac{p^2}{2m_0}$,否则需用相对论的动能表达式.

解: 设电子与光子的动能分别为 p_e 和 p_φ,因 $\lambda_e=\lambda_\varphi$,故由 $\lambda=\dfrac{h}{p}$ 可得

$$p_e=p_\varphi=p$$

电子与光子具有相同的动量,两者的动量之比为 1.

光子的动能可表示为

$$E_\varphi=h\nu=c\,\frac{h}{\lambda}=cp=\frac{3\times10^8\times6.63\times10^{-34}}{0.50\times10^{-9}}=3.978\times10^{-16}\,\text{J}=2.486\ \text{keV}$$

电子的静能为

$$m_0c^2=9.11\times10^{-31}\times(3\times10^8)^2=8.20\times10^{-14}\,\text{J}=0.512\ \text{MeV}$$

对比上述两式,有
$$pc=p_ec\ll m_0c^2$$

所以,电子的动能为
$$E_e=\frac{1}{2}m_0v^2=\frac{p^2}{2m_0}$$

两者的动能之比为
$$\frac{E_e}{E_\varphi}=\frac{p}{2cm_0}=\frac{h}{2\lambda cm_0}=2.43\times10^{-3}$$

可见,当电子和光子的动量相同时,电子的动能远小于光子的动能.

13-9 若一个电子的动能等于它的静能,试求该电子的速率和德布罗意波长.

分析: 参照上题的分析,在本题中电子的动能与静能相等,必须考虑相对论效应.

解: 设电子的运动质量为 m,静止质量为 m_0,运动速度为 v. 根据相对论,电子的动能等于它的静能时,有

$$mc^2-m_0c^2=m_0c^2$$

可得电子的运动质量为
$$m=2m_0=\frac{m_0}{\sqrt{1-\dfrac{v^2}{c^2}}}$$

可解得 $$v=\frac{\sqrt{3}}{2}c=0.866c=2.6\times10^{8}\ \text{m/s}$$

所以，该电子的德布罗意波波长为

$$\lambda=\frac{h}{p}=\frac{h}{mv}=\frac{h}{\sqrt{3}m_0c}=1.4\times10^{-3}\,\text{nm}$$

13-10 设粒子在沿 x 轴运动时，速率的不确定量为 $\Delta v=1\ \text{cm/s}$，试估算下列情况下坐标的不确定量 Δx：

(1) 电子；

(2) 质量为 10^{-13} kg 的布朗粒子；

(3) 质量为 10^{-4} kg 的小弹丸.

解： 根据不确定度关系，粒子沿 x 轴运动的动量和坐标的不确定量为

____

即 ____________________

可得，(1)电子的坐标不确定量为

____

(2) 布朗粒子的坐标不确定量为

____

(3) 小弹丸的坐标不确定量为

____

13-11 一维无限深势阱中粒子的定态波函数为 $\Psi_n=\sqrt{\frac{2}{a}}\sin\frac{n\pi x}{a}$. 试求：

(1) 粒子处于基态时，在 $x=0$ 到 $x=\frac{a}{3}$ 之间找到粒子的概率.

(2) 粒子处于 $n=2$ 的状态时，在 $x=0$ 到 $x=\frac{a}{3}$ 之间找到粒子的概率.

解：

图书在版编目(CIP)数据

大学物理及实验同步指导与练习／江苏大学京江学院大学物理教学部编. —镇江：江苏大学出版社，2019.1(2025.1重印)
ISBN 978-7-5684-1005-2

Ⅰ.①大… Ⅱ.①江… Ⅲ.①物理学－高等学校－教学参考资料 Ⅳ.①O4

中国版本图书馆CIP数据核字(2018)第266083号

大学物理及实验同步指导与练习

编　　者/江苏大学京江学院大学物理教学部
责任编辑/李菊萍
出版发行/江苏大学出版社
地　　址/江苏省镇江市京口区学府路301号(邮编：212013)
电　　话/0511-84446464(传真)
网　　址/http：//press.ujs.edu.cn
排　　版/镇江文苑制版印刷有限责任公司
印　　刷/镇江文苑制版印刷有限责任公司
开　　本/787 mm×1 092 mm　1/16
印　　张/9.75
字　　数/249千字
版　　次/2019年1月第1版
印　　次/2025年1月第6次印刷
书　　号/ISBN 978-7-5684-1005-2
定　　价/52.00元

大 学 物 理 实 验 报 告

班级______________________　　实验日期________年____月____日

姓名________学号____________　　教师评定__________________

实验二　杨氏弹性模量的测定

【实验目的】

(1) 观察金属丝的弹性形变规律，学习______________________________.

(2) 掌握________测量____________的原理和方法.

(3) 学会用________处理数据.

【实验器材】

杠杆式加力杨氏模量拉伸仪，光杠杆，1 kg 砝码组，钢卷尺，螺旋测微计.

【实验原理】

杨氏弹性模量表示物体的弹性性质只与____________有关，与____________无关. 本实验通过测量钢丝的伸长量测定钢丝的杨氏弹性模量. 测长度微小变化量用____________，此法是物理实验中测微小线量和角量的常用方法.

金属丝在外力作用下发生形变，如图 1 所示，一根长为 L、截面积为 S 的均匀金属丝，将其上端固定，在受到沿长度方向的外力 F 后，伸长量为 δL. F/S 是____________________________，$\delta L/L$ 是______________________________. 根据胡克定律，______________________________，

即　　______________________　　(1)

式中，E 称为金属的杨氏模量，上式写为__________________.

实验证明，杨氏模量与外力 F、金属丝长度 L 和截面积 S 的大小无关，而仅取决于金属丝材料的性质.

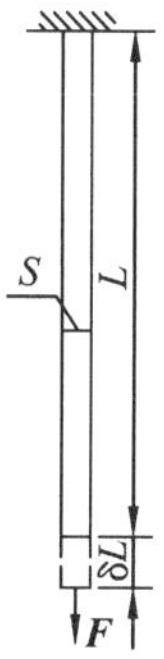

图 1　金属丝形变

光杠杆产生光放大的基本原理如图 2 所示.

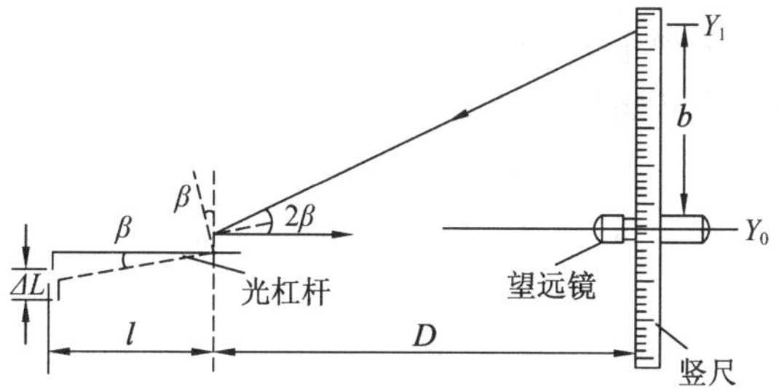

图 2　光杠杆放大原理及光路图

竖尺和观察者在同侧，在望远镜中找到光杠杆反射镜，在反射镜中找到竖尺的像，细调望远镜上的调焦旋钮，读到的竖尺读数为 Y_0；当光杠杆反射镜的后足尖下降时，产生一个微小偏转角，在望远镜上读到的标尺读数为 Y_1，(Y_1-Y_0) 即为放大后的钢丝伸长量 b，

常称作视伸长.

由图 2 可知

______________________________ (2)

______________________________ (3)

将(3)式代入式(2)可得

______________________________ (4)

将(4)式代入式(1)得

______________________________ (5)

只要通过实验测出 b,d,l,D,L,F,由上式即可计算出钢丝的杨氏模量 E.

【实验内容及步骤】

(1) 调节仪器.

① 调节杨氏模量仪.

调节三角底架上的螺丝 F,使平台 D 水平,则________________. 用手拉砝码托盘,看夹钢丝的圆柱夹子 C 是否在平台圆孔中________,否则要继续调节.

② 调节光杠杆和镜尺组.

a. 将光杠杆的前两足尖放在平台尖底槽里,后足尖放在圆柱夹子 C 上,但不得与钢丝接触,调节镜面使之与光杠杆________.

b. 调节望远镜水平并与光杠杆镜面位于____________,调节竖尺使之__________望远镜.

c. 先用眼睛在望远镜旁边沿着轴线方向看平面镜,看能否在平面镜中____________________________,否则需调节竖尺和望远镜的位置.

d. 将望远镜对准竖尺在光杠杆镜面中的像,然后调节望远镜. 望远镜主要由目镜和物镜组成,在物镜与目镜之间装有十字叉丝. 先调________,能____________________;再调________,能____________________________.

(2) 测量钢丝微小长度变化量 δL.

① 将十字叉丝横线对准竖尺像的________左右,否则上下移动竖尺,然后在砝码托盘上加一个 1 kg 砝码,此时荷重为 1 kg,记录第一次竖尺刻度线的读数 Y_1,依次增加 1 kg 砝码,荷重分别增加为 2 kg,3 kg,4 kg,…,8 kg,分别记录标尺刻度线读数 Y_i,共计 8 个读数.

② 将砝码数量由 $i=8$ 减到 $i=1$,记录减少荷重时竖尺刻度线读数. 依次轻轻取下砝码,分别记录竖尺刻度线读数 Y_i,共计 8 个读数. 不论增加或减少钢丝下端的荷重,只要荷重相等,从望远镜中观察读数就应该相等. 若读数相差较大,应找出原因,重新实验.

(3) 对其他长度进行测量.

① 用毫米刻度钢卷尺测量____________之间的距离 D,测出__________之间钢丝的长度 L.

② 用螺旋测微计测量钢丝直径 d,____________________各测 2 次,测 6 次后求出 d 的平均值.

③ 测量光杠杆后足尖 f_1 到前两足尖 f_2,f_3 连线之间的垂直距离 l,将光杠杆放在白纸上轻轻压下三足尖痕迹,然后作图并用米尺进行测量.

【预习思考题】

测量钢丝的杨氏模量公式,在什么条件下才能成立?

大学物理实验原始数据记录

班级________________ 实验日期______年____月____日

姓名__________学号______________ 教师评定________________

【注意事项】

（1）在测量前应将金属丝拉直并施加适当的预拉力.加砝码时要轻放，以防冲击.

（2）本实验 δL 的变化为等差数列，为充分利用数据和减小相对不确定度，采用逐差法处理数据.

【实验原始数据记录】

（1）测量 δL.

仪器误差限 $\sigma_{仪}$ =________ mm.

次数 i	荷重 F_i/kg	增重读数 Y_i/mm	减重读数 Y_i/mm
1	1.00		
2	2.00		
3	3.00		
4	4.00		
5	5.00		
6	6.00		
7	7.00		
8	8.00		

（2）测量其他参数.

记录钢丝直径 d，仪器零点 d_0 =________ mm，仪器误差限 $\sigma_{d_{仪}}$ =________ mm.

次数 i	1	2	3	4	5	6
d_i/mm						

L=________±________ mm，D=________±________ mm.

l=________±________ mm.

大学物理实验数据记录与处理

【实验数据记录与处理】

(1) 测量 δL.

仪器误差限 $\sigma_{仪}=$________ mm.

<table>
<tr><th>次数
i</th><th>荷重
F_i/kg</th><th>增重读数
Y_i/mm</th><th>减重读数
Y_i/mm</th><th>平均值
Y_i/mm</th><th>逐差
($b_i=Y_{i+4}-Y_i$)/mm</th><th>$(b_i-\bar{b})^2$/
mm^2</th></tr>
<tr><td>1</td><td>1.00</td><td></td><td></td><td></td><td></td><td></td></tr>
<tr><td>2</td><td>2.00</td><td></td><td></td><td></td><td></td><td></td></tr>
<tr><td>3</td><td>3.00</td><td></td><td></td><td></td><td></td><td></td></tr>
<tr><td>4</td><td>4.00</td><td></td><td></td><td></td><td></td><td></td></tr>
<tr><td>5</td><td>5.00</td><td></td><td></td><td></td><td rowspan="4" colspan="2">$\bar{b}=$</td></tr>
<tr><td>6</td><td>6.00</td><td></td><td></td><td></td></tr>
<tr><td>7</td><td>7.00</td><td></td><td></td><td></td></tr>
<tr><td>8</td><td>8.00</td><td colspan="2"></td><td></td></tr>
</table>

$\Delta_{仪}=\dfrac{\sigma_{仪}}{\sqrt{3}}=$________________ mm　　$\Delta_{\bar{b}}=\sqrt{\dfrac{\sum(b_i-\bar{b})^2}{n(n-1)}}=$______ mm ($n=4$)

$\Delta_b=\sqrt{\Delta_{\bar{b}}^2+\Delta_{仪}^2}=$______________ mm　　$b=\bar{b}\pm\Delta_b=$________$\pm$________ mm

(2) 测量其他参数.

次数 i	1	2	3	4	5	6	平均值
d_i/mm							
$(d_i-\bar{d})^2$/mm^2							

$L=L\pm\Delta_{L仪}=$_______$\pm$_______ mm　　$D=D\pm\Delta_{D仪}=$_______$\pm$_______ mm

$l=$________$\pm$________ mm　　$\Delta_{d仪}=\dfrac{\sigma_{d仪}}{\sqrt{3}}=$__________ mm

$\Delta_{\bar{d}}=\sqrt{\dfrac{\sum(d_i-\bar{d})^2}{n(n-1)}}=$________ mm($n=6$)

$\Delta_d=\sqrt{\Delta_{\bar{d}}^2+\Delta_{d仪}^2}=$________ mm　　$d=\bar{d}-d_0=$_________ mm

$d=$________$\pm$________ mm　　$\bar{E}=\dfrac{8DFL}{\pi d^2 lb}=$______ N/m^2 ($F=4\times9.8$ N)

$E_{相}=\sqrt{\left(\dfrac{\Delta_D}{D}\right)^2+\left(\dfrac{\Delta_L}{L}\right)^2+\left(\dfrac{\Delta_b}{b}\right)^2+\left(\dfrac{2\Delta_d}{d}\right)^2+\left(\dfrac{\Delta_l}{l}\right)^2}=$____________________________

$\Delta_E=\bar{E}\cdot E_{相}=$________ N/m^2

结果表示式为

$E=\bar{E}\pm\Delta_E=$______$\pm$______ N/m^2　　$E_{相}=$________%

【复习思考题】

（1）为什么测 D,L,l 用毫米刻度只测一次？而 d 要多次测量，b 要用逐差法处理？

（2）是否可以用作图法来求 E？如果能用，怎样求 E？

（3）怎样利用光杠杆来提高测量 δL 的精确度？

大 学 物 理 实 验 报 告

班级______________　　　　实验日期________年____月____日

姓名__________学号______________　　　　教师评定______________

实验三　用三线摆测量转动惯量

【实验目的】

（1）学习______________________________.

（2）验证______________________________.

【实验器材】

FB210 型（双支架）三线摆转动惯量实验仪，FB213 型数显计时计数毫秒仪，____________，____________，____________等.

【实验原理】

转动惯量是____________________的物理量.转动惯量不仅与________________有关，而且与__________________________有关.本实验利用三线摆测定刚体转动惯量.

三线摆是由____组成的（见图 1）.当下圆盘绕三线摆的中心轴____________摆动时，可看作简谐振动.如果不考虑运动过程中的阻力，根据______________和__________________，得下圆盘绕轴 OO' 的转动惯量为

______________________________ (1)

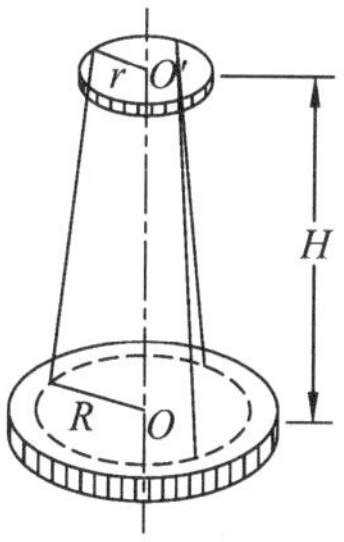

图 1　三线摆结构

式中，m_0 为______________；g 为当地的______________；r，R 分别为______________________________；H 为____________________________；T_0 为______________________________.测出 m_0，R，r，H 及 T_0，由式(1)可求出圆盘的转动惯量 J_0.

把质量为 m_1 的圆环放在下圆盘上，使两者________重合，测得该系统绕中心轴的摆动周期为 T_1，则该系统的转动惯量为

______________________________ (2)

则圆环绕中心轴的转动惯量为

______________________________ (3)

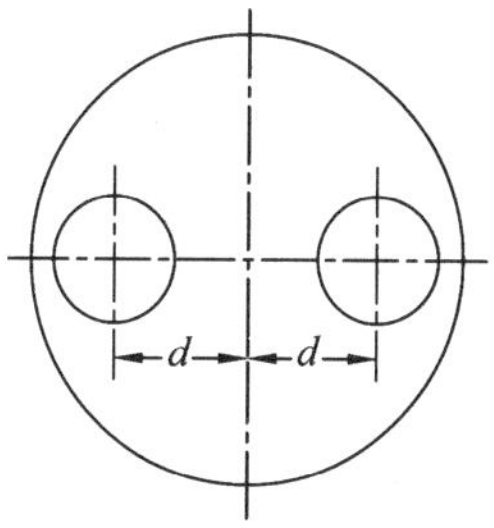

图 2　圆柱体放置示意图

把两个形状相同，质量都为 m_2 的圆柱体________放在下圆盘上，____________________________都为 d（见图 2），同样测得两圆柱体绕圆盘中心轴的转动惯量为

______________________________ (4)

将按此式计算所得的 J_2 与理论上按平行轴定理求得的

______________________________ (5)

进行比较（式中，D_2 为____________），可验证平行轴定理.

【实验内容及步骤】

（1）观察________________，调节____________________，使上圆盘水平．利用________________调节____________________，观察____________________，使下圆盘水平，此时________调节螺钉．

（2）调整____________安装位置，使下圆盘边上的挡光杆能____________通过光电门槽口．接通电源，预置周期测量次数为 50 次．

（3）使下圆盘处于________状态，通过拨动上圆盘的____________，将上圆盘转过一个________________，带动下圆盘绕中心轴 OO' 做微小扭转摆动．按毫秒仪上的________键，测量 50 个扭转摆动周期的时间 t．按毫秒仪的“复位”键，重复测量 3 次．

（4）将圆环放在下圆盘上，使其重心通过____________________，重复步骤（3），测出两者一起摆动的周期．

（5）取下圆环，把两圆柱体________放在下圆盘上，重复步骤（3），共取 5 个不同的位置，测出圆柱体________距离 $2d$ 和它们共同摆动的周期．

（6）几何参量和质量的测量．

① 用________测出上下两圆盘之间的________距离 H．

② 用____________测出圆环的________和________，下圆盘的________，圆柱体的________．

③ 测出下圆盘三个悬点之间的距离________、________和________，取其平均值 $\bar{a}$，根据 $R=\bar{a}/\sqrt{3}$ 计算出 R（见图 3）．测出上圆盘三个悬点之间的距离________、________和________，取其平均值 $\bar{b}$，根据 $r=\bar{b}/\sqrt{3}$ 计算出 r．

④ 记录______________________的质量，用____________称出________和____________的质量．

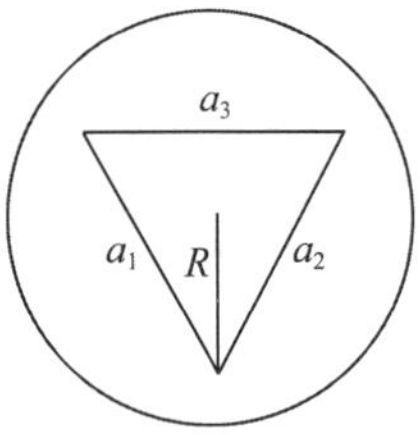

图 3　由下圆盘悬点求 R 示意图

【注意事项】

三线摆的悬线容易磨损拉断，实验时不要使悬线____________．

【预习思考题】

（1）用三线摆测刚体转动惯量时，为什么必须保持下圆盘水平？

（2）在测量过程中，如下圆盘出现晃动，对周期的测量有影响吗？如有影响，应如何避免？

（3）本实验能否用图解法验证平行轴定理？如能，应怎样验证？

大学物理实验原始数据记录

班级＿＿＿＿＿＿＿＿＿＿＿＿＿　　实验日期＿＿＿＿年＿＿月＿＿日

姓名＿＿＿＿＿＿学号＿＿＿＿＿＿＿　　教师评定＿＿＿＿＿＿＿＿＿＿

【实验原始数据记录】

（1）几何参量和质量的测量和记录.

上下两圆盘之间的垂直距离 $H=$＿＿＿＿ mm.

圆环内径 $D_{内}=$＿＿＿＿ mm，外径 $D_{外}=$＿＿＿＿ mm.

下圆盘直径 $D_1=$＿＿＿＿ mm，圆柱体直径 $D_2=$＿＿＿＿ mm，$2d=$＿＿＿＿ mm.

下圆盘三悬点间距 $a_1=$＿＿＿＿ mm，$a_2=$＿＿＿＿ mm，$a_3=$＿＿＿＿ mm.

上圆盘三悬点间距 $b_1=$＿＿＿＿ mm，$b_2=$＿＿＿＿ mm，$b_3=$＿＿＿＿ mm.

下圆盘质量 $m_0=$＿＿＿＿ g，圆环质量 $m_1=$＿＿＿＿ g.

两圆柱体质量 $m_{21}=$＿＿＿＿ g，$m_{22}=$＿＿＿＿ g.

（2）转动周期的测量.

① 圆盘、圆盘加圆环及圆盘加两圆柱.

测量次数	1	2	3
圆盘 50 个周期时间 t/s			
加圆环后 50 个周期时间 t/s			
加两圆柱后 50 个周期时间 t/s			

*② 对称加圆柱体.

圆柱体中心距离 $2d$/mm						
50 个周期时间 t/s	1					
	2					
	3					

【实验数据记录与处理】

(1) 几何参量和质量.

上下两圆盘之间的垂直距离 $H=$________ mm.

圆环内径 $D_{内}=$________ mm,外径 $D_{外}=$________ mm.

下圆盘直径 $D_1=$________ mm,圆柱体直径 $D_2=$________ mm,$2d=$________ mm.

下圆盘三悬点间距 $a_1=$________ mm,$a_2=$________ mm,$a_3=$________ mm.

上圆盘三悬点间距 $b_1=$________ mm,$b_2=$________ mm,$b_3=$________ mm.

$\bar{a}=(a_1+a_2+a_3)/3=$________ mm;$\bar{b}=(b_1+b_2+b_3)/3=$________ mm;

$R=\bar{a}/\sqrt{3}=$________ mm;$r=\bar{b}/\sqrt{3}=$________ mm.

下圆盘质量 $m_0=$________ g,圆环质量 $m_1=$________ g.

两圆柱体质量 $m_{21}=$________ g,$m_{22}=$________ g,$m_2=\dfrac{m_{21}+m_{22}}{2}=$________ g.

(2) 圆盘、圆盘加圆环及圆盘加两圆柱的转动惯量.

① 转动周期.

测量次数	1	2	3	平均($\bar{t}$)	周期 $T=\dfrac{\bar{t}}{50}$
圆盘 50 个周期时间 t/s					$T_0=$
加圆环 50 个周期时间 t/s					$T_1=$
加两圆柱后 50 个周期时间 t/s					$T_2=$

② 按式(1)和(3)求出测量值 J_0,J_1,J_2.

$$J_0=\frac{m_0 gRr}{4\pi^2 H}T_0^2=$$

$$J_1=\frac{(m_0+m_1)gRr}{4\pi^2 H}T_1^2-J_0=$$

$$J_2=\frac{(m_0+2m_2)gRr}{4\pi^2 H}T_2^2-J_0=$$

③ 按下列公式计算出理论值.

$$J_0'=\frac{1}{2}m_0\left(\frac{D_1}{2}\right)^2=$$

$$J_1'=\frac{1}{2}m_1\left[\left(\frac{D_{内}}{2}\right)^2+\left(\frac{D_{外}}{2}\right)^2\right]=$$

$$J_2'=2\times\left[\frac{1}{2}m_2\left(\frac{D_2}{2}\right)^2+m_2 d^2\right]=$$

④ 对各组实验值和理论值进行比较,求出百分误差.

$E_{01}=$

$E_{02}=$

$E_{03}=$

*(3) 对称加圆柱体验证平行轴定理.

① 计算摆动周期和转动惯量.

圆柱体中心距离 $2d$/mm						
d^2/mm^2						
50 个周期时间 t/s	1					
	2					
	3					
50 个周期平均时间 $\bar{t}$/s						
周期 $\left(T=\frac{\bar{t}}{50}\right)$/s						
转动惯量 J_2						

② 用作图法验证平行轴定理(提示：J_2 与 d^2 呈线性关系).

【复习思考题】

(1) 如何利用三线摆测定任意形状的物体绕特定轴的转动惯量?

(2) 加上待测物体后，三线摆的扭动周期是否一定比空盘时大? 为什么?

(3) 三线摆在摆动中受空气阻尼，振幅越来越小，它的周期是否会变化? 对测量结果影响大吗? 为什么?

大学物理实验报告

班级________________________________　　实验日期________年____月____日

姓名__________学号______________　　教师评定______________________

实验四　液体表面张力系数测定

【实验目的】

（1）了解______________________的基本结构，掌握______________________的方法，计算____________________.

（2）观察______________________的物理过程和物理现象，并用_________________进行分析和研究，加深对物理规律的认识.

（3）掌握用_________________及用_________________处理数据.

【实验器材】

FB326A 型液体表面张力系数测定仪主要组成有：底座；可微调高度立柱；传感器固定支架；压阻力敏传感器；数字式毫伏表；标准砝码（砝码盘）；圆筒形吊环等.

【实验原理】

如果将一洁净的圆筒形吊环浸入液体中，然后缓慢地提起吊环，圆筒形吊环将带起一层液膜. 如图 1 所示，使液面收缩的表面张力 f 沿液面的________，角 φ 称为________. 当继续提起圆筒形吊环时，φ 角____________，这时所拉出的液膜的里、外两个表面的张力 f 均________. 设拉起液膜破裂时的拉力为 F，则有

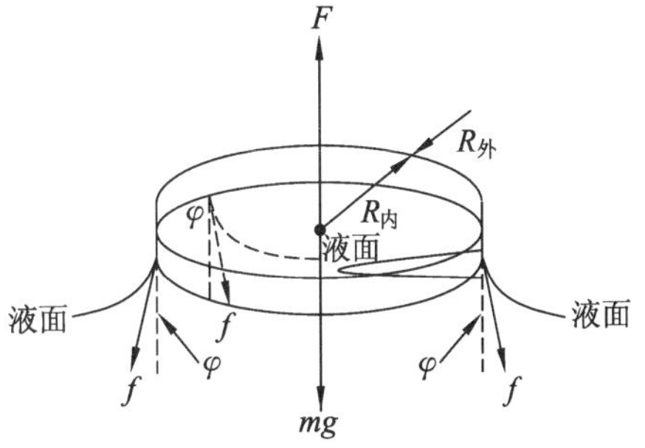

图 1　圆形吊环从液面缓慢拉起受力示意图

$$F=(m+m_0)g+2f \qquad (1)$$

式中，m 为________________，m_0 为________________. 因____________与____________成正比，则有

$$2f=\pi(D_{内}+D_{外})\alpha \qquad (2)$$

比例系数 α 称为________，单位是________. α 在数值上等于________________. 由式(1)和式(2)可得

$$\alpha=\frac{F-(m+m_0)g}{\pi(D_{内}+D_{外})} \qquad (3)$$

由于金属膜很薄，被拉起的液膜也很薄，m 很小________，于是公式简化为

$$\alpha=\frac{F-m_0 g}{\pi(D_{内}+D_{外})} \qquad (4)$$

表面张力系数 α 与液体的____________和____________有关. 实验表明，液体的温度______，α 值______，所含杂质______，α 值______. 只要上述这些条件________，α 值就是________. 本实验的核心部分是________，即________________________.

【实验内容及步骤】

(1) 开机________________.

(2) 清洗________________________.将玻璃器皿放到________________,并在有机玻璃器皿内放入________________.

(3) 将砝码盘的挂钩挂在_______的小孔中.若整机已预热 15 min 以上,可对力敏传感器_______,在加砝码前应首先读取电子秤的初读数_______.然后每加一个 500.00 mg 砝码,读取一个________,记录到表格中.注意安放砝码时____________.用____________求力敏传感器的转换系数 K.

(4) 换吊环前应先________________,然后挂上吊环,读取一个________________.在测定液体表面张力系数过程中,可观察到液体产生的浮力与张力的情况与现象.转动可微调高度立柱的________,使________,当____________,仔细调节吊环的________,使吊环____________;然后把吊环______________,这时候,按下面板上的按钮开关,仪器功能转为________;接着____________可微调高度立柱的调节套筒旋钮,这时液面逐渐往下降,观察环浸入液体中及从液体中拉起时的物理过程和现象.当吊环拉断液柱的一瞬间数字电压表显示____________并自动保持该数据.拉断后,释放按钮开关,电压表恢复随机测量功能,静止后其____________,记下这个数值.连续做 5 次,求平均值.那么表面张力

$$2f=(\overline{V}_1-\overline{V}_2)\overline{K}$$

表面张力系数

$$\alpha=\frac{2f}{L}=\frac{(\overline{V}_1-\overline{V}_2)K}{\pi(D_{内}+D_{外})}$$

(5) 取下吊环,换门形金属片,按上步骤,连续做 5 次,求平均值,求表面张力.

【注意事项】

(1) 吊环、门形金属片水平须调节好,注意偏差 1°,测量结果引入误差为 0.5%;偏差 2°,则误差 1.6%.

(2) 在调节液面升降可微调高度立柱的调节套筒旋钮时,速度要缓慢,尽量减小液体的波动.

(3) 工作环境应避免风吹,以免吊环摆动致使零点波动,造成所测系数不准确.

(4) 若液体为纯净水,在使用过程中防止灰尘和油污等杂质污染.手指不要接触被测液体.

(5) 力敏传感器使用时用力不宜大于 0.098 N.过大的拉力易损坏传感器.

(6) 实验结束须将吊环、门形金属片用清洁纸擦干,用清洁纸包好,放入干燥缸内.

【预习思考题】

(1) 什么叫表面张力?表面张力系数与哪些因素有关?

(2) 在推导测量公式(3)时,做了哪些近似?式中各量的物理意义是什么?

大学物理实验原始数据记录

班级________________　　实验日期______年____月____日

姓名________学号__________　　教师评定________________

【实验原始数据记录】

(1) 用逐差法求仪器的转换系数 K(N/mV).

记录砝码盘等作为初读数 V_0=________ mV.

砝码质量/(10^{-6} kg)	增重读数 V_i'/mV	减重读数 V_i''/mV
0.00		
500.00		
1 000.00		
1 500.00		
2 000.00		
2 500.00		
3 000.00		
3 500.00		

(2) 用拉脱法求拉力对应的电子秤读数.

水温(室温)____________℃,电子秤初数 V_0 ____________ mV

测量次数	拉脱时最大读数 V_1/mV	吊环读数 V_2/mV
1		
2		
3		
4		
5		
平均值		

(3) 测量吊环的内、外直径(单位:mm).

测量次数	1	2	3	4	5	平均值
内径 $D_{外}$						
外径 $D_{外}$						

大学物理实验数据记录与处理

【实验数据记录与处理】

(1) 用逐差法求仪器的转换系数 K(N/mV).

先记录砝码盘等作为初读数 $V_0=$ ________ mV,然后每次增加一个砝码 $m=$ 500.00 mg.

砝码质量/(10^{-6} kg)	增重读数 V_i'/mV	减重读数 V_i''/mV	$V_i=\dfrac{V_i'+V_i''}{2}$/mV	等间距逐差:$\delta V_i=\lvert V_{i+4}-V_i\rvert$/mV
0.00				
500.00				
1 000.00				
1 500.00				
2 000.00				
2 500.00				
3 000.00				
3 500.00				

$$\delta V=\frac{1}{4}(\delta V_1+\delta V_2+\delta V_3+\delta V_4)$$

δV 为每 2 000.00 mg 对应的电子秤的 mV 读数,则

$$K=\frac{gm}{\delta V}=\underline{\qquad\qquad}\ \text{N/mV}.$$

(2) 用拉脱法求拉力对应的电子秤读数.

水温(室温)________________℃,电子秤初数 V_0 ________________ mV.

测量次数	拉脱时最大读数 V_1/mV	吊环读数 V_2/mV	表面张力对应读数 $V=V_1-V_2$ /mV
1			
2			
3			
4			
5			
平均值			$\bar{V}=$ ________________

（3）测量吊环的内、外直径（单位：mm）.

测量次数	1	2	3	4	5	平均值
内径 $D_{外}$						
外径 $D_{外}$						

（4）计算 α 及不确定度.

$\alpha=\frac{\overline{K}\overline{V}}{\overline{L}}=$

（5）从附录中查出室温下水的表面张力系数 α 的理论值，把实验结果与此值比较求百分误差，并与实验值 $\Delta\overline{\alpha}$ 对比对实验结果进行分析.

$\alpha_0=$

$E_0=$

【复习思考题】

（1）拉脱法的物理本质是什么？

（2）若考虑拉起液膜的重量，实验结果应如何修正？

大学物理实验报告

班级________________________________　　　实验日期________年____月____日

姓名___________学号________________　　　教师评定_________________________

实验八　示波器的原理和使用

【实验目的】

（1）了解通用示波器的______________和______________.

（2）初步掌握通用示波器各个______________和______________.

（3）学习使用示波器观察______________，测量______________、______________.

（4）学习利用示波器观察____________图形，测量信号____________和____________.

【实验器材】

通用示波器，函数发生器，移相器等.

【实验原理】

示波器是一种用途十分广泛的电子测量仪器.它能把肉眼看不见的电信号变换成看得见的图像，便于人们研究各种电现象的变化过程.目前大量使用的示波器有两种：______________和______________.______________示波器发展较早，技术也非常成熟，其优点主要是带宽宽、成本低.但是随着数字技术的飞速发展，______________示波器拥有了许多______________示波器不具备的优点：不仅具有可______________波形、体积小、功耗低，使用方便等优点，而且还具有强大的信号______________分析功能；具有输入输出功能，可以与______________或其他______________相连实现更复杂的数据运算或分析.随着相关技术的进一步发展，数字示波器的______________也越来越高了，其使用范围将更为广泛.因此，学习数字示波器的使用具有重要的意义.

1. 双踪示波器的原理

模拟示波器的种类很多，但基本结构和原理相同，主要由_________、_________和_________等组成.

示波管是示波器的核心部件，由抽成高度真空的玻璃壳、_________、_________及_________等组成.

双踪模拟示波器控制电路主要包括：_________开关、_________电路、_________电路、_________发生器、_________电路等（见图1）.

其中，电子开关使两个待测电压信号YCH1和YCH2______________作用在Y偏转板，这样在荧光屏上忽而显示YCH1信号波形，忽而显示YCH2信号波形.由于荧光屏荧光物质的______________及人眼______________效应，荧光屏上看到的是两个波形.

如果正弦波与水平扫描锯齿波电压的周期稍不同，屏上出现的是一移动的______________图形.这是因为扫描信号的周期与被测信号的______________或不呈整数倍，以致每次扫描开始时，波形曲线上的起点均不一样所造成的.为了获得一定数量的完整周期波形，示波器上设有“time/div”______________旋钮，用来调节锯齿波电压的周期合适，使之与被测信号的周期呈合适的关系，从而显示出完整且周期数合适的正弦波形.

图 1　双踪示波器原理方框图

当扫描信号的周期与被测信号的周期一致或整数倍时，屏上一般会显示出________完整周期的正弦波形，但由于环境或其他因素的影响，波形会移动，为此示波器内装有扫描同步电路. 同步电路可设置“________”值，并从垂直放大电路中检测出待测信号达到同步电平值的________，同时触发锯齿波发生器同步工作，迫使扫描锯齿波与待测信号________，达到显示波形稳定的目的，此称为“________”. 如果同步电路信号从仪器外部输入，则称为“________”. 所以，只有 V_y 与 V_x 的周期严格地相同，或后者是前者的整数倍，图形才会清晰而稳定. 因此，形成________是 V_y 与 V_x 的频率必须成整数倍关系，即

$$\frac{f_y}{f_x}=n,\ n=1,2,3,\cdots$$

实际上，由于 V_y 与 V_x 的信号来自不同的振荡器，它们之间的频率比不会自动满足简单的整数倍，所以示波器中的扫描电压的频率必须可调. 细心调节扫描电压频率，可以大体满足 $\frac{f_y}{f_x}=n$ 的关系，但要准确地满足此关系仅靠人工调节是不容易的. 为解决这一问题，在示波器内部设有________装置，称为“整步”. 在人工调节的基础上，再加入“整步”的作用，从而获得稳定的波形.

2. 示波器显示波形原理

如果在示波器的 YCH1 或 YCH2 端口加上正弦波，在示波器的 X 偏转板加上示波器内部的________，当锯齿波电压的变化周期与正弦电压的变化周期相等时，则在荧光屏上将显示出________周期的正弦波形，如图 2 所示. 如果在示波器的 YCH1、YCH2 端口同时加上正弦波，在示波器的 X 偏转板加上示波器内部的锯齿波，则在荧光屏上将“同时”显示出两路正弦波.

图 2　示波器显示正弦波形的原理

3. 数字示波器的基本原理

数字示波器是按照采样原理，利用 A/D 变换，将连续的模拟信号转变成离散的数字序列，然后进行恢复重建波形，从而达到测量波形的目的. 数字示波器的基本原理框图如图 3 所示.

图 3　数字存储示波器的基本原理框图

输入缓冲放大器(AMP)将输入的信号做缓冲变换，起到将被测体与示波器________的作用. 示波器工作状态的变换不会影响输入信号，同时将信号的________切换至适当的电平范围(示波器可以处理的范围)，也就是说不同幅值的信号在通过输入缓冲放大器后都会转变成相同电压范围内的信号.

A/D 单元的作用是将连续的________信号转变为________的数字序列，然后按照数字序列的先后顺序重建波形. 所以 A/D 单元起到一个采样的作用，它在采样时钟的作用下，将采样脉冲到来时刻的信号幅值的大小转化为数字表示的数值. 这些时间点称为________点. A/D 转换器是波形采集的关键部件.

多路选通器(DEMUX)将数据按照________排列，即将 A/D 变换的数据按照其在模拟波形上的先后顺序存入存储器，也就是给数据安排地址. 其地址的顺序就是采样点在波形上的顺序，采样点相邻数据之间的时间间隔就是________.

数据采集存储器(Acquisition Memory)是将采样点存储下来的存储单元. 它将__________按照安排好的地址存储下来，当采集存储器内的数据足够复原波形的时候，再送入后级处理，用于________波形并显示.

微型处理器(μP)用于控制和处理所有的控制信息，并把采样点复原为波形点，存入显示内存区，并用于显示．显示单元(Display)将显示内存(Display Memory)中的波形点________出来，显示内存中的数据与 LCD 显示面板上的点是一一对应的关系．

4．李萨如图形的基本原理

如果在示波器的 CH1 通道和 CH2 通道上同时输入________信号，荧光屏上看到的亮点运动轨迹是两个相互垂直________的合成．当两个正弦电压信号的频率________或成简单________比时，合成稳定的李萨如图形(见图 4)．在李萨如图形上，分别作一条水平切线和垂直切线，若 V_y 的频率是 f_y，V_x 的频率是 f_x，则它们与图形相切的切点数满足关系：________________．这是一种测量信号________的简便方法．

同样，两个同频率，有一定相位差的正弦信号，可测量它们的________．

图 4　李萨如图形合成原理图

【实验内容及步骤】

(1) 观察________并测量三个________的电压、周期和频率．

将信号发生器的电信号从示波器的________输入端输入，调节信号发生器，分别观察三角波、方波、正弦波三种波形，熟悉信号发生器和示波器的使用．选择________正弦波形，分别测量对应波形________、________．将数据填入表格，并计算相对________．

(2) 测量交流变压器的电信号正弦波形的电压、周期和频率．

将________的电信号从示波器的________输入端输入，测量其正弦波形电压(峰－峰值)、周期和频率．

(3) 利用李萨如图形测交流变压器电信号的频率．

将________的电信号从示波器的 CH1 输入端输入，将________的电信号从示波器的 CH2 输入端输入，在 menu 菜单中设置________．将信号发生器频率按钮置于“100 Hz”上，微调示波器的 Y 系统微调旋钮和信号发生器“电压输出”，使屏幕上显示的李萨如图形________．然后调节信号发生器的频率，使其分别为 25 Hz，50 Hz，75 Hz，100 Hz，200 Hz 左右时，找到相应的________李萨如图形．描下图形并记录信号发生器相应的准确的频率值 f_x(注意有效数字)．根据 X、Y 二方向的

____________,求出被测信号的频率值 f_y,最后求出被测频率的____________.

(4) 用李萨如图形测量移相器的________________.

【预习思考题】

(1) 若在示波器上看到的波形幅度太小,应调节示波器哪个旋钮,使波形的大小适中?

(2) 怎样用示波器定量地测量交流信号的电压有效值和频率?

(3) 观察两个信号合成的李萨如图形时,应如何操作示波器?

(4) 为了使李萨如图形稳定下来,能否使用示波器上的同步旋钮?为什么?

大学物理实验原始数据记录

班级______________　　实验日期________年____月____日

姓名__________学号______________　　教师评定______________

【实验原始数据记录】

（1）观察各种波形（正弦波、方波和三角波），测量 3 种正弦波形的电压、频率和周期，计算相对不确定度（注：标准值即信号发生器显示的值）.

	V_{p-p}/V		f/Hz		T/s	
	测量值	标准值	测量值	标准值	测量值	标准值
信号 1						
信号 2						
信号 3						

（2）测量交流变压器的电信号正弦波形的电压、周期和频率.

	V_{p-p}/V	f/Hz	T/s
交流变压器的电信号			

（3）利用李萨如图形测频率.

调 x 方向输入频率	25 Hz 左右	50 Hz 左右	75 Hz 左右	100 Hz 左右	200 Hz 左右
记录 x 方向的实际频率值					
李萨如图形					

大学物理实验数据记录与处理

【实验数据记录与处理】

(1) 观察各种波形(正弦波、方波和三角波),测量 3 种正弦波形的电压、频率和周期,计算相对不确定度(注:标准值即信号发生器显示的值).

	V_{p-p}/V		f/Hz		T/s	
	测量值	标准值	测量值	标准值	测量值	标准值
信号 1						
信号 2						
信号 3						

(2) 测量交流变压器的电信号正弦波形的电压、周期和频率.

	V_{p-p}/V	f/Hz	T/s
交流变压器的电信号			

(3) 利用李萨如图形测频率.

调 x 方向输入频率	25 Hz 左右	50 Hz 左右	75 Hz 左右	100 Hz 左右	200 Hz 左右
记录 x 方向的实际频率值					
李萨如图形					
$\frac{n_x}{n_y}$					
f_y					

$\bar{f}_y=$

大学物理实验报告

班级______________________________　　实验日期________年____月____日

姓名__________学号_______________　　教师评定______________________

实验十一　直流电桥测电阻

【实验目的】

（1）掌握____.

（2）学会____.

（3）了解____.

（4）学习____.

【实验器材】

QJ23 型箱式电桥，电桥接线板（装有示值相等的 R_1，R_2 及 4 个接线），电阻箱，检流计，稳压电源，待测电阻，开关和导线.

【实验原理】

电桥是一种利用________方法进行测量的仪器，电桥可分为________电桥和________电桥. 直流电桥又可分为________和________. 直流单电桥（惠斯通电桥）适用于测量 $10 \sim 10^6\ \Omega$ 的中阻值电阻. 直流双电桥（开尔文电桥）适用于测量 $10^{-5} \sim 10\ \Omega$ 的低阻值电阻.

1. 惠斯通电桥的电路及其原理

惠斯通电桥的原理如图 1 所示，4 个支路 AD，DC，AB 和 BC 分别由电阻 R_1，R_2，R_x 和 R_0 组成，每一支路称为电桥的一个臂. 在对角 B 和 D 间连接________，对角 A 和 C 间连接________、开关 K_1. 当接通开关 K_1 后，各支路中均有电流通过，检流计支路起到沟通 ABC 和 ADC 两条支路的作用，可直接比较 B，D 两点的电势，电桥的名称由此而来. 适当调节各臂的电阻值，可以使流过____，这时称__________________________. 电桥平衡时，B，D 两点的电势相等，根据分压原理有

$$U_{DC}=U_{AC}\frac{R_2}{R_1+R_2},\ U_{BC}=U_{AC}\frac{R_0}{R_x+R_0}$$

图 1　惠斯通电桥原理图

电桥平衡时，$U_{DC}=U_{BC}$，即 $\frac{R_2}{R_1+R_2}=\frac{R_0}{R_x+R_0}$，整理化简后得

$$R_x=\frac{R_1}{R_2}\cdot R_0 \tag{1}$$

由此可见，待测电阻 R_x 等于 R_1/R_2 与 R_0 的乘积. 通常称 R_1 与 R_2 为____________，R_0 为______________，所以电桥由________________、________________、________________

三部分组成.

利用电桥测量电阻 R_0 就是使电桥满足平衡条件的过程，而平衡条件是由________来指示的，所以当调节 R_1，R_2，R_0 的值使检流计指零时，就可由式(1)求出被测电阻的阻值.

2. 电桥的灵敏度

使用电桥测量电阻时的精密程度主要取决于________. 当电桥平衡时，若使比较臂 R_0 改变一微小量 ΔR_0，电桥将偏离平衡，检流计指针偏转 n 格，则电桥的相对灵敏度 S 定义为

$$S=\frac{n}{\Delta R_0/R_0} \tag{2}$$

由式(2)可知，如果检流计的分辨率阈(灵敏阈)为 Δn(一般取 2～6 格)，由电桥灵敏度引入的相对误差为 $\frac{\Delta R_x}{R_x}=\frac{\Delta n}{S}$，说明电桥____.

3. 系统误差的修正

由式(1)和不确定度传递公式得

$$\frac{\Delta_{R_x}}{R_x}=\_\_\_\_\_\_\_\_\_\_\_\_\_\_\_\_\_\_\_\_ \tag{3}$$

显然，待测电阻 R_x 的相对不确定度由 R_1，R_2 和 R_0 的相对不确定度合成决定. 实验中，采用交换 R_1，R_2 两臂的位置，前、后两次调整电桥平衡的方法来消除由 R_1，R_2 引起的系统误差，两次测量分别得

$$R_x=\frac{R_1}{R_2}R_0\text{（}R_0\text{ 为换臂前电桥平衡时的读数）} \tag{4}$$

$$R_x=\frac{R_2}{R_1}R_0'\text{（}R_0'\text{ 为换臂后电桥平衡时的读数）} \tag{5}$$

两式相乘，得

$$R_x=\sqrt{R_0\cdot R_0'} \tag{6}$$

显然，电桥的误差仅取决于 R_0，与 R_1，R_2 无关.

【实验内容及步骤】

(1) 用箱式电桥测量电阻：用箱式电桥测量 R_{x1}，R_{x2} 及______________的阻值.

① 将待测电阻接在 R_x 的两个接线柱上，将短路片接在________一侧的接线柱上.

② 若检流计指针不在零线上，可以轻轻旋动________旋钮.

③ 估计被测电阻的阻值，比例臂选取__________，使 R_0 能有 4 位读数.

④ 先按下电源开关________，再间断按下检流计开关________，调节变阻箱，直到检流计指针指向零线，然后先断开________，再断开________按钮. 此时，__________________

____________________.

(2) 测电桥灵敏度：测电桥灵敏度时，由于 R_x 不能改变，故可通过改变 R_0 的办法来代替. 可以证明，改变任意一臂得出的电桥灵敏度都是一样的，所以

$$S=\frac{\Delta n}{\Delta R_0/R_0} \tag{7}$$

测量时，首先将电桥调至平衡状态，然后改变比较臂 R_0 有效数字末位的读数，使检流计指针偏转 Δn=________格左右，记下此时 R_0，ΔR_0，Δn 的数值.

(3) 用组合电桥测量电阻.

① 按图 1 接好线路，其中 R_x 用高阻值电阻，经教师检查认可后，合上开关 K_1，调节________________使检流计指示为零. 再合上开关 K_2，检流计可能会有偏转，继续调节电阻箱 R_0，使检流计指示为零，记录此时电阻箱示值 R_0.

② 交换待测电阻 R_x 和电阻箱 R_0 的接线(相当于 R_1，R_2 交换)，按上述过程测出此时电桥平衡时电阻箱示值 R_0'.

【注意事项】

实验结束时，应关闭____.

【预习思考题】

(1) 用箱式电桥测量电阻时，为何要使变阻箱 R_0 指示 4 位读数？

(2) 用组合电桥测量电阻时，调节电阻箱 R_0 时，如检流计 G 始终朝一边偏，无法调到零点，可能由什么原因造成？

大学物理实验原始数据记录

班级______________________________　　　　实验日期________年____月____日

姓名__________学号______________　　　　教师评定________________________

【实验原始数据记录】

(1) 用箱式电桥测量电阻.(电源电压 6 V)

待测电阻	R_{x1}	R_{x2}	串联	并联
比例臂				
电阻箱示值/Ω				

(2) 测电桥灵敏度.

R_{01} =________ Ω(检流计为零时电阻箱的读数)

R_{02} =________ Ω(检流计偏转 Δn 格时电阻箱的读数)

Δn=________格(取 2～6 格)

(3) 组合电桥测量电阻.(电源电压 4～5 V)

电阻箱等级 a=______________

换臂前 R_0 =_________________ Ω

换臂后 R_0' =_________________ Ω

大学物理实验数据记录与处理

【实验数据记录与处理】

（1）用箱式电桥测量电阻.（电源电压 6 V）

待测电阻	R_{x1}	R_{x2}	串联	并联
比例臂				
电阻箱示值/Ω				
测量结果/Ω				

（2）测电桥灵敏度.

$R_{01}=$________ Ω，$R_{02}=$________ Ω，$\Delta n=$________格（取 2～6 格）

$\Delta R_0=|R_{01}-R_{02}|=$________ Ω

$S=\dfrac{\Delta n}{\Delta R_0/R_0}=$____________

（3）组合电桥测量电阻.（电源电压 4～5 V）

电阻箱等级 $a=$__________

换臂前 $R_0=$__________ Ω，换臂后 $R_0'=$________ Ω

$R_x=\sqrt{R_0\cdot R_0'}=$________ Ω

$E=\dfrac{\Delta_{R_x}}{R_x}=\dfrac{\Delta_{R_0}}{\sqrt{2}R_0}=\dfrac{1}{\sqrt{2}}a\%=$______________

$\Delta_{R_x}=R_x\cdot E=$__________ Ω

$R_x=R_x\pm\Delta_{R_x}=$__________ Ω

【复习思考题】

线式电桥的原理如图 2 所示，AB 为长 l 的均匀电阻丝，C 为活动接头，测量时将变阻箱 R_0 调到适当阻值，移动 C 处于如图所示位置时，电桥处于平衡状态，此时$\dfrac{R_x}{R_0}=\dfrac{l-x}{x}$，问接触头在何处时，测量值的相对误差最小？

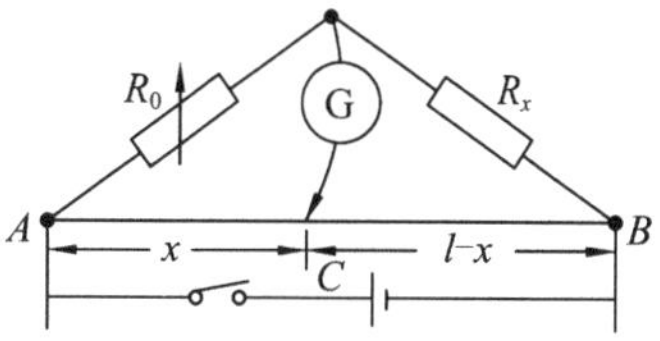

图 2　线式电桥原理图

大学物理实验报告

班级______________________________ 实验日期________年____月____日

姓名__________学号______________ 教师评定________________________

实验十四　牛顿环和劈尖干涉实验

【实验目的】

(1) 观察________________，了解其特点，加深对__________________的认识.

(2) 学会用________测量________________、_____________或____________.

(3) 掌握_____________的原理和使用方法.

【实验器材】

读数显微镜，钠光灯，_____________，_____________.

【实验原理】

1. 牛顿环

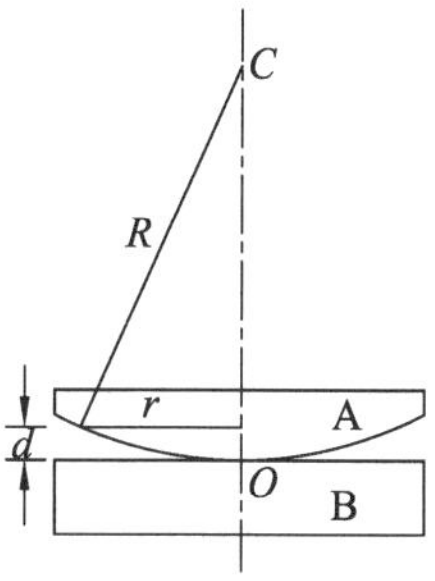

图1　牛顿环仪几何关系

将一曲率半径较大的平凸透镜A放在平玻璃板B上，这一装置称为____________. 当单色光束从上面投射到____________上时，______________________________和______________________________发生干涉，空气膜厚度________的地方干涉的结果相同，这种干涉叫作____________. 在牛顿环仪(见图1)中，干涉条纹是以________为中心的____________，叫作________. 设入射光的波长为 λ，当光线垂直入射时，距接触点 O 距离为 r 处空气膜的厚度为 d，则上下表面反射光的光程差为

__________________________　(1)

式中，$\lambda/2$ 为____________，是由____引起的.

由干涉条件可知，当光程差为________________时，发生相消干涉，也就是产生________，设 k 级暗条纹处的空气膜的厚度为 d_k，有

____________________ $(k=0,1,2,3,\cdots)$　(2)

由几何关系可知，若 R 为平凸透镜的曲率半径，当 $R\gg d$ 时，可略去 d^2 项，则 k 级暗条纹半径 r_k 为

$$r_k=\sqrt{kR\lambda} \tag{3}$$

因此，如果已知________，只要测出 r_k，即可根据上式计算出________________________.

透镜和平玻璃接触时，会发生____________，同时接触处表面可能有微小灰尘存在，因此所观察到的__________________和__________________不一致，同时，____________不易测准，从而导致在测量时，难以____，这会给测量带来较大的系统误差. 实验中可以通过____________，以消除干涉级次难以确

切判定带来的误差，并通过______________，以消除圆心位置不易测准带来的误差. 设第 m 级暗环的半径为 r_m，第 n 级暗环的半径为 r_n，由式(3)得

______________________ (4)

分别测出第 m 环的直径 D_m 和第 n 环的直径 D_n(见图 2)，将 m, n, D_m, D_n 代入式(4)，就可求出__________________.

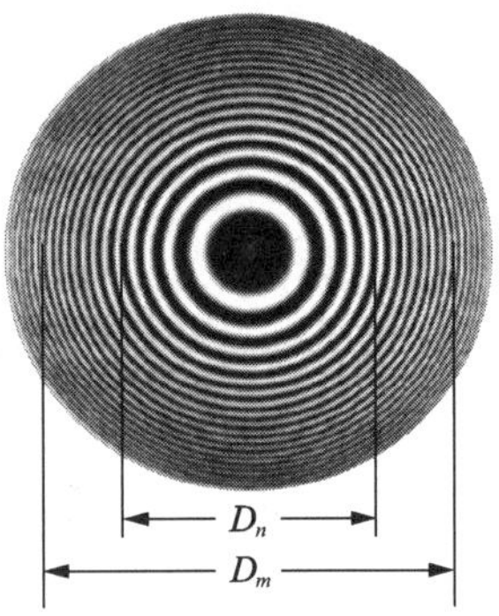

图 2　牛顿环

2. 劈尖

如图 3 所示，将两块光学玻璃板一端叠在一起，另一端夹一根直径为 D 的细丝，则在两玻璃板间形成___________，该装置称____________________. 当用单色光垂直照射时，_______________和_______________________产生干涉. 若与两玻璃板交接线(棱边)的距离为 l 处的玻璃板间空气的厚度为 d，则上下两表面所反射的两束光的光程差为

______________________ (5)

根据干涉条件，当光程差等于___________时，发生相消干涉，也就是产生_______，由上式可得

$$2d_k+\frac{\lambda}{2}=(2k+1)\frac{\lambda}{2}\quad (k=0,1,2,3,\cdots) \tag{6}$$

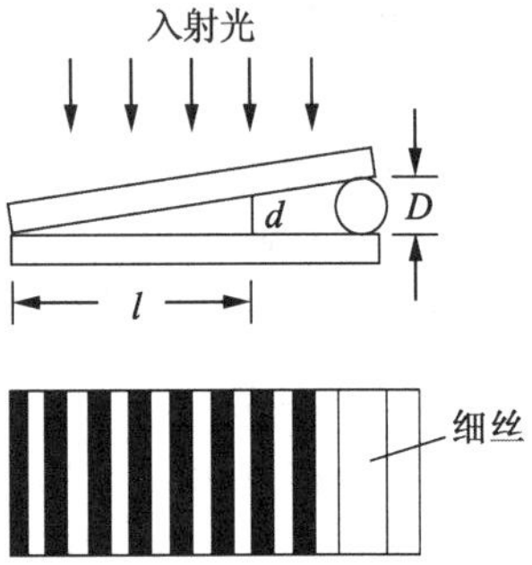

图 3　劈尖仪及干涉条纹

d_k 为 k 级暗条纹对应的两玻璃板间空气的厚度. 空气劈尖所产生的干涉条纹，是____. 由式(6)可知，如果知道________，测出____，即可算出细丝的直径 D. 实验中，因 k 值较大，不易读出，为避免_________________，可测量 x 条干涉条纹间的长度 L_x，实验中取 $x=30$，得出单位长度干涉条纹数 $n=$__________________. 若棱边到金属丝直径间距离为 L，将干涉条纹数 $k=$_______代入式(6)，即得到金属丝的直径

______________________ (7)

【实验内容及步骤】

1. 用牛顿环测透镜曲率半径

① 将牛顿环仪置于读数显微镜的___________，并使牛顿环仪处在读数显微镜的下方，调节___________，使镜筒缓慢向下移动，直至___________的下端靠近牛顿环仪上表面，但绝不能_______. 改变_______与光源的相对位置和___________的倾角，使显微镜的___________，旋转目镜，直至能够清晰地看到_______上的___________. 松开目镜固定螺钉，转动整个目镜，使叉丝的竖线_______________________，然后再固定好螺钉.

② 旋转___________，让显微镜镜筒缓慢上升，使显微镜对干涉环纹调焦，直至看到清晰的___________. 此时，缓慢平移牛顿环仪使_______________与_______________大致重合.

③ 由于暗环容易对准，所以测量时对准暗环较好. 转动___________使十字叉丝交

点从环中心向一侧(如向左)移动,为消除____________________所造成的系统误差,使十字叉丝交点先超过________________________,然后反向转动测微鼓轮后退到______________,并使十字叉丝的竖线_________________,记下读数.继续旋转测微鼓轮,使十字叉丝的竖线依次与第 29 至_______级暗环中间_______,并记录读数.继续转动测微鼓轮,使十字叉丝交点______________,向另一侧(如向右)移动,同上,依次记录第_______至_______级暗环读数.

④ 分别取左右两侧同一暗环读数之差,求出各暗环的_______,算出各直径的_______.为了充分利用_________________和提高______________,采用_______来处理数据.将每相隔_______级的两暗环___________进行组合,共_______组,每组中 $m-n=$_______.求出_______组的 $D_m^2-D_n^2$,再求出 $D_m^2-D_n^2$ 的_______,利用式_____________________计算出透镜的曲率半径.

2. 用劈尖干涉条纹测金属丝直径

① 将_______放在载物台上,从_______中观察干涉条纹,若条纹不清晰,可调节__________,上下移动显微镜镜筒,直到____________________________________.

② 分别测出_______个不同地方_______个条纹的长度 L_x,然后求平均值,代入式(7)计算.

大学物理实验原始数据记录

班级________________　　实验日期________年____月____日

姓名__________学号______________　　教师评定________________

【注意事项】

(1) 使用读数显微镜时,为避免空程差,测量时必须________,中途不可________.

(2) 读数显微镜筒应____________移动,切莫让镜筒__________________.

(3) 牛顿环仪的三个调节螺丝不可旋得过紧,以免________________,同时也不可过松,使____________.

【实验原始数据记录】

(1) 透镜曲率半径的测量.

$\lambda = 589.3$ nm.

环纹序数 / 方向	30	29	28	27	26	25	24	23	22	21
左/mm										
右/mm										

环纹序数 / 方向	20	19	18	17	16	15	14	13	12	11
左/mm										
右/mm										

(2) 金属丝直径的测量.

$\lambda = 589.3$ nm, $L =$________ mm.

S_1/mm			
S_2/mm			

大学物理实验数据记录与处理

【实验数据记录与处理】

1. 透镜曲率半径的测量

环纹序数 / 方向	30	29	28	27	26	25	24	23	22	21
左/mm										
右/mm										
D_m/mm										

环纹序数 / 方向	20	19	18	17	16	15	14	13	12	11
左/mm										
右/mm										
D_n/mm										
$D_m^2-D_n^2$/mm^2										

$\overline{D_m^2-D_n^2}=$________，$m-n=$________，$\lambda=589.3$ nm

$R=\dfrac{\overline{D_m^2-D_n^2}}{4(m-n)\cdot\lambda}=$________________

2. 金属丝直径的测量

S_1/mm			
S_2/mm			
L_x/mm			

$\overline{L_x}=$________，$\lambda=$________，$x=30$，$L=$________

$D=\dfrac{x}{\overline{L_x}}\cdot L\cdot\dfrac{\lambda}{2}=$________________

【复习思考题】

(1) 在牛顿环实验中，若测出的是弦长而不是直径，如教材图 6-62 所示，对实验结果是否有影响？为什么？

(2) 牛顿环的实验结果能否用图解法处理？若能，应如何进行？

大学物理实验报告

班级________________________　　实验日期________年____月____日

姓名__________学号______________　　教师评定______________________

实验十五　用霍尔传感器测量螺线管磁场

【实验目的】

(1) 测量______________________________输出关系，了解和熟悉________________重要物理规律.

(2) 熟悉集成霍尔传感器的特性和应用.

(3) 用____________________测量__________________________与位置间的关系，绘制____________________________，从而学会用霍尔元件测量磁感应强度的方法.

【实验器材】

螺线管磁场测定仪，由带有集成霍尔传感器探测棒的螺线管、直流稳流电源(0～500 mA)、直流稳压电源(包括____________和____________两挡)、数字电压表(测量范围两挡：____________和____________)、单刀双掷开关 K_1、双刀双掷开关 K_2 及若干导线组成.

螺线管主要参数：长度 $L=$________，平均直径 $\overline{D}=$________，匝数 $N=$________.

【实验原理】

1. 长直载流螺线管的磁感应强度

螺线管线圈匝数为 N，励磁电流为 I_M，图 1 中螺线管轴线上点 P 处的磁感应强度大小为

$B=$________________________________　　(1)

在中点 O 处

$B_O=$______________________________　　(2)

两端

$B_A=B_{A'}=$________________________　　(3)

无限长($L\gg R$)螺线管，B 沿 x 轴的分布见图 2.

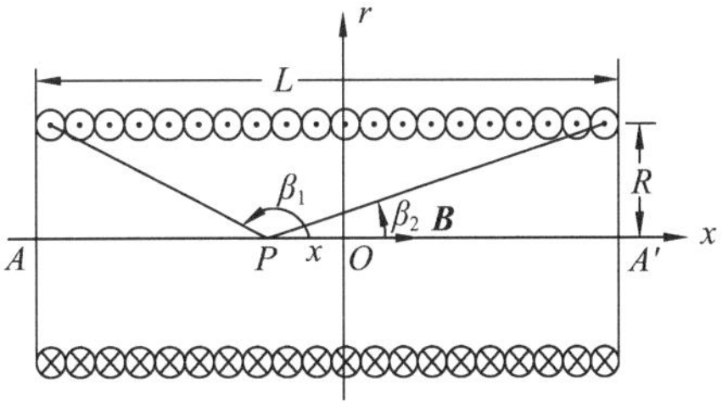

图 1　长直载流螺线管剖面图

图 2　螺线管中 B-x 分布

2. 利用霍尔效应测量螺线管中的磁感应强度

图 3 中霍尔电压 U_H 和磁感应强度 B 及控制电流 I_C 的关系为

$U_H=$____　　(4)

理论上说，霍尔元件在 $B=0$ 时，U_H 应当为 0，但是由于________________________________、____________及各电极不对称等引起的电势差，实际情况并不为零，该电势差 U_0 称为____________________.

为消除剩余电压，本实验所用装置在设计安装时，SS95A 型集成霍尔传感器的工作电

流已设定为________________. 在实验中,当磁感应强度为零(零磁场)时,调节"V_+""V_-"所接的电源电压,使输出电压为____________ V,则传感器就可处于标准工作状态之下. 此时,

$B=$____ (5)

由式(2)得,无限长直螺线管轴线中点磁场的理论计算公式 $B=$________________________________,可求出集成霍尔传感器的输出灵敏度

图 3 霍尔元件

$K'=$____ (6)

SS95A 型集成霍尔传感器的输出灵敏度校准公式为

$K=$____ (7)

由式(7),测量求得 K,由式(5)可求得螺线管内部磁感强度的分布.

【实验内容及步骤】

1. 连接线路

按图 4 连接实验线路. 两开关 K_1,K_2 均处于断开状态.

2. 集成霍尔传感器工作状态标准化

把开关 K_1 指向________________,调节________ V 电源的电压输出,使数字电压表上显示的 OUT 与 V_- 之间的电压指示值为__________ V,这时集成霍尔元件便达到____________状态,即集成霍尔传感器的霍尔元件中通过的电流达到规定的数值,且剩余电压恰好被补偿.

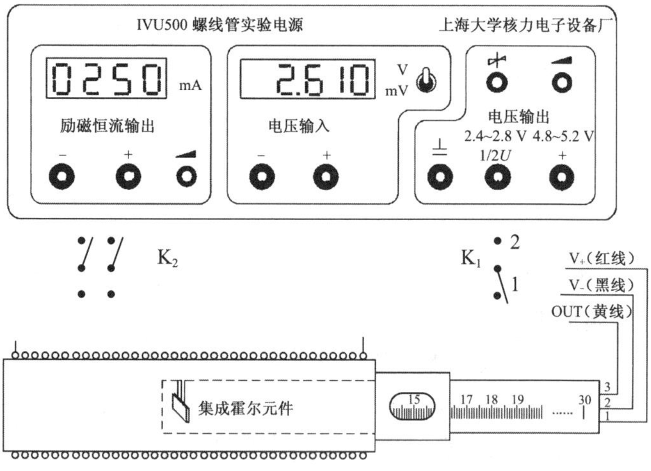

图 4 通电螺线管磁场测定实验装置

3. 集成霍尔传感器剩余电压的补偿

开关 K_2 仍悬空,在保持 V_+ 和 V_-____________的情况下,把开关 K_1 指向________,将数字电压表量程开关指向________挡,调节________ V 电源输出电压,使数字电压表指示________,可直接用数字电压表读出集成霍尔传感器电势差的值 U'.

4. 集成霍尔传感器的定标

将集成霍尔传感器放置于____________处,合上开关 K_2,调节________________,在 0～500 mA 电流输出范围内每隔 50 mA 测出集成霍尔传感器的输出电压 U',改变 K_2 方向再测一次,记录测量数据.

5. 测量螺线管中的磁场分布

调节励磁电流 I_m 为________,每隔 1.00 cm 移动________________在螺线管轴线上的位置 x,测出集成霍尔传感器电压输出值 U_1'. 将开关 K_2 反向,测出反向励磁电流时的集成霍尔传感器电压输出值 U_2'. x 的范围为 0～30.00 cm,两端的测量数据点应比中心位置附近密一些.

大学物理实验原始数据记录

班级______________　　实验日期______年____月____日

姓名________学号__________　　教师评定______________

【注意事项】

(1) 集成霍尔元件的 V_+，V_- 极不能接反，否则将损坏元件.

(2) 仪器应预热 10 分钟后开始测量数据.

【实验原始数据记录】

(1) 求 SS95A 型集成霍尔传感器的输出灵敏度 K.

定标 $x=15.00$ cm.

I_m/mA	0	50	100	150	200	250	300	350	400	450	500
U_1'/mV											
U_2'/mV											

用最小二乘法通过计算机编程求出斜率 $\Delta U/\Delta I_m=$__________和相关系数 $\gamma=$__________.

(2) 求螺线管内部磁感强度的分布.

$I_m=250$ mA.

x/cm	0.00	0.50	1.00	1.50	2.00	3.00	4.00	5.00	6.00
U_1'/mV									
U_2'/mV									
x/cm	7.00	8.00	9.00	10.00	11.00	12.00	13.00	14.00	15.00
U_1'/mV									
U_2'/mV									
x/cm	16.00	17.00	18.00	19.00	20.00	21.00	22.00	23.00	24.00
U_1'/mV									
U_2'/mV									
x/cm	25.00	26.00	27.00	28.00	28.50	29.00	29.50	30.00	
U_1'/mV									
U_2'/mV									

【实验数据记录与处理】

(1) 求 SS95A 型集成霍尔传感器的输出灵敏度 K.

定标 $x=15.00$ cm.

I_m/mA	0	50	100	150	200	250	300	350	400	450	500
U_1'/mV											
U_2'/mV											
$U'=\dfrac{\lvert U_1'\rvert+\lvert U_2'\rvert}{2}$/mV											

用最小二乘法通过计算机编程求出斜率 $\Delta U/\Delta I_m=$ ____________ 和相关系数 $\gamma=$ ____________.

将 $L=$ ________, $N=$ ________, $\bar{D}=$ ________

代入式(7)求得

$K=$ ______________________________

(2) 求螺线管内部磁感强度的分布.

$I_m=250$ mA.

x/cm	0.00	0.50	1.00	1.50	2.00	3.00	4.00	5.00	6.00	7.00	8.00	9.00
U_1'/mV												
U_2'/mV												
$U'=\dfrac{\lvert U_1'\rvert+\lvert U_2'\rvert}{2}$/mV												
$B=\dfrac{U'}{K}$/mT												
x/cm	10.00	11.00	12.00	13.00	14.00	15.00	16.00	17.00	18.00	19.00	20.00	21.00
U_1'/mV												
U_2'/mV												
$U'=\dfrac{\lvert U_1'\rvert+\lvert U_2'\rvert}{2}$/mV												
$B=\dfrac{U'}{K}$/mT												
x/cm	22.00	23.00	24.00	25.00	26.00	27.00	28.00	28.50	29.00	29.50	30.00	
U_1'/mV												
U_2'/mV												
$U'=\dfrac{\lvert U_1'\rvert+\lvert U_2'\rvert}{2}$/mV												
$B=\dfrac{U'}{K}$/mT												

(3) 作 B-x 分布图.

根据上面的表格作 B-x 分布图.

【复习思考题】

(1) 如果螺线管在绕制过程中两边单位长度的匝数不相同或绕制不均匀,将出现什么情况?在绘制 B-x 分布图时,如果出现此情况,怎样求端点 A 和点 A'?

(2) 为何 SS95A 型集成霍尔传感器的工作电流必须标准化?如果该传感器工作电流大些,对其灵敏度有何影响?

大学物理实验报告

班级______________________________　　　　实验日期________年____月____日

姓名__________学号_______________　　　　教师评定______________________

实验十七　声速测量

【实验目的】

(1) 学会____.

(2) 加深____.

(3) 培养____.

【实验器材】

____________,____________,同轴连接线.

【实验原理】

声波是最常见的机械波,可以在空气或其他______________中传播.频率在 20 Hz～20 kHz 范围内的称为__________,低于 20 Hz 的称为____________;高于 20 kHz 的称为____________.____________和____________人耳不能听见,但在工程上同样有重要的用途.

由于超声波________________________,因此用于测量声速比较方便.

声速 v 与其频率 f、波长 λ 的关系为

________________________　(1)

实验中可通过测定声波的波长和频率求得声速 v.常见的方法有______________________和________________________.

1. 超声波的获得——压电换能器

压电陶瓷超声波换能器由________和轻、重两块金属组成.当压电陶瓷处于一交变电场时,会发生周期性的伸长与缩短.当交变电场频率与压电陶瓷管的固有频率________时振动最大.这个振动又被传递给变幅杆,使它产生沿轴向的振动,于是变幅杆的端面在空气中激发出________.

2. 相位比较法

在同一时刻,发射处的声波与接收处的声波的相位变化 $\Delta\varphi$ 为

________________________　(2)

由公式(2)通过测量 $\Delta\varphi$,l 可以求得声波波长 λ.

$\Delta\varphi$ 的测定可用相互垂直振动合成的________________来进行.输入超声波发射器的信号同时接入示波器________轴,而接收器接收到的信号则接入示波器________轴.

设输入示波器 x 轴的入射波的振动方程为

____　(3)

由接收器接收到且输入示波器 y 轴的振动方程为

____　(4)

则合振动轨迹方程为

____ (5)

此方程为椭圆轨迹方程,轨迹形状由两振动位相差 $\Delta\varphi$ 决定,如图 1 所示.

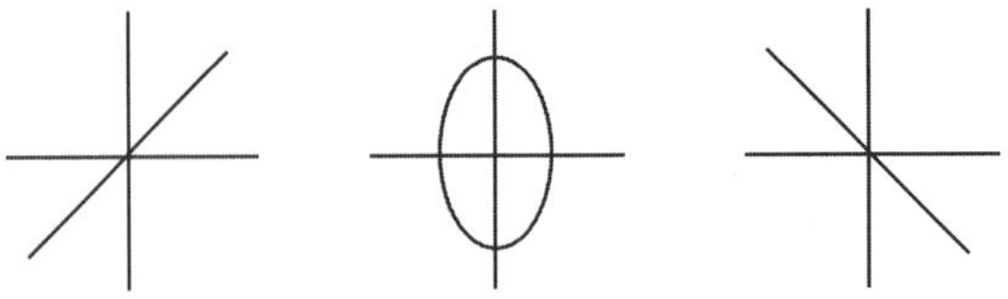

(a) $\Delta\varphi=0$　　(b) $\Delta\varphi=\pi/2$　　(c) $\Delta\varphi=\pi$

图 1　不同 $\Delta\varphi$ 时的振动轨迹

若 $\Delta\varphi=2n\pi(n=0,1,2,\cdots)$,则轨迹形状为________________;

若 $\Delta\varphi=(2n+1)\pi/2$,则轨迹形状为________________;

若 $\Delta\varphi=(2n+1)\pi$,则轨迹形状为________________.

由此可知,当相位差改变 π,由式(2)可得发射器与接收器之间相应的距离改变量为________.

3. 共振干涉法

超声波发射器发射出一平面超声波,如果接收面与发射面严格平行,声波传至接收面上时垂直反射,入射波与反射波相干涉形成________,发射面处为位移的________.

设沿 x 方向入射波方程为

____ (6)

反射波方程为

____ (7)

入射波与反射波干涉时,在空间某点的合振动方程为驻波方程

____ (8)

改变接收器与发射面之间的距离,在一系列特殊的位置上,空气媒质中会出现稳定的________现象,此时,在 $x=n\cdot\lambda/2(n=0,1,2,\cdots)$ 的位置上,驻波干涉加强,合振动振幅最大;同时在接收面上的声压也相应地达到极大值.

由上述讨论可知:在接收器移动的过程中,相邻两次达到共振所对应的接收面之间的距离 l 即为____________.若保证频率不变,通过测量________________,就可以求出声速.实验中由于衍射和其他损耗,不同极大值的峰值随两端面之间距离的增大而逐渐减小.

【实验内容及步骤】

1. 仪器调节和电路连接

① 将示波器 X 轴扫描 t/div 调至________挡附近,以便观察信号和调节共振频率;CH1,CH2 的 Y 轴衰减 V/div 均先置于________挡.打开电源预热几分钟.

② 了解声速测量仪压电陶瓷换能器谐振频率 f(36 kHz 左右),移动________,使接收器向________靠拢但留有一定____________.

③ 按图 2 连接好线路,选择________通道观察发射源信号,调节 t/div、V/div 和水平、垂直移位旋钮,使信号波形大小合适;再选择____________通道观察接收器信号,调节

V/div 和水平、垂直移位旋钮，同时向远离发射器的方向缓慢移动接收器，可在示波器上观察到________的变化，在第一次振幅较大时，接收器不动，仔细调节信号发射器的输出频率，使示波器上的信号________，此时频率 f 就是压电陶瓷换能器的________. 记下谐振频率 f，并保证测量过程中频率不变.

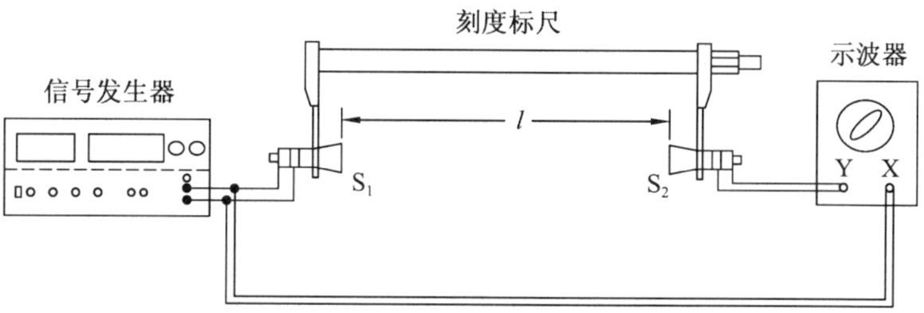

图 2　实验线路

2. 相位比较法测声速

① 按下示波器的________“X－Y”按钮，此时 CH1 通道相当于________通道，可以观察到示波器上出现____________. 适当调节 CH1 和 CH2 通道的____，使李萨如图形状大小合适.

② 在共振频率 f 下，使接收器先靠近发射器然后慢慢离开，当示波器上出现如图 1 a 所示________时，记下表示接收器位置的读数 x_1.

③ 继续移动________，记下示波器上的斜线图形变为图 1 c 时标尺的读数 x_2 和由图 1 c 再变为图 1 a 时标尺的读数 x_3，……，如此共测________个数据.

④ 在测量过程中，随着接收器远离发射器，李萨如图形大小会发生变化，应适当调节两个通道的____________________________，方便观察信号和精确测量.

3. 共振干涉法测声速

将接收器输出的信号连接到____________的输入端，晶体管毫伏表量程选择置于________挡（实验时根据电压输入情况选择）. 在共振频率 f 下，使接收器先靠近发射器后慢慢离开，依次记下晶体管毫伏表的电压达到极大值时____________________及相应的______________________________，共测 12 组数据（实验时，可根据电压变化情况随时改变晶体管毫伏表的量程）.

4. 记录室温

记下实验时的室温 t.

【注意事项】

(1) 示波器的调节和使用参见实验七“电子示波器的原理和使用”.

(2) 实验中，若接收到的正弦信号发生变形，应适当调节信号发生器的____________和____________.

(3) 测量时应缓慢向____________转动读数鼓轮，否则会有____________.

(4) 在实验过程中监视信号发生器的________________，并随时校核.

【预习思考题】

(1) 如何调节与判断测量系统是否处于共振状态？

(2) 为什么在实验过程中要保持发射器与接收器的端面平行？

大学物理实验原始数据记录

班级______________ 实验日期________年____月____日

姓名________学号__________ 教师评定______________

【实验原始数据记录】

(1) 相位比较法测声速.

室温 t=________℃，f=________ kHz.

次数 i	1	2	3	4	5	6
l_i/mm						
次数 i	7	8	9	10	11	12
l_i/mm						

(2) 共振干涉法测声速.

参考上表自拟共振干涉法测声速原始数据记录表格.

大学物理实验数据记录与处理

【实验数据记录与处理】

(1) 相位比较法测声速.

室温 $t=$________℃，$f=$________ kHz.

<table>
<tr><td rowspan="4">l_i/mm</td><td>l_1</td><td>l_2</td><td>l_3</td><td>l_4</td><td>l_5</td><td>l_6</td></tr>
<tr><td></td><td></td><td></td><td></td><td></td><td></td></tr>
<tr><td>l_7</td><td>l_8</td><td>l_9</td><td>l_{10}</td><td>l_{11}</td><td>l_{12}</td></tr>
<tr><td></td><td></td><td></td><td></td><td></td><td></td></tr>
<tr><td>$(l_{i+6}-l_i)$/mm</td><td></td><td></td><td></td><td></td><td></td><td></td></tr>
</table>

① 计算声速 v.

a. $\frac{\bar{\lambda}}{2}=\frac{1}{6\times 6}\sum_{i=1}^{6}(l_{i+6}-l_i)=$

$v=f\cdot\bar{\lambda}=$

b. 用下列校正公式算出室温为 t 时的 v_t 值(式中 $T_0=273.15\ \text{K}$,$v_0=331.45\ \text{m/s}$)：

$v_t=v_0\sqrt{\frac{T_0+t}{T_0}}=$

② 算出测量的百分误差 E_0.

$E_0=\frac{|v-v_t|}{v_t}\times 100\%=$

(2) 共振干涉法测声速.

参考相位比较法,在下页自主完成数据记录与处理内容.

【复习思考题】

(1) 结合实验结果,分析产生误差的原因.

(2) 是否可以利用本实验中的方法测定超声波在液体和固体中的传播速度？若可以,怎样测量？

大 学 物 理 实 验 报 告

班级______________________________　　实验日期________年____月____日

姓名__________学号______________　　教师评定______________________

实验十八　弦振动研究实验

【实验目的】

(1) 了解波在弦线上的传播及驻波形成的条件.

(2) 测量弦线的共振频率与波腹数、弦长的关系.

(3) 测量弦线的共振频率、波速与张力、线密度的关系.

【实验器材】

弦振动研究实验仪一套(包括信号源,数字拉力计,实验装置),示波器.

【实验原理】

自然界中到处存在着振动. 广义地说,________________________都可以叫作振动. 一定的振动的传播称为________,简称波,如机械波、电磁波等. 各种形式的波有许多共同的特征和规律,如________________,________________,________________. 当波的强度较小时,波的传播具有独立性. 几列波叠加可以产生许多独特的现象,驻波就是一例.

1. 驻波的形成和特点

在同一介质中的两列____________相同、____________相同,而且____________也相同的简谐波,在同一直线上沿相反方向传播时就叠加形成____________. 设有两个振幅相同、频率相同的简谐波在同一直线上沿相反方向传播,它们的表达式分别为:

$$y_1 = A\cos\left[2\pi\left(ft - \frac{x}{\lambda}\right)\right] \tag{1}$$

$$y_2 = A\cos\left[2\pi\left(ft + \frac{x}{\lambda}\right)\right] \tag{2}$$

式中 A、f、λ 分别为简谐波的____________、____________、____________,x 为质点的坐标位置,t 为时间. 两列波合成得

$$y = y_1 + y_2 = 2A\cos\left(\frac{2\pi}{\lambda}x\right)\cdot\cos(2\pi ft) \tag{3}$$

此式即驻波的表达式. 式中,$\cos(2\pi ft)$表示简谐运动,而$\left|2A\cos\left(\frac{2\pi}{\lambda}x\right)\right|$便是这简谐运动的振幅. 该式不满足 $y(t+\Delta t,\ x+u\Delta t) = y(t,\ x)$,所以它不表示行波,只表示各点都在做简谐运动. 各点的振动频率相同,就是____________. 但各点的振幅随位置的不同而不同.

振幅最大的各点称为____________,对应于使$\left|\cos\left(\frac{2\pi}{\lambda}x\right)\right| = 1$,即$\frac{2\pi}{\lambda}x = n\pi$ 的各点. 故波腹的位置为

$$x = n\frac{\lambda}{2},\ n = 0, \pm 1, \pm 2, \cdots \tag{4}$$

振幅为零的各点称为____________,对应于使$\left|\cos\left(\frac{2\pi}{\lambda}x\right)\right| = 0$,即$\frac{2\pi}{\lambda}x = (2n+1)\frac{\pi}{2}$的

各点.故波腹的位置为

$$x=(2n+1)\frac{\lambda}{4},\ n=0,\pm1,\pm2,\cdots \tag{5}$$

由以上二式可算出相邻两个波节和相邻两个波腹之间的距离都是__________.这一点为我们提供了一种测定行波波长的方法,即只要测出相邻两波节或波腹之间的距离就可以确定原来两列行波的波长 λ.

式(3)中的振动因子为__________,但不能认为驻波中各点的振动的相位都是相同的.因为当位置 x 的值不同时,系数 $2A\cos(2\pi x/\lambda)$ 是有正有负的.把相邻两个波节之间的各点叫作一段,则 $2A\cos(2\pi x/\lambda)$ 的值对于同一段内的各点__________,对于分别在相邻两段内的两点则__________.这种符号的相同或相反就表明,在驻波中,同一段上的各点的振动__________,而相邻两段中的各点的振动__________.因此,驻波实际上就是__________.在驻波中,没有__________或__________的传播,也没有__________的传播,所以才称之为驻波.

2. 弦上的驻波

将一根弦线的两端用一定的张力固定在相距 L 的两点间.当拨动弦线时,弦线中就产生来回的波,它们就合成而形成驻波.但并非所有波长的波都能形成驻波.由于弦线两个端点固定不动,所以这两点必须是波节,因此驻波的波长必须满足下列条件:

____________________ (6)

以 λ_n 表示与某一 n 值对应的波长(n 表示波腹的个数称为波腹数),由上式可得容许的波长为

$$\lambda_n=\frac{2L}{n},\ n=1,2,3,\cdots \tag{7}$$

这就是说能在弦线上形成驻波的波长值是__________,或者,用现代物理的语言说,波长是“__________”的.由关系式 $f=u/\lambda$ 可知,频率也是量子化的,相应的可能频率为

$$f_n=n\frac{u}{2L},\ n=1,2,3,\cdots \tag{8}$$

式中,$u=\sqrt{\frac{F}{\rho_l}}$ 为弦线上的波速;F 为弦线上的张力;ρ_l 为弦线的线密度.上式中的频率叫弦振动的__________,每一频率对应于一种可能的振动方式.频率由式(8)决定的振动方式,称为弦线振动的简正模式,其中最低频率 f_1 称为基频,其他较高频率 $f_2,f_3,\cdots$ 都是基频的整数倍,它们各以其对基频的倍数而称为二次,三次……谐频.

简正模式的频率称为系统的__________.如上所述,一个驻波系统有许多个固有频率.这和弹簧振子只有一个固有频率不同.

当外界驱动源以某一频率激起系统振动时,如果这一频率与系统的某个简正模式的频率相同(或相近),就会激起强驻波.这种现象称为__________,对应的频率称为共振频率.利用弦振动演示驻波时,观察到的就是驻波共振现象.系统究竟按哪种模式振动,取决于初始条件.一般情况下,一个驻波系统的振动,是它的各种简正模式的叠加.

【实验内容及步骤】

实验装置如图 1 所示.

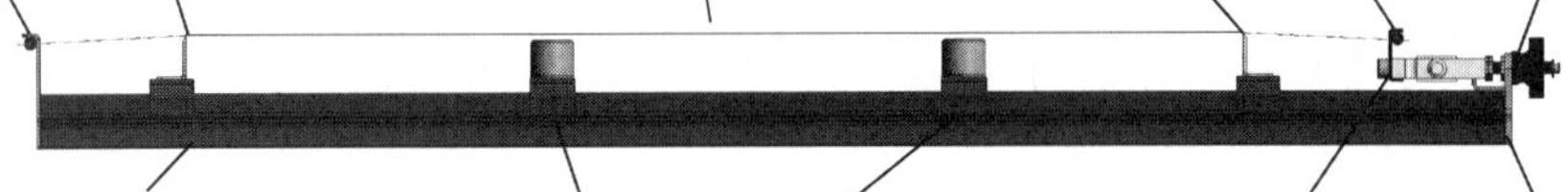

图 1　实验装置示意图

(1) 测试前准备.

将劈尖、电磁线圈感应器按图 1 所示相对位置置于导轨上,滑块含刻度线一侧应与标尺同侧. 拉力传感器连接数字拉力计,驱动传感器连接信号源,接收传感器连接示波器,均开机通电预热至少 10 min. 将信号源设置为输出正弦波形. 为节省弦线更换时间,前三个实验可以采用同一根弦线.

(2) 测量弦线的共振频率与波腹数、弦长的关系.

① 两劈尖之间距离即弦长 L 取 50～70 cm 范围内某值. 驱动传感器距离一劈尖约 10 cm,接收传感器置于两劈尖的中心位置附近. 在挡板 1 和调节板上装上一根弦线(线密度为 ρ_l),并调定弦线张力 F,使该张力大小在 0.5～0.9 倍最大张力范围,既使弦线张紧,又不超出最大张力. 信号源的频率调至最小,适当调节信号幅度(推荐 0.5～5V_{p-p},细弦用大的峰峰值,粗弦用小的峰峰值),同时调节示波器垂直增益为 5 mV/div,水平增益为 5 ms/div.

② 缓慢增大信号源的频率,观察示波器屏幕中的波形变化(注:频率调节过程不能太快,因为弦线形成驻波需要一定的能量积累和稳定时间,太快则来不及形成驻波.)如果不能观察到波形,则增大信号源的输出幅度;若弦线的振幅太大,造成弦线碰撞驱动传感器或接收传感器,则应减小信号源的输出幅度. 适当调节示波器的通道增益,以观察到合适的波形大小. 直到示波器接收到的波形稳定同时振幅接近或达到最大值,这时示波器上显示的信号的频率就是共振频率,该频率与信号源输出的信号频率(即驱动频率)相同或相近,故可以驱动频率为共振频率.

③ 此时接收传感器从一个劈尖向另一劈尖缓慢移动并观察信号强度达到峰值的次数(或直接用人眼仔细观察两劈尖之间的弦线,应当有驻波波形形如"____________"). 此时观察到的驻波其频率即为基频 f_1,波腹数 $n=1$,记录此共振频率和波腹数.

④ 继续增大频率,重复步骤②,观察整根弦线,应当有驻波波形形如"__________". 此时观察到的驻波其频率即为二次谐频 f_2,波腹数 $n=2$,记录此共振频率和波腹数.(注:若示波器上始终观察不到波形,则接收传感器可能处于波节处,此时将接收传感器沿导轨移动适当位置(约 5 cm)即可,下同.)类似地,测量并记录三次、四次、五次……谐频及对应的波腹数.

⑤ 根据式(8)计算本征频率 f_0,并计算共振频率与本征频率的百分误差 E_f. 以波腹数为横坐标,共振频率为纵坐标绘制曲线. 该曲线应为一过原点的直线,且斜率与 f_1 相等或相近. 说明共振频率与波腹数成正比,且高次谐频为基频的整数倍.

⑥ 设置两劈尖之间的距离(即弦长 L)分别为 65 cm,60 cm,55 cm,…,40 cm,重复步

骤①至②. 驱动传感器距离一劈尖约 10 cm,接收传感器置于两劈尖的中心位置. 记录波腹数 n 为 1 时对应的共振频率. 根据式(8)计算本振频率 f_0,并计算共振频率与本征频率的百分误差 E_f. 以弦长的倒数(1/L)为横坐标,共振频率为纵坐标绘制曲线.

(3) 测量弦线的共振频率、波速传播速度与张力、线密度的关系.

① 设置弦线所受张力分别为 $0.5F_m$,$0.6F_m$,$0.7F_m$,$0.8F_m$,$0.9F_m$(F_m 为最大张力),重复上述步骤. 记录波腹数 n 为 1 时对应的共振频率. 以张力的二分之一次方($F^{1/2}$)为横坐标,共振频率为纵坐标绘制曲线. 根据共振频率和波长得到波速计算值,由公式 $u_0=\sqrt{\dfrac{F}{\rho_l}}$ 求出波速理论值,并计算波速计算值与理论值的百分误差 E_u. 分析波速与张力的关系.

② 更换不同弦线,重复上述步骤. 记录波腹数 n 为 1 时对应的共振频率及给定的弦线的参考线密度. 以线密度的负二分之一次方($\rho_l^{-1/2}$)为横坐标,共振频率为纵坐标绘制曲线. 根据共振频率和波长得到波速计算值,由公式 $u_0=\sqrt{\dfrac{F}{\rho_l}}$ 求出波速理论值,并计算波速计算值与理论值的相对误差 E_u. 分析波速与线密度的关系.

【注意事项】

(1) 给弦线施加张力时,严禁超过给定的最大张力值.

(2) 实验时不要使接收传感器离驱动传感器太近,保持二者距离至少 10 cm,以避免受到干扰.

(3) 读取频率过程中,张力的波动不宜超过 1 个字.

(4) 给弦线施加张力时,弦线附近的环境温度短期内波动不宜超过 1 ℃,以免造成张力不稳定,导致不能形成稳定的驻波.

(5) 弦线振动幅度不宜过大,否则观察到的波形不是严格的正弦波,或者带有变形,或者带有不稳定性振动.

大学物理实验原始数据记录

班级＿＿＿＿＿＿＿＿＿＿＿＿ 实验日期＿＿＿＿年＿＿月＿＿日

姓名＿＿＿＿＿＿学号＿＿＿＿＿＿ 教师评定＿＿＿＿＿＿＿＿＿＿

【实验原始数据记录】

（1）测量弦线的共振频率与波腹数的关系.

线密度 ρ_l：＿＿＿＿ g/m　弦长 L：＿＿＿＿ cm　张力 F：＿＿＿＿ kgf

波腹数 n	共振频率 f/Hz
1	
2	
3	
4	
5	
…	

（2）测量弦线的共振频率与弦长的关系.

线密度 ρ_l：＿＿＿＿ g/m　波腹数 n：＿1＿　张力 F：＿＿＿＿ kgf

弦长 L/cm	L^{-1}/cm^{-1}	共振频率 f/Hz
65		
60		
55		
50		
45		
40		

（3）测量弦线的共振频率、波速与张力的关系.

线密度 ρ_l：＿＿＿＿ g/m　最大张力 F_m：＿＿＿＿ kgf　波腹数 n：＿1＿　弦长 L：＿＿＿＿ cm

张力 F/kgf		$F^{1/2}$/kgf$^{1/2}$	共振频率 f/Hz
$0.5F_m$			
$0.6F_m$			
$0.7F_m$			
$0.8F_m$			
$0.9F_m$			

（4）测量弦线的共振频率、波速与线密度的关系.

张力 F：________ kgf　波腹数 n：<u>　1　</u>　弦长 L：________ cm

线密度 ρ_l/g/m	$\rho_l^{-1/2}$/[$(g/m)^{-1/2}$]	共振频率 f/Hz

大学物理实验数据记录与处理

【实验数据记录与处理】

（1）测量弦线的共振频率与波腹数的关系.

线密度 ρ_l：________ g/m　弦长 L：________ cm　张力 F：________ kgf

波腹数 n	共振频率 f/Hz	本征频率 $f_0=\frac{n}{2L}\sqrt{\frac{F}{\rho_l}}$/Hz	共振频率与本征频率的相对误差 $E_f=\frac{f-f_0}{f_0}\times100\%$
1			
2			
3			
4			
5			
…			

以波腹数为横坐标，共振频率为纵坐标绘制曲线.

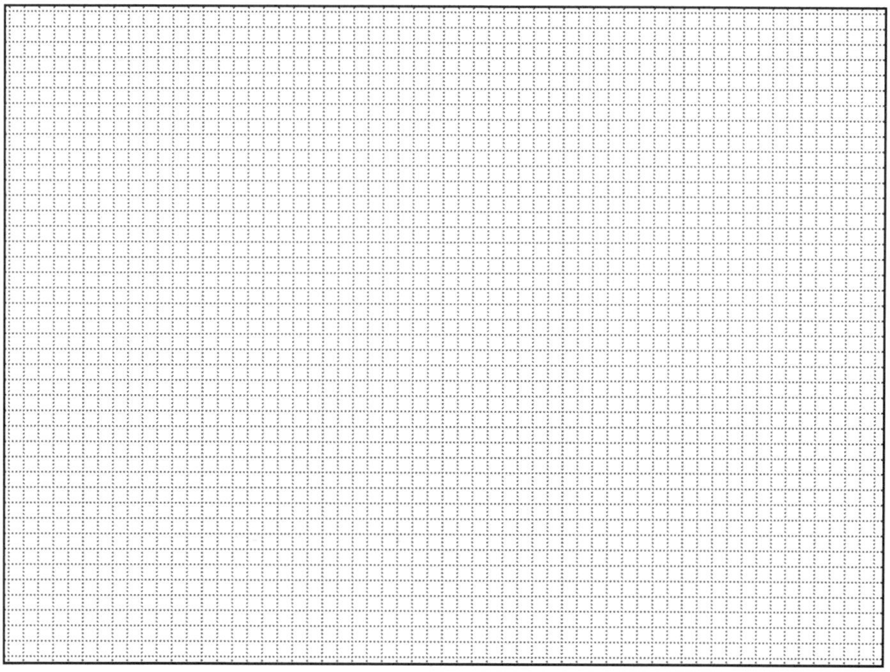

(2) 测量弦线的共振频率与弦长的关系.

线密度 ρ_l：________ g/m　波腹数 n：__1__　张力 F：________ kgf

弦长 L/cm	L^{-1}/ cm^{-1}	共振频率 f/Hz	本征频率 $f_0=\frac{n}{2L}\sqrt{\frac{F}{\rho_l}}$/Hz	共振频率与本征频率的相对误差 $E_f=\frac{f-f_0}{f_0}\times 100\%$
65				
60				
55				
50				
45				
40				

以弦长的倒数($1/L$)为横坐标,共振频率为纵坐标绘制曲线.

（3）测量弦线的共振频率、波速与张力的关系.

线密度 ρ_l：________ g/m　最大张力 F_m：________ kgf　波腹数 n：<u>　1　</u>　弦长 L：________ cm

张力 F/kgf		$F^{1/2}$/ $kgf^{1/2}$	共振频率 f/Hz	波速计算值 $u=\frac{2L}{n}f$/ $(m \cdot s^{-1})$	波速理论值 $u_0=\sqrt{\frac{F}{\rho_l}}$/ $(m \cdot s^{-1})$	波速计算值与理论值的相对误差 $E_u=\frac{u-u_0}{u_0}\times 100\%$
$0.5F_m$						
$0.6F_m$						
$0.7F_m$						
$0.8F_m$						
$0.9F_m$						

以张力的二分之一次方（$F^{1/2}$）为横坐标，共振频率为纵坐标绘制曲线.

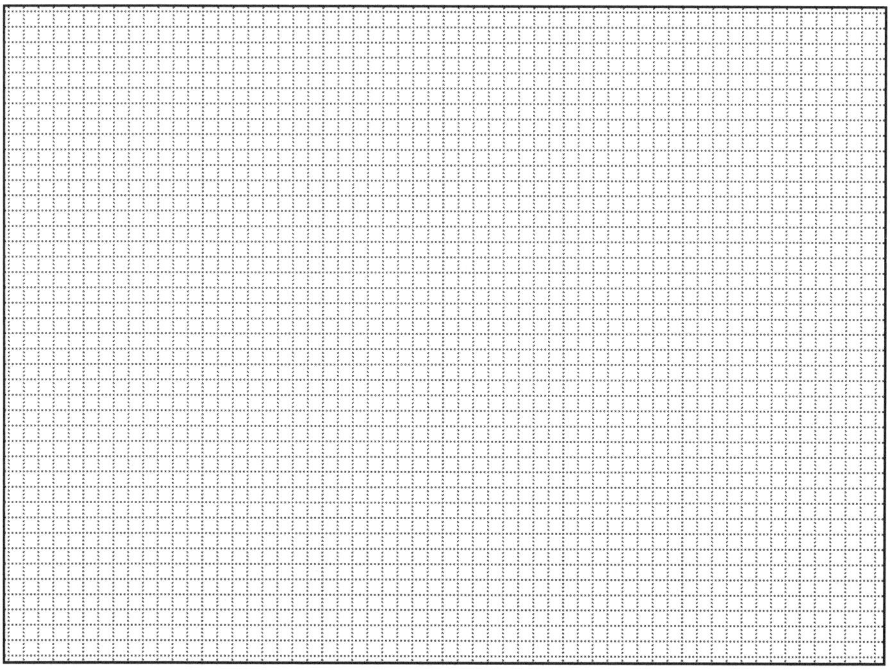

(4) 测量弦线的共振频率、波速与线密度的关系.

张力 F：________ kgf　波腹数 n：__1__　弦长 L：________ cm

线密度 ρ_l/(g/m)	$\rho_l^{-1/2}$/ $[(g/m)^{-1/2}]$	共振频率 f/Hz	波速计算值 $u=\frac{2L}{n}f$/ $(m\cdot s^{-1})$	波速理论值 $u_0=\sqrt{\frac{F}{\rho_l}}$/ $(m\cdot s^{-1})$	波速计算值与理论值的相对误差 $\omega_u=\frac{u-u_0}{u_0}\times100\%$

以线密度的负二分之一次方($\rho_l^{-1/2}$)为横坐标,共振频率为纵坐标绘制曲线.

大学物理实验报告

班级________________________　　实验日期________年____月____日

姓名__________学号______________　　教师评定______________________

实验二十一　迈克尔逊干涉仪的调节和使用

【实验目的】

(1) 掌握____.

(2) 观察迈克尔逊干涉仪产生的________和________干涉图样，加深对各种干涉图样特点的理解.

(3) 掌握用____方法.

【实验器材】

迈克尔逊干涉仪，He-Ne 激光器等.

【实验原理】

迈克尔逊干涉仪是 1883 年美国物理学家迈克尔逊(A. A. Michelson)和莫雷(E. W. Morley)合作，为研究以太漂移实验而设计制造出来的精密光学仪器，利用它可以高度准确地测定______________、______________、______________等. 后人利用该仪器的原理，研制出了多种专用干涉仪，这些干涉仪在近代物理和近代计量技术中被广泛应用.

迈克尔逊干涉仪的光路结构如图 1 所示. 其中，M_1，M_2 是一对精密磨光的平面反射镜，M_1 的位置是固定的，M_2 可____________. G_1，G_2 是厚度和折射率完全相同的一对平行玻璃板，与 M_1，M_2 均成 45° 角. G_1 的后表面镀有____________，使射到其上的光线分为光强度差不多相等的____________，因此，G_1 称为____________. 当光照到 G_1 上时，在半透膜上分成相互垂直的两束光，透射光①穿过 G_2 射到 M_1，经 M_1 反射后，再透过 G_2，在 G_1 的半透膜上反射后射向 E；反射光②射到 M_2，经 M_2 反射后，再透过 G_1 射向 E. 由于光线②前后共通过 G_1 三次，而光线①只通过 G_1 一次，因此，增加了________ G_2，光线在玻璃中经过的路程便相等了，因此，计算这两束光的光程差时，只需计算两束光在空气中的光程差即可.

图 1　迈克尔逊干涉仪光路图

由图 2 可知，激光通过短焦距透镜 L 汇聚成一个高强度的点光源 S，射向迈克尔逊干涉仪，点光源经平面镜 M_1，M_2 反射后，相当于由两个虚点光源 S_1' 和 S_2' 发出的相干光束. S' 是 S 的等效光源，是经半反射面 A 所成的虚像；S_1' 是 S' 经 M_1' 所成的虚像；S_2' 是 S' 经 M_2 所成的虚像. 可见，只要将________________的重叠区域内，都能看到干涉现象，这种干涉称为____________. 如果 M_2 与 M_1' 严格平行，且把观察屏放在垂直于 S_1' 和 S_2' 的连线上，就能看到一组明暗相间的________干涉条纹，其圆心位于 $S_1'S_2'$ 轴线与屏的交点 P_0 处.

由图 3 可以看出，P_0 处两相干光的光程差________，屏上其他任意点 P' 或 P'' 的光程

差近似为

$$\Delta = 2d\cos\varphi \tag{1}$$

式中，φ 为 S_2'射到点 P''的光线与法线 M_2 之间的夹角.

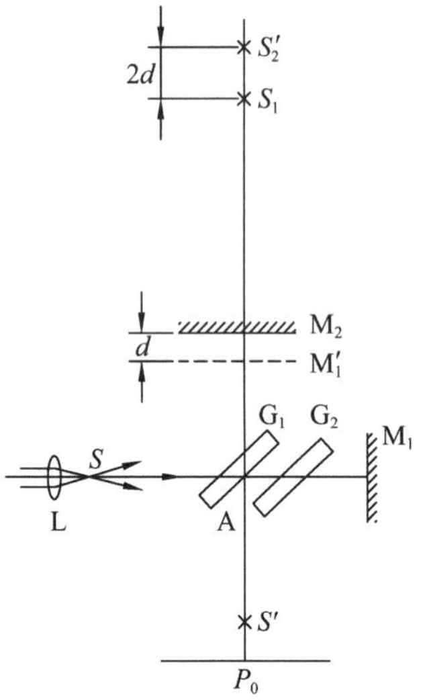

图 2　点光源干涉光路图

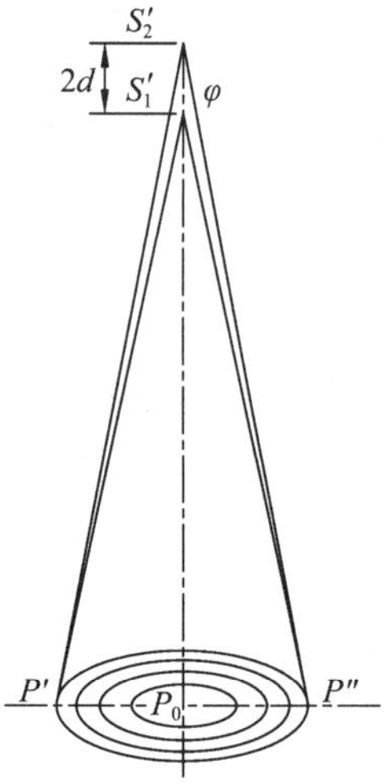

图 3　点光源产生的等倾干涉条纹

由干涉规律，

当　　$2d\cos\varphi = k\lambda$ 时，＿＿＿＿＿＿＿＿＿＿　　(2)

当　　$2d\cos\varphi = (2k+1)\lambda/2$ 时，＿＿＿＿＿＿＿＿＿＿　　(3)

k 称为干涉级次.从图 3 可以看出，以 P_0 为圆心的同一干涉圆环，是从虚光源发出的具有相同倾角的光线干涉形成的结果，即相同倾角的入射光线形成同一级干涉条纹，不同倾角的光线形成不同级干涉条纹，因此，称为“＿＿＿＿＿＿＿＿”.

由式(1)可知，$\varphi=0$ 时，光程差最大，即圆心 P_0 处干涉环级次最高，越向边缘级次越低.当 d ＿＿＿＿时，干涉环中心级次＿＿＿＿，条纹沿半径＿＿＿＿移动，反映在实验现象上，即干涉环从＿＿＿＿＿，并向四周扩散；反之当 d ＿＿＿＿时，干涉环向中心“收缩”.

对明纹条件式(2)两边微分，得任意两相邻明纹的角距离

$$d\varphi = -\frac{\lambda}{2d\sin\varphi} \approx -\frac{\lambda}{2d\varphi} \tag{4}$$

可见，$d\varphi$ 随 d 的增大而减小，反映在实验现象上，条纹＿＿＿＿；当 d 减小时，$d\varphi$ 增大，条纹＿＿＿＿.在 d 一定时，$d\varphi$ 随 φ 的增大而减小，离环心近处条纹＿＿＿＿，离环心远处条纹＿＿＿＿.

由明纹条件可知，当干涉环中心为明纹时，$\Delta=2d=k\lambda$.此时，若移动 M_2(改变 d)，环心处条纹的级次相应改变，d 每改变 $\lambda/2$ 的距离，环心就冒出或缩进一个条纹.若 M_2 移动距离为 Δd，相应冒出或缩进的干涉条纹数为 N，则有

$$\Delta d = N\frac{\lambda}{2},\ \lambda = \underline{\qquad\qquad\qquad} \tag{5}$$

式中，d_1，d_2 分别为 M_2 移动前后的位置读数.实验中，只要读出 d_1，d_2 和 N，即可由式(5)

求出波长.

当 M_2 与 M_1' 不完全平行时，M_2 和 M_1' 之间形成楔形空气膜，一般情况下屏上将呈现________条纹. 若改变动镜位置，使 M_2 和 M_1' 的间距 $d=0$，则由 M_2 和 M_1' 反射到屏上的两束相干光光程差为零，屏上呈现________条纹. 这时，活动镜的位置称为等光程位置.

若改用白光照射，由于白光是复色光，而明暗纹位置又与波长有关. 因此，只有在 $d=0$ 的对应位置上，各种波长的光到达屏上时，光程差均为 0，形成零级暗纹. 在零级暗纹附近有几条彩色直条纹. 稍远处，由于不同波长、不同级次的明暗纹相互重叠，便看不清干涉条纹了.

【实验内容及步骤】

1. 干涉仪的调节

① 旋转刻度轮，把活动反光镜 M_2 的____________________________________，对 WSM-100 型干涉仪为________ mm 左右.

② 从正前方朝 G_1 观察，一般可以看到________（光源的像），细心调节固定反光镜________后的三个螺钉（注意：动镜 M_2 后的三个螺钉不要旋动）使两排光点重合，此时 M_2 与 M_1' 基本平行，可以产生________条纹. 调节时应特别注意，切勿____________，压坏反光镜.

③ 装上毛玻璃观察屏，可以看到屏上出现干涉条纹. 如果条纹未出现，或者出现了但很不清楚，应慢慢旋转________调节反光镜 M_2 的位置，直到条纹出现且变得清晰为止.

④ 细心调节________微动螺钉，使 M_2，M_1' 更严格平行，这时应看到干涉条纹为圆条纹，条纹的圆心在视场的中心位置，此即等倾干涉图样.

2. 干涉图样的观察

① 观察等倾干涉图样：调出等倾干涉图样后，慢慢旋转，______________________，

____.

观察等倾干涉图样的变化，并做出记录.

② 观察等厚干涉图样：调出等厚干涉图样，然后旋转刻度轮，使 M_2 和 M_1' 的间隔 d 由大逐渐变小直至零，然后再由零变大，观察等厚干涉图样的变化，并做记录和解释.

3. 测量激光波长

① 测量前先按以下方法校准手轮刻度的零位：先按逆时针方向转动________，使读数准线对准零刻度线，再以逆时针方向转动________，使读数准线对准某条刻度线.

当然，也可以都以顺时针方向转动手轮来校准零位. 但应注意，____________________

____.

② 按原方向转动微调手轮（改变 d 值），可以看到一个一个干涉环从环心冒出（或缩进）. 当干涉环中心最亮时，记下活动镜位置读数________，然后继续缓慢转动微调手轮，当冒出（或缩进）的条纹数 $N=50$ 时，记下活动镜位置读数________. 反复测量多次，由式(5)算出波长，并与标准值（$\lambda_0=632.8$ nm）比较，计算百分误差.

【注意事项】

干涉仪是精密光学仪器，使用过程中一定要小心爱护，要认真做到：

(1) 切勿____.

(2) 调节螺钉和转动手轮时，一定要____________，决不允许强扭硬扳.

(3) 反射镜背后的________________________,以防止镜面变形.

(4) 调整反射镜背后________________________,以便能在两个方向上做微调.

(5) 测量中,转动手轮只能________________________前进(或后退),否则会引起较大的空回误差.

【迈克尔逊读数系统】

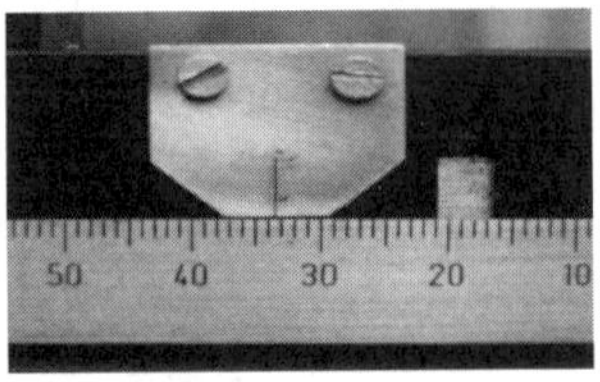

主尺

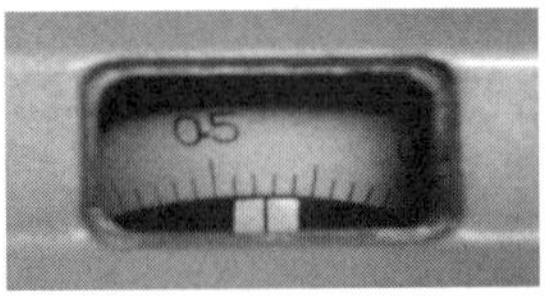

粗动手轮读数窗口

微调手轮

最后读数为“33.522 46 mm”.

【预习思考题】

在什么条件下产生等倾干涉条纹?在什么条件下产生等厚干涉条纹?

大学物理实验原始数据记录

班级＿＿＿＿＿＿＿＿＿＿＿＿＿＿＿　　实验日期＿＿＿＿＿年＿＿月＿＿日

姓名＿＿＿＿＿＿学号＿＿＿＿＿＿＿＿　　教师评定＿＿＿＿＿＿＿＿＿＿＿

【实验原始数据记录】

（1）等倾、等厚干涉.

记录实验中观察到的等倾、等厚干涉现象.

① 等倾干涉.

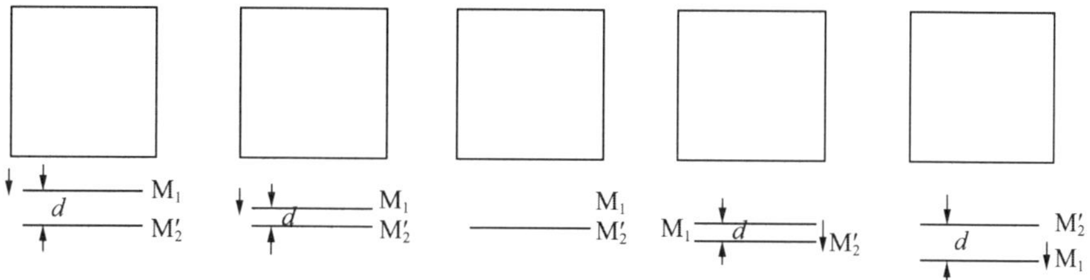

d较大　　d较小　　d=0　　d较小　　d较大

特征＿＿＿＿＿　＿＿＿＿＿　＿＿＿＿＿　＿＿＿＿＿　＿＿＿＿＿

② 等厚干涉.

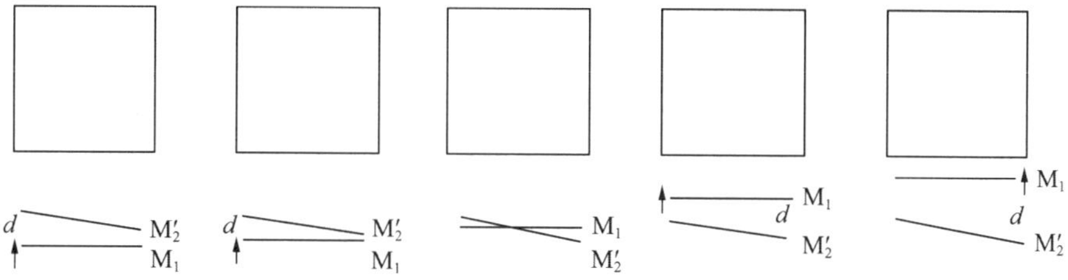

d较大　　d较小　　相交　　d较小　　d较大

特征＿＿＿＿＿　＿＿＿＿＿　＿＿＿＿＿　＿＿＿＿＿　＿＿＿＿＿

（2）激光波长测量.

次数 i	1	2	3	4	5	6	7	8	9	10
数据 d_i/mm										
相邻差值/mm										

大学物理实验数据记录与处理

【实验数据记录与处理】

激光波长的测量.

$\lambda_0=632.8$ nm，$N=50$.

mm

测量次数(i)	d_i	$\Delta d_i=d_{5+i}-d_i$
1		
2		
3		
4		
5		
6		
7		
8		
9		
10		

$$\overline{\Delta d}=\frac{\sum_{i=1}^{5}\Delta d_i}{5}=$$

$\lambda=\frac{2\,\overline{\Delta d}}{5N}=$________ nm，$E_0=\frac{|\lambda-\lambda_0|}{\lambda_0}=$________%

【复习思考题】

(1) 如何用迈克尔逊干涉仪测钠光两谱线的波长差 $\Delta\lambda$？试解释其原理和步骤.

(2) 迈克尔逊干涉仪产生的等倾干涉条纹与牛顿环有何不同？

大学物理实验报告

班级______________________　　实验日期________年____月____日

姓名__________学号____________　　教师评定____________________

实验二十二　单缝衍射光强分布的测量

【实验目的】

(1) 观察单缝夫琅禾费衍射现象.

(2) 掌握单缝夫琅禾费衍射相对光强的测量方法;学习用衍射方法测量单缝的宽度.

【实验器材】

He-Ne激光器,多功能片,10 cm移动测位架(带光电接收头、缝光屏),光功率计(J180),光具座、白屏。

功能衍射片的介绍如图1所示.

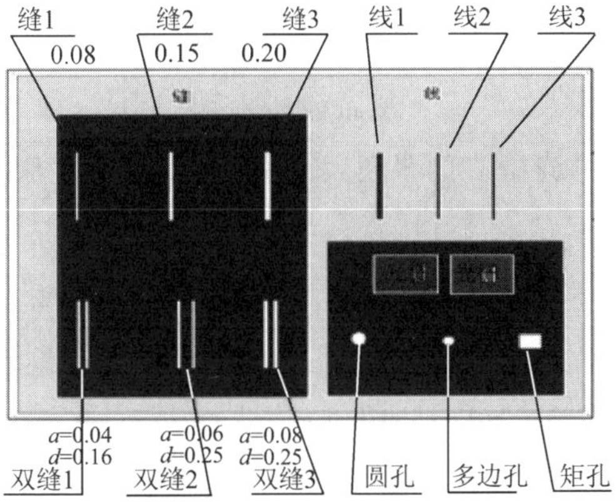

图1　功能衍射片

【实验原理】

衍射是光的重要特征之一.衍射通常分为两类:一类是____________________,称为菲涅耳衍射;另一类是____________________________,也就是照射到衍射屏上的入射光和离开衍射屏的衍射光都是平行光的衍射,称为夫琅禾费衍射.在实验室,夫琅禾费衍射常用两个__________实现.

物理学家菲涅耳假设:波在传播的过程中,从同一波阵面上的各点发出的次波是________,经传播在空间某点相遇时产生相干叠加,这就是著名的______________.如图2所示,单缝AB所在处的波阵面上各点发出的子波在空间某点P所引起光振动振幅的大小与________成正比,与面元到__________成反比,并且____.计算单缝所在处波阵面上各点发出的子波在点P引起光振动的总和,就可以得到点P的光强度,进而求得观察屏上的光强分布为

$$I=I_0\frac{\sin^2 u}{u^2} \tag{1}$$

其中，$u=\dfrac{\pi a\sin\varphi}{\lambda}$，其物理意义是，____．式中，$\lambda$ 为入射光波长；a 为________；φ 为衍射角；I_0 为中央明纹中心处的光强度．

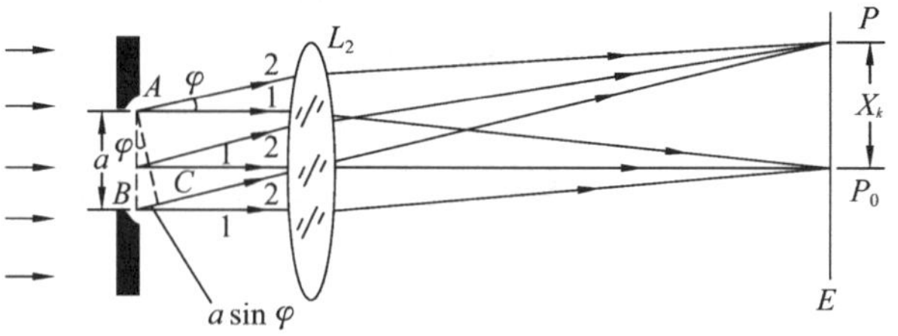

图 2　单缝衍射

图 3 是观察屏上沿 X 方向光强相对分布曲线．

由光强分布公式(1)，可得单缝衍射的特征如下：

(1) 中央明纹．

在 $\varphi=0$ 时，由 $u=0$，得

$$\frac{\sin^2 u}{u^2}=1,I=I_0 \tag{2}$$

对应最大光强，称________________．中央明纹两侧第一个光强为零的点对单缝中心的张角，称__________________________，有

$$\Delta\varphi=2\,\frac{\lambda}{a} \tag{3}$$

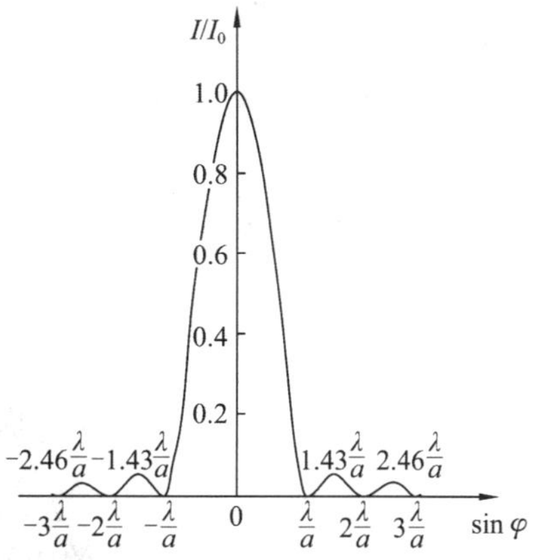

图 3　单缝衍射相对光强

(2) 暗纹．

当 $u=\pm k\pi(k=1,\ 2,\ 3,\ \cdots)$，即 $\pi a\sin\varphi=\pm k\pi$ 或 $a\sin\varphi=\pm k\lambda$ 时，$I=0$，相应位置称________．任何两相邻暗纹衍射角的差值

$$\Delta\varphi=\pm\frac{\lambda}{a} \tag{4}$$

暗纹是____________________________________．

(3) 次级明纹．

两相邻暗纹间的明纹称____________．它们的宽度是________________，相应光强称次极大．这些亮纹角位置依次是

$$\varphi=\pm 1.43\,\frac{\lambda}{a},\ \varphi=\pm 2.46\,\frac{\lambda}{a},\ \varphi=\pm 3.47\,\frac{\lambda}{a},\cdots \tag{5}$$

代入光强公式(1)中，可得各级次明纹中心的强度为

$$I=0.047I_0,\ 0.016I_0,\ 0.008I_0,\ \cdots \tag{6}$$

【实验内容及步骤】

(1) 调整光路：实验装置如图 4 所示，调整各元件________；激光________单缝平面上，接收屏与单缝之间的距离大于________________．

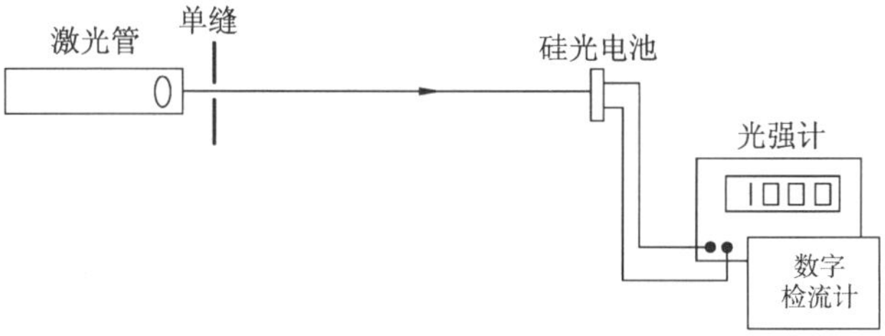

图 4　衍射光强测试系统

(2) 观察单缝衍射现象. 可以选择不同________进行实验,观察衍射条纹的变化,特别是各级明条纹的________变化. 正确的现象是条纹中间光点特别明亮,越向两边亮度________,如图 5 所示. 中央的宽度是边上宽度的________. 越是细的条纹衍射图形________,反之则条纹衍射图形________.

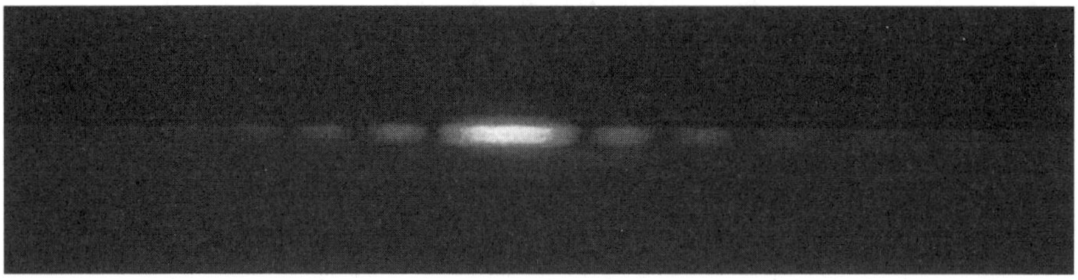

图 5　单缝衍射现象

(3) 测量衍射条纹的相对光强.

① 调节光路. 在平台成像屏上形成单缝衍射的图形,如图 6 所示.

图 6　单缝衍射的图形

② 图形测量. 移动平台到所成图形的边缘,找一个位置为起点测量时,记下此时鼓轮读数,同方向转动鼓轮,中途____________. 以 0.5 mm 的步长移动平台,并记录每次功率计的读数,一直测到另一侧的____________.

(4) 单缝宽度 a 的测量(见图 7).

由于__________,因此衍射角很小,____________. 由暗纹条件

$$a\sin\varphi=\pm k\lambda$$

得

$$a\varphi = k\lambda$$

$$a=\frac{k\lambda}{\varphi}=\frac{Lk\lambda}{X_k} \tag{7}$$

式中，L ________________；X_k 为________________的距离；a 为________________.

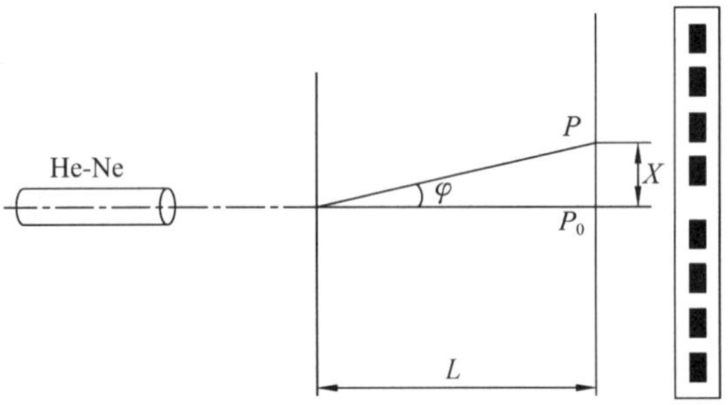

图 7　夫琅禾费单缝衍射的简化装置

【注意事项】

（1）开机后待激光器输出稳定后才能开始实验。

（2）光功率计(J180)经预热后必须调零。

（3）尽量缩短完成一次测量的时间。

（4）实验完成后，用白屏遮挡住带缝光屏，避免硅光电池因疲劳而出现非线性光电转换，并能延长硅光电池的使用寿命。

江苏大学物理实验原始数据记录

班级________________________　　实验日期________年____月____日

姓名__________学号______________　　教师评定______________________

【实验原始数据记录】

(1) 硅光电池的位置坐标 x 与相应光电流 i(最大的光电流记为 i_0).

序号													
x/mm													
i/μA													
序号													
x/mm													
i/μA													
序号													
x/mm													
i/μA													
序号													
x/mm													
i/μA													
序号													
x/mm													
i/μA													

(2) 单缝到硅光电池的距离 $L=$____________ mm.

江苏大学物理实验数据记录与处理

【实验数据记录与处理】

(1) 硅光电池的位置坐标 x 与相应光电流归一化 $\frac{i}{i_0}$(最大的光电流记为 i_0).

序号													
x/mm													
$\frac{i}{i_0}$													

序号													
x/mm													
$\frac{i}{i_0}$													

序号													
x/mm													
$\frac{i}{i_0}$													

序号													
x/mm													
$\frac{i}{i_0}$													

序号													
x/mm													
$\frac{i}{i_0}$													

(2) 在直角坐标纸上作 $\frac{i}{i_0}-x$ 曲线,通过所描绘的相对光电流曲线,确定 $k=\pm1,\pm2,\pm3$ 时的暗纹位置 $X_1=$________,$X_2=$________,$X_3=$________.

将 X_k 值与 L 值代入公式 $a=\frac{k\lambda}{\varphi}=\frac{Lk\lambda}{X_k}$ 中,计算单缝宽度 a_1,a_2,a_3,求出平均值并与给定值($a_{理}=0.08$ mm)比较,求出百分误差 E_0.

$a_1=$________ mm,$a_2=$________ mm,$a_3=$________ mm

$\bar{a}=\frac{a_1+a_2+a_3}{3}=$________ mm, $E_0=\frac{|a_{理}-\bar{a}|}{a_{理}}\times100\%=$__________

(3) 从表中找出各次极大的相对光电流，分别与理论值进行比较.

【复习思考题】

(1) 缝宽的变化对衍射条纹有什么影响?

(2) 硅光电池前的狭缝光阑的宽度对实验结果有什么影响?

(3) 如果在单缝到观察屏的空间区域内充满折射率为 n 的某种透明媒质，那么单缝衍射图样与不充媒质时有何区别?

(4) 如用白光光源观察单缝的夫琅禾费衍射，则衍射图样会是什么形式?

大 学 物 理 实 验 报 告

班级______________　　实验日期________年____月____日

姓名________学号__________　　教师评定______________

实验二十四　光电效应

【实验目的】

(1) 了解______________,加深______________.

(2) 测定______________________________.

(3) 验证______________,测量出__________.

【实验器材】

智能光电效应实验仪一套,示波器.

智能光电效应实验仪包括五部分:________、________、________、________和________.

【实验原理】

1. 光电效应

______________________________称为光电效应.图1是研究光电效应实验规律和测量普朗克常数 h 的实验原理图.抽成真空的光电管中,A为________,K为________,光频率为 ν 的光照射到由金属材料做成的________,就有________逸出金属表面,在电场的__________光电子向阳极A迁移,在回路中形成________.

图1　光电效应原理图

2. 光电效应实验的基本规律

① 在一定频率、一定光强的单色光照射下,光电流 I 随______________的增加而增加,当__________增加到一定值后,光电流达到__________.______________与入射光强成正比,其伏安特性曲线如图2所示.

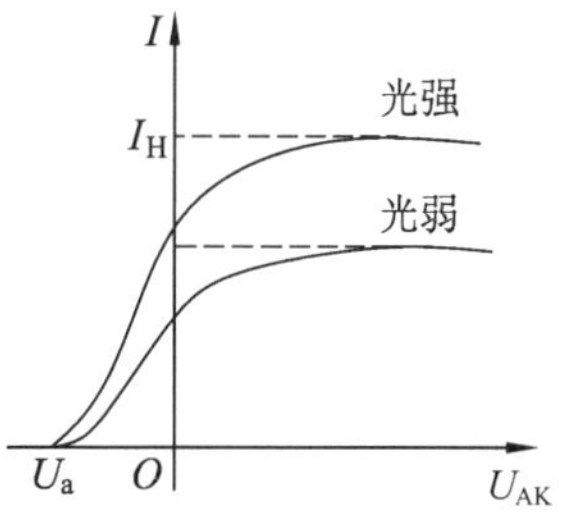

图2　光电管伏安特性曲线

② 当光电管两端加反向电压时,______________________.当光电流减小到零时,所对应的反向电压称为__________,这表明此时具有最大动能的光电子刚好被__________所阻挡,即

______________________________　(1)

式中,m,V_m 和 e 分别为电子的质量、速度和电荷量.

③ 改变入射光频率 ν 时,__________随之改变,U_a 与 ν 成线性关系,如图3所示.当入射光频率低于某极限值 ν_0,无论光强多么大,照射时间多么长,也没有光电流产生,

ν_0 称为________,其对应的波长称为________,亦称________. ν_0 随不同金属而异.

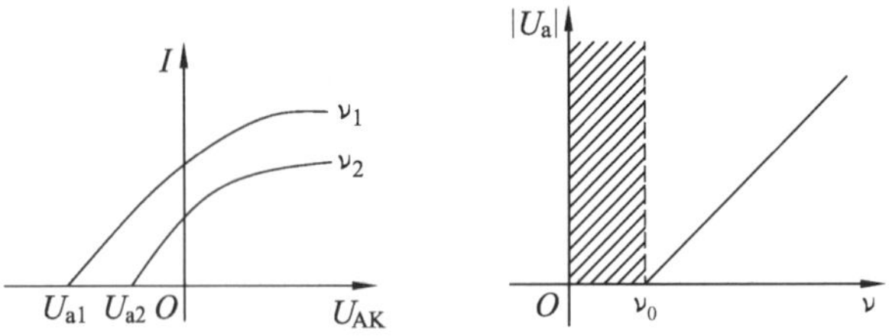

(a) 不同频率时的 I-U_{AK} 曲线　　(b) $|U_a|$-ν 曲线

图 3　光电效应的特性曲线

④ 光电效应是________,一经光线照射,立刻产生________.

3. 爱因斯坦光电方程

光电效应现象是 1887 年________在验证________存在时发现的. 1905 年爱因斯坦根据普朗克的________,提出了________理论. 他认为,当金属中的一个电子吸收一个频率为 ν 的光子时,便获得________. 如果这能量大于逸出金属表面所需的逸出功 A 时,电子就能从金属表面逸出. 按照光子论和能量守恒定律有

________________ (2)

上式称为________,它成功地解释了光电效应的规律. 由式(2)可知,要产生光电效应必须满足 $h\nu-A\geqslant 0$ 即 $\nu\geqslant A/h$,可见 A/h 就是________,即 $\nu_0=A/h$.

由式(1)和式(2)可得

________________ (3)

可见 U_a 与 ν 成线性关系.

实验中测量各谱线的遏止电压 U_a 时,可用________. 用零电流法测得的遏止电压与真实值相差很小,因此可直接将各谱线照射下得到的________________,且各谱线的遏止电压都相差 ΔU,对 $|U_a|$-ν 曲线的斜率无大的影响,因而对 h 的测定也就不会产生大的影响.

【实验内容及步骤】

光电效应实验仪前面板如图 4 所示.

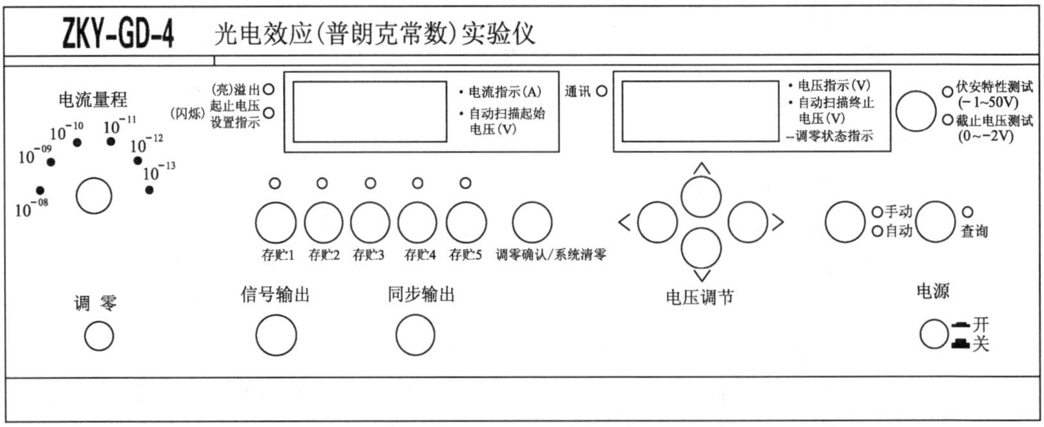

图 4　光电效应实验仪前面板示意图

(1) 测试前准备.

将光源上________和光电管暗箱上________分别用遮光盖盖上，并将光源________对准光电管暗箱光________，调整光电管与________________并保持不变. 将测试仪主机及汞灯电源接通，________________.

(2) 测量不同频率时的遏制电压 U_a，测定普朗克常数 h.

测试仪"电流量程"选择开关置于____________，断开光电管暗箱________________与测试仪________________的高频匹配连接线，旋转____________使电流指示为 0，将断开的高频匹配线重新连接起来，按下_________________________键. 打开光电管暗箱入光孔上的遮光盖，将____________的光阑及________的滤色片装在光电管暗箱入光孔上，然后打开汞灯光源________.

采用手动测试模式时，用电压调节键"→，←，↑，↓"调节 U_{AK} 的值，寻找____________对应的________，记录其绝对值作为该波长对应的____________.

用遮光盖盖住光源________，依次换上其他 4 种波长的滤色片，重复以上测量步骤，测量不同频率时的遏止电压值 U_a.

(3) 测量同一光阑、不同频率的光电管伏安特性曲线.

将"电流量程"选择开关置于________________，将测试仪________________断开，________后重新接上，按下________________________键. 切换测试仪为___________________________状态，________测试模式(绿灯亮). 设置扫描起始和终止电压范围为 −1～35 V，自动测试时步长为 1 V.

按动相应的________按键，然后系统自动扫描. 扫描完成后，查询指示灯亮. 用____________改变电压值，就可查阅到在测试过程中，扫描电压为当前显示值时相应的电流值.

按________键，系统回复到扫描范围默认设置状态，可进行下一次测试. 依次换上________、________、________和________的滤色片，重复以上测量步骤，分别按下存贮 2、存贮 3、存贮 4 和存贮 5，查询测试的结果并记录数据.

(4) 测量同一频率、不同光强时光电管的伏安特性曲线.

① 选用某一频率谱线的滤色片，保持光电管与汞灯之间的距离不变，改变___________________________测量不同光强时光电管的伏安特性曲线.

② (选做)选用某一频率谱线的滤色片，保持光阑不变，改变____测量不同光强时光电管的伏安特性曲线.

【注意事项】

(1) 选择不同的"电流量程"后仪器自动进入调零状态，必须再次断开光电管暗箱________________与测试仪________________的高频匹配连接线，重新调零，然后按下____________________键后进入测试状态.

(2) 在手动测试模式时，无________功能，________无效. 若按下_________________________键，实验测试仪重新启动，进入开机状态. 若按下需要清零的存贮区按钮，相应的________________.

(3) 在自动测试模式时，只要按下________________，手动测试指示灯亮，测试仪就中断了自动测试过程，回复到手动测试状态.

(4) 更换滤色片或光阑时，必须先将汞灯光源用________盖上，再更换________.

(5) 由于光电管老化等原因，测量伏安特性时，如光电流过小，则将电流量程换用 10^{-11} A.

【预习思考题】

(1) 什么是光电管的伏安特性曲线？什么是截止频率？

(2) 什么是遏止电压，实验中如何确定遏止电压？

(3) 如何由光电效应测量普朗克常数？

大学物理实验原始数据记录

班级________________　　实验日期______年____月____日

姓名__________学号__________　　教师评定______________

【实验原始数据记录】

(1) 测量5种频率的光照射光电管时的遏止电压.

测试仪"电流量程"选择开关置于 10^{-13} A挡. 对各条谱线,遏止电压值 U_a 范围大致为:365.0 nm,−1.90~−1.50 V;404.7 nm,−1.60~−1.20 V;435.8 nm,−1.35~−0.95 V;546.1 nm,−0.80~−0.40 V;577.0 nm,−0.65~−0.25 V.

波长 λ/nm	365.0	404.7	435.8	546.1	577.0
频率 $\nu/10^{14}$ Hz	8.219	7.413	6.884	5.493	5.199
遏止电压 $\|U_a\|$/V					

(2) 测量5种滤色片在同一距离(40.0 cm)、同一光阑(4 mm)时的伏安特性曲线实验数据.

波长/nm	电压/V	−1	0	1	2	3	4	5	8	12	15	20	25	30	35
365.0	电流/10^{-10} A														
404.7															
435.8															
546.1															
577.0															

(3) 测量同一频率(435.8 nm)、同一距离(40.0 cm)、不同光阑时的伏安特性曲线实验数据.

光阑/mm	电压/V	−1	0	1	2	3	4	5	8	12	15	20	25	30	35
2	电流/10^{-10} A														
4															
8															

(4) 测量同一频率(435.8 nm)、同一光阑(4 mm)、不同距离时的伏安特性曲线实验数据.

距离/cm	电压/V	−1	0	1	2	3	4	5	8	12	15	20	25	30	35
40.0	电流/10^{-10} A														
35.0															
30.0															

大学物理实验数据记录与处理

【实验数据记录与处理】

（1）根据记录测量的遏止电压，作出$|U_a|-\nu$关系曲线，用最小二乘法计算出普朗克常数h和光电管的截止频率ν_0，并求出其百分误差（公认值$h=6.626\times10^{-34}$ J·s）.

波长 λ/nm	365.0	404.7	435.8	546.1	577.0
频率 $\nu/10^{14}$ Hz	8.219	7.413	6.884	5.493	5.199
遏止电压$\|U_a\|$/V					

作$|U_a|-\nu$关系曲线，用最小二乘法计算出普朗克常数h和光电管的截止频率ν_0，并求出其百分误差.

作图法

最小二乘法

（2）根据测量5种滤色片在同一距离（40.0 cm）、同一光阑（4 mm）时的伏安特性曲线的实验数据，在同一张坐标纸上画出相应的伏安特性曲线.

波长/nm	电压/V	−1	0	1	2	3	4	5	8	12	15	20	25	30	35
365.0	电流/10^{-10} A														
404.7															
435.8															
546.1															
577.0															

（3）根据测量同一频率(435.8 nm)、同一距离(40.0 cm)，不同光阑时的伏安特性曲线的实验数据，在同一张坐标纸上画出相应的伏安特性曲线.

光阑/mm	电压/V	−1	0	1	2	3	4	5	8	12	15	20	25	30	35
2	电流/10^{-10} A														
4															
8															

（4）根据测量同一频率(435.8 nm)、同一光阑(4 mm)、不同距离时的伏安特性曲线的实验数据，在同一张坐标纸上画出相应的伏安特性曲线.

距离/cm	电压/V	−1	0	1	2	3	4	5	8	12	15	20	25	30	35
40.0	电流/10^{-10} A														
35.0															
30.0															

【复习思考题】

（1）为什么会出现反向光电流？如何减少反向光电流？

（2）实验测得的光电流特性曲线与理想的光电流特性曲线有何不同？为什么不同？

（3）你所测得的普朗克常数 h 值是偏大还是偏小？试根据实验现象分析说明产生误差的原因.

大学物理实验报告

班级______________________ 实验日期________年____月____日

姓名__________学号______________ 教师评定____________________

实验二十五　激光全息照相

【实验目的】

(1) 了解激光全息照相的原理和特点.

(2) 学习激光全息照相的基本技术.

【实验器材】

He-Ne 激光器、曝光定时器、反射镜(2 只)、扩束器(2 只)、分束器(1 只)、全息干板、白屏、磁性小型光具座(8 只)、卷尺、全息摄影实验台、照相冲洗设备、*D*-19 显影液、*F*-5 定影液等.

(1) He-Ne 激光器. 波长为 632.8 nm.

(2) 防震台. 在曝光时间内,干涉条纹漂移量小于 1/4～1/2 个条纹间隔.

【实验原理】

实验过程包括两部分:记录过程和再现过程.

(1) 全息照相的记录过程.

图 1 所示为记录过程所用光路图. ________与________在感光干板(全息干板)上发生________,感光干板记录下干涉图样.

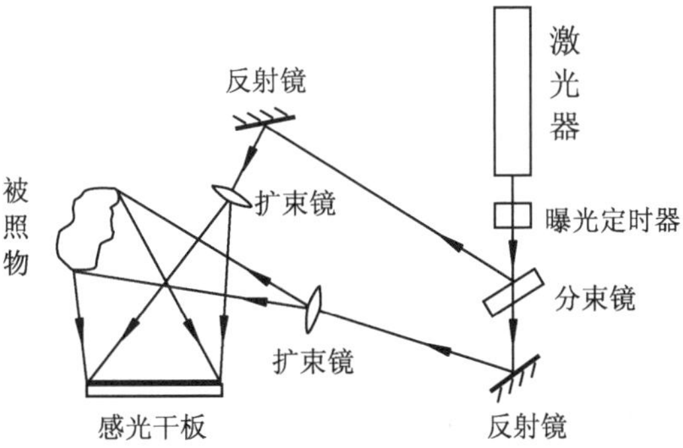

图 1　全息照相的拍摄光路图

(2) 全息照相的再现过程.

图 2 所示为再现光路(同图 1 的部分).

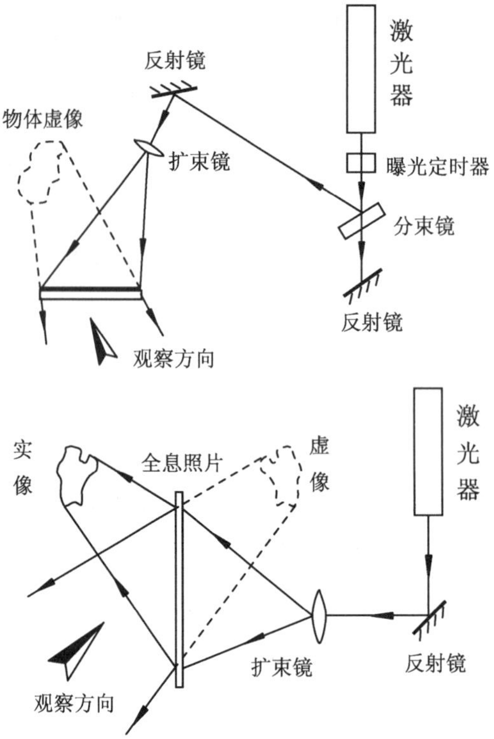

图 2　全息照相的再现光路图

将________放回原位置，原参考光束照射到全息片上，在全息照片的背面透过全息照片朝被摄物体________________观察，就可看到一个与原物体相同的立体形象（虚像）.

全息照片的再现，与________________相类似. 其一侧的第一级衍射光与原物光相同，原物光就被再现出来. 在被摄物体原来位置上出一个与原物体一模一样的立体虚像，称为________或________. 在另一侧的第（负）一级衍射光形成一个共扼实像，称为赝像.

（3）全息照相的主要特点.

① 全息照相是记录物光波的________、________. 再现时，是再现原物体存在时的光波.

② 弥漫性好. 漫射型一般物体的全息图，即使只取全息图的________，也能再现原物体完整的形象（亮度较弱）.

③ 感光干板可多次曝光. 再现时，只需依照拍摄时所选用的参考光的不同波长、不同照射方向来再现光.

此外，全息静物照相时________要求很高，所用感光材料分辨率高（800～4 000 条/mm，普通照相为 200 条/mm）.

【实验内容及步骤】

（1）再现全息照片的像.

（2）拍摄全息照片.

① 点亮激光管.

② 布置光路.

a. 按参考光路摆好光路（以白屏代替感光干板）.

b. 调整物光与参考光的光强为 1∶3 左右.(用分束器的透射光照射物体)

c. 光路要求.各光学元件共轴.参考光与物光夹角尽量小些(小于 30°),尽量减小物光与参考光的光程差(小于 1 cm).

③ 拍摄与冲洗.

a. 按实验室给定的曝光时间调好曝光定时器.

b. 模拟曝光.应多练几次.

c. 曝光.按教师口令统一曝光.

d. 显影,定影,冲洗干净,吹干.

④ 整理、记录拍摄全息照片的光路数据.

(3) 全息照片的再现.观察、分析所拍摄全息照片.

大 学 物 理 实 验 原 始 数 据 记 录

班级＿＿＿＿＿＿＿＿＿＿＿＿＿＿＿ 实验日期＿＿＿＿年＿＿月＿＿日

姓名＿＿＿＿＿学号＿＿＿＿＿＿＿ 教师评定＿＿＿＿＿＿＿＿＿＿＿＿

【实验原始数据记录】

物光光程：

参考光光程：

曝光时间：

显影时间：

定影时间：

大学物理实验数据记录与处理

【实验数据记录与处理】

物光光程：

参考光光程：

曝光时间：

显影时间：

定影时间：

拍摄结果：

【复习思考题】

(1) 全息照相和普通照相的主要区别是什么?

大 学 物 理 实 验 报 告

班级________________________　　　　实验日期________年____月____日

姓名__________学号____________　　　　教师评定________________________

实验二十六　电子电荷的测定——密立根油滴实验

【实验目的】

(1) 测定____________________,并验证____.

(2) 了解用油滴仪测定油滴所带____________的基本原理及实验方法.

【实验器材】

OM99 型密立根油滴仪,喷雾器等.

【实验原理】

由于电子电量很小,且获得单个电子不易,因此密立根通过研究电场中的带电油滴下落测定电子的电量.

1. 油滴所带________的测定

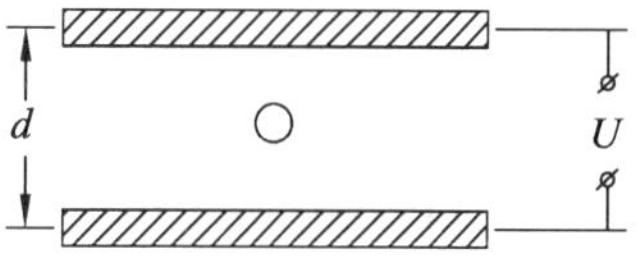

图 1　油滴受力平衡

用喷雾器将油滴喷入两块相距为 d 的水平放置的平行极板之间.油滴在喷射时,由于摩擦,一般都会带电.设油滴的质量为 m,所带的电荷为 q,两极板间的电压为 U,如图 1 所示,调节两极板间的电压 U,可使油滴不动,这时________________(在图 1 中对油滴进行受力分析).可得,

________________________　　(1)

为了测出 q 值,除测定 d,U 外,还需要测定 m.油滴的 m 很小,需用特殊的方法测定.

2. 油滴________的测定

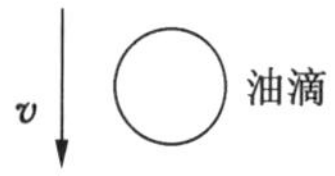

图 2　油滴受力分析

平行极板不加电压时,油滴受重力作用而加速下降,但由于受空气阻力的作用,油滴下降一段距离后将做匀速运动,这时________与________平衡(其他力可以不计),如图 2 所示(在图 2 中对油滴进行受力分析),可得____　　(2)

设油的密度为 ρ,油滴的质量 m 可表示为________________________________　　(3)

由式(2)和式(3),可得到油滴的半径为________________________________　　(4)

将空气黏滞系数修正为 η',即

$$\eta'=\frac{\eta}{1+b/pa} \tag{5}$$

式中,b 为修正常数,p 为大气压强.于是可得________________________________　　(6)

3. v 的测定

当极板间的电压 $U=0$ 时,设油滴匀速下降路程 l 所需的时间为 t,则

________________________　　(7)

于是可得到油滴所带电量的表达式为

________________________　　(8)

本实验中：

油的密度 $\rho=981\ \mathrm{kg/m^3}$

重力加速度 $g=9.80\ \mathrm{m/s^2}$

空气黏度 $\eta=1.83\times10^{-5}\ \mathrm{kg/(m\cdot s)}$

油滴匀速下降的距离 $l=1.50\times10^3\ \mathrm{m}$

修正常数 $b=6.17\times10^{-6}\ \mathrm{m\cdot cm(Hg)}$

大气压强 $p=76.0\ \mathrm{cm(Hg)}$

平行极板距离 $d=5.00\times10^{-3}\ \mathrm{m}$

将这一系列数据代入式(8)得

$$\underline{\qquad\qquad\qquad\qquad\qquad} \tag{9}$$

【实验内容及步骤】

1. 调整仪器

① 调节____________，使水准仪气泡处于中央，这时平行极板处于水平位置.

② 平行极板电压选择开关置于“+”或“−”处、平衡提升电压的选择开关置于“平衡”处.

③ 合上电源开关，调节________旋钮，使平行极板所加电压约为________.

④ 使用喷雾器将油从油雾室旁的喷雾口喷入(用力喷一次或两次即可). 适当调节显微镜(CCD)，视场中将出现大量清晰的油滴.

2. 测量

实验要测量的两个量，一个是____________，另一个是油滴匀速下降一段距离 l 所需的____________.

① 在平衡电压作用下，大多数油滴将被驱走，当剩下少数几颗缓慢运动的油滴时，注视其中某一颗，仔细调节____________，使这颗油滴____________. 记录此时平衡电压 U 的数值.

② 去掉平衡电压，让油滴____________，用秒表记录油滴下降距离 $l=1.50\ \mathrm{mm}$(分划板上是 6 大格)所需的时间 t. 为了保证测量时油滴速度是均匀的，应使油滴从接近________开始运动，而距离 l 选在平行板之间中央部分(即分划板中央部分).

③ 油滴下降距离 l 后，立即加上____________，使油滴停住不动，再将____________叠加在平衡电压上，使油滴移动到适当位置.

④ 对同一油滴重复上述步骤，共测量 5 次.

⑤ 用同样的方法分别对 5 颗油滴进行测量.

【注意事项】

(1) 若喷雾器中没有油，应请教师注入实验用油少许. 喷雾器使用后，应放回杯子中，且____________向上，以防油漏走.

(2) 用喷雾器喷油后，适当调节 CCD，如没有出现大量清晰的油滴，需请教师帮忙检查，不要不停地向油雾室喷油.

(3) 测量平衡电压时须仔细调节，可将油滴移置分划板上某条横线附近，以便准确判断出这颗油滴是否平衡. 移动油滴可用叠加____________的办法.

大学物理实验原始数据记录

班级________________　　实验日期______年____月____日

姓名________学号________　　教师评定________________

【实验原始数据记录】（建议：平衡电压 U 为 100～300 V，下落时间 t 为 10～30 s）

次数	油滴 a		油滴 b	
	U/V	t/s	U/V	t/s
1				
2				
3				
4				
5				

次数	油滴 c		油滴 d	
	U/V	t/s	U/V	t/s
1				
2				
3				
4				
5				

次数	油滴 e	
	U/V	t/s
1		
2		
3		
4		
5		

大学物理实验数据记录与处理

【实验数据记录与处理】

分别计算 5 颗油滴的 $\overline{U}$ 和 $\bar{t}$，并由式(9)计算出每颗油滴所带电荷 q. 用“倒过来验证”的办法进行数据处理，即用公认的电子电荷值 $e_0 = 1.60 \times 10^{-19}$ C 去除上述实验所得的电荷值 q，定出 n(取最接近的整数). 这个 n 就是油滴所带的基本电荷的数目. 然后用 q/n 求出实验值 e. 对 5 颗油滴取平均值 $\bar{e}$ 并与公认值 e_0 比较，算出实验结果的百分误差 E_0.

	U/V	$\overline{U}$/V	t/s	$\bar{t}$/s	q/C	n	e/C
a							
b							
c							
d							
e							

$\bar{e}=$

$$E_0=\frac{|\bar{e}-e_0|}{e_0}\times 100\%=$$

【复习思考题】

（1）实验中应何时加上提升电压？何时将其去掉？

（2）如何判断油滴是否处于匀速运动状态？

大 学 物 理 实 验 报 告

班级____________________ 实验日期________年____月____日

姓名________学号__________ 教师评定________________

实验三十六　磁阻传感器与地磁场的测量

【实验目的】

（1）了解磁阻传感器的特性，掌握 HMC1021Z 型磁阻传感器的定标方法.

（2）测量实验室所在地地磁场磁感应强度的水平分量、垂直分量和地磁场的磁倾角.

【实验器材】

FD-HMC-C 型磁阻传感器与地磁场测量仪，水平仪，重垂线.

【实验原理】

地球本身具有磁性，所以地球及近地空间存在着磁场，叫作________. 地磁场的数值比较小，约________量级，其强度与方向也随地点而异. 但在直流磁场测量，特别是弱磁场测量中，往往需要知道其数值，并设法消除其影响. 地磁场作为一种天然磁源，在军事、工业、医学、探矿等科研中也有着重要用途.

物质在磁场中电阻率发生变化的现象称为________. 对于铁、钴、镍及其合金等磁性金属，当外加磁场平行于磁体内部磁化方向时，电阻几乎__________；当外加磁场偏离金属的内部磁化方向时，此类金属的电阻________，这就是强磁金属的__________.

HMC1021Z 型磁阻传感器由长而薄的玻莫合金（铁镍合金）制成一维磁阻微电路集成芯片（二维和三维磁阻传感器可以测量二维或三维磁场）. 它利用通常的半导体工艺，将铁镍合金薄膜附着在硅片上. 薄膜的电阻率 $\rho(\theta)$ 依赖于磁化强度 M 和电流 I 方向间的夹角 θ，具有以下关系式

$$\rho(\theta)=\rho_{\perp}+(\rho_{/\!/}-\rho_{\perp})\cos^2\theta \tag{1}$$

式中，$\rho_{/\!/}$，$\rho_{\perp}$ 分别是电流 I 平行于 M 和垂直于 M 时的________. 当沿着铁镍合金带的长度方向通以一定的直流电流，而垂直于电流方向施加一个外界磁场时，合金带自身的阻值会产生较大的变化，利用合金带阻值这一变化，可以测量磁场大小和方向. 同时，制作时还在硅片上设计了两条铝制电流带，一条是置位与复位带，该传感器遇到强磁场感应时，将产生__________，可以用它来置位或复位输出极性；另一条是偏置磁场带，用于产生__________，补偿环境磁场中的__________（当外加磁场较弱时，磁阻相对变化值与磁感应强度成平方关系），使磁阻传感器输出__________.

HMC1021Z 磁阻传感器是一种单边封装的磁场传感器，它能测量与管脚平行方向的磁场. 传感器由四条铁镍合金磁电阻组成一个________________________，非平衡电桥输出部分接集成运算放大器，将信号放大输出. 适当配置的四个磁电阻电流方向不相同，当存在外界磁场时，引起电阻值变化有增有减. 因而输出电压 U_{out} 可以用下式表示为

$$U_{\mathrm{out}}=\left(\frac{\Delta R}{R}\right)\times U_b \tag{2}$$

对于一定的工作电压，如 $U_b=6.00\ \mathrm{V}$，HMC1021Z 磁阻传感器输出电压 U_{out} 与外界磁场的磁感应强度成正比关系

$$U_{\mathrm{out}}=U_0+KB \tag{3}$$

式中，K 为传感器的灵敏度，可由已知磁感应强度进行标定；B 为待测磁感应强度；U_0 为外加磁场为零时传感器的输出量.

由于亥姆霍兹线圈的特点是能在其轴线中心点附近产生较宽范围的均匀磁场区，所以常用作弱磁场的标准磁场. 亥姆霍兹线圈公共轴线中心点位置的磁感应强度为

$$B=\frac{\mu_0 NI}{R}\frac{8}{5^{3/2}} \tag{4}$$

式中，N 为线圈匝数；I 为线圈流过的电流强度；R 为__________；μ_0 为__________.

地磁场测量装主要包括底座、转轴，带角刻度的转盘、磁阻传感器的引线、亥姆霍兹线圈、地磁场测定仪控制主机(包括数字式电压表、5 V 直流电源等). 亥姆霍兹线圈每个线圈匝数 $N=500$ 匝，线圈的半径 $R=10.00\ \mathrm{cm}$；真空磁导率 $\mu_0=4\pi\times10^{-7}\ \mathrm{N/A^2}$.

【实验内容及步骤】

1. 磁阻传感器灵敏度的标定

(1) 按图 1 所示连线. 将磁阻传感器放置在亥姆霍兹线圈公共轴线中点，并使管脚和磁感应强度方向平行，即传感器的感应面与亥姆霍兹线圈轴线垂直.

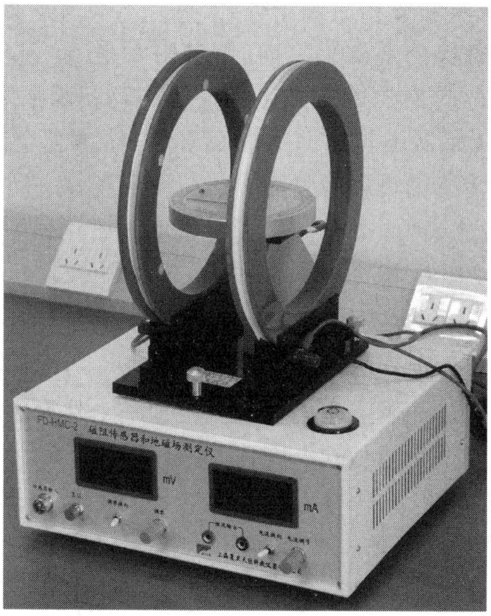

图 1　实验装置

(2) 从 0 开始每隔 10 mA 改变励磁电流，分别测量出励磁电流为正向和反向时磁阻传感器的输出电压 U_1 和 U_2，$\overline{U}=(U_1-U_2)/2$. 测正向和反向两次，目的是消除地磁沿亥姆霍兹线圈方向(水平)分量的影响.

2. 测量地磁场的磁感应强度和磁倾角

(1) 拆去亥姆霍兹线圈与直流电源的连线，将磁阻传感器平行固定在转盘上，调整转盘至水平(可用水准器指示，先调整底座至水平，再调整转盘至水平). 水平旋转转盘，找到传感器输出电压最大方向，这个方向就是地磁场磁感应强度的水平分量 $B_{/\!/}$ 的方向. 记录此时传感器输出电压 U_1 后，再旋转转盘，记录传感器输出最小电压 U_2，由 $|U_1-U_2|/2=KB_{/\!/}$，求得当地地磁场水平分量 $B_{/\!/}$.(这时校正底座的方位，使 0°和 90°方向在地磁场的方向(方法：使内盘和外盘对零，转动底座使输出最大或最小).)

(2) 将带有磁阻传感器的转盘平面调整为铅直(用重垂线确定铅直的位置)，并使装置沿着地磁场磁感应强度水平分量 $B_{/\!/}$ 方向放置，只是方向转 90°. 转动调节转盘，分别记下传感器输出最大和最小时转盘指示值和水平面之间的夹角 β_1 和 β_2，同时记录此最大读数 U'_1 和 U'_2. 由 $\beta=(\beta_1+\beta_2)/2$ 计算磁倾角 β 的值. 测量 10 组 β 值，求其平均值.

(3) 由 $|U'_1-U'_2|/2=KB$，计算地磁场磁感应强度 B 的值，并计算地磁场的垂直分量 $B_{\perp}=B\sin\beta$.

【注意事项】

(1) 实验仪器周围的一定范围内不应存在铁磁金属物体，以保证测量结果的准确性.

(2) 测量地磁场水平分量，须将转盘调节至水平；测量地磁场 $U_{总}$ 和磁倾角 β 时，须将转盘面处于地磁子午面方向.

大学物理实验原始数据记录

班级______________________________ 实验日期________年____月____日

姓名__________学号______________ 教师评定______________________

【实验原始数据记录】

(1) 磁阻传感器灵敏度标定的数据记录与处理.

励磁电流 I/mA	U/mV		平均值/mV
	正向 U_1/mV	正向 U_2/mV	
10.00			
20.00			
30.00			
40.00			
50.00			
60.00			

(2) 地磁场的磁感应强度水平分量的测量数据.

电压 \ 序号		1	2	3	4	5	6	7	8	9	10	$\overline{U}=\sum\frac{\lvert U_1-U_2\rvert}{2}/5$
U	U_1											
	U_2											

(3) 地磁场的磁感应强度和磁倾角测量数据.

U-β \ 序号		1	2	3	4	5	6	7	8	9	10	U',β平均值
U	U_1'											
	U_2'											
β	β_1											
	β_2											

大学物理实验数据记录与处理

【实验数据记录与处理】

（1）磁阻传感器灵敏度标定的数据记录与处理.

励磁电流 I/mA	磁感应强度 B/(10^{-4} T)	U/mV		平均值/mV
		正向 U_1/mV	正向 U_2/mV	
10.00				
20.00				
30.00				
40.00				
50.00				
60.00				

用亥姆霍磁线圈产生的磁感应强度作为已知量，采用最小二乘法，计算磁阻传感器的灵敏度 K.

$K=$

（2）地磁场的磁感应强度水平分量的测量数据.

序号 电压		1	2	3	4	5	6	7	8	9	10	$\bar{U}=\sum\frac{\lvert U_1-U_2\rvert}{2}/5$	B
U	U_1												
	U_2												

$B_{/\!/}=$

（3）地磁场的磁感应强度和磁倾角测量数据.

序号 U-β		1	2	3	4	5	6	7	8	9	10	U',β 平均值
U	U_1'											
	U_2'											
β	β_1											
	β_2											

根据地磁场和磁倾角的大小，计算地磁场的垂直分量.

$B=$ $\qquad\qquad$ $B_{\perp}=B\sin\beta=$

【思考题】

（1）磁阻传感器和霍耳传感器在工作原理和使用方法方面各有什么特点和区别？

（2）如果在测量地磁场时，在磁阻传感器周围较近处，放一个铁钉，对测量结果将产生什么影响？

大学物理实验报告

班级________________________　　实验日期________年____月____日

姓名__________学号______________　　教师评定______________________

实验四十　超声特性与超声诊断综合实验

【实验目的】

(1) ____.

(2) ____.

(3) ____.

(4) ____.

(5) ____.

(6) ____.

【实验器材】

A 类超声特性与超声诊断综合实验仪,数字示波器.

【实验原理】

超声波是____________,并且它的传播与材料的弹性有关,利用超声可以很好地检测到材料特别是材料内部的信息.由于它对人体的伤害较小,使得它的应用很广泛.

产生超声波的方法有很多种,应用得最普遍的方法是压电法.压电体的正压电效应与逆压电效应统称为压电效应.超声波按振动质点与波传播方向的关系可分为__________和____________;按波阵面的形状可分为__________和__________;按发射超声的类型可分为____________和____________.本实验仪器采用的是直探头发出来的纵波、平面波、脉冲波,脉冲频率为 2.5 MHz.

超声在介质中传播时,其声强将随着距离的增加而减弱.衰减的原因主要有两类,一类是声束本身的扩散,另一类是由于介质的吸收.

超声回波信号的显示方式主要有幅度调制显示(A 型)和亮度调制显示及两者的综合显示,其中亮度调制显示按调制方式的不同又可分为 B 型、C 型、M 型、P 型等.A 型显示是以回波幅度的大小表示界面反射的强弱,即在荧光屏上以横坐标代表被测物体的深度,纵坐标代表回波脉冲的幅度,横坐标有时间或距离的标度,可借以确定产生回波的界面所处的深度.本实验仪器采用的显示方式即 A 型.

(1) 医用 A 类超声.

医用 A 类超声波是按时间顺序将信号转变为显示器上位置的不同来分析人体组织的位置、形态等,可用于人体腹腔内器官位置及厚度的测量与颅脑的占位性病变的分析诊断.如图 1 所示,超声波从探头发出,先后经过腹外壁、腹内壁、脏器外壁、脏器内壁;t 为探头所探测到的回波信号在示波器时间轴上所显示的时间,即超声波到达界面后又返回探头的时间.若已知声波在腹壁中的传播速度 u_1、腹腔内的传播速度 u_2 与在脏器壁的传播速度 u_3,则可求得腹壁的厚度为

$\underline{\qquad\qquad\qquad\qquad\qquad\qquad}$ (1)

脏器距腹内壁的距离为

$\underline{\qquad\qquad\qquad\qquad\qquad\qquad}$ (2)

脏器的厚度为

$\underline{\qquad\qquad\qquad\qquad\qquad\qquad}$ (3)

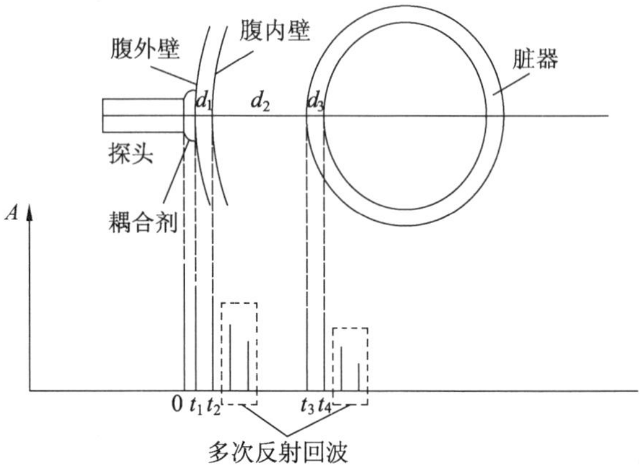

图 1　A 类超声诊断原理图

(2) 超声脉冲反射法探伤.

对于有一定厚度的工件来说,若其中存在缺陷,则该缺陷处会反射一与工件底部声程不同的回波,一般称之为缺陷回波.图 2 为一存在裂缝缺陷工件的探伤示例.

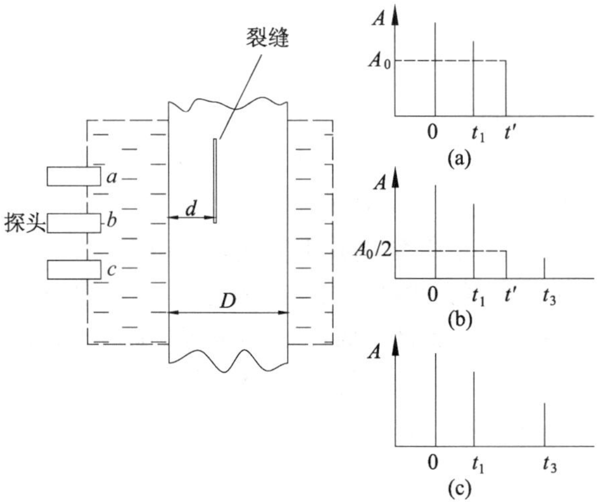

图 2　超声脉冲反射法探伤原理图

图 2 中(a),(b),(c)分别反映了同一超声探头在 a,b,c 三个不同位置时的反射情况.在位置 a 时,超声信号被缺陷完全反射,此时缺陷回波的高度为 A_0;在位置 c 时,该处不存在缺陷,回波完全由工件底面反射;而在位置 b 时,由于超声信号一半由缺陷反射,一半由工件底面反射,缺陷回波的高度降为 $A_0/2$,此处即为缺陷的边界——这种确定缺陷边界的方法称为____________________.

超声探头本身的频率特征及脉冲信号源的性质等条件决定了超声波探伤具有时间上的分辨率.该分辨率反映在介质中即为区分距离不同的相邻两缺陷的能力,称为____________________.能区分的两缺陷的距离愈小,分辨力就愈高.

如图 3 所示,测量出 d_1,d_2 的距离,从示波器上读出 a 和 b 的宽度.根据公式 $F=(d_2-d_1)\dfrac{b}{a}$可以计算出该仪器对于介质的分辨力.

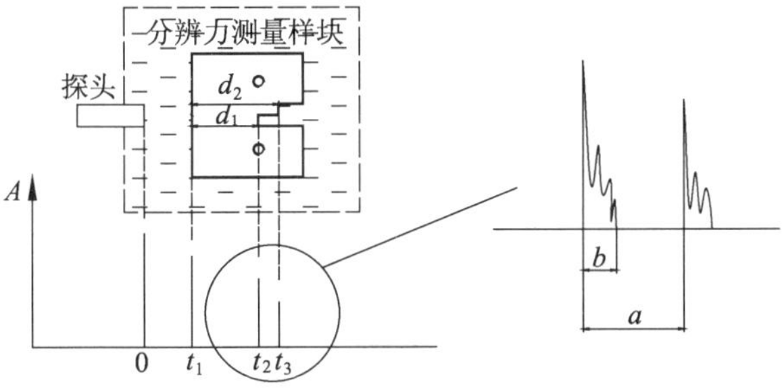

图 4　样块材料的分辨力测量示意图

【实验内容及步骤】

(1) 准备工作.在有机玻璃水箱侧面装上超声波探头后注入清水,至超过探头位置 1 cm左右即可(由于水是良好的耦合剂,下列实验均在水中进行).探头另一端与仪器“超声探头”相接.“信号输出”通过 Q9 线与示波器的 CH1 或 CH2 相连.示波器调至____________________挡,使用____________________触发方式,并找到一适当的触发电平使波形稳定.

(2) 测量清水中超声波传播的速度.将任一圆柱样品固定在样品架上,把样品架搁在导轨上并微调样品架使反射信号最大.每隔 2 cm 移动样品架至水箱中的不同位置,测出每个位置下超声探头与样品第一反射面间超声波的传播时间.

(3) 测量冕玻璃和铝合金中超声波传播的速度.分别将冕玻璃和铝合金的圆柱样品固定在样品架上,把样品架搁在导轨上并微调样品架使反射信号最大.记录样品第一反射面的回波与第二反射面的回波的时间,量出样品长度 d.每种材料都有两个不同长度的样品,可分别对不同长度的样品进行多次测量.

(4) 模拟人体脏器进行超声定位诊断.使样品 1 与探头相隔一小段距离,作为腹壁,样品 2 与样品 1 相隔一定距离,作为内脏,模拟超声定位诊断测量环境(见图 4).测量出模拟腹壁的较短铝合金圆柱样品长度 d_1、模拟脏器壁的较短冕玻璃圆柱样品长度 d_3 和腹腔厚度 d_2 在示波器上分别找出第一、第二、第三、第四反射面的回波,并测量出回波时间.

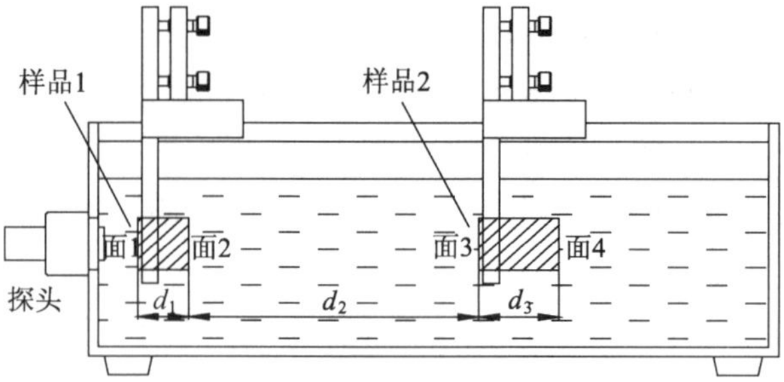

图 4 超声定位诊断模拟实验的装置图

(5) 测量超声波探伤的分辨力. 将分辨力样块通过两个手拧螺丝固定在横向滑块的底部,搁置在横向导轨的中间位置,使超声探头能够透过样块前表面探测到后表面中间台阶左右不同声程的信号.

(6) 利用脉冲反射法进行超声无损探伤实验. 测量铝合金工件样块的厚度 D,第一条缝与样块前表面距离 d_1,第二条缝与样块前表面距离 d_2,在垂直于超声波传播的方向上两条缝的边界距离 Δx(见图 5).

超声探头的探测位置在无缺陷回波时,从标尺上读出横向滑块的位置 x_1,分别测量样块底面回波与表面回波的时间 t_2,t_1;超声探头的探测位置在第一条缝的边界处时(半高波法),从标尺上读出横向滑块的位置 x_1,分别测量该缝的缺陷回波与样块表面回波的时间 t_1'、t_1;超声探头的探测位置在第二条缝的边界处时(半高波法),从标尺上读出横向滑块的位置 x_2,分别测量该缝的缺陷回波与样块表面回波的时间 t_2'、t_1.

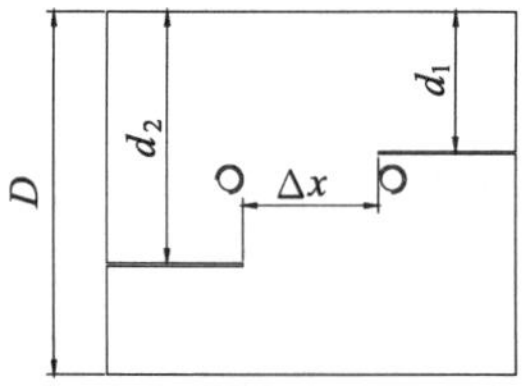

图 5 铝合金工件样块

【注意事项】

(1) 数字存储示波器应使用其配套探头,否则会使波形失真,影响读数精度.

(2) 若要在空气中进行测量,探头与探测物间要涂上声耦合剂,常用的耦合剂为对人体无刺激性且不易流失的油类,如甘油、蓖麻油、石蜡油等.

(3) 超声探头处有 380 V 高压,请使用有绝缘保护的 Q9 线连接超声波探头与实验主机,插拔注意安全.

(4) 实验结束后请将样品擦干放于附件箱内.

大学物理实验原始数据记录

班级________________　　实验日期________年____月____日

姓名________学号________　　教师评定________________

【实验原始数据记录】

（1）测量清水中超声波传播的速度.

表 1　水箱中样品第一反射面在不同位置时超声波在水中传播的时间(室温 $t=$______)

X/cm						
$t/\mu\text{s}$						
X/cm						
$t/\mu\text{s}$						

（2）测量冕玻璃和铝合金中超声波传播速度.

表 2　冕玻璃样品长度及超声波在样品前后表面往返传播的时间

d/mm						
$t_2/\mu\text{s}$						
$t_1/\mu\text{s}$						

表 3　铝合金样品长度及超声波在样品前后表面往返传播的时间

d/mm						
$t_2/\mu\text{s}$						
$t_1/\mu\text{s}$						

（3）模拟人体脏器进行超声定位诊断.

较短铝合金圆柱样品 $d_1=$__________，较短冕玻璃圆柱样品 d_2__________，

两个样品位置为 $X_1=$__________，$X_1=$__________.

观察示波器可知：第一反射面 t_1__________，第二反射面 t_2__________，

第三反射面 t_3__________，第四反射面 t_4__________.

（4）超声波探伤的分辨力实验.

$d_1=$__________，　$d_2=$__________，

$a=$__________，　$b=$__________.

（5）记录利用脉冲反射法进行超声无损探伤实验数据.

大学物理实验数据记录与处理

【实验数据记录与处理】

（1）测量清水中超声波传播的速度.

表 1　水箱中样品第一反射面在不同位置时超声波在水中传播的时间(室温 $t=$ ________)

X/cm						
$t/\mu\text{s}$						
$\frac{t}{2}/\mu\text{s}$						
X/cm						
$t/\mu\text{s}$						
$\frac{t}{2}/\mu\text{s}$						

将实验结果作 $X\text{-}t/2$ 的线性拟合，根据拟合系数求出水中的声速，并与理论值比较，求出百分误差.

（2）测量冕玻璃和铝合金中超声波传播速度.

表 2　冕玻璃样品长度及超声波在样品前后表面往返传播的时间

d/mm						
$t_2/\mu\text{s}$						
$t_1/\mu\text{s}$						
$\frac{t_2-t_1}{2}/\mu\text{s}$						
$v_{冕玻璃}/(\text{mm}/\mu\text{s})$						
$v_{冕玻璃}/(\text{mm}/\mu\text{s})$						

表 3　铝合金样品长度及超声波在样品前后表面往返传播的时间

d/mm						
$t_2/\mu\text{s}$						
$t_1/\mu\text{s}$						
$\frac{t_2-t_1}{2}/\mu\text{s}$						
$v_{铝合金}/(\text{mm}/\mu\text{s})$						
$v_{铝合金}/(\text{mm}/\mu\text{s})$						

(3) 模拟人体脏器进行超声定位诊断.

较短铝合金圆柱样品 $d_1=$ ，较短冕玻璃圆柱样品 $d_3=$ ，

较短铝合金圆柱位置 $X_1=$ ，较短冕玻璃圆柱位置 $X_1=$ ，

则 $d_2=$ ____________

观察示波器可知：第一反射面 $t_1=$ __________，第二反射面 $t_2=$ __________，

第三反射面 $t_3=$ __________，第四反射面 $t_4=$ __________.

根据式 1 算得 $d'_1=$ __________，其百分误差为__________.

根据式 2 算得 $d'_2=$ __________，其百分误差为__________.

根据式 3 算得 $d'_3=$ __________，其百分误差为__________.

(4) 超声波探伤的分辨力实验.

$d_1=$ __________，$d_2=$ __________，

$a=$ __________，$b=$ __________，

则该仪器对于该种介质的分辨力为 $F=(d_2-d_1)\dfrac{b}{a}=$ ________________.

(5) 记录和处理利用脉冲反射法进行超声无损探伤实验数据.

大 学 物 理 实 验 报 告

班级＿＿＿＿＿＿＿＿＿＿＿＿＿＿ 实验日期＿＿＿＿年＿＿月＿＿日

姓名＿＿＿＿＿学号＿＿＿＿＿＿＿ 教师评定＿＿＿＿＿＿＿＿＿＿＿

补充一　落球法测定液体在不同温度的黏度

【实验目的】

(1) 用落球法测量不同温度下蓖麻油的黏度.

(2) 练习用停表计时,用螺旋测微器测直径.

【实验器材】

落球法变温黏滞系数实验仪,ZKY-PID温控实验仪,停表,螺旋测微器,钢球若干.

仪器介绍具体如下：

1. 落球法变温黏度测量仪

变温黏度仪的外形如图1所示.待测液体装在细长的样品管中,能使液体温度较快地与加热水温达到平衡,样品管壁上有刻度线,便于测量小球下落的距离.样品管外的加热水套连接到温控仪,通过热循环水加热样品.底座下有调节螺钉,用于调节样品管的铅直.

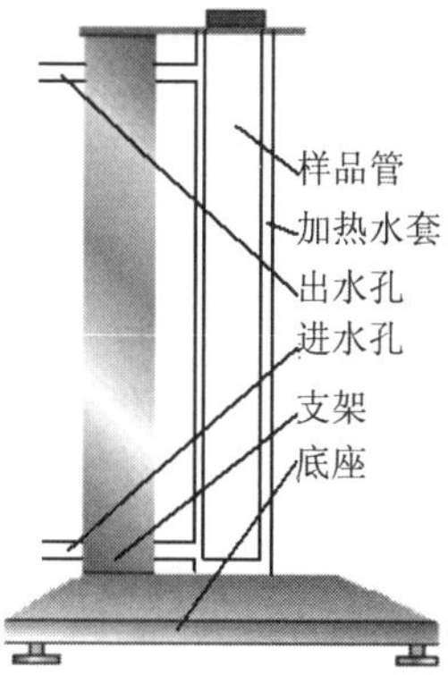

图1　变温黏度仪

2. 开放式PID温控实验仪

温控实验仪包含水箱,水泵,加热器,控制及显示电路等部分.

本温控试验仪内置微处理器,带有液晶显示屏,具有操作菜单化,能显示温控过程的温度变化曲线和功率变化曲线及温度和功率的实时值,能存储温度及功率变化曲线,控制精度高等特点,仪器面板如图2所示.

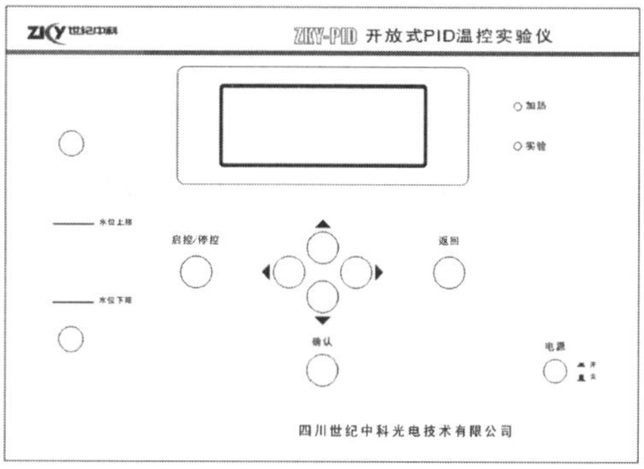

图2　温控实验仪面板

开机后,水泵开始运转,显示屏显示操作菜单,可选择工作方式,输入序号及室温,设定温度及PID参数.使用◀ ▶键选择项目,▲▼键设置参数,按确认键进入下一屏,按返回键返回上一屏.

进入测量界面后，屏幕上方的数据栏从左至右依次显示序号、设定温度、初始温度、当前温度、当前功率、调节时间等参数. 图形区以横坐标代表时间，纵坐标代表温度(以及功率)，并可用▲▼键改变温度坐标值. 仪器每隔 15 s 采集 1 次温度及加热功率值，并将采得的数据标示在图上. 温度达到设定值并保持 2 min 温度波动小于 0.1 ℃，仪器自动判定达到平衡，并在图形区右边显示过渡时间 t s，动态偏差 σ，静态偏差 e. 一次实验完成退出时，仪器自动将屏幕按设定的序号存储(共可存储 10 幅)，以供必要时查看，分析，比较.

3. 停表

PC396 电子停表具有多种功能. 按功能转换键，待显示屏上方出现符号--------且第 1 和第 6、7 短横线闪烁时，即进入停表功能. 此时按开始/停止键可开始或停止计时，多次按开始/停止键可以累计计时. 一次测量完成后，按暂停/回零键使数字回零，准备进行下一次测量.

【实验原理】

1. 落球法测定液体的黏度

1 个在静止液体中下落的小球受到重力、浮力和黏滞阻力 3 个力的作用，如果小球的速度 v 很小，且液体可以看成在各方向上都是无限广阔的，则从流体力学的基本方程可以导出表示黏滞阻力的斯托克斯公式

$$F=3\pi\eta vd \tag{1}$$

式中，d 为小球直径. 由于黏滞阻力与小球速度 v 成正比，小球在下落很短一段距离后(参见附录的推导)，所受 3 力达到平衡，小球将以 v_0 匀速下落，此时有

$$\frac{1}{6}\pi d^3(\rho-\rho_0)g=3\pi\eta v_0 d \tag{2}$$

式中，ρ 为小球密度；ρ_0 为液体密度. 由式(2)可解出黏度 η 的表达式

$$\eta=\frac{(\rho-\rho_0)gd^2}{18v_0} \tag{3}$$

本实验中，小球在直径为 D 的玻璃管中下落，液体在各方向无限广阔的条件不满足，此时黏滞阻力的表达式可加修正系数$(1+2.4d/D)$，而式(3)可修正为

$$\eta=\frac{(\rho-\rho_0)gd^2}{18v_0(1+2.4\,d/D)} \tag{4}$$

当小球的密度较大，直径不是太小，而液体的黏度值又较小时，小球在液体中的平衡速度 v_0 会达到较大的值. 奥西思-果尔斯公式反映出了液体运动状态对斯托克斯公式的影响

$$F=3\pi\eta v_0 d\left(1+\frac{3}{16}Re-\frac{19}{1080}Re^2+\cdots\right) \tag{5}$$

式中，Re 称为雷诺数，是表征液体运动状态的无量纲参数.

$$Re=v_0 d\rho_0/\eta \tag{6}$$

当 $Re<0.1$ 时，可认为式(1)、(4)成立；当 $0.1<Re<1$ 时，应考虑式(5)中 1 级修正项的影响；当 $Re>1$ 时，还须考虑高次修正项.

考虑式(5)中 1 级修正项的影响及玻璃管的影响后，黏度 η_1 可表示为

$$\eta_1=\frac{(\rho-\rho_0)gd^2}{18v_0(1+2.4\ d/D)(1+3Re/16)}=\eta\frac{1}{1+3Re/16} \tag{7}$$

由于 $3Re/16$ 是远小于 1 的数，将 $1/(1+3Re/16)$ 按幂级数展开后近似为 $1-3Re/16$，(7)式又可表示为

$$\eta_1=\eta-\frac{3}{16}v_0\ d\rho_0 \tag{8}$$

已知或测量得到 ρ,ρ_0,D,d,v 等参数后，由式(4)计算黏度 η，再由式(6)计算 Re. 若需计算 Re 的 1 级修正，则由式(8)计算经修正的黏度 η_1.

在国际单位制中，η 的单位是 Pa · s(帕斯卡 · 秒)，在厘米-克-秒制中，η 的单位是 P(泊)或 cP(厘泊)，它们之间的换算关系是

$$1\ \text{Pa}\cdot\text{s}=10\ \text{P}=1\ 000\ \text{cP} \tag{9}$$

2. PID 调节原理

自动控制系统框图如图 3 所示.

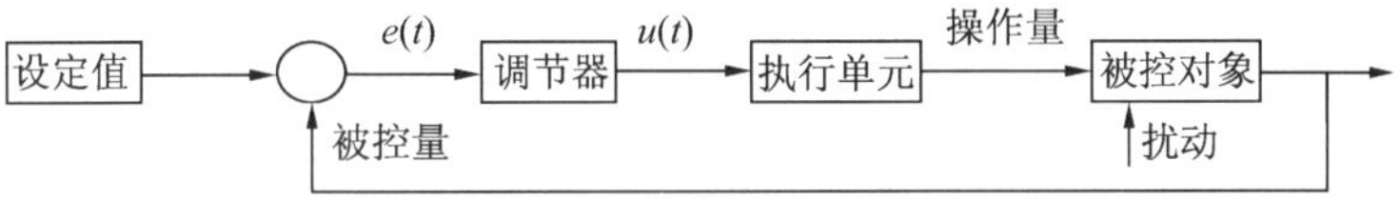

图 3　自动控制系统框图

假如被控量与设定值之间有偏差 $e(t)$ = 设定值 − 被控量，调节器依据 $e(t)$ 及一定的调节规律输出调节信号 $u(t)$，执行单元按 $u(t)$ 输出操作量至被控对象，使被控量逼近直至最后等于设定值. 调节器是自动控制系统的指挥机构.

在温控系统中，调节器采用 PID 调节，执行单元是由可控硅控制加热电流的加热器，操作量是加热功率，被控对象是水箱中的水，被控量是水的温度.

PID 调节器是按偏差的比例(proportional)，积分(integral)，微分(differential)，进行调节，其调节规律可表示为

$$u(t)=K_P\left[e(t)+\frac{1}{T_I}\int_0^t e(t)\mathrm{d}t+T_D\frac{\mathrm{d}e(t)}{\mathrm{d}t}\right] \tag{10}$$

式中，第一项为比例调节，K_P 为比例系数；第二项为积分调节，T_I 为积分时间常数；第三项为微分调节，T_D 为微分时间常数.

PID 温度控制系统在调节过程中温度随时间的一般变化关系可用图 4 表示，控制效果可用稳定性、准确性和快速性评价.

系统重新设定(或受到扰动)后经过一定的过渡过程能够达到新的平衡状态，则为稳定的调节过程；若被控量反复振荡，甚至振幅越来越大，则为不稳定调节过程，不稳定调节过程是有害而不能采用的. 准确性可用被调量的动态偏差和静态偏差来衡量，二者越小，准确性越高. 快速性可用过渡时间表示，过渡时间越短越好. 实际控制系统中，上述三方面指标常常是互相制约，互相矛盾的，应结合具体要求综合考虑.

由图 4 可见，系统在达到设定值后一般并不能立即稳定在设定值，而是超过设定值后经一定的过渡过程才重新稳定. 产生超调的原因可从系统惯性、传感器滞后和调节器特性等方面予以说明. 系统在升温过程中，加热器温度总是高于被控对象温度，在达到设定值后，即使减小或切断加热功率，加热器存储的热量在一定时间内仍然会使系统升温，降温

有类似的反向过程，这称之为系统的热惯性．传感器滞后是指由于传感器本身热传导特性或是由于传感器安装位置的原因，使传感器测量到的温度比系统实际的温度在时间上滞后，系统达到设定值后调节器无法立即做出反应，产生超调．对于实际的控制系统，必须依据系统特性合理整定 PID 参数，才能取得好的控制效果．

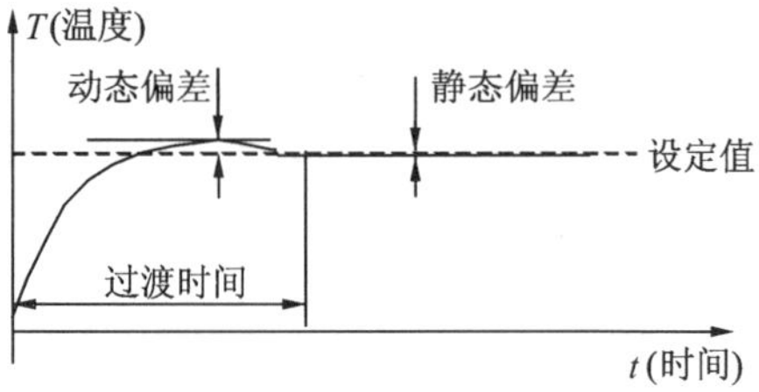

图 4　PID 调节系统过渡过程

由式(10)可见，比例调节项输出与偏差成正比，它能迅速对偏差作出反应，并减小偏差，但它不能消除静态偏差．这是因为任何高于室温的稳态都需要一定的输入功率维持，而比例调节项只有偏差存在时才输出调节量．增加比例调节系数 K_P 可减小静态偏差，但在系统有热惯性和传感器滞后时，会使超调加大．

积分调节项输出与偏差对时间的积分成正比，只要系统存在偏差，积分调节作用就不断积累，输出调节量以消除偏差．积分调节作用缓慢，在时间上总是滞后于偏差信号的变化．增加积分作用(减小 T_I)可加快消除静态偏差，但会使系统超调加大，增加动态偏差，积分作用太强甚至会使系统出现不稳定状态．

微分调节项输出与偏差对时间的变化率成正比，它阻碍温度的变化，能减小超调量，克服振荡．在系统受到扰动时，它能迅速作出反应，减小调整时间，提高系统的稳定性．

PID 调节器的应用已有一百多年的历史，理论分析和实践都表明，应用这种调节规律对许多具体过程进行控制时，都能取得满意的结果．

【实验内容及步骤】

1．检查仪器后面的水位管，将水箱水加到适当值

平常加水从仪器顶部的注水孔注入．若水箱排空后第 1 次加水，应该用软管从出水孔将水经水泵加入水箱，以便排出水泵内的空气，避免水泵空转(无循环水流出)或发出嗡鸣声．

2．设定 PID 参数

本仪器的 PID 的参数已经是通过理论分析和大量的实验得到的一个最符合本仪器的参数，已经达到最佳控制，故不可调节．

3．测定小球直径

由式(6)及式(4)可见，当液体黏度及小球密度一定时，雷诺数 $Re \propto d^3$．在测量蓖麻油的黏度时建议采用直径 1～2 mm 的小球，这样可不考虑雷诺修正或只考虑 1 级雷诺修正．

用螺旋测微器测定小球的直径 d，将数据记入表中．

4．测定小球在液体中下落速度并计算黏度

温控仪温度达到设定值后再等约 10 min，使样品管中的待测液体温度与加热水温完全一致，才能测液体黏度．

用挖油勺盛住小球沿样品管中心轻轻放入液体，观察小球是否一直沿中心下落．若样品管倾斜，应调节其铅直．测量过程中，尽量避免对液体的扰动．

用停表测量小球落经一段距离的时间 t，并计算小球速度 v_0，用式(4)或式(8)计算黏度 η，记入表中．

表中列出了部分温度下黏度的标准值，可将这些温度下黏度的测量值与标准值比较，并计算相对误差.

将表中 η 的测量值在坐标纸上作图，表明黏度随温度的变化关系.

实验全部完成后，用磁铁将小球吸引至样品管口，用挖油勺挖入蓖麻油中保存，以备下次实验使用.

【注意事项】

(1) 通电前，应保证水位指示在水位上限；若水位指示低于水位下限，严禁开启电源，必须先用漏斗加水.

(2) 建议使用软水，避免产生水垢.

【附录】

小球在达到平衡速度之前所经路程 L 的推导

由牛顿运动定律及粘滞阻力的表达式，可列出小球在达到平衡速度之前的运动方程

$$\frac{1}{6}\pi d^3\rho\frac{\mathrm{d}v}{\mathrm{d}t}=\frac{1}{6}\pi d^3(\rho-\rho_0)g-3\pi\eta dv \tag{1}$$

经整理后得

$$\frac{\mathrm{d}v}{\mathrm{d}t}+\frac{18\eta}{d^2\rho}v=\left(1-\frac{\rho_0}{\rho}\right)g \tag{2}$$

这是1个一阶线性微分方程，其通解为

$$v=\left(1-\frac{\rho_0}{\rho}\right)g\cdot\frac{d^2\rho}{18\eta}+C\mathrm{e}^{-\frac{18\eta}{d^2\rho}t} \tag{3}$$

设小球以零初速放入液体中，代入初始条件($t=0$，$v=0$)，定出常数 C 并整理后得

$$v=\frac{d^2g}{18\eta}(\rho-\rho_0)\cdot\left(1-\mathrm{e}^{-\frac{18\eta}{d^2\rho}t}\right) \tag{4}$$

随着时间增大，式(4)中的负指数项迅速趋近于0，由此得平衡速度

$$v_0=\frac{d^2g}{18\eta}(\rho-\rho_0) \tag{5}$$

式(5)与正文中的式(3)是等价的，平衡速度与黏度成反比. 设从速度为0到速度达到平衡速度的99.9%这段时间为平衡时间 t_0，即令

$$\mathrm{e}^{-\frac{18\eta}{d^2\rho}t_0}=0.001 \tag{6}$$

由式(6)可计算平衡时间.

若钢球直径为 10^{-3} m，代入钢球的密度 ρ，蓖麻油的密度 ρ_0 及40 ℃时蓖麻油的黏度 $\eta=0.231$ Pa·s，可得此时的平衡速度约为 $v_0=0.016$ m/s，平衡时间约为 $t_0=0.013$ s.

平衡距离 L 小于平衡速度与平衡时间的乘积，在当前实验条件下，小于1 mm，基本可认为小球进入液体后就达到了平衡速度.

大学物理实验原始数据记录

班级________________ 实验日期________年____月____日

姓名__________学号__________ 教师评定________________

【实验原始数据记录】

（1）小球下落高度.（小球直径 $d=1.000$ mm）

次数	1	2	3	4	5	6	平均值
h/mm							

（2）黏度的测定.

$\rho=7.8\times10^{3}$ kg/m^{3} $\rho_0=0.95\times10^{3}$ kg/m^{3} $D=2.0\times10^{-2}$ m

温度/℃	时间/s				
	1	2	3	4	5
20					
25					
30					
35					
40					
45					
50					
55					

大 学 物 理 实 验 数 据 记 录 与 处 理

【实验数据记录与处理】

（1）小球下落高度.（小球直径 $d=1.000\ \text{mm}$）

次数	1	2	3	4	5	6	平均值
h/mm							

（2）黏度的测定.

$\rho=7.8\times10^{3}\ \text{kg/m}^{3}$　$\rho_0=0.95\times10^{3}\ \text{kg/m}^{3}$　$D=2.0\times10^{-2}\ \text{m}$

温度/℃	时间/s						速度/($\text{m}\cdot\text{s}^{-1}$)	η/(Pa·s) 测量值	* η/(Pa·s) 标准值
	1	2	3	4	5	平均			
20									0.986
25									
30									0.451
35									
40									0.231
45									
50									
55									

（3）在坐标纸上作图，表明黏度随温度的变化关系.

大 学 物 理 实 验 报 告

班级______________________ 实验日期________年____月____日

姓名________学号__________ 教师评定__________________

补充二　稳态法测量不良导体的比热和导热系数

【实验目的】

(1) 了解准稳态法测量导热系数和比热的原理.

(2) 学习热电偶测量温度的原理和使用方法.

(3) 用准稳态法测量不良导体的导热系数和比热.

【实验器材】

新型准稳态法比热导热系数测定仪,准稳态法比热导热系数测试架,测试样品两套(橡胶和有机玻璃,每套样品四块),导线 7 根,保温杯一个.

【实验原理】

1. 准稳态法测量原理

考虑如图 1 所示无限大平板的一维导热模型:一无限大不良导体平板厚度为 $2R$,初始温度为 t_0,现在平板两侧同时施加均匀的指向中心面的热流密度 q_c,则平板各处的温度 $t(x,\tau)$将随加热时间 τ 而变化.

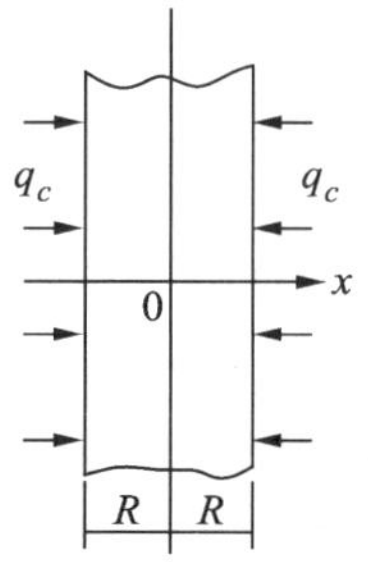

图 1　理想无限大不良热导体平板

以试样中心为坐标原点,上述模型的数学描述可表达如下:

$$\begin{cases}\dfrac{\partial t(x,\tau)}{\partial \tau}=a\,\dfrac{\partial^2 t(x,\tau)}{\partial x^2}\\[2ex]\dfrac{\partial t(R,\tau)}{\partial x}=\dfrac{q_c}{\lambda},\quad \dfrac{\partial t(0,\tau)}{\partial x}=0\\[2ex] t(x,0)=t_0\end{cases}$$

式中,$a=\lambda/(\rho c)$,λ 为材料的导热系数,ρ 为材料的密度,c 为材料的比热.

可以给出此方程的解为(参见附录)

$$t(x,\tau)=t_0+\frac{q_c}{\lambda}\left(\frac{a}{R}\tau+\frac{1}{2R}x^2-\frac{R}{6}+\frac{2R}{\pi^2}\sum_{n=1}^{\infty}\frac{(-1)^{n+1}}{n^2}\cos\frac{n\pi}{R}x\cdot \mathrm{e}^{-\frac{an^2\pi^2}{R^2}\tau}\right) \tag{1}$$

考察 $t(x,\tau)$的解析式(1)可以看到,随加热时间的增加,样品各处的温度将发生变化,而且我们注意到式中的级数求和项由于指数衰减的原因,会随加热时间的增加而逐渐变小,直至所占份额可以忽略不计.

定量分析表明当$\frac{a\tau}{R^2}>0.5$以后,上述级数求和项可以忽略.这时式(1)变成

$$t(x,\tau)=t_0+\frac{q_c}{\lambda}\left[\frac{a\tau}{R}+\frac{x^2}{2R}-\frac{R}{6}\right] \tag{2}$$

这时,在试件中心处有 $x=0$,因而有

$$t(x,\tau)=t_0+\frac{q_c}{\lambda}\left[\frac{a\tau}{R}-\frac{R}{6}\right] \tag{3}$$

在试件加热面处有 $x=R$,因而有

$$t(x,\tau)=t_0+\frac{q_c}{\lambda}\left[\frac{a\tau}{R}+\frac{R}{3}\right] \tag{4}$$

由式(3)和(4)可见,当加热时间满足条件$\frac{a\tau}{R^2}>0.5$时,在试件中心面和加热面处温度和加热时间成线性关系,温升速率同为$\frac{aq_c}{\lambda R}$.此值是一个和材料导热性能和实验条件有关的常数.此时,加热面和中心面间的温度差为

$$\Delta t=t(R,\tau)-t(0,\tau)=\frac{1}{2}\frac{q_cR}{\lambda} \tag{5}$$

由式(5)可以看出,此时加热面和中心面间的温度差 Δt 和加热时间 τ 没有关系,保持恒定.系统各处的温度和时间是线性关系,温升速率也相同,我们称此种状态为准稳态.

当系统达到准稳态时,由式(5)得到

$$\lambda=\frac{q_cR}{2\Delta t} \tag{6}$$

根据式(6),只要测量出进入准稳态后加热面和中心面间的温度差 Δt,并由实验条件确定相关参量 q_c 和 R,则可以得到待测材料的导热系数 λ.

另外在进入准稳态后,由式(3)或(4)求温度随时间的变化率,可以得到下列关系式:

$$\frac{\mathrm{d}t}{\mathrm{d}\tau}=\frac{q_ca}{\lambda R}=\frac{q_c}{\rho cR} \tag{7}$$

比热为

$$c=\frac{q_c}{\rho R\,\frac{\mathrm{d}t}{\mathrm{d}\tau}} \tag{8}$$

式中,$\frac{\mathrm{d}t}{\mathrm{d}\tau}$为准稳态条件下试件中心面(或加热面)的温升速率(进入准稳态后各点的温升速率是相同的).

由以上分析可以得到结论:只要在上述模型进入准稳态后,测量出系统加热面与中心面间的温度差和中心面的温升速率,即可由式(6)和式(8)得到待测材料的导热系数和比热.

2. 热电偶温度传感器

热电偶结构简单，具有较高的测量准确度，可测温度范围为−50～1 600 ℃，在温度测量中应用极为广泛.

由 A、B 两种不同的导体两端相互紧密地连接在一起，组成一个闭合回路，如图 2a 所示. 当两接点温度不等($T>T_0$)时，回路中就会产生电动势，从而形成电流，这一现象称为热电效应，回路中产生的电动势称为热电势.

上述两种不同导体的组合称为热电偶，A、B 两种导体称为热电极. 两个接点，一个称为工作端或热端(T)，测量时将它置于被测温度场中；另一个称为自由端或冷端(T_0)，一般要求测量过程中恒定在某一温度.

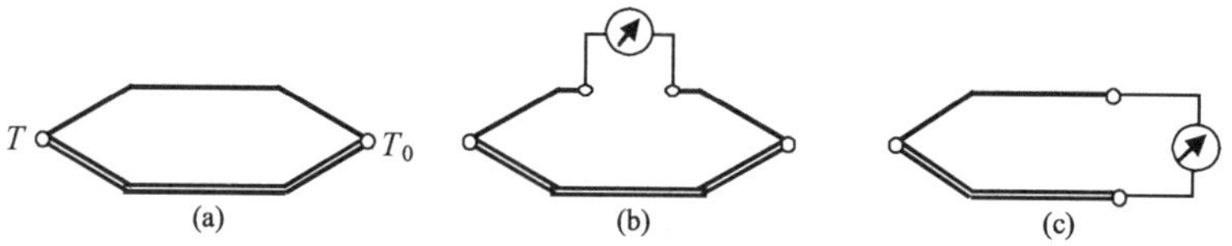

图 2 热电偶原理及接线示意图

理论分析和实践证明热电偶的如下基本定律：

热电偶的热电势仅取决于热电偶的材料和两个接点的温度，而与温度沿热电极的分布及热电极的尺寸与形状无关(热电极的材质要求均匀).

在 A、B 材料组成的热电偶回路中接入第三导体 C，只要引入的第三导体两端温度相同，则对回路的总热电势没有影响. 在实际测温过程中，常采用图 2b 或图 2c 的接法，需要在回路中接入导线和测量仪表，相当于接入第三导体.

热电偶的输出电压与温度并非线性关系，但在小温度范围内基本成线性关系. 对于常用的热电偶，其热电势与温度的关系由热电偶特性分度表给出. 测量时，若冷端温度为 0 ℃，由测得的电压，通过对应分度表，即可查得所测的温度. 若冷端温度不为零度，则通过一定的修正，也可得到温度值.

【实验内容及步骤】

1. 安装样品并连接各部分电路

连接线路前，请先用万用表检查两只热电偶冷端和热端的电阻值大小，一般为 3～6 Ω. 如果偏差较大，则可能是热电偶有问题，遇到此情况应请指导教师帮助解决.

戴好手套(手套自备)，以尽量地保证四个实验样品初始温度保持一致. 将冷却好的样品放进样品测试架中. 热电偶的测温端应保证置于样品的中心位置，防止由于边缘效应影响测量精度. 根据图 3 所示，中心面横梁的热电偶应该放到样品 2 和样品 3 之间，加热面热电偶应该放到样品 3 和加热膜之间. 然后旋动螺杆旋钮，压紧样品.

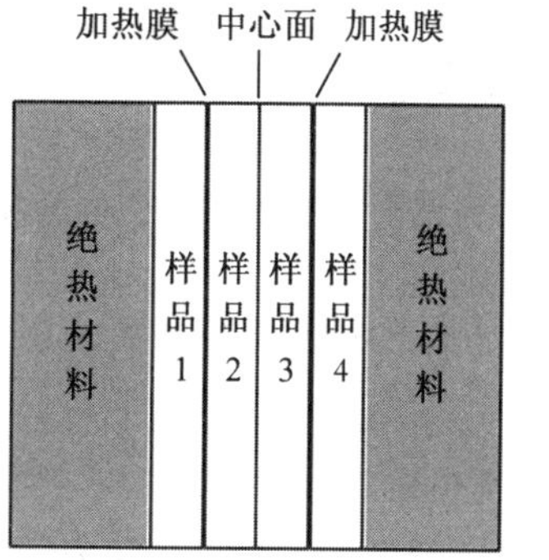

图 3 被测样品安装图

2. 设定加热电压

按图 4 检查各部分接线，确保无误后开机. 主机启动后，应该先设定所需要的加热电压，通过旋转光电编码器调节加热电压.(参考加热电压：16～19 V)

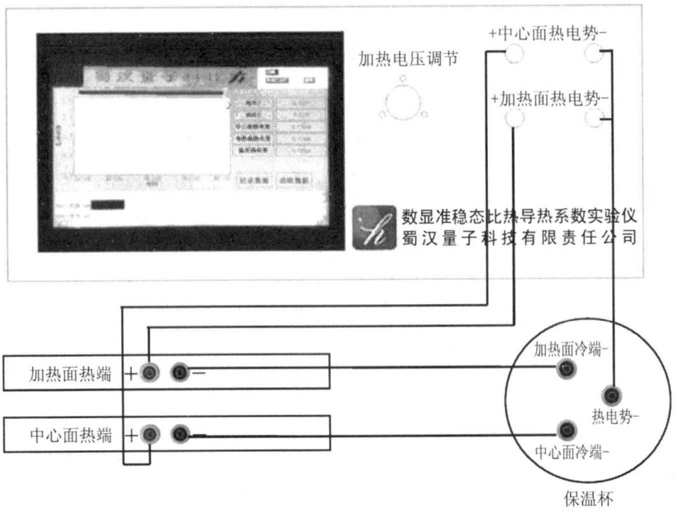

图 4　实验典型接线图

3. 测定样品的温度差和温升速率

在调整加热电压后，两加热膜即已经开始加热工作了，同时显示屏上实时显示出加热面、中心面的热电势值. 点击“记录”按钮，则屏幕显示温差电动势随时间变化的曲线，红色为加热面热电势曲线，黄色为中心面热电势曲线，纵轴热电势单位 mV，横轴为时间. 同时，每分钟在屏幕下方记录加热面和中心面的温差电动势值.

根据记录的数据，分析加热面与中心面电动势的差值和中心面(或加热面)每 5 min 的电动势升高值，找出最接近准稳态的 10 组数据填入表中. 准稳态的判定原则是加热面与中心面热电势差值恒定，中心面(加热面)热电势升高速率恒定.

由于实验条件不能完全满足理想模型，如边缘效应随试样温度升高而加剧等，试样温度不可能保持理想的准稳态. 延长测量时间也无益，实验一般最多持续 35 min.

如果操作不当，如热电偶没有置于试样中心或试样没有靠紧加热膜等问题，都观察不到准稳态. 如果重做实验，必须用充分冷却的试样. 充分冷却的试样，内部和表面都有相同的温度.

当测完一种样品需要更换样品进行下一次实验时，其操作顺序是：关闭主机电源开关→旋螺杆以松开实验样品→取出实验样品→取下热电偶传感器→等待加热薄膜冷却.

【注意事项】

(1) 保温杯中有水时，可提高冷端温度稳定性，但会腐蚀热电偶，从而影响性能和使用寿命. 可以使用变压器油代替水，如此可不腐蚀热电偶. 环境温度较稳定时，保温杯中可不加任何液体.

(2) 在取样品的时候，必须将中心面横梁热电偶和实验样品同时取出. 严禁以热电偶弯折的方法取出实验样品，这极易损坏热电偶.

【预习思考题】

(1) 试述此实验中所使用的稳态法含义.

【附录】

热传导方程的导出和求解

附图 1 中，无限大平板试样厚 $2R$，初始温度 t_0，两表面施以热流密度 q_c. 以试样中心为坐标原点，式样内各点温度 t 随位置 x 和时间 τ 的变化，设为 $t(x,\tau)$.

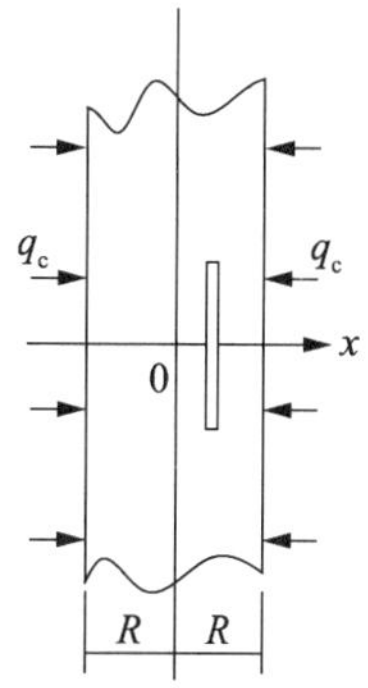

附图 1　物理模型

在式样中 x 处取厚度为 Δx，面积为 S 的薄片.

由导热系数公式

$$\Delta Q=-\lambda S\frac{\mathrm{d}t}{\mathrm{d}x}\Delta\tau \text{ 或 } q_c=-\lambda\frac{\mathrm{d}t}{\mathrm{d}x}$$

式中，$q_c=\dfrac{\Delta Q}{S\Delta\tau}$为热量密度，时间 $\Delta\tau$ 内传到薄片的净热量

$$\Delta Q=\lambda S\left[\frac{\partial t(x+\Delta x,\tau)}{\partial x}-\frac{\partial t(x,\tau)}{\partial x}\right]\Delta\tau \tag{1}$$

这一热量使薄片温度改变，由比热公式 $\Delta Q=mc\Delta t$，有

$$\Delta Q=c\rho S[t(x,\tau+\Delta\tau)-t(x,\tau)]\Delta x \tag{2}$$

联立式(1)、(2)并整理，得热传导微分方程

$$\frac{\partial t(x,\tau)}{\partial\tau}=a\frac{\partial^2 t(x,\tau)}{\partial x^2} \tag{3}$$

式中，$a=\dfrac{\lambda}{\rho c}$.

考虑到中心面 $x=0$ 处因对称性温度梯度为零，以及表面热量密度给定，热传导方程及边界条件、初始条件为

$$\begin{cases}\dfrac{\partial t(x,\tau)}{\partial\tau}=a\dfrac{\partial^2 t(x,\tau)}{\partial x^2}\\ \dfrac{\partial t(R,\tau)}{\partial x}=\dfrac{q_c}{\lambda},\ \dfrac{\partial t(0,\tau)}{\partial x}=0\\ t(x,0)=t_0\end{cases} \tag{4}$$

式中，$a=\lambda/(\rho c)$，λ 为材料的导热系数，ρ 为材料的密度，c 为材料的比热；q_c 为从边界向中间施加的热流密度；t_0 为初始温度.

为求解方程(4)，应先作变量代换，将式(4)的边界条件换为齐次的，同时使新变量的方程尽量简洁，故此设

$$t(x,\tau)=u(x,\tau)+\frac{aq_c}{\lambda R}\tau+\frac{q_c}{2\lambda R}x^2 \tag{5}$$

将式(5)代入式(4)，得到 $u(x,\tau)$满足的方程及边界，初始条件

$$\begin{cases}\dfrac{\partial u(x,\tau)}{\partial\tau}=a\dfrac{\partial^2 u(x,\tau)}{\partial x^2}\\ \dfrac{\partial u(R,\tau)}{\partial x}=0,\ \dfrac{\partial u(0,\tau)}{\partial x}=0\\ u(x,0)=t_0-\dfrac{q_c}{2\lambda R}x^2\end{cases} \tag{6}$$

用分离变量法解方程(6)，设

$$u(x,\tau)=X(x)\times T(\tau) \tag{7}$$

代入方程组(6)中第1个方程后得出变量分离的方程

$$T'(\tau)+\alpha\beta^2 T(\tau)=0 \tag{8}$$

$$X''(x)+\beta^2 X(x)=0 \tag{9}$$

式(8)、(9)中,β为待定常数.

方程(8)的解为

$$T(\tau)=\mathrm{e}^{-\alpha\beta^2\tau} \tag{10}$$

方程(9)的通解为

$$X(x)=c\cos\beta x+c'\sin\beta x \tag{11}$$

为使式(7)是方程(6)的解,式(11)中的 c,c',β 的取值必须使 $X(x)$ 满足方程组(6)的边界条件,即 $c'=0,\beta=n\pi/R$.

由此得到 $u(x,\tau)$满足边界条件的1组特解

$$u_n(x,\tau)=c_n\cos\frac{n\pi}{R}x\cdot\mathrm{e}^{-\frac{an^2\pi^2}{R^2}\tau} \tag{12}$$

将所有特解求和,并代入初始条件,得

$$\sum_{n=0}^{\infty}c_n\cos\frac{n\pi}{R}x=t_0-\frac{q_c}{2\lambda R}x^2 \tag{13}$$

为满足初始条件,令 c_n 为 $t_0-\frac{q_c}{2\lambda R}x^2$ 的傅氏余弦展开式的系数

$$c_0=\frac{1}{R}\int_0^R\left(t_0-\frac{q_c}{2\lambda R}x^2\right)\mathrm{d}x=t_0-\frac{q_cR}{6\lambda} \tag{14}$$

$$c_n=\frac{2}{R}\int_0^R\left(t_0-\frac{q_c}{2\lambda R}x^2\right)\cos\frac{n\pi}{R}x\,\mathrm{d}x=(-1)^{n+1}\frac{2q_cR}{\lambda n^2\pi^2} \tag{15}$$

将 c_0,c_n 的值代入式(12),并将所有特解求和,得到满足方程组(6)条件的解为

$$u(x,\tau)=t_0-\frac{q_cR}{6\lambda}+\frac{2q_cR}{\lambda\pi^2}\sum_{n=1}^{\infty}\frac{(-1)^{n+1}}{n^2}\cos\frac{n\pi}{R}x\cdot\mathrm{e}^{-\frac{an^2\pi^2}{R^2}\tau} \tag{16}$$

将式(16)代入式(5)可得

$$t(x,\tau)=t_0+\frac{q_c}{\lambda}\left(\frac{a}{R}\tau+\frac{1}{2R}x^2-\frac{R}{6}+\frac{2R}{\pi^2}\sum_{n=1}^{\infty}\frac{(-1)^{n+1}}{n^2}\cos\frac{n\pi}{R}x\cdot\mathrm{e}^{-\frac{an^2\pi^2}{R^2}\tau}\right)$$

上式即为正文中的式(1).

大学物理实验原始数据记录

班级____________________ 实验日期______年____月____日

姓名__________学号__________ 教师评定________________

【实验原始数据记录】

导热系数及比热测定.

加热电压 V=______ V 加热膜电阻 r=______ Ω 试样厚度 R=______ m

时间 τ/min	1	2	3	4	5	6	7	8	9	10	平均
加热面热电势 V_h/mV											—
中心面热电势 V_c/mV											—
两面热电势之差 V_t/mV											
5 min 热电势升高 $\Delta V_h=(V_{i+5}-V_i)$/mV						—	—	—	—	—	

有了准稳态时二面热电势差值 V_t 和每 5 min 温升热电势 ΔV 值，就可以由式(6)和式(8)计算导热系数和比热容数值.

式(6)和式(8)中各参量如下：

样品厚度 $R=0.010$ m，有机玻璃密度 $\rho=1\ 196\ \text{kg/m}^3$，橡胶密度 $\rho=1\ 374\ \text{kg/m}^3$，热流密度

$$q_c=\frac{AV^2}{2Fr}\ \text{W/m}^2$$

式中，V 为加热器的工作电压；$F=0.090\ \text{m}\times 0.090\ \text{m}$ 为加热面积；A 为考虑边缘效应后的修正系数，对于有机玻璃和橡胶，$A=0.85$；r 为加热面横梁下加热膜的电阻.

铜-康铜热电偶的热电常数为 $S=0.040$ mV/K. 即在实验温差范围内，热电势与温差成线性关系，温度每差 1 ℃，温差热电势为 0.040 mV.

温度差 $\Delta t=\dfrac{V_t}{S}=\dfrac{V_t}{0.040}$ K，温升速率 $\dfrac{\mathrm{d}t}{\mathrm{d}\tau}=\dfrac{\Delta V}{5\times 60\times 0.040}$ K/s.

大 学 物 理 实 验 数 据 记 录 与 处 理

【实验数据记录与处理】

导热系数及比热测定.

加热电压 $V=$______ V　加热膜电阻 $r=$______ Ω　试样厚度 $R=$______ m

时间 τ/min	1	2	3	4	5	6	7	8	9	10	平均
加热面热电势 V_h/mV											—
中心面热电势 V_c/mV											—
两面热电势之差 V_t/mV											
5 分钟热电势升高 $\Delta V_h=V_{i+5}-V_i$ /mV						—	—	—	—	—	

热流密度 $q_c=\dfrac{AV^2}{2Fr}=$__________ W/m²

导热系数 $\lambda=\dfrac{q_cR}{2\Delta t}=\dfrac{q_cRS}{2V_t}=$__________ W/(m·K)

比热 $c=\dfrac{q_c}{\rho R\dfrac{\Delta t}{\Delta\tau}}=\dfrac{q_cS\Delta\tau}{\rho R\Delta V}=$__________ J/(kg·K)

【复习思考题】

(1) 分析本实验误差因素并说明测量出的导热系数可能偏小的原因.

(2) 用本实验的方法可否测空气的比热和导热系数？试简要说明测量过程.